高等院校理工类公共基础课『十三五』规划教材

UNIVERSITY PHYSICS

# 大学物理学

（下册）

主　编　魏健宁　杨锋涛

副主编　徐高平　潮兴兵　常章用　余里生

参　编　侯翠岭　余剑敏　王庆凯　吴杏华　周玉修

查一昆　肖志刚　李东升　张玉霞

華中科技大學出版社

http://www.hustp.com

中国·武汉

## 内 容 简 介

本套书是根据教育部的非物理专业物理课程教学基本要求，借鉴国内外优秀大学物理教材，结合多年教学改革与实践经验，由多名教学经验丰富的一线教师编写而成的。

本套书分为上、下两册。本书为下册，分热学、机械振动和机械波、波动光学和近代物理学四篇，共九章，内容包括热力学基础、气体动理论、机械振动、机械波、光的干涉、光的衍射、光的偏振、狭义相对论基础和量子物理基础。

本书可作为普通高校非物理专业本科生学习大学物理的教材，也可作为物理学爱好者阅读的参考资料。

**图书在版编目(CIP)数据**

大学物理学. 下册/魏健宁，杨锋涛主编. —武汉：华中科技大学出版社，2018.1（2022.12 重印）
高等院校理工类公共基础课"十三五"规划教材
ISBN 978-7-5680-3708-2

Ⅰ.①大… Ⅱ.①魏… ②杨… Ⅲ.①物理学-高等学校-教材 Ⅳ.①O4

中国版本图书馆 CIP 数据核字(2018)第 020692 号

**大学物理学(下册)**
Daxue Wulixue

魏健宁　杨锋涛　主编

策划编辑：江　畅
责任编辑：段亚萍
封面设计：孢　子
责任监印：朱　玢
出版发行：华中科技大学出版社(中国·武汉)　电话：(027)81321913
武汉市东湖新技术开发区华工科技园　邮编：430223
录　排：武汉正风天下文化发展有限公司
印　刷：武汉市籍缘印刷厂
开　本：787mm×1092mm　1/16
印　张：15
字　数：387 千字
版　次：2022 年 12 月第 1 版第 7 次印刷
定　价：38.00 元

# 前　言

物理学是研究物质的基本结构、基本运动形式和相互作用的自然科学。它的基本理论渗透到自然科学的各个领域，应用于生产技术的许多部门，是其他自然科学和工程技术的基础。

以物理学基础为内容的大学物理课程，是高等学校理、工、农、医学类各专业学生的一门重要的通识性必修基础课。该课程所教授的基本概念、基本理论和基本方法是构成学生科学素养的重要组成部分，是科学工作者和工程技术人员所必须具备的知识。

本书是依据编者多年的教学实践，根据教育部颁布的《非物理类理工学科大学物理课程教学基本要求》，借鉴国内外优秀大学物理教材编写而成的。在编写过程中，力求内容全面地涵盖大学生应掌握和了解的大学物理学知识，保证基本要求中 A 类知识点的宽度和深度，B 类知识点弱化处理，表述做到简明扼要，突出物理思想、物理图像，行文思路清晰，降低数学要求（避免复杂数学推导和运算）。根据目前高校课程改革和压缩课时的形势，编写中尽量将可写可不写的内容去掉，压缩整套书的篇幅，以达到内容精简的目的。

全套书分上、下册出版，上册包括第 1 篇力学，第 2 篇电磁学；下册包括第 3 篇热学，第 4 篇机械振动和机械波，第 5 篇波动光学，第 6 篇近代物理学。书中除每章之后的阅读材料供学生选读外，凡冠有 * 的章节可供教师根据课时数和专业的需要选用。

本书由魏健宁、杨锋涛任主编，徐高平、潮兴兵、常章用和余里生任副主编。此外，参加本书编写的人员还有侯翠岭、余剑敏、王庆凯、吴杏华、周玉修、查一昆、肖志刚、李东升和张玉霞。

本书在编写的过程中，得到了编者单位领导们的大力支持。同时，编者们还参阅和引用了国内外许多同类教材的有关资料，受益匪浅，在此一并表示诚挚的谢意。

由于编者们识浅才庸，力不从心，加上编写时间较仓促，书中难免存在错漏和不当之处，衷心希望广大读者提出宝贵意见。

编　者

2017 年 10 月

# 目　录

## 第3篇　热　　学



## 第4篇　机械振动和机械波

## 第5篇 波动光学

# 第6篇　近代物理学

UNIVERSITY PHYSICS

# 热 学

热学是研究物质的热运动规律以及与热运动有关的性质的一门学科，它是物理学的重要组成部分。

热现象是自然界中最普遍的现象之一。人们通过对热现象的研究，逐步认识到，宏观物质是由大量分子、原子或离子组成的，这些微观粒子处于永不停息的无规则运动之中。我们把大量微观粒子的无规则运动称为热运动。正是由于大量微观粒子的热运动才导致了物质的宏观热现象。可以说，热运动是热现象的微观本质，热现象是热运动的宏观表现。热运动虽然包含着机械运动，却不能简单地归结为机械运动，它是一种比机械运动更复杂、更高级的运动形式。研究热现象，一方面要以力学的概念和规律为基础，另一方面还需引入新的概念，探索新的规律。

在热学中，常把作为研究对象的物体或物体系称为热力学系统，简称系统。把处于系统之外的物体或物体系称为外界。根据系统与外界相互作用的情况，系统可分为开放系统、封闭系统和孤立系统。与外界既有物质交换又有能量交换的系统称为开放系统。与外界只有能量交换没有物质交换的系统称为封闭系统。与外界既无物质交换又无能量交换的系统称为孤立系统。

人们在热学研究中，采用宏观和微观两种方法研究问题，于是便形成了宏观和微观两套理论。热力学是热学的宏观理论，它是依据观察的实验事实，总结出热现象的规律。统计物理学则是热学的微观理论，它是依据每一个微观粒子所遵循的力学规律，利用统计原理推出热现象的规律。两者从不同的侧面研究热现象，具有不同的特点。热力学是大量事实的总结，结论具有高度可靠性和普遍性，可以用以验证统计物理学结论的正确性。而统计物理学则深入具体物质的微观结构，能够揭示热现象的本质和物质特性。两者起着相辅相成的作用。

热学发展至今已产生许多分支学科，如非平衡态热力学、量子统计学、工程热力学、传热学等，它们的理论和方法在气象学、低温物理、固体物理、表面物理、等离子体、物质结构、空间科学等尖端科学的研究中得到广泛应用。

# 第 11 章　热力学基础

热力学是从大量事实中总结出热现象的宏观基本规律，并以此为依据研究宏观物质系统的平衡态性质。本章学习热力学理论的基础知识，主要内容有：平衡态、准静态过程、功、热量、内能和熵等基本概念，热力学第一定律、热力学第二定律和熵增加原理等基本规律及其应用。

## 11.1　热力学基本概念

### 11.1.1　热力学平衡态和态参量

经验表明，一个孤立的热力学系统，经一段较长时间后，系统的各种宏观性质不再随时间变化。在不受外界影响的条件下，系统各种宏观性质不随时间变化的状态称为热力学平衡态，简称**平衡态**。平衡态是一种理想的概念，因为不受外界影响的系统是不存在的，所以严格的平衡态不可能存在。然而，当外界对系统的影响很小，以至于可以忽略时，系统的状态就可以近似看成平衡态。

系统处在平衡态时，其各种宏观性质不再随时间变化，因而可以用一组宏观物理量的值来表征这些性质。事实上，这组宏观物理量之间存在一定的联系，各物理量的变化并不完全独立。我们把其中相互独立的变量叫作**态参量**。用态参量就可完全确定系统的状态。例如，一定量的气体经一段较长时间后，气体的压强 $p$、体积 $V$、温度 $T$ 具有确定值，且不随时间变化，我们就说该气体处于平衡态。由于压强 $p$、体积 $V$、温度 $T$ 三个变量中只有两个独立，因此只要用任意两个态参量就可描述气体的平衡态。

在以 $p$ 为纵轴、$V$ 为横轴的 $p$-$V$ 图上的一点，代表气体的一个平衡态，如图 11-1 中的点 $A(p_1,V_1)$ 或点 $B(p_2,V_2)$。

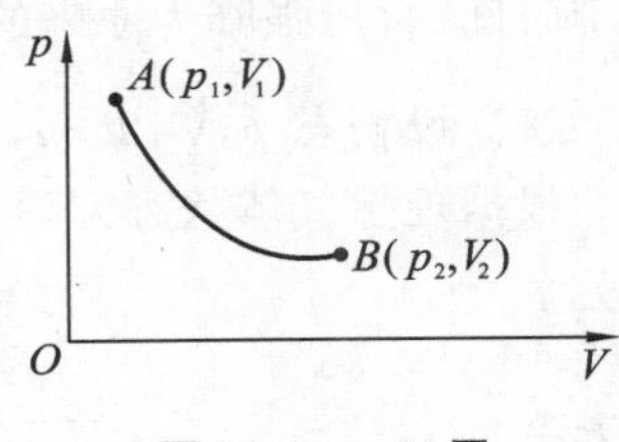


图 11-1　$p$-$V$ 图

在国际单位制中，压强的单位为帕斯卡(Pa)，体积单位为立方米($m^3$)。

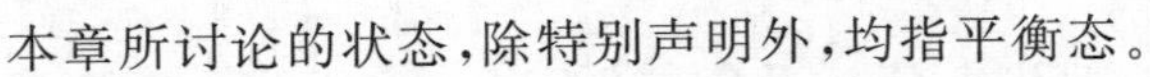
本章所讨论的状态，除特别声明外，均指平衡态。

### 11.1.2　热力学第零定律

日常生活中，人们用温度来描述物体的冷热程度。物体热就说温度高，物体冷就说温度低。这种概念依赖于人的主观感觉。温度的科学定义建立在热力学第零定律的基础之上。

实验证明，两个冷热程度不同的物体相互接触，会通过传热交换能量。当两物体的冷热程度相同后，传热就会停止，此时我们说这两个物体处于**热平衡**。如果两物体 A、B 分别与物体 C 处于热平衡，那么物体 A 和 B 也处于热平衡。这一结论称为**热力学第零定律**。为了描述处于热平衡的共同性质，引入温度的概念。由热力学第零定律可知，**一切互为热平衡的物体都具有相同的温度**。

实验又证明,几个互为热平衡的物体分开后,它们将保持这个状态不变。这表明每个系统的温度由系统本身的状态决定。事实上,温度是系统内大量分子热运动的剧烈程度的宏观表现。

热力学第零定律不仅给出温度的科学概念,而且提出了温度的测量方法。例如选一物体作为温度计,当被测物体与温度计处于热平衡,温度计的温度就是被测物体的温度。

温度的数值表示法称温标。常用温标有:摄氏温标 $t$ 和热力学温标 $T$。二者换算关系如下

$$T = 273.15 + t$$

国际上规定热力学温标为标准温标,单位为开(K)。摄氏温标单位为 ℃。

### 11.1.3 理想气体状态方程

一定量气体处在平衡态时,温度 $T$ 与态参量(压强 $p$ 和体积 $V$)之间的函数关系称**气体的状态方程**。一般形式为

$$T = f(p,V) \tag{11-1a}$$

至于气体的状态方程的具体形式,则需要由实验来确定。

实验表明,在压强不太大(与大气压相比)和温度不太低(与室温相比)的条件下,各种气体的性质都趋于一致,近似遵守气体三定律。我们把严格遵守气体三定律的气体抽象成一种理想化模型——**理想气体**。如不特别指明,本章所讨论的气体均指理想气体。

由气体三定律和阿伏加德罗定律可以推出理想气体状态方程

$$pV = \nu RT \tag{11-1b}$$

式中:$\nu$ 为气体的物质的量;$R = 8.31$ J/(mol·K),称为摩尔气体常数。式(11-1b)给出了理想气体处于平衡态时,温度与各状态量之间的关系。实验表明,在高温和低压条件下,各种气体的行为都接近理想气体状态方程所反映的规律。

**例 11-1** 一容器盛有 0.1 kg 的某种气体,其压强不太大,温度为 47 ℃。因为容器漏气,经若干时间后,压强降为原来的 $\frac{5}{8}$,温度降为 27 ℃。问漏掉多少气体?

**解** 设初态 $p,V,T,m$,末态 $p',V,T',m'$。

根据理想气体状态方程有以下方程

初态 $$pV = \frac{m}{M}RT$$

末态 $$p'V = \frac{m'}{M}RT'$$

联立两式,消去 $V$ 得

$$m' = m\frac{T}{T'}\frac{p'}{p} = 0.1 \times \frac{273 + 47}{273 + 27} \times \frac{5}{8}\ \text{kg} = 0.067\ \text{kg}$$

$$\Delta m = m - m' = (0.1 - 0.067)\ \text{kg} = 0.033\ \text{kg}$$

故漏掉 0.033 kg 气体。

## 11.2 热力学第一定律

### 11.2.1 准静态过程

当系统与外界发生相互作用时,系统的状态将随时间变化而变化,我们就说系统经历了一

个热力学过程，简称**过程**。在实际过程中，由于系统的状态发生变化，所以过程中经历的每一个中间状态都不可能是平衡态，而是非平衡态，这样的过程称为非静态过程。但如果过程中所有中间状态都无限趋近于平衡态，那么系统经历的过程就称为**准静态过程**。

处于平衡态的系统受外界作用，平衡态随即被破坏。系统从非平衡态达到新的平衡态需要一定的时间，这个时间称为弛豫时间。如果外界作用很小，过程进行的时间比弛豫时间长，可把过程视为准静态过程。如图 11-2 所示，在带有活塞的容器内储有一定量的气体，活塞可沿容器壁滑动，在活塞上放置一些砂粒，开始时，气体处于平衡态($p_1$,$V_1$,$T_1$)，随后将砂粒一点一点缓慢地拿走，气体的状态最后变为($p_2$,$V_2$,$T_2$)。由于变化过程中，气体的状态变化非常缓慢，容器中气体的状态始终趋近于平衡态，因而可视为准静态过程。实际过程不可能无限缓慢，所以准静态过程只是一种理想过程，但它在热力学的理论研究中和对实际应用的指导上有着重要的意义。

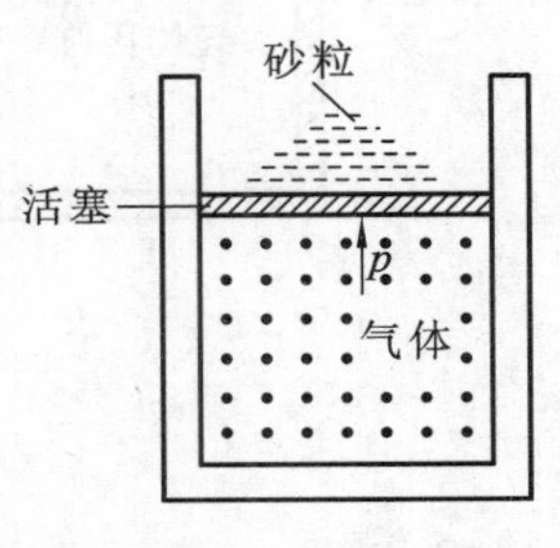

**图 11-2　准静态过程**

由于气体在准静态过程中的任何状态都是平衡态，有确定的态参量，所以其过程可以用 $p$-$V$ 图上的一条确定的曲线来表示，如图 11-1 中点 $A$ 和点 $B$ 之间的连线。这条曲线称为过程曲线。

在本章中，如不特别指明，所讨论的过程均指准静态过程。

### 11.2.2　内能

力学中，系统的机械能是指与机械运动有关的能量。热学中，系统的**内能是指系统内部与分子热运动有关的能量**(**热能**)，**它包括分子热运动动能与分子间相互作用势能**。内能用符号 $E$ 表示，在国际单位制中，其单位为焦耳(J)。

内能是系统状态的单值函数，由系统的状态决定。内能并不能完全决定系统的状态。焦耳实验表明，理想气体的内能仅是温度的单值函数，与体积无关。

“热能”在使用中，有时指内能，有时指热量。

### 11.2.3　功和热量

实验表明，做功和传热是外界和系统间相互作用的两种基本方式。通过做功和传热，系统与外界之间传递能量，从而使系统的内能发生变化。功和热量都是系统内能变化的量度。

1. 功

功的含义十分广泛，除力学中机械功外，还有其他形式的功。系统由于体积变化所做的功叫作**体积功**。用符号 $A$ 表示，功的单位与能量单位相同。

我们来讨论体积功。如图 11-3(a) 所示，以气缸内压强为 $p$ 的气体为系统，活塞的面积为 $S$。当气体膨胀推动活塞移动距离 $\mathrm{d}l$ 时，气体对活塞所做的元功为

$$\mathrm{d}A = pS\mathrm{d}l = p\mathrm{d}V \tag{11-2a}$$

式中，压强 $p$ 和体积 $V$ 是描述气体平衡态的态参量。元功 $\mathrm{d}A$ 可用图 11-3(b) 中的矩形小面积表示，因此气体由状态 Ⅰ 变化到状态 Ⅱ 的准静态过程中，气体所做的总功为

$$A = \int_{V_1}^{V_2} p\mathrm{d}V \tag{11-2b}$$

如果知道系统压强随体积变化的函数关系，利用式(11-2b) 就可计算系统所做的体积功。对于

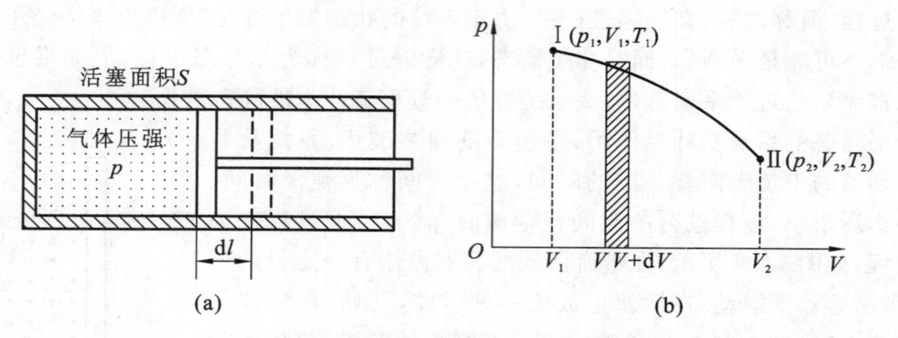


**图 11-3　准静态过程的体积功**

体积功的理解,应该注意以下几点。

(1) 功值等于做功过程传递的能量,能量形式一般发生变化(热能与其他形式能量之间的转化)。

(2) 功是标量,有正负。若 $\mathrm{d}V > 0$,则 $\mathrm{d}A > 0$,系统对外界做功。若 $\mathrm{d}V < 0$,则 $\mathrm{d}A < 0$,外界对系统做功。若 $\mathrm{d}V = 0$,则 $\mathrm{d}A = 0$,系统不做功。

(3) 由图 11-3(b) 可知,系统经历的过程不同,过程曲线下面所围的面积不同,系统所做的功也就不同。也就是说,功值不仅与系统的始末状态有关,还与路径有关。因此功是一个过程量。

2. 热量

系统与外界之间或系统内各部分之间由于存在温度差而传递的能量(热能)叫作**热量**,用符号 $Q$ 表示,其单位与内能单位相同。

应当指出,热量传递的多少与传递的过程有关。所以,热量与功一样也是过程量。

### 11.2.4　热力学第一定律

一般情况下,在系统状态变化的过程中,外界对系统做功和传热往往同时存在,两者都能使系统的内能发生变化。一个系统从平衡态 Ⅰ 经历一个热力学过程变化到平衡态 Ⅱ,在此过程中,从外界吸收热量 $Q$,对外界做功 $A$,系统的内能由 $E_1$ 变为 $E_2$,内能的增量为 $\Delta E = E_2 - E_1$。大量事实表明:

$$Q = \Delta E + A \tag{11-3a}$$

式(11-3a) 称为**热力学第一定律**。它指出,系统从外界吸收的热量,一部分用来增加系统的内能,另一部分用来对外界做功。

式(11-3a) 中各量的符号规定:系统从外界吸热 $Q > 0$,系统向外放热 $Q < 0$;系统内能增加 $\Delta E > 0$,系统内能减少 $\Delta E < 0$;系统对外做功 $A > 0$,外界对系统做功 $A < 0$。

对无限小过程且只有体积功时,热力学第一定律可写成

$$\mathrm{d}Q = \mathrm{d}E + p\mathrm{d}V \tag{11-3b}$$

式(11-3a) 和式(11-3b) 是能量守恒定律在热力学过程中的表现形式。它是人们在长期的生产实践和科学实验中总结出来的,是自然界的一条普遍规律,对气体、液体、固体都适用。历史上曾有不少人企图制造一种机器,它既不消耗内能,又不需要外界提供能量,而能源源不断地对外做功,这种机器称为第一类永动机。热力学第一定律否定了制造第一类永动机的可能性。

# 11.3　热力学第一定律的应用

## 11.3.1　理想气体的等体过程

### 1. 理想气体等体过程的特点

系统体积保持不变的过程称为**等体过程**。等体过程可用平行于 $p$ 轴的一条直线表示，称为等体线，如图 11-4 所示。

理想气体在等体过程中，由于 $V$ 为恒量，由理想气体状态方程可得等体过程方程

$$\frac{p}{T} = 恒量 \tag{11-4}$$

在无限小等体过程中，理想气体对外不做功，$\mathrm{d}A = 0$，由热力学第一定律知

$$\mathrm{d}Q = \mathrm{d}E \tag{11-5a}$$

对有限等体过程，式(11-5a)可表示为

$$Q = \Delta E \tag{11-5b}$$

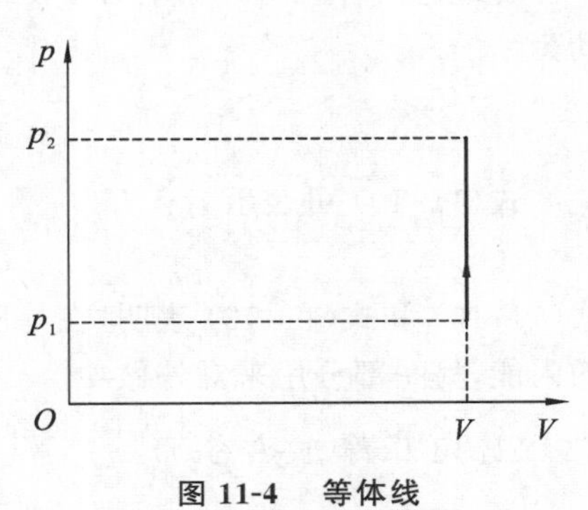

图 11-4　等体线

式(11-5a)和式(11-5b)表明，在等体过程中，理想气体系统吸收的热量全部用于增加系统的内能。

### 2. 定容摩尔热容

为了探讨理想气体在等体过程中所吸收的热量，引入定容摩尔热容。设 1 mol 理想气体在等体过程中所吸收的热量为 $\mathrm{d}Q$，温度上升 $\mathrm{d}T$，理想气体的定容摩尔热容定义为

$$C_{V,\mathrm{m}} = \left(\frac{\mathrm{d}Q}{\mathrm{d}T}\right)_V \tag{11-6}$$

实验表明，理想气体在温度变化不太大的过程中，$C_{V,\mathrm{m}}$ 近似为常数。国际单位制中，定容摩尔热容的单位为 J/(mol·K)。

由式(11-6)可得无限小等体过程中，1 mol 理想气体所吸收的热量为

$$\mathrm{d}Q = C_{V,\mathrm{m}}\mathrm{d}T \tag{11-7a}$$

对于物质的量为 $\nu$ 的理想气体，当温度由 $T_1$ 变为 $T_2$ 时，如果温差不太大，对式(11-7a)积分，可得理想气体吸收的热量为

$$Q = \nu C_{V,\mathrm{m}}(T_2 - T_1) \tag{11-7b}$$

根据式(11-5b)和式(11-7b)，理想气体内能的增量为

$$\Delta E = \nu C_{V,\mathrm{m}}(T_2 - T_1) \tag{11-8}$$

式(11-8)虽然是从理想气体等体过程得出的，但它适用于理想气体的任何过程。这是因为理想气体的内能仅是温度的函数，其内能的增量由始末两态的温度差决定，与系统变化的过程无关。

## 11.3.2　理想气体的等压过程

### 1. 理想气体的等压过程的特点

系统压强保持不变的过程称为**等压过程**。等压过程在 $p$-$V$ 图上可用等压线表示，如图

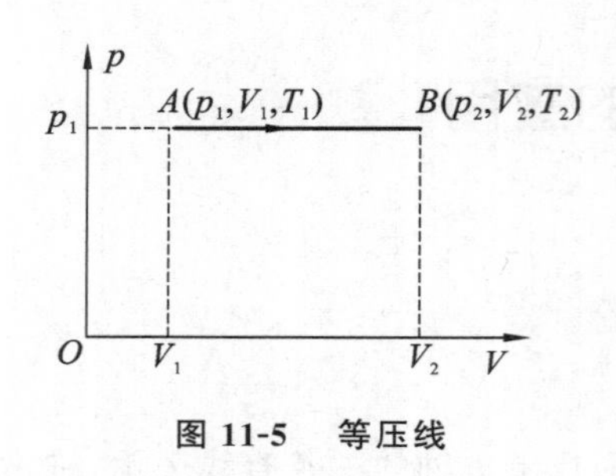


**图 11-5　等压线**

11-5 所示。

理想气体在等压过程中，由于 $p$ 为恒量，由理想气体状态方程可知等压过程方程为

$$\frac{T}{V}=\text{恒量} \tag{11-9}$$

设无限小等压过程中，理想气体吸收的热量为 $dQ$，系统对外做的功为 $pdV$，由热力学第一定律知

$$dQ=dE+pdV \tag{11-10}$$

若理想气体在等压过程中，吸收的热量为 $Q$，它的体积由 $V_1$ 变为 $V_2$，则系统对外做的功为

$$A=\int_{V_1}^{V_2}pdV=p(V_2-V_1) \tag{11-11}$$

式(11-10)可表示为

$$Q=\Delta E+p(V_2-V_1) \tag{11-12}$$

式(11-10)和式(11-12)表明，在等压过程中，理想气体系统吸收的热量，一部分用来增加系统的内能，另一部分用来对外做功。

2. 定压摩尔热容

为了研究理想气体在等压过程中吸收的热量，引入定压摩尔热容。设 1 mol 理想气体在等压过程中所吸收的热量为 $dQ$，温度升高 $dT$，定义理想气体的定压摩尔热容为

$$C_{p,m}=\left(\frac{dQ}{dT}\right)_p \tag{11-13}$$

实验表明，理想气体的温度变化不太大时，$C_{p,m}$ 也近似为常数。其单位与定容摩尔热容相同。

由式(11-13)可知，无限小等压过程中，1 mol 理想气体吸收的热量为

$$dQ=C_{p,m}dT \tag{11-14a}$$

对于物质的量为 $\nu$ 的理想气体，实验表明，在等压过程中，设理想气体的温度由 $T_1$ 变为 $T_2$，若温度变化不太大，由式(11-14a)积分，可得理想气体吸收的热量为

$$Q=\nu C_{p,m}(T_2-T_1) \tag{11-14b}$$

3. 迈尔公式

下面进一步研究理想气体的定压摩尔热容 $C_{p,m}$ 与定容摩尔热容 $C_{V,m}$ 之间的关系。对 1 mol 理想气体的无限小等压过程应用热力学第一定律，有

$$dQ=C_{V,m}dT+pdV \tag{11-15a}$$

将 1 mol 理想气体状态方程两边微分得

$$pdV=RdT$$

代入式(11-15a)得

$$dQ=C_{V,m}dT+RdT \tag{11-15b}$$

将式(11-14a)代入式(11-15b)得

$$C_{p,m}=C_{V,m}+R \tag{11-16}$$

式(11-16)称为**迈尔公式**。

在实际应用中,常常用到 $C_{p,\mathrm{m}}$ 与 $C_{V,\mathrm{m}}$ 的比值,称为摩尔热容比,用符号 $\gamma$ 表示,即

$$\gamma=\frac{C_{p,\mathrm{m}}}{C_{V,\mathrm{m}}} \tag{11-17}$$

$C_{p,\mathrm{m}}$ 和 $C_{V,\mathrm{m}}$ 通常通过实验测定。表 11-1 给出了几种气体摩尔热容的实验值。

**表 11-1　几种气体摩尔热容的实验值**(在 $1.013\times10^5$ Pa、25 ℃ 时)

| 气　体 | $M$/(kg/mol) | $C_{p,\mathrm{m}}$/[J/(mol·K)] | $C_{V,\mathrm{m}}$/[J/(mol·K)] | $\gamma=\frac{C_{p,\mathrm{m}}}{C_{V,\mathrm{m}}}$ |
|---|---|---|---|---|
| 氦 | $4.003\times10^{-3}$ | 20.79 | 12.52 | 1.66 |
| 氖 | $20.18\times10^{-3}$ | 20.79 | 12.68 | 1.64 |
| 氩 | $39.95\times10^{-3}$ | 20.79 | 12.45 | 1.67 |
| 氢 | $2.016\times10^{-3}$ | 28.82 | 20.44 | 1.41 |
| 氮 | $28.01\times10^{-3}$ | 29.12 | 20.80 | 1.40 |
| 氧 | $32.00\times10^{-3}$ | 29.37 | 20.98 | 1.40 |
| 空气 | $28.97\times10^{-3}$ | 29.01 | 20.68 | 1.40 |
| 一氧化碳 | $28.01\times10^{-3}$ | 29.04 | 20.74 | 1.40 |
| 二氧化碳 | $44.01\times10^{-3}$ | 36.62 | 28.17 | 1.30 |
| 一氧化氮 | $40.01\times10^{-3}$ | 36.90 | 28.39 | 1.30 |
| 硫化氢 | $34.08\times10^{-3}$ | 36.12 | 27.36 | 1.32 |
| 水蒸气 | $18.02\times10^{-3}$ | 36.21 | 27.82 | 1.30 |

## 11.3.3　理想气体的等温过程

系统温度保持不变的过程称为**等温过程**。例如,一气缸内储有温度为 $T$ 的一定量理想气体,气缸壁由绝热材料制成,气缸的底部为热的良导体。将气缸底部与温度为 $T$ 的恒温热源(热源的温度可视为不变)相接触,如图 11-6(a) 所示。气体从热源吸热而体积膨胀,温度始终与热源温度相同。

理想气体在等温过程中,$T=$ 恒量,由理想气体状态方程可得等温过程方程

$$pV=\text{恒量} \tag{11-18}$$

等温过程可用 $p$-$V$ 图上的一条曲线表示,如图 11-6(b) 所示。

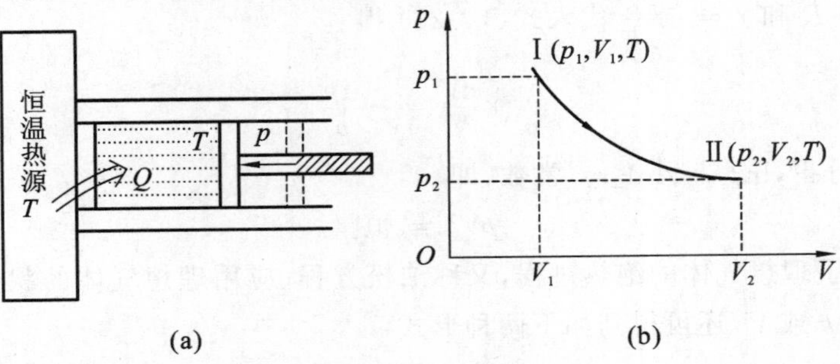


**图 11-6　等温过程**

理想气体的内能仅是温度的函数,在无限小等温过程中内能保持不变,$\mathrm{d}E=0$,由热力学第一定律得

$$\mathrm{d}Q=\mathrm{d}A=p\mathrm{d}V \tag{11-19a}$$

等温过程中气体由状态 Ⅰ$(p_1,V_1,T)$ 变为状态 Ⅱ$(p_2,V_2,T)$,根据理想气体状态方程知 $p=\nu\dfrac{RT}{V}$,则

$$Q=A=\int_{V_1}^{V_2}p\mathrm{d}V=\nu RT\ln\frac{V_2}{V_1} \tag{11-19b}$$

式(11-19a) 和式(11-19b) 表明,在等温过程中,理想气体吸收的热量全部用于对外做功。

由于等温过程 $p_1V_1=p_2V_2$,所以式(11-19b) 还可表示为

$$Q=A=\nu RT\ln\frac{p_1}{p_2} \tag{11-19c}$$

## 11.3.4 理想气体的绝热过程

系统与外界之间始终没有热量交换的过程称为**绝热过程**,用绝热线表示,如图 11-7 所示。在良好的隔热材料包裹的系统中进行的过程,或过程进行得很快以致系统来不及与外界交换热量,都可近似地看作绝热过程。

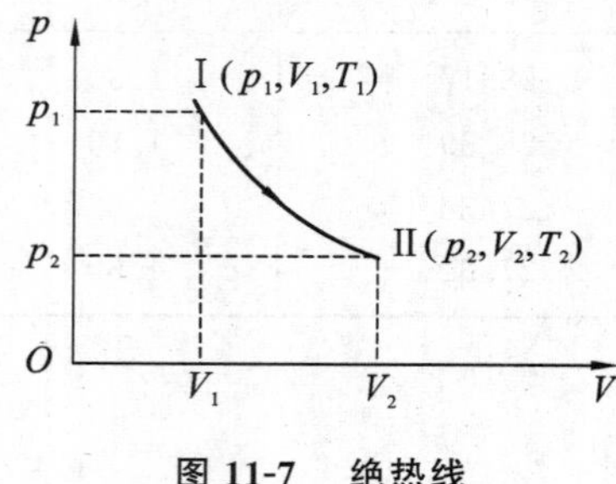

图 11-7 绝热线

理想气体在无限小绝热过程中,$\mathrm{d}Q=0$,根据热力学第一定律,有

$$\mathrm{d}A=-\mathrm{d}E \tag{11-20}$$

式(11-20) 表明:系统对外界做功,系统的内能必然减少;外界对系统做功,系统的内能必然增加。

设温度变化为 $\mathrm{d}T$,则理想气体的内能变化为

$$\mathrm{d}E=\nu C_{V,\mathrm{m}}\mathrm{d}T$$

代入式(11-20) 得

$$p\mathrm{d}V=-\nu C_{V,\mathrm{m}}\mathrm{d}T \tag{11-21}$$

在绝热过程中,$p,V,T$ 三者都发生变化。对理想气体状态方程全微分,可得

$$p\mathrm{d}V+V\mathrm{d}p=\nu R\mathrm{d}T \tag{11-22}$$

联立式(11-21) 和式(11-22),消去 $\mathrm{d}T$ 得

$$C_{V,\mathrm{m}}p\mathrm{d}V+C_{V,\mathrm{m}}V\mathrm{d}p=-Rp\mathrm{d}V \tag{11-23}$$

将 $C_{p,\mathrm{m}}=C_{V,\mathrm{m}}+R$ 和 $\gamma=\dfrac{C_{p,\mathrm{m}}}{C_{V,\mathrm{m}}}$ 代入式(11-23) 得

$$\gamma\frac{\mathrm{d}V}{V}=-\frac{\mathrm{d}p}{p} \tag{11-24}$$

对式(11-24) 积分得,$\ln p+\gamma\ln V=$ 常数,即

$$pV^{\gamma}=\text{恒量} \tag{11-25a}$$

式(11-25a) 描述了理想气体的绝热过程,又称泊松方程。应用理想气体的状态方程,分别消去式(11-25a) 中的 $p$ 或 $V$,还可得到如下两种形式

$$p^{\gamma-1}T^{-\gamma}=\text{恒量} \tag{11-25b}$$

$$TV^{\gamma-1}=\text{恒量} \tag{11-25c}$$

在 $p$-$V$ 图上过 $A$ 点作绝热线和等温线，如图 11-8 所示。虽然绝热线与等温线形状相似，但绝热线比等温线要陡一些。图中两线相交的 $A$ 点处，绝热线斜率和等温线斜率分别为

$$\left(\frac{\mathrm{d}p}{\mathrm{d}V}\right)_A=-\gamma\frac{p_A}{V_A}\quad 和 \quad\left(\frac{\mathrm{d}p}{\mathrm{d}V}\right)_A=-\frac{p_A}{V_A}$$

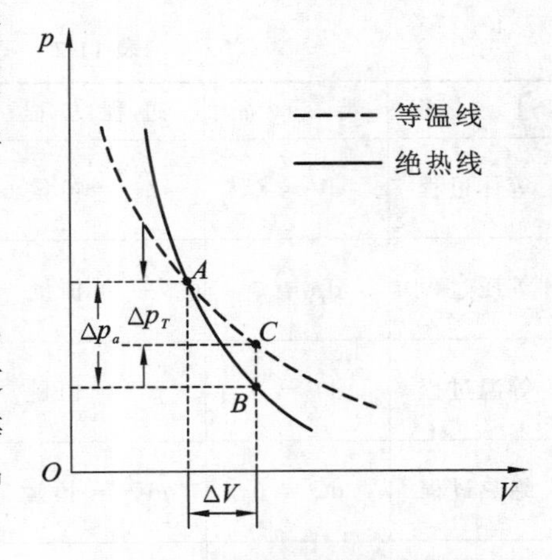

图 11-8　绝热线与等温线比较

由于 $\gamma>1$，所以绝热线斜率总是大于等温线斜率。这表明，绝热过程和等温过程膨胀相同的体积，绝热过程中压降 $\Delta p_a$ 要大于等温过程中压降 $\Delta p_T$。这是因为等温过程中气体密度的减小导致压降下降，而绝热过程中气体密度减小和温度降低都要导致压降下降。

由式(11-25a) 还可推出理想气体在绝热过程中所做的功

$$A=\frac{1}{\gamma-1}(p_1V_1-p_2V_2)\tag{11-26}$$

## *11.3.5　多方过程

以上讨论了四种典型的热力学过程，实际过程往往介于它们之间。常用下面的方程描述

$$pV^n=恒量\tag{11-27}$$

满足式(11-27) 的过程称为多方过程，式中 $n$ 为任意实数，称为多方指数。

式(11-27) 包含以下 4 种典型的热力学过程。

(1) 当 $n=\gamma$ 时，$pV^\gamma=$ 恒量。

(2) 当 $n=1$ 时，$pV=$ 恒量。

(3) 当 $n=0$ 时，$p=$ 恒量。

(4) 当 $n=\infty$ 时，$V=$ 恒量。

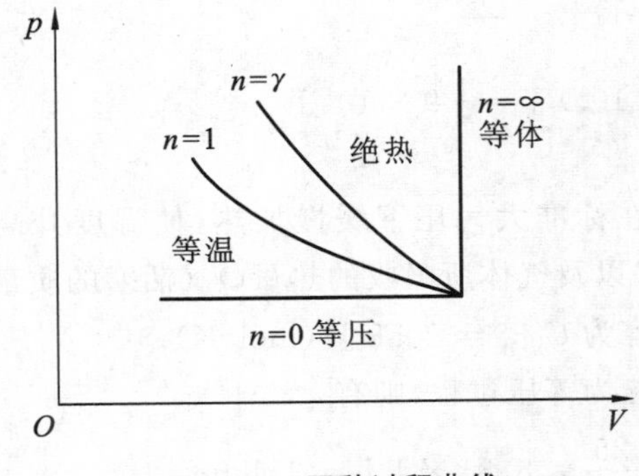

图 11-9　四种过程曲线

4 种过程的曲线如图 11-9 所示。

利用式(11-27) 可推出理想气体多方过程中所做的功为

$$A=\frac{1}{n-1}(p_1V_1-p_2V_2)\tag{11-28}$$

利用热力学第一定律、理想气体状态方程和式(11-27)，还可得到多方过程摩尔热容与定容摩尔热容之间的关系为

$$C_{n,m}=C_{V,\mathrm{m}}\left(\frac{\gamma-n}{1-n}\right)\tag{11-29}$$

理想气体在多方过程中吸收的热量为

$$Q=\nu C_{n,m}(T_2-T_1)\tag{11-30}$$

实际的热力学过程大都属于多方过程，因此研究多方过程在热力学工程中有着重要的实用价值。

理想气体的准静态过程中的重要公式如表 11-2 所示。

表 11-2 理想气体准静态过程的重要公式

| 过程 | 特征 | 过程方程 | 吸收热量 | 对外做功 | 内能增量 |
|---|---|---|---|---|---|
| 等体过程 | $dV=0$ | $\frac{p}{T}=$ 恒量 | $\nu C_{V,m}(T_2-T_1)$ | 0 | $\nu C_{V,m}(T_2-T_1)$ |
| 等压过程 | $dp=0$ | $\frac{T}{V}=$ 恒量 | $\nu C_{p,m}(T_2-T_1)$ | $p(V_2-V_1)$ | $\nu C_{V,m}(T_2-T_1)$ |
| 等温过程 | $dT=0$ | $pV=$ 恒量 | $\nu RT\ln\frac{V_2}{V_1}$ | $\nu RT\ln\frac{V_2}{V_1}$ | 0 |
| 绝热过程 | $dQ=0$ | $pV^{\gamma}=$ 恒量 | 0 | $\frac{p_1V_1-p_2V_2}{\gamma-1}$ | $\nu C_{V,m}(T_2-T_1)$ |
| 多方过程 | | $pV^{n}=$ 恒量 | $\nu C_{n,m}(T_2-T_1)$ | $\frac{p_1V_1-p_2V_2}{n-1}$ | $\nu C_{V,m}(T_2-T_1)$ |

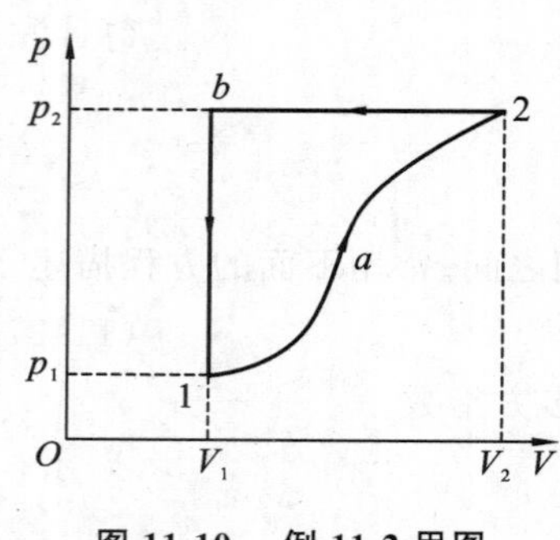


图 11-10 例 11-2 用图

**例 11-2** 如图 11-10 所示，一定质量的气体从初态 1 沿 $1a2$ 过程到达状态 2，它对外界做功 $1.5\times10^4$ J，从外界吸收热量 $8.5\times10^4$ J，图中 $p_1=1\times10^5$ Pa，$p_2=5\times10^5$ Pa，$V_1=2\times10^{-2}$ m$^3$，$V_2=6\times10^{-2}$ m$^3$，求气体从状态 2 经 $2b1$ 回到状态 1 的过程中，气体从外界吸收的热量。

**解** 在 $1a2$ 过程中，气体对外界做功 $1.5\times10^4$ J，从外界吸收热量 $8.5\times10^4$ J，由热力学第一定律得

$$\Delta E=Q-A=(8.5\times10^4-1.5\times10^4)\ \text{J}=7\times10^4\ \text{J}$$

气体从状态 2 经 $2b1$ 回到状态 1 的过程中，只有 $2b$ 过程做功

$$A=p_2(V_b-V_2)=5\times10^5\times(2-6)\times10^{-2}\ \text{J}=-2\times10^4\ \text{J}$$

在 $2b1$ 过程中，由于内能是状态的函数，气体内能增量为

$$\Delta E'=-\Delta E=-7\times10^4\ \text{J}$$

所以气体吸收的热量为

$$Q=\Delta E'+A=(-7\times10^4-2\times10^4)\ \text{J}=-9\times10^4\ \text{J}$$

故气体向外界放出 $9\times10^4$ J 的热量。

**例 11-3** 一气缸中储有氮气，质量为 1.25 kg，在标准大气压下缓慢加热，使温度升高 1 K。试求气体膨胀时所做的功 $A$，气体内能的增量 $\Delta E$ 以及气体所吸收的热量 $Q$。(活塞的质量以及它与气缸壁的摩擦忽略不计，氮气的定容摩尔热容为 $C_{V,m}=20.8$ J/(mol/K)。)

**解** 常温常压下氮气可视为理想气体，据题意加热为等压过程，则有

$$A=p(V_2-V_1)=\nu R(T_2-T_1)=\frac{1.25}{0.028}\times8.31\times1\ \text{J}=371\ \text{J}$$

$$\Delta E=\nu C_{V,m}(T_2-T_1)=\frac{1.25}{0.028}\times20.8\times1\ \text{J}=929\ \text{J}$$

所以，气体在这一过程中所吸收的热量为

$$Q=\Delta E+A=(929+371)\ \text{J}=1300\ \text{J}$$

**例 11-4** 气缸中储有 3.2 g 的氧气，初态 $p_1=1.0$ atm(1 atm $=101.325$ kPa)，$V_1=1.0$ L。

首先等压加热使气体系统的体积增加到初态的2倍，之后等体加热使气体系统的压强增加到初态的2倍，最后绝热膨胀使气体系统的温度回到初态值，如图11-11所示。求出各过程中气体吸收的热量、做的功和内能的变化量。($\gamma=1.4, C_{V,m}=20.98\ \mathrm{J/(mol\cdot K)}$)

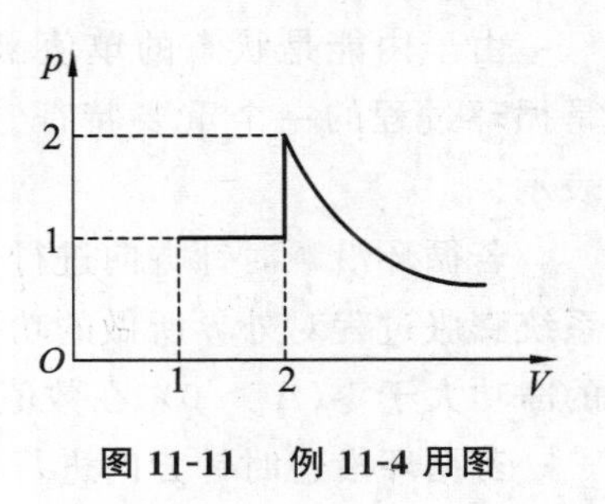

图11-11 例11-4用图

**解** 初态温度

$$T_1=\frac{p_1V_1}{\nu R}=\frac{1.0\times1.013\times10^5\times1.0\times10^{-3}}{(3.2/32)\times8.31}\ \mathrm{K}$$
$$=1.22\times10^2\ \mathrm{K}$$

经等压加热后，温度变为

$$T_2=\frac{V_2}{V_1}T_1=\frac{2.0\times10^{-3}}{1.0\times10^{-3}}\times1.22\times10^2\ \mathrm{K}=2.44\times10^2\ \mathrm{K}$$

经等体加热后，温度变为

$$T_3=\frac{p_3}{p_2}T_2=\frac{2.0}{1.0}\times2.44\times10^2\ \mathrm{K}=4.88\times10^2\ \mathrm{K}$$

经绝热膨胀后，温度回到初态温度

$$T_4=T_1=1.22\times10^2\ \mathrm{K}$$

在等压过程中

$$A_1=\nu R(T_2-T_1)=\frac{3.2}{32}\times8.31\times(2.44-1.22)\times10^2\ \mathrm{J}=1.01\times10^2\ \mathrm{J}$$

$$\Delta E_1=\nu C_{V,\mathrm{m}}(T_2-T_1)=\frac{3.2}{32}\times20.98\times(2.44-1.22)\times10^2\ \mathrm{J}=2.56\times10^2\ \mathrm{J}$$

$$Q_1=A_1+\Delta E_1=(1.01\times10^2+2.56\times10^2)\ \mathrm{J}=3.57\times10^2\ \mathrm{J}$$

在等体过程中

$$A_2=0$$

$$\Delta E_2=\nu C_{V,\mathrm{m}}(T_3-T_2)=\frac{3.2}{32}\times20.98\times(4.88-2.44)\times10^2\ \mathrm{J}=5.12\times10^2\ \mathrm{J}$$

$$Q_2=A_2+\Delta E_2=(0+5.12\times10^2)\ \mathrm{J}=5.12\times10^2\ \mathrm{J}$$

在绝热过程中

$$\Delta E_3=\nu C_{V,\mathrm{m}}(T_4-T_3)=\frac{3.2}{32}\times20.98\times(1.22-4.88)\times10^2\ \mathrm{J}=-7.68\times10^2\ \mathrm{J}$$

$$Q_3=0$$

$$A_3=Q_3-\Delta E_3=0+7.68\times10^2\ \mathrm{J}=7.68\times10^2\ \mathrm{J}$$

## 11.4 循环过程和卡诺循环

### 11.4.1 循环过程

生产技术中往往需要将热、功之间的转换持续进行下去，靠单一热力学过程是无法实现的，这就需要利用循环过程。系统由某一状态出发，经过一系列变化过程，又回到初始状态，系统经历了一个**循环过程**，简称循环。

由于内能是状态的单值函数，所以系统经历一个循环过程后，其内能不变，$\Delta E = 0$，这是循环过程的一个重要特征。如果循环过程为准静态过程，在 $p$-$V$ 图上可用一闭合曲线表示。

若循环沿顺时针方向进行，则称为正循环，如图 11-12 所示。可以看出，在正循环过程中，系统膨胀过程对外界所做的功要大于系统压缩过程外界对系统所做的功，故系统对外界所做的净功大于零($A > 0$)，在数值上为循环曲线所包围的面积。

若循环沿逆时针方向进行，则称为逆循环，如图 11-13 所示。可以看出，在逆循环过程中，系统膨胀过程对外所做的功要小于系统压缩过程外界对系统所做的功，故系统对外界所做的净功小于零($A < 0$)，即系统对外界做负功。其绝对值等于循环曲线所包围的面积。

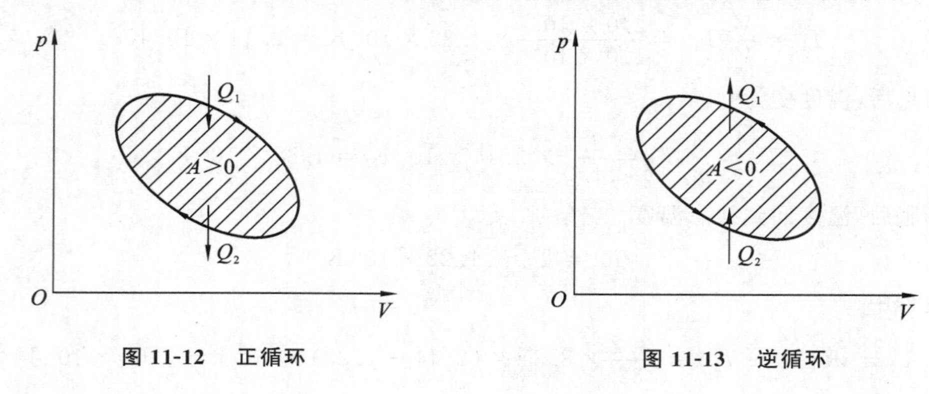


图 11-12 正循环　　图 11-13 逆循环

## 11.4.2 热机和致冷机

凡是利用工质正循环不断将热转化为功的机器，称为**热机**，如蒸汽机、内燃机。其工作过程为：系统在正循环过程中，从高温热源吸收热量，一部分用来对外做功，另一部分放给低温热源。

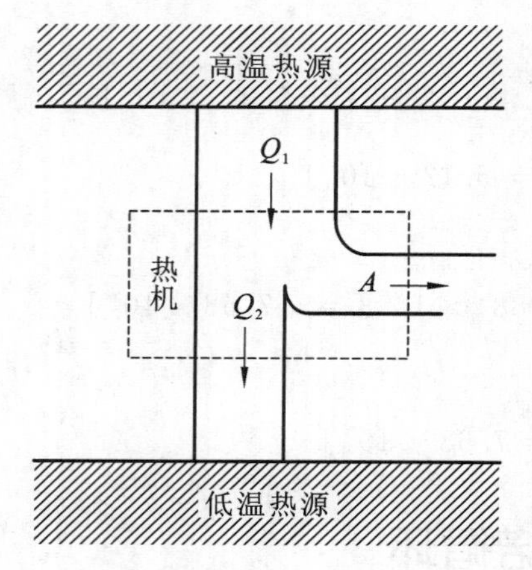


图 11-14 热机工作示意图

其能量转换与传递情况如图 11-14 所示。热机工作物质经过一个正循环后，系统内能不变，$\Delta E = 0$。由热力学第一定律可知，$Q_1 - Q_2 = A$，这表明系统从高温热源吸收的热量不能全部转变为功，一部分用来对外做功，一部分放给低温热源。实际问题中，我们关心的是从高温热源吸收来的热量中有多少转化为对外做的功。一次循环中，对外所做的净功 $A$ 与所吸收的热量 $Q_1$ 的比值定义为热机效率或循环效率，即

$$\eta = \frac{A}{Q_1} = 1 - \frac{Q_2}{Q_1} \tag{11-31}$$

式(11-31)表明，热机效率越大，从高温热源吸收的单位热量转换成的输出功越多，热功转换效率越高。

由于 $Q_2 \neq 0$，且 $Q_2 < Q_1$，所以热机循环效率总是小于 1。

凡是能利用工质逆循环不断地从低温热源向高温热源传递热量的机器，称为**致冷机**，如电冰箱、空调等。

其能量转换与传递过程如图 11-15 所示。在逆循环中，热量传递和做功的方向与正循环中的情况刚好相反。所以在逆循环中，外界对系统做功 $A$，使工质从低温热源吸收热量 $Q_2$，并把

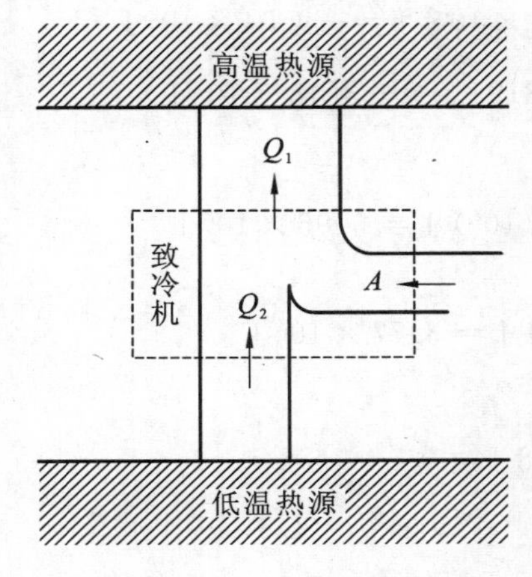


图 11-15　致冷机工作示意图

功转化为热量连同吸收的热量一起传给高温热源，即 $Q_1 = A + Q_2$。

致冷机的效率可用一次循环中系统从低温热源吸收的热量与外界对系统所做的功的比值 $e$ 来表示，也称为致冷系数，即

$$e = \frac{Q_2}{A} = \frac{Q_2}{Q_1 - Q_2} \tag{11-32}$$

式(11-32) 表明，致冷系数 $e$ 越大，消耗单位输入功从低温热源吸收的热量就越多，致冷效率就越高。

式(11-31) 和式(11-32) 中各量规定为绝对值。

**例 11-5**　5.6 g 的氮气从标准状态 Ⅰ($p_1 = 1.0$ atm，$T_1 = 273$ K) 等体加热至状态 Ⅱ($p_2 = 3.0$ atm)，经等温膨胀至状态 Ⅲ($p_3 = 1.0$ atm)，再经等压过程回到初态($\gamma = 1.4$，$C_{V,\mathrm{m}} = 20.8$ J/(mol·K)，$C_{p,\mathrm{m}} = 29.1$ J/(mol·K))。循环曲线如图 11-16 所示。(1) 求出各状态参量；(2) 求循环中气体做的净功及吸收的热量；(3) 求循环热效率 $\eta$；(4) 设想一台致冷机是以题中逆过程设计的，那么其致冷系数为多少？

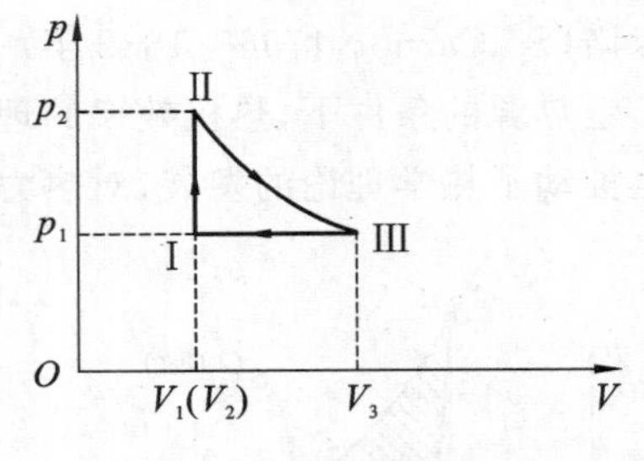


图 11-16　循环曲线

**解**　(1) 状态 Ⅰ：

$$p_1 = 1.0\ \text{atm}, \quad T_1 = 273\ \text{K},$$

$$V_1 = \frac{mRT_1}{Mp_1} = \frac{5.6 \times 10^{-3} \times 8.31 \times 273}{28 \times 10^{-3} \times 1.0 \times 1.013 \times 10^5}\ \text{m}^3 = 4.48 \times 10^{-3}\ \text{m}^3$$

状态 Ⅱ：

$$p_2 = 3.0\ \text{atm}, \quad V_2 = V_1 = 4.48 \times 10^{-3}\ \text{m}^3$$

$$T_2 = T_1 \frac{p_2}{p_1} = 273 \times \frac{3.0}{1.0}\ \text{K} = 819\ \text{K}$$

状态 Ⅲ：

$$p_3 = p_1 = 1.0\ \text{atm}$$

$$T_3 = T_2 = 819\ \text{K}$$

$$V_3 = V_2 \frac{p_2}{p_3} = 4.48 \times 10^{-3} \times \frac{3.0}{1.0}\ \text{m}^3 = 1.34 \times 10^{-2}\ \text{m}^3$$

(2) Ⅰ → Ⅱ 为等体吸热过程：

$$A_1 = 0$$

$$Q_1 = \Delta E = \frac{m}{M} C_{V,\mathrm{m}} (T_2 - T_1) = 0.2 \times 20.8 \times (819 - 273)\ \text{J} = 2.27 \times 10^3\ \text{J}$$

Ⅱ → Ⅲ 为等温膨胀过程：

$$\Delta E = 0$$

$$A_2 = \frac{m}{M} R T_2 \ln \frac{V_3}{V_2} = 0.2 \times 8.31 \times 819 \times \ln 3\ \text{J} = 1.5 \times 10^3\ \text{J}$$

$$Q_2 = A_2 = 1.5 \times 10^3\ \text{J}$$

Ⅲ → Ⅰ 为等压压缩过程：

$$A_3 = p_3(V_1 - V_3) = 1.013 \times 10^5 \times (4.48 - 13.4) \times 10^{-3}\ \text{J} = -9.04 \times 10^2\ \text{J}$$

$$Q_3 = \frac{m}{M}C_{p,\text{m}}(T_1 - T_3) = 0.2 \times 29.1 \times (273 - 819)\ \text{J} = -3.18 \times 10^3\ \text{J}$$

所以，整个循环过程气体做的净功

$$A = A_1 + A_2 + A_3 = (0 + 1.5 \times 10^3 - 0.904 \times 10^3)\ \text{J} = 5.96 \times 10^2\ \text{J}$$

(3) 循环过程气体系统吸收的热量：

$$Q_{吸} = Q_1 + Q_2 = (2.27 \times 10^3 + 1.5 \times 10^3)\ \text{J} = 3.77 \times 10^3\ \text{J}$$

因此，该循环的热效率

$$\eta = \frac{A}{Q_{吸}} = \frac{5.96 \times 10^2}{3.77 \times 10^3} = 15.8\ \%$$

(4) 若系统逆循环，则致冷系数为

$$e = \frac{Q_{放}}{A} = \frac{|Q_3|}{A} = \frac{3.18 \times 10^3}{5.96 \times 10^2} = 5.34$$

### 11.4.3 卡诺循环

18 世纪末，蒸汽机虽然得到了广泛的应用，但效率一直很低，只有 3% ～ 5%，大部分热量没有得到利用。如何提高热机效率就成了当时科学家和工程师的重要研究课题。法国的工程师卡诺(S. Carnot，1796—1832 年) 于 1824 年提出了一种理想循环——**卡诺循环**，找到了在两个给定热源的条件下，热机效率的理论极限值。它一方面指明了提高热机效率的方向，另一方面也推动了热学理论的发展，对热力学第二定律的建立起了重要作用。

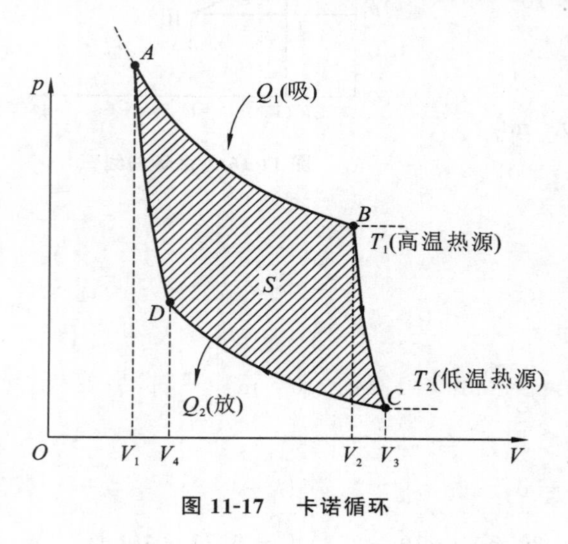


图 11-17 卡诺循环

卡诺循环是由四个准静态过程组成的，如图 11-17 所示。在气缸中封闭一定的理想气体，由初态经过等温膨胀 $A \to B$、绝热膨胀 $B \to C$、等温压缩 $C \to D$、绝热压缩 $D \to A$，回到初态形成了一个循环。

工质经历一个卡诺循环，内能不变。从高温热源 $T_1$ 吸热，一部分用来对外做功，另一部分传给低温热源 $T_2$。能量转换情况由热力学第一定律分析如下：

(1) $A \to B$ 等温膨胀过程，内能不变，体积由 $V_1$ 膨胀到 $V_2$，系统从高温热源 $T_1$ 吸收的热量全部用来对外做功

$$A_1 = Q_1 = \nu RT_1 \ln\frac{V_2}{V_1} \tag{11-33}$$

(2) $B \to C$ 绝热膨胀过程，系统与热源无热交换，体积由 $V_2$ 膨胀到 $V_3$，系统消耗内能对外做功

$$A_2 = -\Delta E = \nu C_{V,\text{m}}(T_1 - T_2) \tag{11-34}$$

(3) $C \to D$ 等温压缩过程，内能不变，体积由 $V_3$ 压缩到 $V_4$，外界做的功全部转化为向低温热源 $T_2$ 放出的热量

$$A_3 = Q_2 = \nu RT_2 \ln\frac{V_3}{V_4} \tag{11-35}$$

(4) $D\rightarrow A$ 绝热压缩过程，系统与热源无热交换，体积由 $V_4$ 压缩到 $V_1$，外界对系统所做的功全部用来增加系统的内能

$$A_4 = \Delta E = \nu C_{V,m}(T_1 - T_2) \tag{11-36}$$

系统经历一个卡诺循环所做的净功为

$$A = A_1 + A_2 - A_3 - A_4 = Q_1 - Q_2 \tag{11-37}$$

根据热机效率定义，卡诺循环的效率为

$$\eta = \frac{A}{Q_1} = 1 - \frac{Q_2}{Q_1} = 1 - \frac{T_2 \ln \frac{V_3}{V_4}}{T_1 \ln \frac{V_2}{V_1}} \tag{11-38}$$

式(11-38) 还可进一步简化。利用理想气体绝热方程 $TV^{\gamma-1}=$ 恒量，由绝热线 $BC$ 和 $DA$ 可得

$$T_1 V_2^{\gamma-1} = T_2 V_3^{\gamma-1}$$
$$T_1 V_1^{\gamma-1} = T_2 V_4^{\gamma-1}$$

两式相除有

$$\frac{V_2}{V_1} = \frac{V_3}{V_4} \tag{11-39}$$

把式(11-39) 代入式(11-38)，有

$$\eta = 1 - \frac{Q_2}{Q_1} = 1 - \frac{T_2}{T_1} \tag{11-40}$$

式(11-40) 表明：卡诺循环的效率主要由高温热源和低温热源的温度决定，两热源的温度差越大，热循环效率也就越高。这为提高热机效率指明了方向。由于降低低温热源的温度，需要致冷，因此实际中总是尽量提高高温热源的温度，如使用优质煤、汽油、柴油或采用加压燃烧等。

若过程逆向进行，就构成卡诺循环的致冷机循环，其致冷系数为

$$e = \frac{Q_2}{Q_1 - Q_2} = \frac{T_2}{T_1 - T_2} \tag{11-41}$$

式(11-41) 表明，低温热源的温度越低，高低温热源的温差越大，致冷系数就越小，致冷越困难。

**例 11-6**　有一卡诺致冷机，从温度为 $-10$ ℃ 的冷藏室吸取热量，而向温度为 20 ℃ 的环境放出热量。设该致冷机所耗功率为 15 kW，求每分钟从冷藏室吸取的热量和每分钟向温度为 20 ℃ 的环境放出的热量。

**解**　由题意可知：

$$T_1 = 293\ \mathrm{K},\quad T_2 = 263\ \mathrm{K}$$

则该致冷机的致冷系数为

$$e = \frac{T_2}{T_1 - T_2} = \frac{263}{293 - 263} = 8.77$$

每分钟做的功为

$$A = 15\times 10^3 \times 60\ \mathrm{J} = 9\times 10^5\ \mathrm{J}$$

所以，每分钟从冷藏室吸取的热量为

$$Q_2 = eA = 8.77\times 9\times 10^5\ \mathrm{J} = 7.89\times 10^6\ \mathrm{J}$$

由热力学第一定律可得，每分钟向温度为 20 ℃ 的环境放出的热量为

$$Q_1 = Q_2 + A = (7.89\times 10^6 + 9\times 10^5)\ \mathrm{J} = 8.79\times 10^6\ \mathrm{J}$$

# 11.5 热力学第二定律

## 11.5.1 热力学第二定律

事实表明,任何过程必须满足热力学第一定律,但满足热力学第一定律的过程却不一定会发生。例如,不同温度的两个物体接触时,热量总是自发地从高温物体传到低温物体,最后温度趋于一致。粗糙地面上滑动的物体总是自发地将物体的动能转化为物体、地球和大气的内能,最终静止下来。两种气体总是自发地相互扩散而形成混合气体。这些过程的逆过程实际中并不会自发地发生。这说明自然界中还存在另一条制约热力学过程方向的规律,这条规律就是热力学第二定律。

热力学第二定律是 19 世纪中叶科学家们综合大量的实验事实和生产实践总结概括出来的。它有各种不同的表述形式,其基本思想都是指明热力学过程的方向性,最具有代表性的表述是开尔文表述和克劳修斯表述。

(1) 开尔文(Kelvin,1824—1907 年) 表述:**不可能从单一热源吸取热量,使之完全变为有用的功,而不产生其他影响。**

这里的"其他影响" 实质是指除从单一热源吸取热量并使之完全变为有用的功以外的其他任何变化。若产生其他影响,把从单一热源吸收的热全部变为有用功是可以实现的。例如,理想气体在等温膨胀过程中把从恒温热源吸收的热全部转变为功。但产生了"其他影响",即气体体积膨胀了。热机可以把从高温热源吸收的热量转变为对外做的功。但同时也向低温热源放出了一部分热量——产生了"其他影响"。

假如热机不向低温热源放热,把吸收的热量全部转变为功,这相当于一种单一热源热机,其效率为 100%。有人曾做过估算,如果用这种"理想热机" 从海水吸热而做功,那么海水温度降低 0.01 K,所做的功可供全世界所有工厂使用一千多年。这种机器虽然不违反热力学第一定律,但违反了热力学第二定律,所以被称为第二类永动机。因此开尔文表述也可以简述为:第二类永动机不可能造成。

功能自发地全部转变为热,热却不能自发地全部转变为功。开尔文表述实际上指明了功变热自发进行的方向。

(2) 克劳修斯(Clausius,1822—1888 年) 表述:**不可能把热量从低温物体传到高温物体,而不产生其他影响。**

这里的"其他影响" 是指把热量从低温物体传到高温物体以外的其他任何变化。致冷机可以把热量由低温热源传递给高温热源,但电源做了功,这就产生了其他影响。克劳修斯表述实际上指明了热传导自发进行的方向。

(3) 两种表述等价。热力学第二定律的两种表述,表面上毫不相关,但本质上是等价的。所谓等价是指如果一种说法成立,则可推论另一种说法也成立。下面我们用反证法证明两者的等价性。

设克劳修斯表述不成立,就可制造一台违反克劳修斯表述的机器。使它与一台热机联合工作,如图 11-18(a) 所示。

联合工作一个循环,两台机器的工质都恢复原状,低温热源 $T_2$ 没有变化。唯一效果是:把

从高温热源 $T_1$ 吸收的热量全部转变为有用功而没有产生其他影响。其等效如图 11-18(b) 所示，违反开尔文表述。整个推理过程没有问题，问题只能出在假设。由此推论，如果开尔文表述成立，则克劳修斯表述成立。

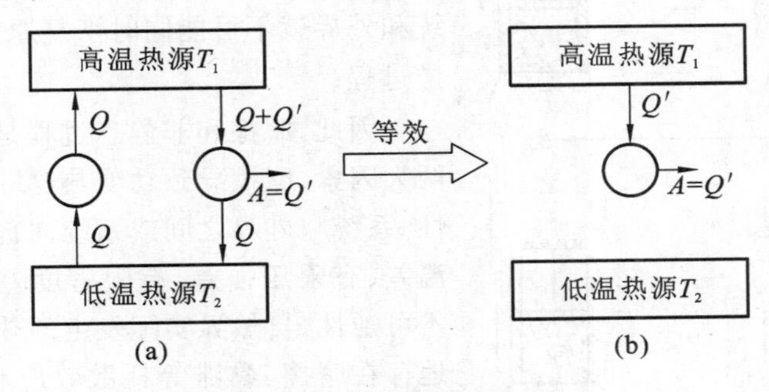


**图 11-18　两种表述等价性证明之一**

反之，设开尔文表述不成立，就可制造一台违反开尔文表述的机器，使它与一台致冷机联合工作，如图 11-19(a) 所示。联合工作一个循环，两台机器的工作物质都恢复原状。循环的唯一效果是：把热量从低温物体传到高温物体而没有产生其他影响。其等效如图 11-19(b) 所示，违反克劳修斯表述。同样，推理过程没有问题，问题出在假设。因此，如果克劳修斯表述成立，则开尔文表述成立。

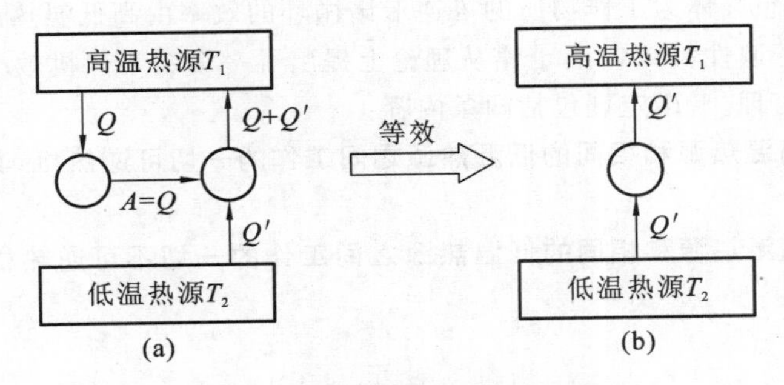


**图 11-19　两种表述等价性证明之二**

两种表述的等价性表明，一切与热现象有关的实际宏观过程都有其自发进行的方向。

## 11.5.2　实际热力学过程的不可逆性

为什么实际发生的宏观热力学过程都有自发进行的方向？这是因为它们都具有一个共同的内在性质——**不可逆性**。

系统从初态经某一过程变化到末态，如果存在某一过程，能使系统和外界同时恢复原状，则原过程叫作**可逆过程**。否则，原过程叫作**不可逆过程**。

我们来分析一个无摩擦的准静态过程，如图 11-20 所示。设想绝热气缸中封闭一定量气体，活塞与气缸壁间无摩擦。气缸右边排列相距很小且相等的隔板，隔板上放置质量很小且相等的小砝码。每将一小砝码平移到活塞上，活塞缓慢向下移动一格。依次将砝码移到活塞上，气体就被缓慢地压缩。砝码全部移到活塞上之后，再依次将砝码平移到隔板上。当砝码全部移走时，活塞回到原来的高度。由于无摩擦，正过程外界对气体做的功等于反过程气体对外界做的功，气体恢复原状，只是砝码回到的位置比原来低了一格。设想砝码质量无限小，隔板间距无限

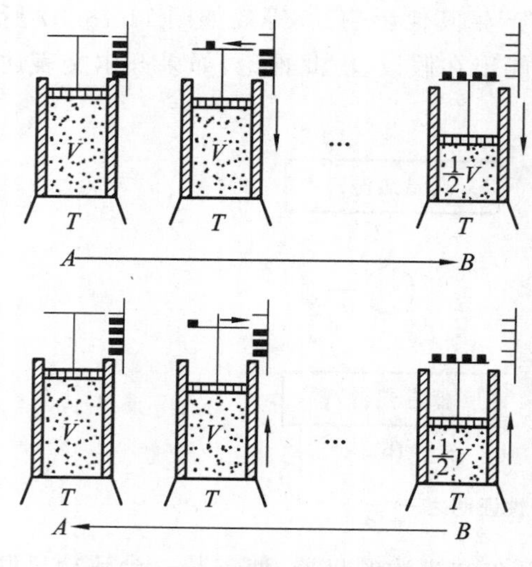


图 11-20　无摩擦的准静态过程

小,就可认为正反过程都无限缓慢,气体和砝码同时恢复原状。可见,无摩擦的准静态过程是可逆过程。显然,如果有摩擦或者过程是非准静态过程,系统和外界就不可能同时恢复原状,则过程就是不可逆过程。

因此,摩擦和非静态过程是导致过程不可逆的两大因素。摩擦导致功变热这一耗散效应的不可逆性。系统与外界之间或系统内部各部分之间的有限温差、有限压强差、有限密度差导致非静态效应的不可逆性。自然界实际发生的热力学过程不可避免地存在摩擦、黏滞等耗散效应和非静态效应,因此都是不可逆过程。

通过上述讨论,我们清楚认识到,热力学第二定律的实质在于指出**一切实际宏观热力学过程都具有不可逆性**。

### 11.5.3　卡诺定理

我们知道,以理想气体为工作物质的可逆卡诺循环的效率由高低温热源的温度决定。那么这个结论是否具有普遍性?1824 年,卡诺从理论上提出了一个关于热机效率界限的重要定理,这个定理就是卡诺定理。卡诺定理包括两条内容:

(1) **在相同的高温热源和相同的低温热源之间工作的一切可逆热机,其效率都相等,与工作物质无关。**

(2) **在相同的高温热源和相同的低温热源之间工作的一切不可逆热机,其效率不可能超过可逆热机的效率。**

数学表达式为

$$\eta \leqslant 1-\frac{T_2}{T_1} \tag{11-42}$$

式中,"="对应可逆循环,"<"对应不可逆循环。利用热力学第二定律可以证明卡诺定理,请自行证明。

由卡诺定理知,可逆卡诺热机的效率最高,实际热机的循环过程不同程度地存在散热、漏气、摩擦、黏滞等不可逆因素,均为不可逆热机。因此为了提高热机效率,一方面应提高两热源的温差,另一方面应尽量减少循环过程的不可逆因素,使循环接近卡诺循环。

## 11.6　熵和熵增加原理

既然一切实际宏观热力学过程都是不可逆的,都有其自发进行的方向,那么,一个孤立系统发生的不可逆过程的初态和终态必然存在某种差异,正是这种差异决定了自发进行的方向。因此应该能找到一个态函数。1865 年克劳修斯用宏观分析方法,找到了这个态函数。用这个态函数在初态和终态的值来判断过程的方向,这就是熵增加原理。可以说熵增加原理是热力学第二定律的数学表述。

### 11.6.1　熵

由卡诺定理知，对可逆卡诺循环，有

$$\eta = 1 - \frac{Q_2}{Q_1} = 1 - \frac{T_2}{T_1}$$

得

$$\frac{Q_1}{T_1} = \frac{Q_2}{T_2} \tag{11-43a}$$

按热力学第一定律中符号规定，系统吸收的热量为正值，放出的热量为负值，则系统放出的热量 $Q_2$ 用系统吸收的热量 $-Q_2$ 代替，式(11-43a) 可改写成

$$\frac{Q_1}{T_1} + \frac{Q_2}{T_2} = 0 \tag{11-43b}$$

式中，$\frac{Q_1}{T_1}$ 和$\frac{Q_2}{T_2}$ 分别表示系统在等温膨胀和等温压缩过程中吸收的热量与热源温度的比值，称为热温比。式(11-43b) 表明，在可逆卡诺循环中，系统经历一个循环后，其热温比的代数和为零。

图 11-21 所示为任意可逆循环。作一系列微小卡诺循环，一系列微小卡诺循环的总效果等效为锯齿形曲线。卡诺循环越小，锯齿形曲线就越接近可逆循环曲线。这样可逆循环的热温比的和就近似等于所有小卡诺循环热温比之和，即

$$\sum_{i=1}^{n} \frac{Q_i}{T_i} = 0 \tag{11-43c}$$

当 $n \to \infty$ 时，求和可用积分来替代

$$\oint \frac{\mathrm{d}Q}{T} = 0 \tag{11-44}$$

式(11-44) 称为克劳修斯等式，表明**任一可逆循环过程中热温比的积分等于零。**

图 11-22 所示的可逆循环可分为 $A1B$ 和 $B2A$ 两个可逆过程，则

$$\oint \frac{\mathrm{d}Q}{T} = \int_{A1B} \frac{\mathrm{d}Q}{T} + \int_{B2A} \frac{\mathrm{d}Q}{T} = 0$$

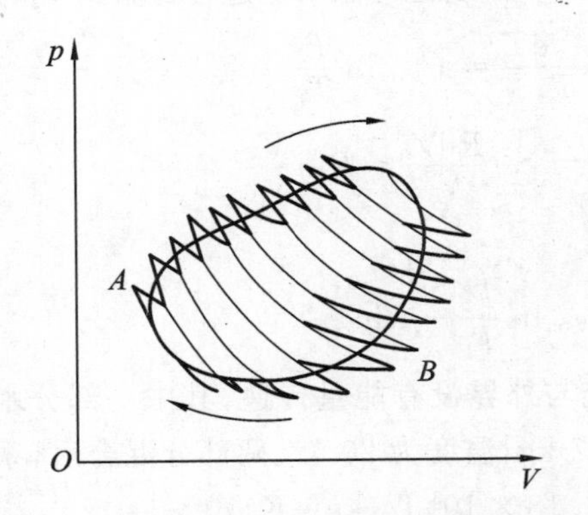

图 11-21　锯齿形曲线近似代替任意可逆循环过程

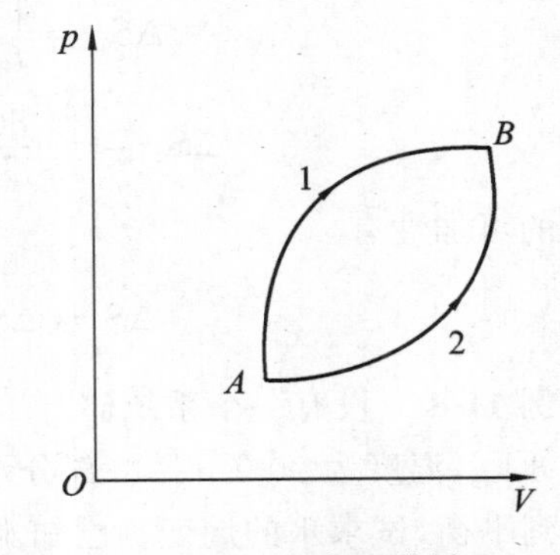

图 11-22　任意可逆循环

交换定积分的上下限，积分等值且异号，即

$$\int_{A2B} \frac{\mathrm{d}Q}{T} = -\int_{B2A} \frac{\mathrm{d}Q}{T}$$

于是可得

$$\int_{A1B}\frac{\mathrm{d}Q}{T}=\int_{A2B}\frac{\mathrm{d}Q}{T} \tag{11-45}$$

这一结果表明,系统从状态 $A$ 到达状态 $B$,经历任一可逆过程,其热温比的积分都相等。也就是说热温比的积分值只取决于初、末状态,而与过程无关。这与保守力做功类似,因而可认为存在一个态函数。克劳修斯等式将这个态函数定义为**熵**,用 $S$ 表示。初态 $A$ 和末态 $B$ 之间的熵差为

$$S_B-S_A=\int_A^B\frac{\mathrm{d}Q}{T} \tag{11-46a}$$

式(11-46a)表示,从初态 $A$ 变化到末态 $B$,熵的增量等于从初态 $A$ 到末态 $B$ 之间沿任意可逆过程热温比的积分。熵的增量又称熵变。

对无限小的可逆过程,则有

$$\mathrm{d}S=\frac{\mathrm{d}Q}{T} \tag{11-46b}$$

在国际单位制中,熵的单位为 J/K。

关于熵的理解,应注意以下两点:

(1) 熵是描述系统的状态量。只要始末状态确定,系统的熵变就完全确定。

(2) 熵是广延量,具有可加性。系统的熵等于系统各部分的熵之和。

### 11.6.2 熵变的计算

由熵的性质可知,系统熵变由始末状态决定,与过程是否可逆无关。只要始末状态确定,系统的熵变就确定。由式(11-46a)知,熵变可由始末两态之间沿任意可逆过程的热温比的积分计算。如果系统发生不可逆过程,可设想连接两态的可逆过程来计算。下面举例说明熵变的计算。

**例 11-7** 1 mol 理想气体由初态($T_1,V_1$)变到末态($T_2,V_2$),气体的 $C_{V,\mathrm{m}}$ 为恒量,试求熵变。

**解** 系统的状态参量均发生变化,由 $T_1,V_1$ 变化到 $T_2,V_2$,是不可逆过程。可设想两个可逆过程来求熵变。假设气体先经等体可逆过程升温到 $T_2$ 后,再经等温可逆过程膨胀到 $V_2$,则有

$$\Delta S_1=\int_A^B\frac{\mathrm{d}Q}{T}=\int_{T_1}^{T_2}\frac{C_{V,\mathrm{m}}\mathrm{d}T}{T}=C_{V,\mathrm{m}}\ln\frac{T_2}{T_1}$$

$$\Delta S_2=\int_A^B\frac{\mathrm{d}Q}{T}=\int_{V_1}^{V_2}\frac{p\mathrm{d}V}{T}=\int_{V_1}^{V_2}\frac{R\mathrm{d}V}{V}=R\ln\frac{V_2}{V_1}$$

由熵的可加性有

$$\Delta S=\Delta S_1+\Delta S_2=C_{V,\mathrm{m}}\ln\frac{T_2}{T_1}+R\ln\frac{V_2}{V_1}$$

**例 11-8** 设有一个系统储有 1 kg 的水,系统与外界没有能量传递,其中一部分水的质量为 0.3 kg,温度为 90 ℃,另一部分水的质量为 0.7 kg,温度为 20 ℃。两部分混合后,系统内水温达到平衡,试求水的熵变。(已知水的比热 $c=4.18\times10^3$ J/(kg·K))

**解** 两部分水可看作孤立系统,水的混合过程发生有限温差传热,是不可逆过程。由于水的混合过程中压强不变,因而设计可逆等压过程。已知热水的质量 $m_1=0.3$ kg,冷水的质量 $m_2=0.7$ kg,热水的温度 $T_1=363$ K,冷水温度 $T_2=293$ K,由能量守恒定律可求得混合后的平衡温度

$$0.30\times(363-T')=0.70\times(T'-293)$$

$$T' = 314\ \mathrm{K}$$

热水的熵变

$$\Delta S_1 = \int_{T_1}^{T'} \frac{m_1 c \mathrm{d}T}{T} = m_1 c \ln \frac{T'}{T_1}$$

$$= 0.30 \times 4.18 \times 10^3 \times \ln \frac{314}{363}\ \mathrm{J/K}$$

$$= -182\ \mathrm{J/K}$$

冷水的熵变

$$\Delta S_2 = \int_{T_2}^{T'} \frac{m_2 c \mathrm{d}T}{T} = m_2 c \ln \frac{T'}{T_2}$$

$$= 0.70 \times 4.18 \times 10^3 \times \ln \frac{314}{293}\ \mathrm{J/K}$$

$$= 203\ \mathrm{J/K}$$

系统的熵变

$$\Delta S = \Delta S_1 + \Delta S_2 = 21\ \mathrm{J/K}$$

孤立系统中发生不可逆传热过程，熵增加。

### 11.6.3　熵增加原理

根据卡诺定理，在相同的高温热源和低温热源之间工作的一切不可逆热机，其效率小于可逆卡诺热机的效率，即

$$\eta' = 1 - \frac{Q_2}{Q_1} < 1 - \frac{T_2}{T_1}$$

即

$$\frac{Q_1}{T_1} - \frac{Q_2}{T_2} < 0 \tag{11-47a}$$

把 $Q$ 理解为代数量，$Q>0$ 表示系统吸热，$Q<0$ 表示系统放热。式(11-47a)中 $-Q_2$ 用 $Q_2$ 代替，则有

$$\frac{Q_1}{T_1} + \frac{Q_2}{T_2} < 0 \tag{11-47b}$$

仿克劳修斯等式证明，对于一个任意的不可逆循环过程，有

$$\oint \frac{\mathrm{d}Q}{T} < 0 \tag{11-48}$$

式(11-48)称为**克劳修斯不等式**。

设有一循环过程，该循环过程由不可逆过程 $A1B$ 和可逆过程 $B2A$ 组成。由式(11-48)可得

$$\int_{A1B} \frac{\mathrm{d}Q}{T} + \int_{B2A} \frac{\mathrm{d}Q}{T} < 0 \tag{11-49a}$$

由于过程 $B2A$ 可逆，有

$$S_A - S_B = \int_{B2A} \frac{\mathrm{d}Q}{T} \tag{11-49b}$$

将式(11-49b)代入式(11-49a)得

$$S_B - S_A > \int_{A1B} \frac{\mathrm{d}Q}{T} \tag{11-50}$$

如果过程 $A1B$ 为绝热过程,$dQ=0$,式(11-50)可写成

$$S_B - S_A > 0 \tag{11-51}$$

由于孤立系统发生的过程必然是绝热过程,式(11-51)仍然成立。

如果过程 $A1B$ 可逆,由式(11-46a)知

$$S_B - S_A = 0 \tag{11-52}$$

结合式(11-51)和式(11-52),得

$$S_B - S_A \geqslant 0 \tag{11-53}$$

式中“$=$”对应可逆过程,“$>$”对应不可逆过程。

式(11-53)表示,**孤立系统从一状态变化到另一状态,系统的熵永不减少。如果过程可逆,熵不变;如果过程不可逆,熵增加**。这一结论叫**熵增加原理**。它是热力学第二定律的数学表达式。

熵增加原理只对孤立系统或绝热过程成立。

## 阅读材料十一　能源的开发利用

人类社会文明和进步离不开能源的开发和利用。从钻木取火和使用火的农耕时代,到蒸汽机的发明和广泛应用的工业化时代,从发电机、电动机、电灯、电报、电话的电气化时代到计算机、网络、手机普及的信息化时代,能源开发和应用经历了热能、化学能、电能、原子能四个重要阶段。能源的利用过程实质是能量转化和传递的过程。人们可以根据需要把能源的能量转化为各种形式,如:热机和发电机可以把煤炭、石油、天然气等大多数化石能源储藏的化学能转化为机械能或电能;电动机、电扇、电炉、空调等设备可以把电能转化为热能或机械能;光伏电池可以把太阳能转化为电能。

能源种类繁多,根据不同的划分方式,能源可分为以下不同的类型。

(1) **按能源产生的方式可分为一次能源和二次能源。一次能源是指从自然界直接获取的能源,如水能、风能、地热能、太阳能。从一次能源转化的能源称为二次能源,如电能。**

(2) **从能源是否可再生的角度可分为可再生能源和不可再生能源。可再生能源是指可以从自然界源源不断地得到的能源,如水能、风能、生物质能。不可再生能源是指越用越少,不可能在短期内从自然界得到补充的能源,如化石能源、核能。**

(3) **根据能源利用的早晚,又可把能源分为常规能源和新能源。煤、石油、天然气等人类已经利用了多年的能源称为常规能源。原子能、太阳能、地热能是人类近期利用的能源,称为新能源。**

随着人类社会经济的快速发展,能源需求不断增加与常规能源逐渐枯竭及环境污染之间的矛盾日益加剧。解决这一矛盾的途径主要有以下两条。

(1) 要合理使用常规能源,提高能量的转换效率。能量转化和传递受热力学第二定律制约,任何热机不可能把热能全部转化为机械能。目前使用的大多数热机的效率还不到50%,大量的热能未被利用。

(2) 要大力开发和利用核能、太阳能、地热能、风能、海洋能等清洁的新能源。太阳能和原子能是最具潜力的新能源,太阳能是真正取之不尽、用之不竭的能源。而且太阳能发电不产生公害。所以太阳能发电被誉为“理想的能源”。太阳能发电就是利用光电效应将太阳能转换为电

能。要使太阳能发电真正达到实用水平，一是要提高太阳能光电变换效率并降低其成本，二是要实现太阳能发电同当前的电网联网。

核能即原子能，它是原子核反应时释放出的能量。核反应有裂变和聚变两种方式。目前核裂变技术已十分成熟，许多国家建有或计划建设大型核电站。核聚变技术正在研究之中，欧盟、中国、印度、韩国、日本、俄罗斯以及美国7方联合项目——国际热核聚变实验反应堆(ITER)正在试验运行阶段，预计2026年全面运转。我国自主设计、建设的世界上首台全超导托卡马克核聚变实验装置“东方超环”(EAST)正在全面升级。可以预期，在不远的将来人造太阳将变成现实。

## 习　题

11-1　理想气体从外界吸收一定的热量，则该气体(　　)。

A. 温度一定升高　　B. 温度一定降低

C. 温度一定不变　　D. 温度可能升高，也可能降低

11-2　绝热容器被隔板分为两半，一半为真空，另一半是理想气体，若把隔板抽出，气体将进行自由膨胀，达到平衡后(　　)。

A. 温度不变，熵增加　　B. 温度增加，熵增加

C. 温度降低，熵增加　　D. 温度不变，熵不变

11-3　下面说法正确的是(　　)。

A. 功可以全部转变为热，热不能全部转变为功

B. 热可以从高温物体传到低温物体，不能从低温物体传到高温物体

C. 孤立系统发生的不可逆过程总是朝熵增加的方向进行

D. 任何过程总是朝熵增加的方向进行

11-4　把一容器用隔板分成相等的两部分，左边装 $CO_2$，右边装 $H_2$，两边气体质量相同，温度相同，如果隔板与器壁无摩擦，则隔板运动情况为(　　)。

A. 向左移动　　B. 向右移动　　C. 不动　　D. 无法判断

11-5　如图11-23所示，一定质量的理想气体由平衡态 $A$ 变到平衡态 $B$，且 $p_A = p_B$，则在状态 $A$ 和状态 $B$ 之间，气体无论经过的是什么过程，气体必然(　　)。

A. 对外做功　　B. 内能增加

C. 从外界吸热　　D. 向外界放热

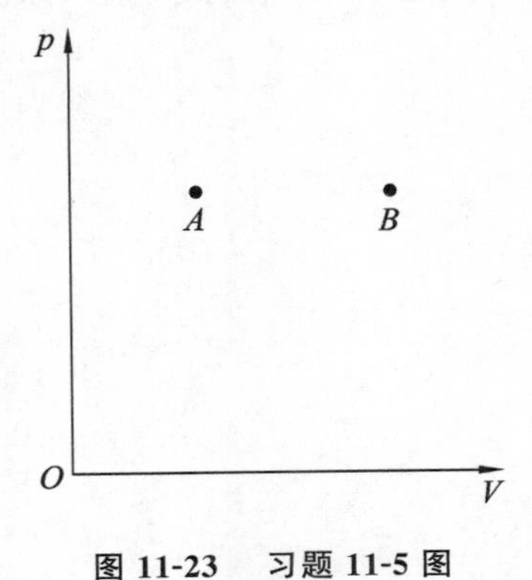


**图11-23　习题11-5图**

11-6　在600 K的高温热源和300 K的低温热源间工作的卡诺热机，理论上最大效率可达到(　　)。

A. 100%　　B. 75%

C. 50%　　D. 25%

11-7　计算氧气在压强为 $1.013\times10^6$ Pa、温度为27 ℃时的密度。

11-8　一个氧气瓶容积为 $3.2\times10^{-2}$ m$^3$，其中氧气的压强为 $1.3\times10^7$ Pa。按规定当瓶内压强降到 $1.0\times10^6$ Pa时，就需补充氧气，以免混入空气。如果每天需用压强为 $1.0\times10^5$ Pa的

氧气 0.4 $m^3$,问一瓶氧气能用多少天?

11-9　1 mol 单原子理想气体从 300 K 加热到 350 K,问:在体积保持不变和压强保持不变的过程中分别吸收了多少热量?增加了多少内能?对外做了多少功?已知气体的定体摩尔热容 $C_{V,\mathrm{m}}=\dfrac{3}{2}R$。

11-10　在标准状态下,0.016 kg 的氮气在下列过程中,从外界吸收的热量为 334.4 J,(1) 若为等温过程,求末态的体积;(2) 若为等容过程,求末态的压强。

11-11　1 mol 氢气($C_{V,\mathrm{m}}=\dfrac{5}{2}R$),在温度 273 K 下,吸收了 500 J 的热量,若保持体积不变,试问:(1) 根据热力学第一定律,这些热量变成了什么?(2) 氢气的内能增加了多少?(3) 氢气的温度变为多少?

11-12　一卡诺热机,低温热源的温度为 7 ℃,效率为 40%。若将该热机的效率提高到 50%,问:(1) 若低温热源的温度不变,高温热源的温度需增加多少度?(2) 若高温热源的温度不变,低温热源的温度需降低多少度?

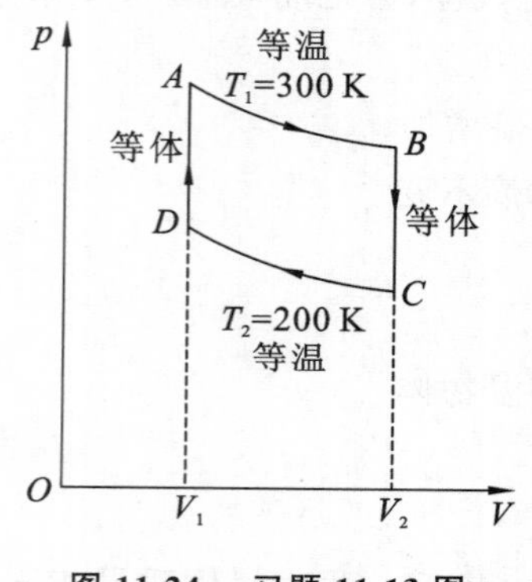


**图 11-24　习题 11-13 图**

11-13　如图 11-24 所示,0.32 kg 氧气做循环 $ABCDA$,设 $V_2=2V_1$,$T_1=300$ K,$T_2=200$ K,求循环效率。

11-14　一小型发电厂有一台利用地热发电的热机,热机工作于 227 ℃ 的地下热源和温度为 27 ℃ 的地表之间。假设该热机每小时能从地下获取 $1.8\times10^{11}$ J 的热量,试从理论上计算其最大输出功率。

11-15　一台冰箱功率为 140 W,假定室外温度恒定为 30 ℃,冷冻室内温度始终保持在 −10 ℃,按卡诺致冷机循环计算,工作 1 h 从冷冻室吸出多少热量?

11-16　1 kg、0 ℃ 的冰放在 100 ℃ 的恒温热源上加热,最后变为 100 ℃ 的水,计算水和热源所组成的系统的熵变,是增加还是减少?已知水的比热为 $c=4.2\times10^3$ J/(kg·K),冰的融化热为 $\lambda=334\times10^3$ J/kg。

# 第12章　气体动理论

气体动理论以气体为研究对象，从气体的微观结构出发，对个别分子的运动运用力学规律，对大量分子的集体行为采用统计方法，寻找气体宏观性质与气体分子热运动之间的内在联系。从本质上阐明分子热运动的规律，解释气体的性质。

本章的主要内容有：气体动理论基本观点与方法、理想气体的压强和温度的微观本质、麦克斯韦速率分布律、能量按自由度均分定理等统计规律及其应用。

## 12.1　气体动理论基本观点与方法

本节首先介绍物质微观结构的观点及其实验基础，然后介绍热运动的统计规律性和统计方法。

### 12.1.1　物质微观结构的假设

人们关于物质微观结构的三个基本假设，是通过长期的实验观察概括总结出来的，它是气体动理论的基本出发点。下面介绍这些观点及其实验基础。

1. 宏观物质是由大量的分子粒子组成

大量实验事实表明，一切宏观物质都是由大量的分子、原子或离子所组成的。任一宏观物质系统，所含微观粒子数量都十分巨大。例如，一摩尔任何物质包含$6.02\times10^{23}$个分子，标准状态下一摩尔任何气体的体积为22.4 L。计算可知，1 $mm^3$的气体内大约包含$3\times10^{16}$个分子。这个数字比全世界人口还要多几百万倍。

分子之间存在间隙。气体很容易被压缩；酒精与水混合后的体积要小于两者原有体积之和；储存在钢瓶中的油被加压到100 atm，油会从钢瓶中渗出。这些事实说明物质内分子之间存在一定的间隙。一般来说，固体分子的平均间距比液体分子的平均间距略小，气体分子的平均间距大约是固体和液体的10倍。常温常压下，气体分子的平均间距约为$10^{-9}$ m，大约是分子线度的10倍。

2. 分子处在不停的热运动之中

许多现象表明，物质内分子在不停地运动。打开香水瓶盖，一会儿就能闻到香水的味道；将一滴墨水滴在清水中，水就会渐渐变黑；把两块不同的金属紧靠在一起，经过较长时间后，在每块金属的接触面内可以找到另一种金属的成分。这些现象正是分子运动的结果。

英国植物学家布朗通过显微镜观察分析花粉的运动，发现分子的运动毫无规则，而且与物体温度有着密切的关系。温度越高，分子无规则运动越剧烈，所以分子的无规则运动又称为分子热运动。物质内分子处在不停的热运动之中。

3. 分子间存在相互作用力

通过实验还可以发现，物质微观粒子之间存在相互作用力。要拉断或折断一根木棒需要外力,说明分子间存在引力。固体和液体很难压缩,气体压缩到一定程度后也难以进一步压缩,这说明分子间除引力外,还存在斥力。

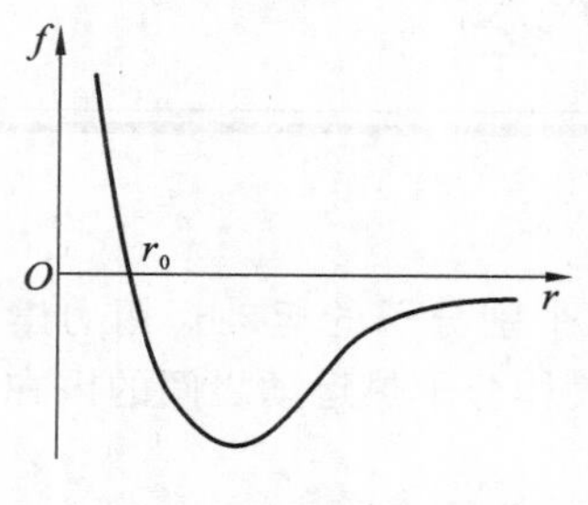


图 12-1 $f(r)$ 与 $r$ 的关系曲线

进一步研究表明,分子力 $f(r)$ 与分子间距 $r$ 的关系如图 12-1 所示。当 $r = r_0$(约 $10^{-10}$ m)时,$f = 0$,$r_0$ 处称平衡位置;当 $r < r_0$ 时,$f > 0$,分子力表现为斥力;当 $r > r_0$ 时,$f < 0$,分子力表现为引力;当 $r > 10^{-9}$ m 时,分子间相互作用力变得非常微弱。可见,分子间相互作用力是短程力,斥力的力程比引力更短。

上述观点是从微观的角度分析研究物质热现象和热性质的出发点和重要依据。下面运用这些观点解释物态形成的原因。

在一切宏观物质内,大量分子不停地热运动,分子之间存在相互作用力。分子间相互作用力总是使分子束缚在一起,在空间形成某种有序的分布;而分子热运动的作用总是力图摆脱这种束缚,破坏分子在空间的有序分布,使分子分散开来。这两种相互对立的力量对比决定了物质的形态。当温度较低时,分子热运动的能量较小,不能摆脱分子间相互作用力的束缚,分子只能在各自固定的平衡位置附近做微小的振动,这时物质表现为固态。当温度升高,分子热运动加剧到一定程度时,分子间相互作用力已不能把分子束缚在各自固定的平衡位置附近,但分子又不能完全摆脱束缚而在空间自由运动,这时物质表现为液态。如果温度继续升高,分子热运动进一步加剧,当分子热运动的能量足够大时,分子可以完全摆脱束缚而在空间自由运动,这时物质就表现为气态。

### 12.1.2 统计规律与统计方法

1. 热运动特征与统计规律

我们知道,投掷骰子时出现从 1 点到 6 点中哪个点数完全是随机的,但投掷骰子的次数很多时,却会呈现一定的规律性:任一点数出现的次数几乎相等。又如伽尔顿板实验,如图 12-2 所示,一个小球在下落过程中与铁钉频繁碰撞,最后落入哪个狭槽完全是随机的,如果大量小球依次下落,小球总体按狭槽的分布也有确定的规律性:中央狭槽内小球多,两端狭槽内小球少,离中央越远小球越少。我们把大量相关的随机事件中所表现出的规律性称为**统计规律性**。

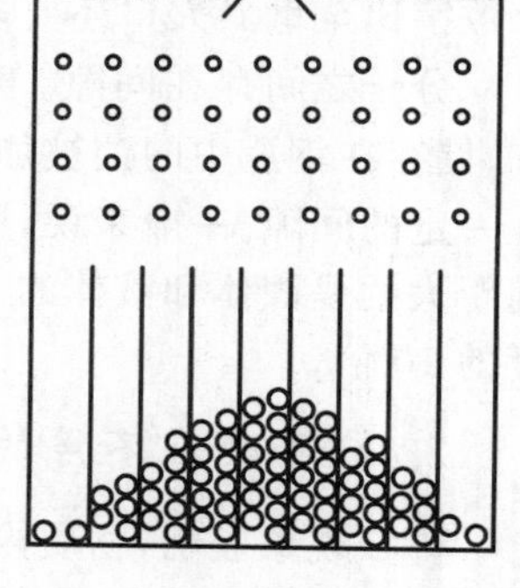

图 12-2 伽尔顿板实验

当气体温度一定时,气体内由于分子间的频繁碰撞,每个分子的运动速率及速率变化完全是随机的,但大量分子在各速率区间的分子数占总分子数的比例是确定的,这就是分子热运动的一种统计规律。

热运动与机械运动有着显著的不同。大量分子的热运动虽然包含机械运动,但整体上不是机械运动的简单叠加,而是一种比机械运动更复杂、更高级的运动形态。它所遵循的统计规律与力学规律有着本质区别:力学规律指出,在给定初始条件下,系统在某一时刻必处于某一运动状态;而统计规律只能确定,在给定系统宏观条件下,系统在某一时刻处于某一运动状态的概率。

在自然界和生产过程中,热运动与机械运动、电磁运动、化学运动等各种运动形式之间存在着广泛而深刻的联系，这种联系不但表现在它们之间的相互影响，而且表现在它们之间可以相互转化。例如：热机将热运动转化为机械运动；电炉将电磁运动转化为热运动。因此，研究热运动具有重要意义。

2. 统计方法

一切宏观物质系统都是由大量分子组成的，物质内分子间存在复杂的相互作用，并处于不停的热运动之中。正是这种复杂的相互作用和热运动，才导致了物质的各种热现象和热性质。因此，热现象和热性质是分子热运动的宏观表现，而分子热运动则是热现象和热性质的微观实质。由于热现象是系统内分子热运动的宏观表现，大量分子热运动遵循统计规律，所以系统的宏观性质实际上是大量分子热运动的平均效果。可以采用统计平均的方法，计算大量分子微观量的统计平均值，将宏观量与微观量的统计平均值联系起来，这样就可以从本质上解释物质的各种热现象和热性质。

在相同的条件下测量$N$次，其中测量值为$x_i$的有$N_i$次($i=1,2,\cdots$)，则$x$的统计平均值应为

$$\begin{aligned}\bar{x} &= \frac{x_1 N_1 + x_2 N_2 + \cdots + x_i N_i + \cdots}{N} \\ &= x_1 \frac{N_1}{N} + x_2 \frac{N_2}{N} + \cdots + x_i \frac{N_i}{N} + \cdots \\ &= \sum_{i=1} x_i P_i\end{aligned} \tag{12-1}$$

式中，$P_i$表示测得$x_i$值的概率。式(12-1)表明，**随机物理量的统计平均值等于各种可能测量值与相应概率的乘积之和。**

## 12.2　麦克斯韦速率分布律

气体的热现象本质上决定于气体分子的热运动，分子热运动遵循统计规律。因此研究分子热运动所遵循的统计规律，对于研究气体的热现象具有十分重要的意义。理论和实验均表明，当气体处于平衡态时，虽然每个分子的速率大小是随机的，但从大量分子的整体来看，分子数按速率分布遵循一定的统计规律。这个规律就是麦克斯韦速率分布律。

### 12.2.1　麦克斯韦速率分布律

早在1859年，麦克斯韦就从理论上导出了气体处于平衡态时分子按速率分布的规律。由于技术条件限制，当时并未得到实验验证。直到1920年，史特恩才首次用实验测定了气体分子的速率分布，从而验证了这一规律。此后很多人改进史特恩实验，比较精确地测定了各种气体分子的速率分布。我国物理学家葛正权在1934年用实验测定了铋蒸气分子的速率分布。

1. 葛正权实验

实验装置如图12-3所示。$O$为蒸气源，金属铋被加热成蒸气，通过平行的狭缝$S_2$，$S_3$形成很细的铋分子束，进入空心圆筒$C$，圆筒$C$可绕中心轴转动。$G$是一块紧贴圆筒内壁放置的弯曲玻璃板，用来接收分子。全部装置放在一个抽成真空的容器内。如果圆筒静止，则铋分子沿直线射到玻璃板上的$P$处。如果圆筒以角速度$\omega$转动，分子将沉积在$P'$处。弧长$\overset{\frown}{PP'}$与分子速率大小有关。设圆筒半径为$R$，$\overline{AP}=r$，圆筒转动一周，速率为$v$的分子由$S_3$到达$P'$所需时间为$t=$

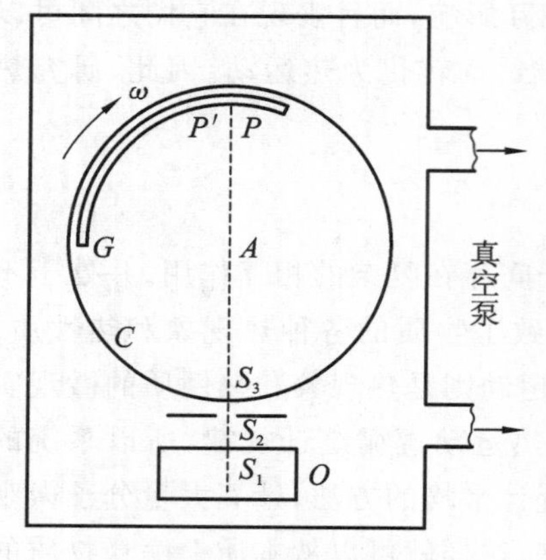

图 12-3　葛正权实验装置

$\frac{R+r}{v}$，弧长$\overset{\frown}{PP'}$为$l=r\theta=r\omega t$，所以

$$v=\frac{r(R+r)\omega}{l} \tag{12-2}$$

式中，$R,r,\omega$为已知常量，测定$l$就可确定分子速率$v$。改变$\omega$，用微光度计测定玻璃板相应变黑的程度，计算出$v_1\sim v_1+\Delta v,v_2\sim v_2+\Delta v,\cdots$各个速率区间内的分子数比率$\frac{\Delta N_1}{N},\frac{\Delta N_2}{N},\cdots$就可确定分子速率的分布规律。

2. 速率分布函数

实验结果表明，$\frac{\Delta N}{N}$的大小与$v$的某一函数$f(v)$及速率区间$\Delta v$的大小成正比。当速率区间取得足够小，$\Delta v$和$\Delta N$可分别用$\mathrm{d}v$和$\mathrm{d}N$代替，即

$$\frac{\mathrm{d}N}{N}=f(v)\mathrm{d}v \tag{12-3}$$

式中，$f(v)$是速率在$v$附近单位速率区间内的分子数占总分子数的比率，称为分子**速率分布函数**。从概率角度看，也就是分子速率在$v$附近单位速率区间内的概率。由式(12-3)知

$$f(v)=\frac{\mathrm{d}N}{N\mathrm{d}v} \tag{12-4}$$

如果知道$f(v)$，就可以根据统计平均公式(12-1)计算分子速率以及与分子速率有关的各种微观物理量的统计平均值，从而揭示系统宏观性质。

此外，还可计算分子在$v_1\sim v_2$速率区间内的概率

$$P=\frac{\Delta N}{N}=\int_{v_1}^{v_2}f(v)\mathrm{d}v \tag{12-5}$$

由于全部分子百分之百地分布在$0\sim\infty$速率范围内，所以有

$$\int_0^{\infty}f(v)\mathrm{d}v=1 \tag{12-6}$$

式(12-6)称速率分布函数的归一化条件，这是由$f(v)$本身的物理意义决定的。

3. 麦克斯韦速率分布律

1859年，麦克斯韦运用统计理论，导出了气体分子速率的分布规律：平衡态下，当气体分子间的相互作用可以忽略时，分布在速率区间$v\sim v+\mathrm{d}v$内的分子数占总分子数的比率为

$$\frac{\mathrm{d}N}{N}=4\pi\left(\frac{\mu}{2\pi kT}\right)^{\frac{3}{2}}\mathrm{e}^{-\frac{\mu v^2}{2kT}}v^2\mathrm{d}v \tag{12-7}$$

式中，$\mu$是分子质量，$T$是气体热力学温度，$k=1.380\,658\times10^{-23}$ J/K，称玻耳兹曼常数。式(12-7)得到后来的实验证实，现称为**麦克斯韦速率分布律**。由式(12-7)得**麦克斯韦速率分布函数**

$$f(v)=\frac{\mathrm{d}N}{N\mathrm{d}v}=4\pi\left(\frac{\mu}{2\pi kT}\right)^{\frac{3}{2}}\mathrm{e}^{-\frac{\mu v^2}{2kT}}v^2 \tag{12-8}$$

$f(v)$表示$v$附近单位速率区间内的分子数占总分子数的比率。分布函数曲线如图12-4所示。它具有以下3个重要特点：

(1) $v=v_p$ 时，$f(v)$ 极大；$v \ll v_p$ 和 $v \gg v_p$ 时，$f(v)$ 均很小。这表明，速率在 $v_p$ 附近单位速率区间内的分子数所占的比率最大，而速率非常小和非常大的分子数比率都很小。

(2) 整个分布曲线下所围的面积应等于 1，即

$$\int_0^{\infty} f(v)\mathrm{d}v = 1 \tag{12-9}$$

式(12-9)为麦克斯韦速率分布函数的归一化条件。

(3) $f(v)$ 与 $\mu$ 和 $T$ 有关。如图 12-5 所示，当分子质量 $\mu$ 一定时，温度 $T$ 越高，$v_p$ 越大，由于面积等于 1，所以分布曲线的峰移向速率大的一方，曲线变缓。这说明速率小的分子数减少，速率大的分子数增多。当气体温度 $T$ 一定时，$\mu$ 越大，$v_p$ 越小，曲线的峰移向速率小的一方，曲线变陡。速率小的分子数增多，速率大的分子数减少。

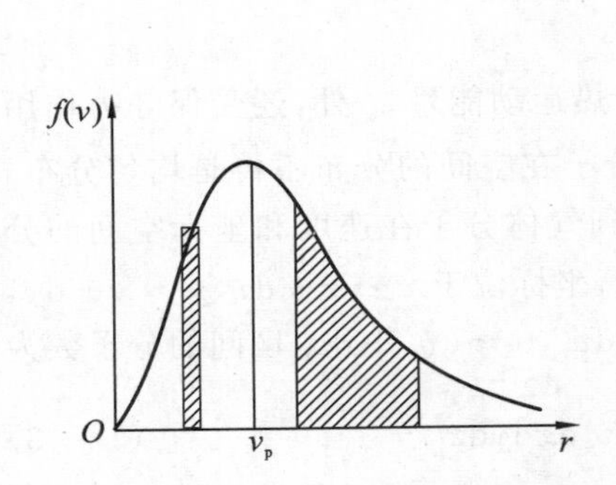


图 12-4　麦克斯韦速率分布曲线

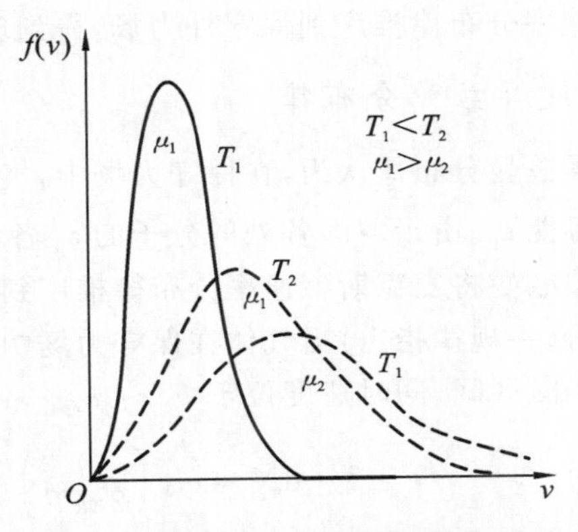


图 12-5　分子速率分布曲线与气体温度和分子质量的关系

4. 三种统计速率

利用麦克斯韦速率分布函数可以计算分子的三种统计速率。

(1) **最概然速率**：与 $f(v)$ 最大值相对应的速率，以 $v_p$ 表示。由 $\dfrac{\mathrm{d}f(v)}{\mathrm{d}v}=0$ 得

$$v_p = \sqrt{\frac{2kT}{\mu}} = \sqrt{\frac{2RT}{M}} \tag{12-10}$$

式中，$R$ 为摩尔气体常数；$M$ 为气体的摩尔质量。

(2) **平均速率**：分子速率的统计平均值，用 $\bar{v}$ 表示。由式(12-8)和式(12-1)，积分得

$$\bar{v} = \int_0^{\infty} v f(v)\mathrm{d}v = \sqrt{\frac{8kT}{\pi\mu}} = \sqrt{\frac{8RT}{\pi M}} \tag{12-11}$$

(3) **方均根速率**：分子速率平方的统计平均值的平方根称方均根速率，用 $\sqrt{\overline{v^2}}$ 表示。

$$\sqrt{\overline{v^2}} = \sqrt{\int_0^{\infty} v^2 f(v)\mathrm{d}v} = \sqrt{\frac{3kT}{\mu}} = \sqrt{\frac{3RT}{M}} \tag{12-12}$$

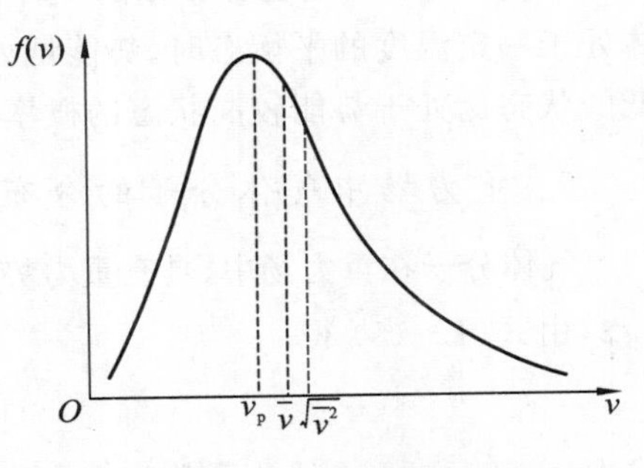


图 12-6　三种分子速率

三种速率的大小关系为 $v_p < \bar{v} < \sqrt{\overline{v^2}}$，如图 12-6 所示。它们分别用于不同的场合，最概然速率常用于分析分子的速率分布，方均根速率常用于讨论分子的平

均平动动能,平均速率常用于研究分子的碰撞问题。

**例 12-1** 已知空气的平均摩尔质量 $M=29\times10^{-3}$ kg/mol,计算 27 ℃ 时空气分子的平均速率。

**解** $\bar{v}=\sqrt{\frac{8RT}{\pi M}}=\sqrt{\frac{8\times8.31\times300}{3.14\times29\times10^{-3}}}\ \mathrm{m/s}=468\ \mathrm{m/s}$

分子平均速率的数量级约每秒几百米。

## *12.2.2 玻耳兹曼分布律

麦克斯韦速率分布律揭示了气体处于平衡态时分子按速率分布的规律。如果无外力场作用,分子在空间均匀分布。当气体处于保守外力场中,分子将如何分布?1868 年玻耳兹曼将麦克斯韦速率分布律推广到保守外力场,得到玻耳兹曼分布律。

### 1. 玻耳兹曼分布律

玻耳兹曼分布律认为,在保守力场中,气体分子除具有热运动能量 $\varepsilon_k$ 外,还受保守力作用而具有势能 $\varepsilon_p$。由于空间各处的分子的 $\varepsilon_p$ 各不相同,所以分子在空间的分布不再是均匀分布。于是玻耳兹曼将麦克斯韦速率分布律推广到保守力场,得到气体分子在速度和坐标空间的分布规律。这一规律指出:当气体在保守力场中处于平衡态时,坐标位于 $x\sim x+\mathrm{d}x,y\sim y+\mathrm{d}y,z\sim z+\mathrm{d}z$ 区间,同时速度位于 $v_x\sim v_x+\mathrm{d}v_x,v_y\sim v_y+\mathrm{d}v_y,v_z\sim v_z+\mathrm{d}v_z$ 区间的分子数为

$$\mathrm{d}N=n_0\left(\frac{\mu}{2\pi kT}\right)^{\frac{3}{2}}\mathrm{e}^{-\frac{\varepsilon_k+\varepsilon_p}{kT}}\mathrm{d}v_x\mathrm{d}v_y\mathrm{d}v_z\mathrm{d}x\mathrm{d}y\mathrm{d}z \tag{12-13}$$

式(12-13)称为**玻耳兹曼分布律**,其中 $n_0$ 表示在势能 $\varepsilon_p=0$ 处的分子数密度。玻耳兹曼分布律是包括麦克斯韦速率分布律在内的更一般的规律,它反映了气体分子按能量(速度和坐标)的分布规律。既适用于任何保守力场(如重力场、静电场等),又适用于任何均匀微粒(如气体分子、灰尘粒子等)系统。

如果只考虑分子的位置分布,将式(12-13)在 $-\infty<v_x<+\infty,-\infty<v_y<+\infty,-\infty<v_z<+\infty$ 范围内求积分,可得到坐标位于 $x\sim x+\mathrm{d}x,y\sim y+\mathrm{d}y,z\sim z+\mathrm{d}z$ 区间内所有速度的分子数

$$\mathrm{d}N'=n_0\mathrm{e}^{-\frac{\varepsilon_p}{kT}}\mathrm{d}x\mathrm{d}y\mathrm{d}z \tag{12-14}$$

将式(12-14)两边同除以 $\mathrm{d}x\mathrm{d}y\mathrm{d}z$,得气体分子势能为 $\varepsilon_p$ 处分子数密度为

$$n=n_0\mathrm{e}^{-\frac{\varepsilon_p}{kT}} \tag{12-15}$$

式(12-15)是玻耳兹曼分布律的一种常用形式,它指出气体分子数密度按势能的分布规律,气体处于一定温度的平衡态时,势能低处分子数密度大。从统计意义来说,气体分子处于势能较低的状态比处于势能较高状态的概率大。

### 2. 重力场中气体分子的分布

气体分子在重力场中,具有重力势能 $\varepsilon_p$。设气体分子在 $z=0$ 处,$\varepsilon_p=0$,则在高度 $z$ 处,$\varepsilon_p=\mu gz$,由式(12-15)得

$$n=n_0\mathrm{e}^{-\frac{\mu gz}{kT}} \tag{12-16}$$

式中,$n_0$ 表示 $z=0$ 处分子数密度。式(12-16)表明,重力场中,气体的分子数密度 $n$ 随高度 $z$ 增

加而按指数规律衰减，衰减的快慢决定于因子 $e^{-\frac{\mu g z}{kT}}$。如图 12-7 所示，气体温度 $T$ 一定，分子质量 $\mu$ 越大，重力越大，分子数密度 $n$ 衰减得越快；分子质量 $\mu$ 一定，气体温度 $T$ 越高，分子热运动越剧烈，$n$ 衰减得越慢。可见，在重力场中，气体分子受到两种相反的作用。重力总是使分子聚集在地面附近，而热运动总是使分子均匀分散于整个空间。当两种作用达到动态平衡时，气体分子在空间就呈现一定的非均匀分布。

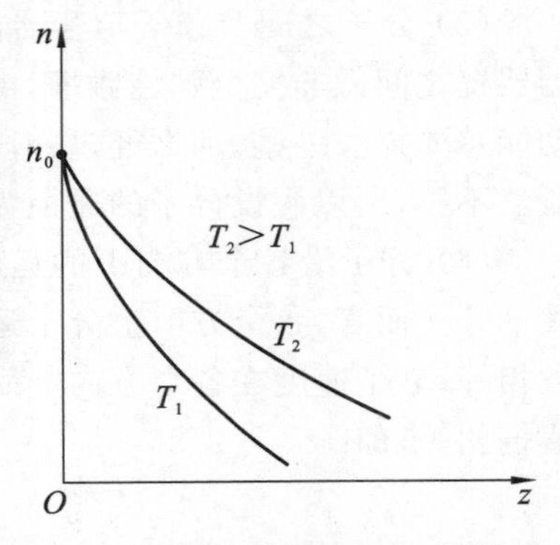


图 12-7　不同温度下重力场中气体分子数密度随高度的分布

常温常压下，大气可视为理想气体。设气体分子数为 $N$，分子质量为 $\mu$，则气体质量 $m=\mu N$，气体摩尔质量 $M=\mu N_A$。由理想气体状态方程得

$$p = nkT \tag{12-17}$$

式(12-17) 是理想气体状态方程的另一种常用的形式。式中，$n=\dfrac{N}{V}$ 为分子数密度，$k=\dfrac{R}{N_A}$ 为玻耳兹曼常数。将式(12-16) 代入式(12-17)，得

$$p = p_0 e^{-\frac{\mu g z}{kT}} = p_0 e^{-\frac{Mgz}{RT}} \tag{12-18}$$

式中，$p_0 = n_0 kT$，表示 $z=0$ 处的压强。当温度随高度变化不大时，式(12-18) 可近似地表示大气压随高度的变化关系，故称等温气压公式。常用于登山和航空中根据压强估算高度。

**例 12-2**　设大气温度为 27 ℃，空气的平均摩尔质量为 $2.9\times10^{-2}$ kg/mol，测得山峰的气压为 $8.4\times10^{4}$ Pa，求此处的海拔高度。

**解**　一般海平面气压为 $1.013\times10^{5}$ Pa，由式(12-18) 得

$$z = \frac{RT}{Mg}\ln\frac{p_0}{p} = \frac{8.31\times300}{2.9\times10^{-2}\times9.8}\times\ln\frac{1.013\times10^{5}}{8.4\times10^{4}}\ \text{m}$$
$$= 8.8\times10^{3}\times\ln1.21\ \text{m} = 1729\ \text{m}$$

# 12.3　气体宏观性质的微观解释

热力学中曾研究了理想气体处于平衡态的宏观性质——温度和压强。现在从微观的角度，进一步研究其微观本质。首先建立理想气体的微观模型，然后依据该模型，运用力学规律和统计方法，导出理想气体的压强和温度公式，阐明压强和温度的微观实质。最后根据实际气体与理想气体微观结构的差异，对理想气体方程进行修正，得到实际气体的范德瓦耳斯方程。

## 12.3.1　理想气体的微观模型

从微观的角度研究理想气体，首先必须建立理想气体的微观模型。建立系统微观模型是气体动理论中最常用的方法，学习时要注意体会和掌握。下面根据经验事实，对气体进行合理的简化假设，得到理想气体的微观模型。

(1) 气体分子可视为质点。气体易被压缩；气体凝结成液体时，体积将缩小到原有体积的千分之一左右。这表明分子线度与分子间平均距离相比可以忽略不计，分子可视为质点。

(2) 除碰撞瞬间外，分子间无相互作用。由于分子的平均间距远比分子力的力程大，所以除碰撞瞬间外，分子之间及分子与容器器壁之间的相互作用可以忽略。

(3) 分子之间及分子与容器器壁之间的碰撞是完全弹性碰撞。假如分子之间及分子与容器器壁之间做非完全弹性碰撞,由于分子之间及分子与容器器壁之间频繁碰撞,每碰撞一次,动能总要损失一些。那么经过一段时间后,所有分子的动能都将变为零而静止下来。这与事实显然不符,所以假设分子的碰撞为完全弹性碰撞是合理的。

(4) 分子沿各个方向上的运动情况都相同。从统计观点看,由于分子做随机运动,所以对大量分子而言,各个方向上分子运动的情况应该完全相同。这就意味着沿各个方向运动的分子数相等;分子速度在各个方向上的分量的平均值相等;分子速度在各个方向上分量平方的平均值也相等,即

$$\overline{v_x} = \overline{v_y} = \overline{v_z} \tag{12-19}$$

$$\overline{v_x^2} = \overline{v_y^2} = \overline{v_z^2} = \frac{1}{3}\overline{v^2} \tag{12-20}$$

应当指出,这些统计假设是对大量分子而言的,分子数目越多,准确度越高。

### 12.3.2 理想气体压强的微观解释

从微观上看,容器内的理想气体分子由于热运动要与器壁发生碰撞。就每个分子而言,它与器壁碰撞时,都要对器壁施加一个冲力。这种力有大有小,而且不连续。但就大量分子而言,在任一瞬间都有大量分子与器壁碰撞,因而在宏观上表现为器壁各处均受到一个持续、恒定的压力。这就好像密集的雨点打在雨伞上,使撑伞的手感受到一个持续稳定的压力。可见,气体对器壁施加的压强,实质就是大量气体分子对器壁频繁碰撞而在单位面积上所产生的压力。

下面根据理想气体压强的微观模型,运用力学规律和统计方法,推导理想气体的压强公式。为讨论方便,取边长为 $x, y, z$ 的长方体密闭容器,如图 12-8 所示。假设容器内盛有某种理想气体,气体分子数为 $N$,分子质量为 $\mu$。理想气体处于平衡态时,由于器壁各处的压强均相同,因而只需计算任一器壁上的压强。

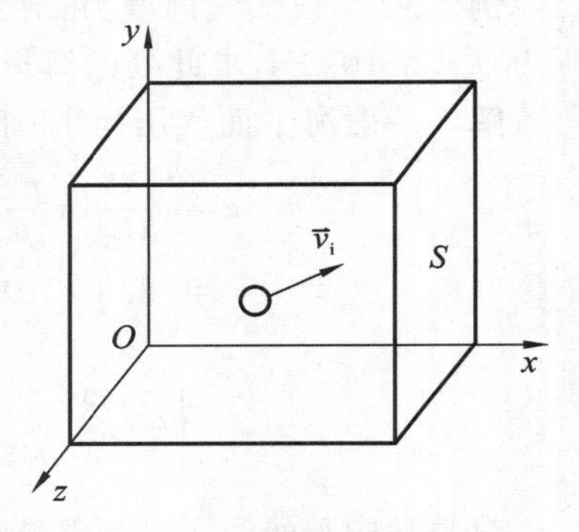


图 12-8 长方体密闭容器

1. 理想气体压强公式的推导

(1) 计算一个分子单位时间内对器壁 $S$ 面施加的冲力。设分子 $i$ 的速度为 $\vec{v}_i$,在直角坐标系中,其三个分量分别为 $v_{ix}, v_{iy}, v_{iz}$。由于分子与器壁的碰撞是完全弹性的,没有能量损失,所以碰撞前后,$v_{iy}$ 和 $v_{iz}$ 不变,$v_{ix}$ 变为 $-v_{ix}$,分子的动量变化为 $-2\mu v_{ix}$。根据动量定理,分子 $i$ 受到器壁 $S$ 面施加的冲量为 $-2\mu v_{ix}$,分子 $i$ 对器壁 $S$ 面施加的冲量则为 $2\mu v_{ix}$。

分子 $i$ 连续两次与器壁 $S$ 面相碰,不管其运动的路径如何复杂,在 $x$ 方向上经过的路程均为 $2x$,所以连续两次与器壁碰撞的时间间隔为 $\frac{2x}{v_{ix}}$。显然,分子 $i$ 在单位时间内与器壁 $S$ 面碰撞的次数为 $\frac{v_{ix}}{2x}$。因此,分子 $i$ 单位时间内对器壁 $S$ 面施加的冲力为

$$f_i = 2\mu v_{ix}\frac{v_{ix}}{2x} = \frac{\mu v_{ix}^2}{x} \tag{12-21}$$

(2) 计算一组分子对器壁施加的冲力。由式(12-21)可以看出,分子 $i$ 对 $S$ 面施加的冲力 $f_i$ 仅与分子速度的分量 $v_{ix}$ 有关,而与速度的方向无关。所以,可以将气体分子按 $v_{ix}$ 大小分组。若

以 $N_i$ 表示第 $i$ 组的分子数,用 $N$ 表示气体总分子数,则有

$$N = N_1 + N_2 + \cdots + N_i + \cdots = \sum_i N_i \tag{12-22}$$

由式(12-21),可得速度分量为 $v_{ix}$ 的一组分子对 $S$ 面施加的冲力

$$F_i = N_i \cdot 2\mu v_{ix} \frac{v_{ix}}{2x} = \frac{\mu N_i v_{ix}^2}{x} \tag{12-23}$$

(3) 计算所有分子对器壁施加的压强。按统计的观点,容器中所有分子对 $S$ 面施加的总冲力为

$$F = \sum_i F_i = \sum_i \frac{\mu N_i v_{ix}^2}{x} = \frac{\mu}{x} \sum_i N_i v_{ix}^2 \tag{12-24}$$

根据压强定义和统计平均值概念,气体作用于器壁的压强为

$$p = \frac{F}{yz} = \frac{\mu}{xyz} \sum_i N_i v_{ix}^2 = \frac{N}{V} \mu \sum_i v_{ix}^2 \frac{N_i}{N} = n\mu \overline{v_x^2} \tag{12-25}$$

将式(12-20)代入式(12-25),即得

$$p = \frac{1}{3} n\mu \overline{v^2} \tag{12-26}$$

如果用分子的平均平动动能 $\bar{\varepsilon}_k = \frac{1}{2}\mu \overline{v^2}$ 表示,则有

$$p = \frac{2}{3} n\bar{\varepsilon}_k \tag{12-27}$$

式(12-27)是理想气体的压强公式,它是气体动理论的基本公式之一。

2. 理想气体压强公式的意义

(1) 式(12-27)把气体宏观量 $p$ 和大量分子微观量的统计平均值 $n$ 和 $\bar{\varepsilon}_k$ 联系起来,揭示了压强的统计意义。气体压强是大量分子对器壁碰撞的平均效果,离开了“大量”与“平均”,压强的概念就失去意义。可见,压强公式具有统计意义。

(2) 式(12-27)表明,压强 $p$ 与分子数密度 $n$ 和分子平均平动动能 $\bar{\varepsilon}_k$ 的乘积成正比。$\bar{\varepsilon}_k$ 一定时,$n$ 越大,单位时间内与器壁碰撞的分子数越多,使压强 $p$ 越大;$n$ 一定时,$\bar{\varepsilon}_k$ 越大,分子运动越剧烈,一方面分子施加于器壁的冲力越大,另一方面分子与器壁碰撞的次数越多,两种作用均使压强 $p$ 增大。

(3) 从压强公式的推导过程可以看出,气体动理论研究的一般方法是,对单个分子的运动运用力学定律,而对大量分子的运动应用统计方法,这样可以找到宏观量与微观量的统计平均值之间的关系,从而揭示系统宏观性质的微观本质。

### 12.3.3　温度的微观实质

将式(12-17)与式(12-27)比较,可以得到气体温度 $T$ 与分子平均平动动能 $\bar{\varepsilon}_k$ 之间的关系

$$T = \frac{2\bar{\varepsilon}_k}{3k} \tag{12-28}$$

由式(12-28)可知,温度是分子平均平动动能的量度,它反映了物体内分子热运动的剧烈程度。分子运动越剧烈,分子的平均平动动能 $\bar{\varepsilon}_k$ 越大,气体的温度 $T$ 就越高。与压强的概念一样,温度也是大量分子热运动的集体表现,离不开“大量”与“平均”。因此,温度也具有统计意义。对于少数几个分子组成的系统,温度概念没有意义。

式(12-28)也是气体动理论的基本公式之一。由式(12-28)还可对热平衡现象做出微观解释。从微观上看,两个温度不同的系统经热接触后,由于分子热运动和分子间的碰撞得以交换热运动能量。当两系统内的分子的平均平动动能相等时,两系统具有相同的温度而达到热平衡。

**例 12-3** 试求标准状态下,氮气分子的平均平动动能。

**解** 标准状态的温度为 $T = 273\ \text{K}$,氮气分子的平均平动动能为

$$\bar{\varepsilon}_k = \frac{3}{2}kT = \frac{3}{2} \times 1.38 \times 10^{-23} \times 273\ \text{J} = 5.65 \times 10^{-21}\ \text{J}$$

**例 12-4** 已知两种理想气体的分子质量分别为 $\mu_1$ 和 $\mu_2$,求同一温度下,两种理想气体分子的方均根速率之比。

**解** 由于温度相同,两种气体分子的平均平动动能相等,即

$$\frac{1}{2}\mu_1 \overline{v_1^2} = \frac{1}{2}\mu_2 \overline{v_2^2} = \frac{3}{2}kT$$

$$\frac{\sqrt{\overline{v_1^2}}}{\sqrt{\overline{v_2^2}}} = \sqrt{\frac{\mu_2}{\mu_1}}$$

在相同的温度下,气体分子的方均根速率之比与它们的质量的平方根成反比。

## *12.3.4 实际气体的范德瓦耳斯方程

实验表明,在温度不太低和压强不太高的情况下,理想气体状态方程可以较好地描述实际气体的行为。然而在低温、高压情况下,理想气体状态方程与实际气体的行为偏差很大。这说明,在这种情况下,理想气体状态方程已不适用,必须寻找更加符合实际气体行为的状态方程。

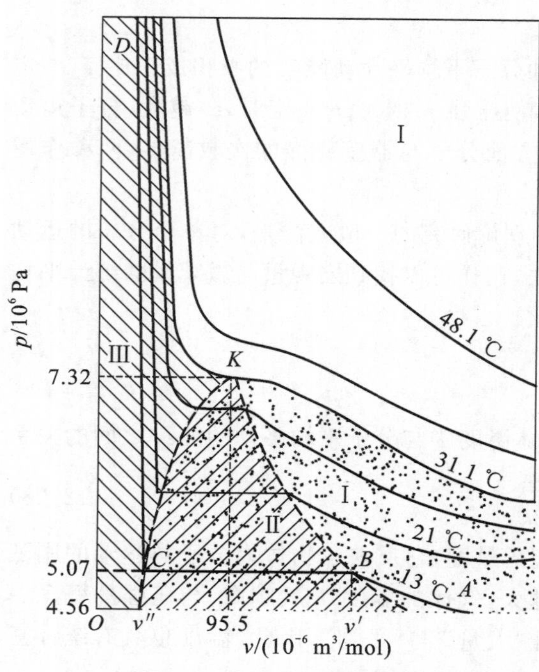


图 12-9 $CO_2$ 等温实验曲线

### 1. 实际气体等温线

1869年,安德鲁(Andrew)首先对 $CO_2$ 在不同温度下的等温过程进行了实验研究。实验测得一系列不同温度的等温线,如图12-9所示。

从图中等温线可以看出,温度较高(如 $t = 48.1\ ℃$)时,$CO_2$ 实际等温线与理想气体等温线的形状相似;温度较低(如 $t = 13\ ℃$)时,$CO_2$ 实际等温线与理想气体等温线有显著的差异。实际等温线有一水平线段 $\overline{BC}$,它代表气液转化过程。在 $B$ 点,$CO_2$ 全部为饱和蒸气,其压强称为饱和蒸气压;此后等温压缩,$CO_2$ 开始液化,水平线上一点表示汽液共存状态,饱和蒸气压不变;到达 $C$ 点,液化结束,全部变成液体。随着温度升高,等温线形状相似,只不过水平线段缩短。当温度升高到某一温度值时,等温线水平线段缩成一点 $K$,此温度称为临界温度,相应的等

温线称为临界等温线(如 $t = 31.1\ ℃$)。在温度高于临界温度的情况下,无论压强多大,$CO_2$ 也不能液化。$K$ 点是临界等温线上的水平拐点,称为临界点,处于临界点的状态代表气液不分的状态。相应的压强和比容分别称为临界压强和临界比容。根据物态的不同,图 12-9 可以分成 3 个区域:区域 Ⅰ 为气态和汽态(临界等温线以上为气态,临界等温线以下为汽态);区域 Ⅱ 为汽液共存状态;区域 Ⅲ 为液态。实验表明,其他气体也有类似等温线。

综上所述,低温高压情况下,实际气体等温线与理想气体等温线相差甚远。理想气体状态方程不能正确反映低温高压时实际气体的宏观性质。

### 2. 范德瓦耳斯方程

既然理想气体状态方程不能正确地反映低温高压情况下实际气体的性质,那么,如何寻找能更好地描述实际气体的状态方程呢?在物理学研究中,通常有两种解决办法:一是修正原有理论;二是建立新理论。荷兰物理学家范德瓦耳斯采用前一种方法,提出了范德瓦耳斯方程。

范德瓦耳斯认为,常温常压下,气体分子间距较大,分子的体积和分子间的相互作用可忽略。但是,当温度较低或压强较高时,这两种效应不能忽略,它们是理想气体状态方程产生偏差的主要原因。

(1) 分子体积所引起的修正。一摩尔理想气体的状态方程为 $pV_m = RT$。由于理想气体中分子可视为质点,所以方程中的 $V_m$ 就是分子自由活动的空间,即容器的容积。当考虑分子的体积时,每个分子自由活动的空间就不再是容器的容积 $V_m$,而应在 $V_m$ 中减去一个由分子体积所引起的修正量 $b$,于是一摩尔实际气体的状态方程应修正为

$$p(V_m - b) = RT \tag{12-29}$$

式(12-29)表明,当 $T$ 一定时,令 $p \to \infty$,则 $V_m \to b$。因此,修正量 $b$ 可以理解为当一摩尔气体分子处于最紧密状态时所占的体积。理论上可以证明,$b$ 约等于一摩尔气体分子总体积的 4 倍。修正后的方程为

$$p = \frac{RT}{V_m - b} \tag{12-30}$$

式(12-30)表明,由于分子具有体积而引入修正量 $b$ 后,使气体的压强较理想气体的压强大。这是因为分子自由活动的空间减小,使得分子与器壁的碰撞更为频繁,故压强增大。

(2) 分子间的引力所引起的修正。设分子间引力的有效作用距离为 $D$。分子间距超出此距离,引力可以忽略。如图 12-10 所示,气体内部任一分子 $A$,以 $A$ 为中心,以 $D$ 为半径作一分子作用球。位于该球面内的其他分子对分子 $A$ 有引力作用。由于这些分子对称分布,所以它们对分子 $A$ 的引力作用互相抵消。但靠近器壁的分子 $B$ 则不同,由于它的分子作用球缺了一块,所受的周围分子对它的引力作用不能完全抵消,其合力 $\vec{f}$ 垂直器壁指向气体内部。这使分子 $B$ 与器壁碰撞时对器壁的冲力减小。因此,压强要减去一个由分子间引力所引起的修正量 $\Delta p$,即

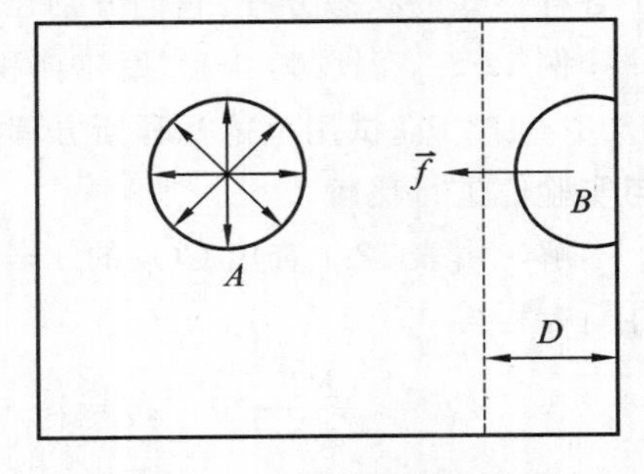


**图 12-10　分子有效作用距离**

$$p = \frac{RT}{V_m - b} - \Delta p \tag{12-31}$$

式中,$\Delta p$ 为内压强。$\Delta p$ 与每个分子所受合引力 $f$ 成正比,且与单位时间内与器壁单位面积相碰的分子数 $N'$ 成正比。而 $f$ 和 $N'$ 都与分子数密度 $n$ 成正比,所以

$$\Delta p \propto n^2 \propto \frac{1}{V_m{}^2}$$

写成等式有

$$\Delta p = \frac{a}{V_m{}^2} \tag{12-32}$$

式中,$V_m$ 为摩尔体积,$a$ 为比例系数,它由气体的性质和状态决定,表示一摩尔气体占有单位体积时,由于分子间引力作用所引起的压强减小量。

综合考虑分子体积和分子间引力影响后,一摩尔实际气体的状态方程可修正为

$$\left(p + \frac{a}{V_m{}^2}\right)(V_m - b) = RT \tag{12-33}$$

对于摩尔质量为 $M$、质量为 $m$ 的实际气体,其体积为 $V = \frac{m}{M}V_m$。将 $V_m = \frac{M}{m}V$ 代入式(12-33),可得适用于任意质量实际气体的状态方程

$$\left(p + \frac{m^2}{M^2}\frac{a}{V^2}\right)\left(V - \frac{m}{M}b\right) = \frac{m}{M}RT \tag{12-34}$$

式(12-33)和式(12-34)就是所谓的范德瓦耳斯方程。方程中的修正量 $a$ 和 $b$ 由气体的性质和状态决定,通常用实验测定。几种常见气体的 $a$ 和 $b$ 的实验值如表 12-1 所示。

**表 12-1 几种常见气体的 $a$ 和 $b$ 的实验值**

| 物 质 | $a/(\mathrm{N \cdot m^4/mol^2})$ | $b/(\mathrm{m^3/mol})$ |
| --- | --- | --- |
| 氢 | 0.0248 | $2.261 \times 10^{-5}$ |
| 氦 | 0.003 46 | $2.237 \times 10^{-5}$ |
| 氧 | 0.138 | $3.183 \times 10^{-5}$ |
| 氮 | 0.141 | $3.913 \times 10^{-5}$ |
| 二氧化碳 | 0.364 | $4.267 \times 10^{-5}$ |
| 水蒸气 | 0.554 | $3.049 \times 10^{-5}$ |

除范德瓦耳斯外,历史上还有许多物理学家在这方面进行了理论和实验的研究工作,提出了各种形式的状态方程,它们分别在不同范围内不同程度地反映了实际气体的性质和行为。

**例 12-5** 温度为 0 ℃、摩尔体积为 $0.5 \times 10^{-3}\ \mathrm{m^3/mol}$ 的 1 mol $CO_2$,实验测得其压强为 $3.33 \times 10^6$ Pa。试用范德瓦耳斯方程和理想气体状态方程计算二氧化碳的压强,并将计算结果与实验值进行比较。

**解** 由表 12-1 查出 $CO_2$ 的 $a = 0.364\ \mathrm{N \cdot m^4/mol^2}$,$b = 4.267 \times 10^{-5}\ \mathrm{m^3/mol}$。由范德瓦耳斯方程得

$$p = \frac{RT}{V_m - b} - \frac{a}{V_m^2} = \left(\frac{8.31 \times 273}{0.5 \times 10^{-3} - 4.267 \times 10^{-5}} - \frac{0.364}{(0.5 \times 10^{-3})^2}\right) \mathrm{Pa}$$
$$= (4.96 \times 10^6 - 1.46 \times 10^6)\ \mathrm{Pa} = 3.50 \times 10^6\ \mathrm{Pa}$$

若将 $CO_2$ 视为理想气体,由理想气体状态方程可得

$$p = \frac{RT}{V_m} = \frac{8.31 \times 273}{0.5 \times 10^{-3}}\ \mathrm{Pa} = 4.54 \times 10^6\ \mathrm{Pa}$$

结果表明,范德瓦耳斯方程比理想气体状态方程更符合实际情况,但仍有一定的局限性。这反映了建立方程所采用的修正模型的近似性。

## 12.4　热运动能量的统计规律

本节讨论理想气体另一重要性质——内能。在讨论理想气体的压强和温度时，并没有考虑分子的结构，而是把分子的运动作为质点运动来处理。事实上，分子的运动形式与分子结构有关。一般来说，分子的运动除平动外，还有转动和振动。因此，当我们讨论分子的热运动能量时，必须把这些运动形式的能量考虑进去。首先介绍分子自由度的概念，然后阐明分子热运动能量所遵循的统计规律——能量按自由度均分定理，最后讨论它的应用。

### 12.4.1　分子自由度

按照经典力学观点，我们把确定一个分子在空间位置所需的独立坐标数，称为该分子的**自由度**。分子自由度反映了分子运动的自由程度。分子运动所受限制越多，独立坐标数越少，自由度就越小。按分子结构，气体分子有单原子分子和多原子分子两大类。

单原子分子(氦、氖、氩气等)，其运动可视为质点的平动。在直角坐标系中，确定一个单原子分子的位置，需要 $x,y,z$ 三个独立坐标，故有 3 个自由度。

多原子分子(氢、氧、水蒸气等) 分为两种。如果原子之间的相对位置保持不变，该分子称为刚性分子；否则称为非刚性分子。一个刚性多原子分子如同一个刚体，其运动可视为质心的平动和绕质心瞬轴转动的合成。图12-11 中一个自由运动的刚性多原子分子质心位置需要三个独立坐标 $x,y,z$ 确定，两个独立坐标 $\alpha,\beta$ 确定质心瞬轴的方位，一个独立坐标 $\theta$ 确定分子绕质心瞬轴的转动。因此，共有 6 个自由度，其中 3 个是平动自由度，3 个是转动自由度。非刚性多原子分子的自由度与分子的原子数有关。一个由 $N$ 个原子组成的非刚性分子，每个原子视为质点，有3个自由度，分子最多有$3N$个自由度。其中平动自由度为3，转动自由度为3，剩下的 $3N-6$ 个便是振动自由度。双原子分子是多原子分子的一个特例。

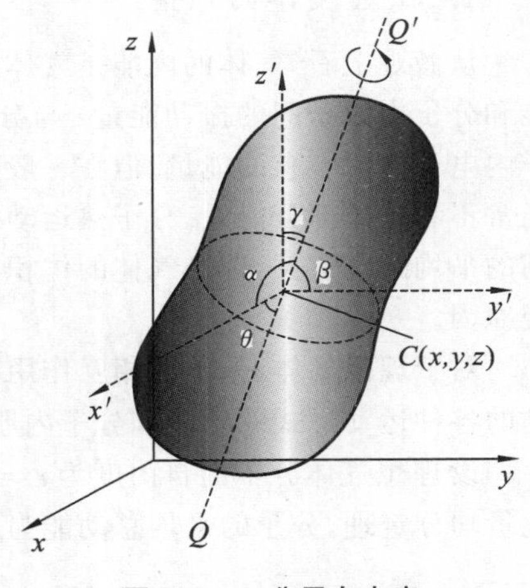

图 12-11　分子自由度

例如刚性双原子分子有 3 个平动自由度、2 个转动自由度(两原子连线转轴)，共 5 个自由度；非刚性双原子分子除 3 个平动自由度、2 个转动自由度外，还有 1 个振动自由度，共 6 个自由度。

### 12.4.2　能量按自由度均分定理

能量按自由度均分定理可由玻耳兹曼分布律导出。这里不做严格证明，只做简单的阐述。

由理想气体温度公式(12-28) 知，分子的平均平动动能为

$$\bar{\varepsilon}_k = \frac{1}{2}\mu\overline{v^2} = \frac{3}{2}kT \tag{12-35}$$

理想气体分子可视为质点，有 3 个平动自由度。按统计假设

$$\overline{v_x^2} = \overline{v_y^2} = \overline{v_z^2} = \frac{1}{3}\overline{v^2}$$

将上式与式(12-35) 比较，得

$$\frac{1}{2}\mu\overline{v_x^2}=\frac{1}{2}\mu\overline{v_y^2}=\frac{1}{2}\mu\overline{v_z^2}=\frac{1}{2}kT \tag{12-36}$$

式(12-36)表明,理想气体分子在每个平动自由度上具有相同的平均平动动能,其大小等于$\frac{1}{2}kT$。这就是说,分子的平均平动动能$\frac{3}{2}kT$平均地分配于每个自由度。这一重要结论可以推广到分子的转动和振动。由于大量分子热运动的无规则性,任一种运动形式在分子热运动中都没有特别的优势。因此,分子热运动能量只能按各种运动形式的每一自由度平均分配。从而得到一个在经典理论范围内普遍适用的定理:**在温度为$T$的平衡态下,气体分子任何一种运动形式的每一个自由度都具有相同的平均动能,其大小为$\frac{1}{2}kT$**。这一定理称为能量按自由度均分定理,简称能量均分定理。能量均分定理是大量分子在能量分配上表现出来的统计规律性。进一步研究表明,能量均分定理不仅适用于气体分子,而且适用于液体和固体分子。

### 12.4.3 理想气体的内能和热容

应用能量均分定理,导出理想气体内能和热容的数学表达式,可以解释其微观实质。

1. 理想气体的内能

从微观上看,气体的内能是气体内所有分子的热运动能量(包括分子的平动动能、转动动能和分子内原子间的振动能量)与分子间的相互作用势能的总和。严格地说,内能还应包括原子内电子与原子核的能量。但在一般热力学过程中,这些能量不发生变化,因而在计算内能时,通常不考虑这部分能量。分子热运动的能量与气体的温度有关,分子间的相互作用势能与分子间的平均距离有关,即与气体的体积有关。这就是为什么实际气体内能是温度和体积函数的微观原因。

对于理想气体,分子间相互作用可以忽略,所以理想气体的内能只是气体内所有分子热运动的各种运动形式的动能和分子内原子间的振动势能的总和。

设理想气体分子的自由度为$i=t+r+s$,式中$t,r,s$分别为平动、转动和振动自由度。根据能量均分定理,分子的平均总动能为

$$\bar{\varepsilon}_{\mathrm{k}}=\frac{1}{2}(t+r+s)kT=\frac{i}{2}kT \tag{12-37}$$

由于分子内原子间的振动可近似地视为简谐振动,可以证明,简谐振动在一个周期内振动的平均动能与平均势能相等,所以对每个振动自由度来讲,除具有$\frac{1}{2}kT$的平均动能外,还应有$\frac{1}{2}kT$的平均势能。因此,分子的平均总能量应为

$$\bar{\varepsilon}=\frac{1}{2}(t+r+2s)kT \tag{12-38}$$

单原子分子:$t=3,r=0,s=0,\bar{\varepsilon}=\frac{3}{2}kT$。

刚性双原子分子:$t=3,r=2,s=0,\bar{\varepsilon}=\frac{5}{2}kT$。

非刚性双原子分子:$t=3,r=2,s=1,\bar{\varepsilon}=\frac{7}{2}kT$。

一摩尔的理想气体的内能为

$$E_{\mathrm{M}} = N_{\mathrm{A}} \cdot \frac{1}{2}(t+r+2s)kT = \frac{1}{2}(t+r+2s)RT \tag{12-39}$$

物质的量为 $\nu$ 的理想气体的内能为

$$E = \nu\frac{1}{2}(t+r+2s)RT \tag{12-40}$$

式(12-40)表明,对于一定量的某种理想气体,其内能仅由气体的温度决定,与压强和体积无关。这就从微观上解释了理想气体的内能仅是温度的单值态函数这一特性。

**例 12-6**　设温度为 27 ℃ 的 1 mol 氢气,求:

(1) 1 个氢分子的平均平动动能、平均转动动能和平均总能量;

(2) 1 mol 氢气的平动动能、转动动能和内能;

(3) 温度升高 1 ℃ 时,其内能增加多少?1 kg 氢气内能增加多少?

**解**　27 ℃ 属常温,不考虑振动,氢分子可视为刚性双原子分子,故 $t=3, r=2, s=0$。

(1) 由式(12-37)知:

$$\bar{\varepsilon}_t = \frac{3}{2}kT = \frac{3}{2}\times 1.38\times 10^{-23}\times 300\ \mathrm{J} = 6.21\times 10^{-21}\ \mathrm{J}$$

$$\bar{\varepsilon}_r = \frac{2}{2}kT = \frac{2}{2}\times 1.38\times 10^{-23}\times 300\ \mathrm{J} = 4.14\times 10^{-21}\ \mathrm{J}$$

$$\bar{\varepsilon} = \frac{5}{2}kT = \frac{5}{2}\times 1.38\times 10^{-23}\times 300\ \mathrm{J} = 1.04\times 10^{-20}\ \mathrm{J}$$

(2) 1 mol 氢气平动动能、转动动能和内能为

$$E_t = \frac{3}{2}RT = \frac{3}{2}\times 8.31\times 300\ \mathrm{J} = 3.74\times 10^{3}\ \mathrm{J}$$

$$E_r = \frac{2}{2}RT = \frac{2}{2}\times 8.31\times 300\ \mathrm{J} = 2.49\times 10^{3}\ \mathrm{J}$$

$$E = \frac{5}{2}RT = \frac{5}{2}\times 8.31\times 300\ \mathrm{J} = 6.23\times 10^{3}\ \mathrm{J}$$

(3) 温度升高 1 ℃ 时,1 mol 氢气内能增加量为

$$\Delta E_{\mathrm{M}} = \frac{5}{2}R\Delta T = \frac{5}{2}\times 8.31\times 1\ \mathrm{J} = 20.8\ \mathrm{J}$$

1 kg 氢气内能增加量为

$$\Delta E = \frac{m}{M}\Delta E_{\mathrm{M}} = \frac{1}{2\times 10^{-3}}\times 20.8\ \mathrm{J} = 1.04\times 10^{4}\ \mathrm{J}$$

### 2. 理想气体的摩尔热容

由式(12-39)可得理想气体的定容摩尔热容

$$C_{V,\mathrm{m}} = \frac{\mathrm{d}E_{\mathrm{M}}}{\mathrm{d}T} = \frac{1}{2}(t+r+2s)R \tag{12-41}$$

式(12-41)表明,理想气体定容摩尔热容仅由气体分子自由度决定,与气体的温度无关。

单原子分子理想气体:$C_{V,\mathrm{m}} = \frac{3}{2}R = 12.5\ \mathrm{J/(K\cdot mol)}$。

刚性双原子分子理想气体:$C_{V,\mathrm{m}} = \frac{5}{2}R = 20.8\ \mathrm{J/(K\cdot mol)}$。

非刚性双原子分子理想气体:$C_{V,\mathrm{m}} = \frac{7}{2}R = 29.1\ \mathrm{J/(K\cdot mol)}$。

式(12-41)对单原子气体符合很好。对双原子气体,低温下符合很好,常温下基本符合。这是因为分子转动所需的能量较大,而低温时分子能量很小,所以只有平动而没有转动和振动。当温度升高到常温时,分子的能量大于转动所需的能量而开始转动,对热容有贡献。由于振动所需的能量很大,因此,在低温和常温时振动对热容没有贡献,只有在高温下才开始对热容有贡献。所以可以这样理解:低温下分子转动和振动自由度由于温度太低而被"冻结",只有平动对热容有贡献;当温度升高到常温时,分子转动自由度"解冻",这时分子既有平动又有转动,两者对热容有贡献;只有在高温情况下,振动自由度才会"解冻",于是分子的平动、转动和振动均对热容有贡献。

应当指出,根据式(12-41)气体的热容值与温度无关。但事实上气体的热容值随温度变化而变化。这是因为该式是由能量均分定理得到的,而能量均分定理又是建立在经典力学观点的基础上的。经典力学观点认为,单个分子的运动服从经典力学规律,其能量的变化是连续的。但事实上,分子的运动遵从量子力学规律,其能量变化是量子化的。可见经典热容理论只是一个近似理论。

## *12.5　气体内输运现象及微观机制

前面讨论的都是气体在平衡态时的性质和规律。然而在实际情况中,气体更多地处于非平衡态及其变化之中。当气体处于非平衡态时,其物理性质存在不均匀性。由于气体分子热运动及分子间碰撞,分子将发生迁移、交换动量和能量,导致气体中的某些物理量由一处向另一处输运,使各处物理性质均匀,最终达到平衡态。这种在气体内部发生的某种物理量的输运过程,称为气体的输运现象。黏滞现象、扩散现象、热传导现象是气体内三种典型的输运现象,实际输运过程往往包含这三种输运现象。本节先介绍平均自由程的概念,然后介绍三种输运现象的实验规律,并用气体动理论的观点定性分析其微观机制。

### 12.5.1　分子的平均自由程

在相距几米远的地方打开一瓶香水,要经过几秒钟或更长的时间,才能闻到香水的气味。这似乎与分子每秒几百米的平均速率相矛盾。其实这并不矛盾,分子速率虽然很大,但分子在前进的过程中要与其他分子频繁碰撞。每碰撞一次,分子速度的大小和方向都要发生变化。因此,分子的实际路径是非常曲折的,从一处迁移到另一处需要较长的时间。由此可见,分子碰撞对于气体的输运现象具有十分重要的意义。

1. 气体分子的碰撞模型

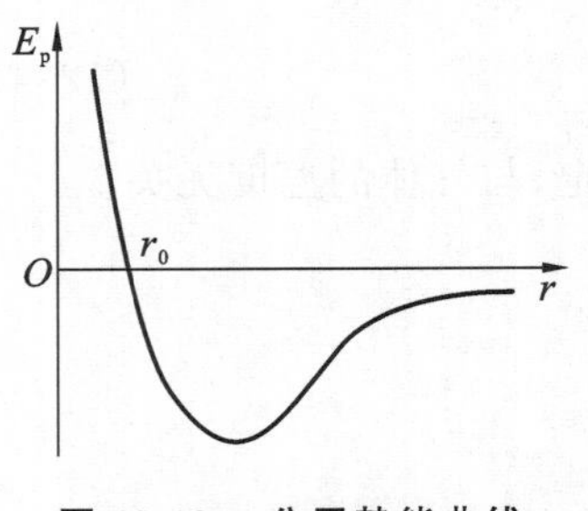

图 12-12　分子势能曲线

分子间的碰撞实质就是在分子力的作用下分子间的散射过程。由于分子力是保守力,可以利用分子势能曲线来分析分子的碰撞过程,如图12-12所示。设分子 $B$ 静止,分子 $A$ 以动能 $E_{k0}$ 向分子 $B$ 趋近。当两分子间距 $r > r_0$ 时,分子 $A$ 受引力作用,动能增大,势能减小。当 $r < r_0$ 时,分子 $A$ 受迅速增大的斥力作用,动能迅速减小而势能急剧增大。当 $r = d$(两分子间距最小)时,分子 $A$ 的动能全部转变为势能。此后,分子 $A$ 被斥力推开,随着距离增大分子斥力迅速减小。可见,分子碰撞是分子在分子斥力

短时间作用下的散射过程。因此研究气体分子碰撞,可采用钢球碰撞模型,即把两分子的碰撞近似看作两直径为 $d$ 的钢球的碰撞,$d$ 称为分子的**有效直径**。

如图 12-13 所示,将分子 $B$ 视为靶,设分子 $A$ 的运动方向与靶心间的垂直距离为 $b$,$b$ 称为分子 $A$ 的瞄准距离。$b=0$,分子正碰;$0<b<d$,分子斜碰。可见,发生碰撞的必要条件是瞄准距离 $b$ 小于分子有效直径。以分子中心为球心、$d$ 为半径作一个球,此球称为分子碰撞的作用球。球的最大截面就是碰撞的有效截面 $\sigma=\pi d^2$,称为**碰撞截面**。显然,其他分子的中心通过某分子的碰撞截面,必与该分子发生碰撞。

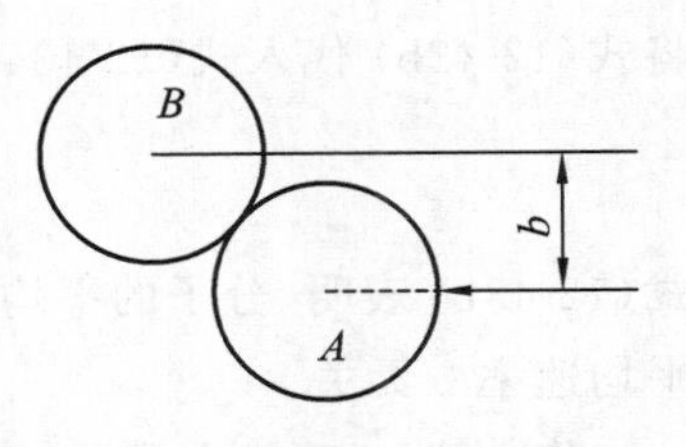


**图 12-13　分子碰撞截面**

2. 分子的平均碰撞频率和平均自由程

为了描述分子间碰撞的频繁程度,引入分子的平均碰撞频率和平均自由程这两个概念。由于分子热运动的无序性,每个分子与其他分子的碰撞都是随机的。因此,就单个分子而言,一个分子在单位时间内与其他分子的碰撞次数有多有少,一个分子在连续两次碰撞之间走过的直线路程也有长有短。但对大量分子而言,分子的热运动具有确定的统计规律性,使得一个分子在单位时间内与其他分子的平均碰撞次数,以及一个分子连续两次碰撞之间走过的平均路程都具有确定的值。一个分子在单位时间内与其他分子的平均碰撞次数称为**平均碰撞频率**,用 $\overline{Z}$ 表示;一个分子连续两次碰撞之间走过的平均路程称为**平均自由程**,用 $\bar{\lambda}$ 表示。那么,分子的平均碰撞频率和平均自由程与哪些因素有关呢?

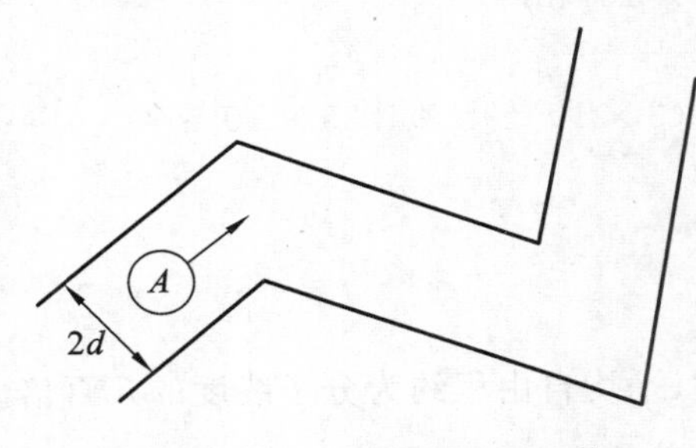


**图 12-14　分子碰撞次数计算**

如图 12-14 所示,先假设其他分子静止,分子 $A$ 以平均相对速率 $\bar{u}$ 相对其他分子运动。在 $\Delta t$ 时间内,分子 $A$ 的碰撞截面 $\sigma$ 扫过的空间是以 $\pi d^2$ 为底面,以 $\bar{u}\Delta t$ 为高的曲折圆柱体。显然,分子 $A$ 与中心位于此圆柱体内的所有分子都发生碰撞。若分子数密度为 $n$,则碰撞次数为 $n\sigma\bar{u}\Delta t$,所以分子的平均碰撞频率为

$$\overline{Z}=\frac{n\sigma\bar{u}\Delta t}{\Delta t}=n\pi d^2\bar{u} \tag{12-42a}$$

由统计物理学可以证明,分子的平均相对速率 $\bar{u}$ 与平均速率 $\bar{v}$ 之间的关系为

$$\bar{u}=\sqrt{2}\bar{v}$$

将上式代入式(12-42a),分子的平均碰撞频率可表示为

$$\overline{Z}=\sqrt{2}n\pi d^2\bar{v} \tag{12-42b}$$

式(12-42b)表明,分子的平均碰撞频率 $\overline{Z}$ 与分子数密度 $n$、分子平均速率 $\bar{v}$ 以及分子有效直径 $d$ 的平方成正比。

设分子的平均速率为 $\bar{v}$,那么分子在单位时间内走过的平均路程也就是 $\bar{v}$。$\bar{v}$ 除以分子在单位时间内碰撞的平均次数即平均碰撞频率 $\overline{Z}$,应等于分子连续两次碰撞间走过的平均路程,即平均自由程 $\bar{\lambda}$。三者关系如下

$$\bar{\lambda} = \frac{\bar{v}}{\overline{Z}} \tag{12-43a}$$

将式(12-42b) 代入式(12-43a),得分子的平均自由程为

$$\bar{\lambda} = \frac{1}{\sqrt{2}n\pi d^2} \tag{12-43b}$$

式(12-43b) 表明,分子的平均自由程$\bar{\lambda}$与分子数密度$n$、分子有效直径$d$的平方成反比,与分子平均速率$\bar{v}$无关。

将$p = nkT$代入式(12-43b),可表示为

$$\bar{\lambda} = \frac{kT}{\sqrt{2}\pi d^2 p} \tag{12-43c}$$

式(12-43c) 表明,温度$T$一定时,平均自由程$\bar{\lambda}$与压强$p$成反比。这不难理解,温度$T$一定,压强$p$越大,分子数密度$n$越大,分子碰撞机会就增多,所以平均自由程$\bar{\lambda}$也就越短。

**例 12-7**　已知氧分子的有效直径$d$为$3 \times 10^{-10}$ m,求氧气在标准状态下的平均碰撞频率和平均自由程。

**解**　先求出标准状态下氧气的分子数密度$n$、分子平均速率$\bar{v}$,然后求平均碰撞频率$\overline{Z}$和平均自由程$\bar{\lambda}$。

$$n = \frac{p}{kT} = \frac{1.013 \times 10^5}{1.38 \times 10^{-23} \times 273}\ \text{m}^{-3} = 2.69 \times 10^{25}\ \text{m}^{-3}$$

$$\bar{v} = \sqrt{\frac{8RT}{\pi M}} = \sqrt{\frac{8 \times 8.31 \times 273}{3.14 \times 32 \times 10^{-3}}}\ \text{m/s} = 4.25 \times 10^2\ \text{m/s}$$

$$\begin{aligned}\overline{Z} &= \sqrt{2}n\pi d^2 \bar{v} = 1.414 \times 2.69 \times 10^{25} \times 3.14 \times (3 \times 10^{-10})^2 \times 4.25 \times 10^2\ \text{s}^{-1} \\ &= 4.56 \times 10^9\ \text{s}^{-1}\end{aligned}$$

$$\bar{\lambda} = \frac{\bar{v}}{\overline{Z}} = \frac{4.25 \times 10^2}{4.56 \times 10^9}\ \text{m} = 9.3 \times 10^{-8}\ \text{m}$$

在标准状态下,1 个氧分子 1 s 内平均碰撞约 46 亿次,平均自由程约为分子线度的几百倍。

## 12.5.2　热传导现象的微观解释

当气体温度不均匀时,将会有热量从温度较高的地方输运到温度较低的地方。这种仅由于温度不均匀而引起的传热现象称为气体的**热传导现象**。

1. 热传导现象的实验规律

如图 12-15 所示,设气体温度沿$z$轴正向逐渐升高,在$z_0$处垂直于$z$的面元为$\mathrm{d}S$,$z_0$处的温度梯度以$\left(\frac{\mathrm{d}T}{\mathrm{d}z}\right)_{z_0}$表示。实验表明,在$\mathrm{d}t$时间内,通过$\mathrm{d}S$传递的热量$\mathrm{d}Q$与温度梯度$\left(\frac{\mathrm{d}T}{\mathrm{d}z}\right)_{z_0}$和面积$\mathrm{d}S$及时间$\mathrm{d}t$成正比,即

$$\mathrm{d}Q = -\kappa \left(\frac{\mathrm{d}T}{\mathrm{d}z}\right)_{z_0} \mathrm{d}S\mathrm{d}t \tag{12-44}$$

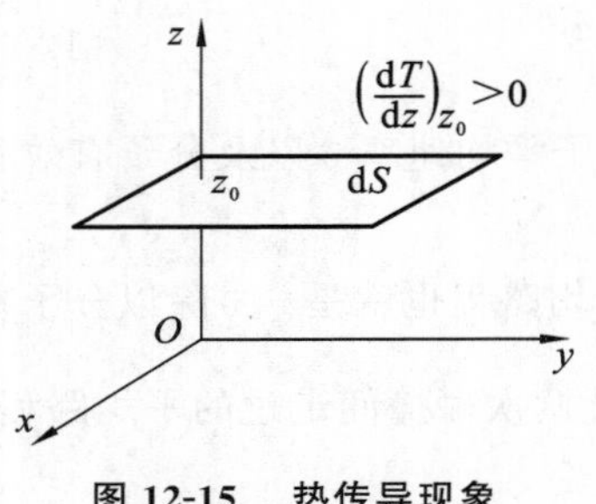


图 12-15　热传导现象

式(12-44) 称为热传导定律，又称傅里叶定律。式中，比例系数 $\kappa$ 称气体的导热系数，由气体的性质和状态决定，单位为 W/(m · K)。负号表示热量传输方向与温度梯度的方向相反，即沿温度降低的方向传输。应当指出，该式也适用于固体和液体。

2. 热传导现象的微观解释

从气体动理论的观点来看，由于分子热运动和分子碰撞，面元 dS 两侧气体分子不断携带各自热运动能量迁移到对方去。由于气体温度不均匀，温度高的一侧，分子平均热运动能量大；温度低的一侧，分子平均热运动能量小。因此，每交换一对分子便有净热运动能量从高温处向低温处迁移，大量分子对的净热运动能量的迁移在宏观上就表现为热量的传输。

从分子热运动和分子间碰撞这两个基本点出发，利用平均自由程概念和“一次碰撞同化”假设，可导出热传导定律，并可得到导热系数的表达式

$$\kappa = \frac{1}{3}\rho\bar{v}\bar{\lambda}c_V \tag{12-45}$$

式(12-45) 表明，气体的导热系数 $\kappa$ 与分子的平均速率 $\bar{v}$ 和平均自由程 $\bar{\lambda}$、气体的密度 $\rho$ 和定容比热容 $c_V$ 有关，由气体的性质和状态决定。

### 12.5.3　黏滞现象的微观解释

1. 黏滞现象的实验规律

当气体做层流运动时，由于各层流速不同，相邻流层气体通过接触面互施一对等值反向平行于接触面的相互作用力，以阻碍气层间的相对运动，流速大的气层减速，流速小的气层加速。这种相互作用力称内摩擦力或黏滞力，这种现象称**内摩擦现象或黏滞现象**。

如图 12-16 所示，设气体定向速度 $\bar{u}$ 的方向沿 $y$ 轴，其值沿 $z$ 轴正向逐渐增大。在 $z_0$ 处取一垂直于 $z$ 的面元 dS，面元处的速度梯度以 $\left(\frac{\mathrm{d}u}{\mathrm{d}z}\right)_{z_0}$ 表示。实验表明，面元 dS 两侧的气层所受黏滞力 $f$ 与速度梯度 $\left(\frac{\mathrm{d}u}{\mathrm{d}z}\right)_{z_0}$ 及面积 dS 成正比，即

$$f = \eta\left(\frac{\mathrm{d}u}{\mathrm{d}z}\right)_{z_0}\mathrm{d}S \tag{12-46}$$

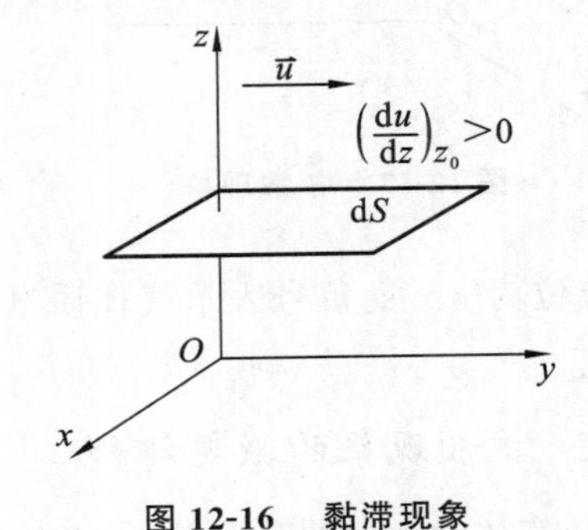


**图 12-16　黏滞现象**

式(12-46) 称为黏滞定律。式中比例系数 $\eta$ 称为黏滞系数，由气体的性质和状态决定。单位为 Pa · s。

黏滞力使流速大的气层减速，定向动量减小；使流速小的气层加速，定向动量增大。这相当于定向动量从流速大的气层输运到流速小的气层。由动量定理知 $\mathrm{d}p = f\mathrm{d}t$，于是式(12-46) 可改写为

$$\mathrm{d}p = -\eta\left(\frac{\mathrm{d}u}{\mathrm{d}z}\right)_{z_0}\mathrm{d}S\mathrm{d}t \tag{12-47}$$

式中，负号表示定向动量沿速度梯度相反的方向输运，即沿流速减小的方向输运。式(12-47) 是黏滞定律的另一种形式。黏滞定律不仅适用于气体，而且适用于液体。

2. 黏滞现象的微观解释

现在来解释黏滞现象的微观机制。当气体流动时,气层中分子除具有热运动速度外,还具有定向流速。由于分子热运动和分子间碰撞,相邻两气层将不断通过接触面交换分子。假设气体的温度和密度均匀,同一时间内两气层交换的分子数相等。但因分子的定向速度大小不等,交换的定向动量也就不等。这样,在宏观上表现为气体动量的输运。流速大的气层动量减小,而流速小的气层动量增大,相当于两气层受到一对等值反向的黏滞力。

由气体动理论可以导出黏滞定律,并得到黏滞系数的表达式

$$\eta = \frac{1}{3}\rho\bar{v}\bar{\lambda} \tag{12-48}$$

式(12-48)表明,气体黏滞系数$\eta$与气体密度$\rho$、分子的平均速率$\bar{v}$和平均自由程$\bar{\lambda}$成正比。

### 12.5.4 扩散现象的微观解释

1. 扩散现象的实验规律

在混合气体内部,由于某种组分的气体密度不均匀,导致该组分气体从密度较大的地方向密度小的地方输运而趋于均匀的现象,称为气体的**扩散现象**。

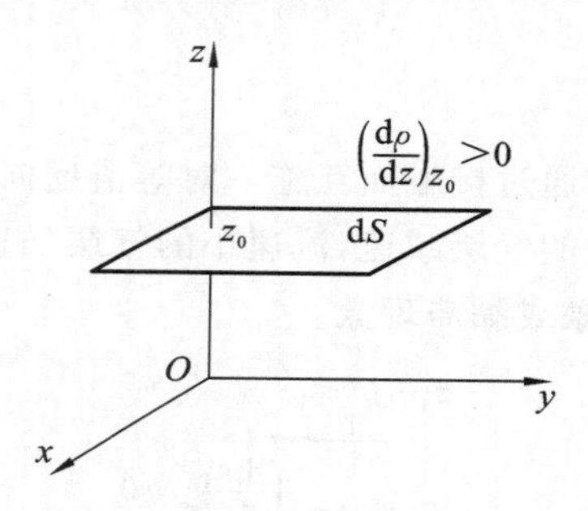


图 12-17 扩散现象

如图12-17所示,设气体密度沿$z$轴正向逐渐增大,在$z_0$处取垂直于$z$轴的面元$dS$,$z_0$处的密度梯度以$\left(\frac{d\rho}{dz}\right)_{z_0}$表示。实验指出,在$dt$时间内,通过面元迁移的质量$dM$与密度梯度$\left(\frac{d\rho}{dz}\right)_{z_0}$和面积$dS$及时间$dt$成正比,即

$$dM = -D\left(\frac{d\rho}{dz}\right)_{z_0} dS dt \tag{12-49}$$

式(12-49)称为扩散定律,又称为菲克定律。式中,比例系数$D$称为气体的扩散系数,由气体的性质和状态决定,单位为$m^2/s$。负号表示气体质量输运方向与密度梯度的方向相反,即沿密度减小的方向输运。

2. 扩散现象的微观解释

从气体动理论的观点看,由于分子的热运动和碰撞,在面元$dS$两侧的分子都要向对方迁移。又由于气体密度不均匀,分子数密度不等,两侧交换的分子数不等。分子数密度较大的一侧向分子数密度较小的一侧迁移的分子数,要多于向相反方向迁移的分子数。因此,宏观上表现为气体质量由密度较大的一侧向较小的一侧输运。

扩散定律也可以用气体动理论推出,其中扩散系数为

$$D = \frac{1}{3}\bar{v}\bar{\lambda} \tag{12-50}$$

式(12-50)说明,气体的扩散系数$D$与分子的平均速率$\bar{v}$和平均自由程$\bar{\lambda}$有关,由气体的性质和状态决定。

### 12.5.5　3 种输运现象的比较

3 种输运现象具有许多共同的特征，归纳为表 12-2。

表 12-2　3 种输运现象的共同特征

| 输运现象 | 输运现象的原因 | 输运物理量 | 输运现象宏观规律 | 输运系数 |
|---|---|---|---|---|
| 黏滞现象 | 流速不均匀 | 动量 | $\mathrm{d}p=-\eta\left(\frac{\mathrm{d}u}{\mathrm{d}z}\right)_{z_0}\mathrm{d}S\mathrm{d}t$ | $\eta=\frac{1}{3}\rho\bar{v}\bar{\lambda}$ |
| 热传导现象 | 温度不均匀 | 能量 | $\mathrm{d}Q=-\kappa\left(\frac{\mathrm{d}T}{\mathrm{d}z}\right)_{z_0}\mathrm{d}S\mathrm{d}t$ | $\kappa=\frac{1}{3}\rho\bar{v}\bar{\lambda}c_V$ |
| 扩散现象 | 密度不均匀 | 质量 | $\mathrm{d}M=-D\left(\frac{\mathrm{d}\rho}{\mathrm{d}z}\right)_{z_0}\mathrm{d}S\mathrm{d}t$ | $D=\frac{1}{3}\bar{v}\bar{\lambda}$ |

从微观上看，3 种输运现象均是由分子热运动和分子碰撞实现的。分子热运动起“掺混”作用；而分子间碰撞一方面起输运物理量作用，另一方面决定输运过程的快慢。通过分子热运动和分子碰撞，使气体内不均匀性逐步消失，趋于均匀一致。3 个输运系数都正比于 $\bar{v}$ 和 $\bar{\lambda}$，正是输运过程这一微观机制的反映。

## 12.6　热力学第二定律和熵的统计意义

热力学第二定律指出，一切与热现象有关的实际宏观过程都是不可逆的。熵增加原理进一步指出，孤立系统发生的一切不可逆过程总是朝熵增加的方向进行。那么，不可逆过程的微观实质是什么？熵的微观本质又是什么？由于热现象总是与大量分子热运动相联系，所以可以从微观角度，用统计观点来加以解释。本节首先介绍宏观态与微观态的概念，然后阐述热力学第二定律和熵的微观实质。

### 12.6.1　宏观态与微观态

按照经典力学的观点，一个分子的运动状态由它的位置和速度来描述。严格讲，应用量子力学观点描述。$N$ 个分子系统的运动状态，则由这 $N$ 个分子的位置和速度，即 $N$ 个分子在位置和速度空间的分布来描述。显然，在给定的宏观条件下，$N$ 个分子的位置和速度有无限多种分布，其中每一种分布就称为系统的一个**微观态**。从微观上看，分子可以按其运动轨道加以识别，只要任意两个分子交换位置，交换前后各自的运动状态就不同，系统的微观态也就不同。但从宏观上看，交换两个分子并不改变系统的宏观性质。也就是说，系统的宏观性质是由分子数的分布决定的，与具体分子的分布无关。只要分子数分布相同，不管这些分子具体如何分布，从宏观上看都属于同一种状态。这样一种分布就称为系统的一种**宏观态**。显然，每一种宏观态可以包含若干个微观态。

### 12.6.2　热力学第二定律的统计意义

热力学第二定律揭示了一切与热现象有关的实际宏观过程的不可逆性。由于系统的热现象与大量分子的无规则热运动相联系,所以通过分析分子微观运动,可以深入了解宏观过程不可逆性的微观本质。

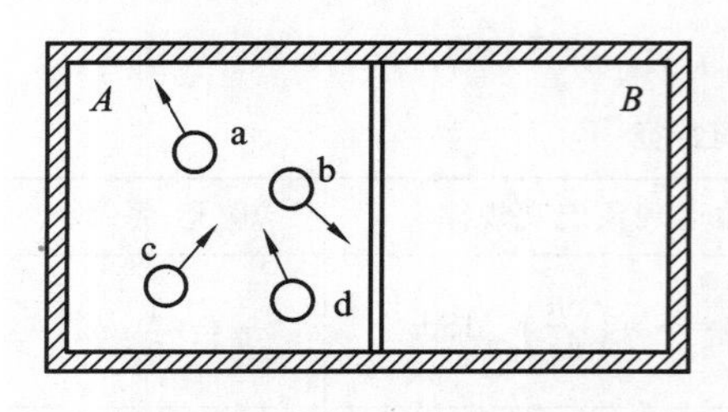


图 12-18 理想气体自由膨胀

以理想气体自由膨胀为例。将一容器用隔板分成容积相等的 $A$ 和 $B$ 两部分,$A$ 部充满 1 mol 气体,如图 12-18 所示。将隔板抽开,自由膨胀充满整个容器,这是常见的自然现象。但气体却不会重新自动收缩到 $A$ 部或 $B$ 部,为什么气体自由膨胀过程不可逆呢?其中的奥秘在于分子热运动的无规则性。由于每个气体分子位于 $A$ 部和 $B$ 部的概率各为 $\frac{1}{2}$,1 mol 气体分子同时聚集在 $A$ 部或 $B$ 部的概率为 $\frac{1}{2^{6.022\times10^{23}}}$。这种可能性之小,可用打乱的一百万个铅字为一百万字的原著排版相比。它比随手取铅字依次排列,排列结果与原著完全相同的概率还要小得多。

为简便起见,设系统由 4 个气体分子组成。不考虑分子速度,仅以分子位于 $A$ 部和 $B$ 部分类,各种可能的分布如表 12-3 所示。

表 12-3 4 个分子可能的分布

| 微观态(分子的可能分布) | | 宏观态(分子数的可能分布) | | | 每个宏观态所包含的微观态数 | 宏观态概率 |
|---|---|---|---|---|---|---|
| $A$ 部 | $B$ 部 | 宏观态编号 | $A$ 部 | $B$ 部 | | |
| abcd | 无 | Ⅰ | 4 | 0 | 1 | $\frac{1}{16}$ |
| 无 | abcd | Ⅱ | 0 | 4 | 1 | $\frac{1}{16}$ |
| bcd | a | Ⅲ | 3 | 1 | 4 | $\frac{4}{16}$ |
| acd | b | | | | | |
| abd | c | | | | | |
| abc | d | | | | | |
| a | bcd | Ⅳ | 1 | 3 | 4 | $\frac{4}{16}$ |
| b | acd | | | | | |
| c | abd | | | | | |
| d | abc | | | | | |
| ab | cd | Ⅴ | 2 | 2 | 6 | $\frac{6}{16}$ |
| cd | ab | | | | | |
| ac | bd | | | | | |
| bd | ac | | | | | |
| ad | bc | | | | | |
| bc | ad | | | | | |

从表 12-3 可以看出,4 个分子共有 16 种分布方式,系统有 16 个微观态。这 16 个微观态分

别属于5种不同的宏观态。分子集中分布的宏观态 Ⅰ 和宏观态 Ⅱ 各包含一个微观态；而分子均匀分布的宏观态 Ⅴ 则包含6个微观态。从统计观点看，在给定的宏观条件下，系统的每个微观态出现的概率均等。因此，某种宏观态所含的微观态数目越多，系统处于该宏观态的概率就越大。做个比喻：假想一部高速摄像机能将系统的每一微观态记录下来，此摄像机拍摄的电影胶卷中的每一张胶片就对应系统的一个微观态。如果将电影胶卷放映在银幕上，由于那些分子非均匀分布的照片所占的比例极小，因而我们看到的影像几乎就是分子均匀分布的宏观态影像。

理论表明，当分子数 $N$ 很大时，如果没有外界影响，在各种可能的宏观态中，系统处于基本均匀分布的宏观态的概率最大，几乎接近100%。因此，实际观察到的状态就是这种宏观态。对于大量分子组成的气体，分子全部聚集在 $A$ 部或 $B$ 部的概率极小，而分子数趋于均匀分布的概率极大。可见，理想气体自由膨胀的不可逆性，实质上反映气体系统内发生的过程总是从概率小的宏观状态向概率大的宏观状态进行。这种过程的逆过程并非不可能发生，而是发生的概率极小，实际中难以观察到。这一结论具有普遍意义，**任何孤立系统内部发生的不可逆过程总是由概率小的宏观状态向概率大的宏观状态进行**。这就是热力学第二定律的统计意义。

### 12.6.3　熵的微观实质

根据热力学第二定律的统计意义，孤立系统发生的不可逆过程总是从微观态数少的宏观态趋向微观态数多的宏观态进行，当系统达到平衡态时，过程就停止。因此系统的平衡态就是微观态数最多的宏观态。由熵增加原理可知，该状态的熵也最大。这说明系统的熵 $S$ 与其所处宏观态的微观态数 $W$ 之间存在一定的内在联系。玻耳兹曼从理论上揭示了这一内在联系，即

$$S = k\ln W \tag{12-51}$$

式(12-51)称为**玻耳兹曼关系**，其中 $k$ 为玻耳兹曼常数。该式表明，系统所处宏观态的微观态数目 $W$ 越多，系统的熵 $S$ 就越大。一个宏观态对应的微观态数目 $W$ 越多，表明系统微观态的变化越复杂，分子热运动越无序。因此，**熵的微观实质是系统内分子热运动无序程度的量度**。熵增加原理的微观实质是，**孤立系统发生的不可逆过程是从系统无序度小的状态趋向无序度大的状态**。冰吸热融化成水时熵要增加；水吸热蒸发变成水蒸气时熵也要增加。这一热力学结论可以用熵增加原理的微观实质给予解释。一般来说，固体内部分子按一定的空间点阵规则排列，分子只能在点阵附近做微小振动，分子热运动无序度小；当固体熔化为液体时，大范围的规则排列被破坏，仅在微小范围内保留一定的规则排列，分子热运动的无序度增大。由液体蒸发变为气体时，分子的运动就变得完全无序。所以，冰变成水和水变成水蒸气的过程中，无序度增大，熵增加。当然冰变成水和水变成水蒸气的过程中，还从环境吸收了热量，周围环境的无序度减小。反之，水蒸气凝结成水，水凝结成冰，无序度减小，熵减小。这似乎与熵增加原理发生矛盾。其实不然，水蒸气冷却凝结成水，熵减小。但水蒸气并不是孤立的系统，它向周围环境放了热，周围环境吸收了热，熵增加。如果把参与吸热的那部分环境作为系统的一部分，整个系统的无序度增大，熵增加。水向周围环境放热凝结成冰，熵减小，也可做类似解释。熵增加原理本质上与热力学第二定律一致，它是热力学第二定律的数学表述。

熵的内涵十分丰富。广义上讲，熵是系统混乱程度的量度。目前，熵的概念已经渗透到信息科学、化学、生物学、经济学、金融学和社会学等自然科学和社会科学的各个领域。现代社会中，资源消耗、环境污染和人口增长三大战略课题都与熵有关。可见，熵是一个极其重要的概念。

# 阅读材料十二　低温现象

20 世纪初,科学家们在研究低温技术时,发现一些物质在低温条件下,会表现出一些奇特的性质,其中最突出的特性是超导性和超流性。

1911 年荷兰物理学家昂内斯(Onnes)发现,水银温度降至 4.2 K 时电阻突然消失。随后人们又发现一些金属、合金和化合物也存在类似现象。这种现象称为超导电性,具有超导电性的物质称为超导体。

为了解释超导现象,1955 年,美籍物理学家巴丁、利昂·库珀和罗伯特·施里弗组成探索超导微观机理的研究小组。巴丁原是半导体领域的专家,1956 年因发现晶体管效应获诺贝尔物理学奖;库珀对量子场论、量子统计以及处理数据方法非常熟悉;而施里弗则年轻敏捷、敢想敢闯。三人共同建立了超导微观理论——BCS 理论。BCS 理论认为:在超导体内两个自旋和动量相反的电子相互吸引,组成动量为零的库珀对。库珀对在电场作用下做定向运动时,由于其波长长,不会受到晶格缺陷和杂质的散射,从而可以无阻碍地流动。BCS 理论很好地解释了前人发现的各种金属超导现象,三人因此共获 1972 年度的诺贝尔物理学奖。

为了提高超导体的实用性,人们一直在努力提高超导转变温度。1986 年发现了转变温度高于液氮(77 K)的铜氧化合物超导体,称为高温超导体。目前高温氧化物超导体的转变温度达到 240 K,接近室温。高温超导的发现被认为是 20 世纪科学上最伟大的发现之一,但高温超导电性的微观机理至今仍未完全弄清楚,有待于人们进一步探索。

超导材料的应用非常广泛,总体来说可分为两大类。一类是用于强电,用超导体制成大尺度的超导器件,如超导磁铁、电机、电缆等,用于发电、输电、储能和交通运输等方面。基于超导技术的磁悬浮列车,时速超过 400 千米。另一类是用于弱电,如超导量子干涉器件(简称 SQUID)和制成计算机的逻辑元件,用于精密仪器仪表、计算机等方面。

1937 年,苏联物理学家卡皮查发现,当温度降到 2.17 K 时,液态氦的黏滞性突然消失。它可以在无压力差的情况下,自由通过极细的毛细管、微孔和狭缝,甚至还可以自动在器壁上攀爬。液体的这种性质称为超流性。

关于 HeⅡ 超流机制的理论研究最先由伦敦作出。伦敦把 HeⅡ 看成是由玻色子组成的玻色气体,遵守玻色统计规律。伦敦还证明存在一个临界温度 $T_c$,当温度低于 $T_c$ 时,一些粒子会同时处于零点振动能状态(即基态),称为凝聚,温度越低,凝聚在零点振动能状态的粒子数就越多,在绝对零度时,全部粒子都凝聚在零点振动能状态。1838 年,苏联科学家蒂莎首先提出了 HeⅡ 的二流体模型。1949 年,朗道将它发展成二流体理论。这种理论认为 HeⅡ 可以处于两种状态,一种是粒子处于基态(能量、动量和熵均为零)的无黏滞性的超流体;另一种是粒子处于激发态(能量、动量和熵不为零)的有黏滞性的正常流体。当温度低于临界温度 $T_c$ 时,正常流体开始部分转变为超流体。绝对零度时,所有原子都处于基态,流体全部变为超流体。为此,朗道获得了 1962 年的诺贝尔物理学奖。

# 习　题

12-1　关于温度的意义，下述说法中不正确的是(　　)。

A. 温度的高低反映了物质内部分子热运动剧烈程度的不同

B. 气体的温度是分子平均平动动能的量度

C. 气体的温度表示单个气体分子的冷热程度

D. 气体温度是大量气体分子热运动的集体表现，具有统计意义

12-2　在某一平衡态，气体分子麦克斯韦速率分布函数为 $f(v)$，则 $f(v)\mathrm{d}v$ 所表示的物理意义为(　　)。

A. 在速率 $v$ 附近，处于 $\mathrm{d}v$ 区间内的分子数

B. 在速率 $v$ 附近，处于单位速率区间内的分子数

C. 在速率 $v$ 附近，处于单位体积内的分子数

D. 在速率 $v$ 附近，处于 $\mathrm{d}v$ 区间内的分子数与总分子数的比值

12-3　处于平衡状态的一瓶氦气和一瓶氮气的分子数密度相同，分子的平均平动动能也相同，则它们(　　)。

A. 温度、压强都相同

B. 温度相同，但氦气压强大于氮气的压强

C. 温度、压强都不相同

D. 温度相同，但氦气压强小于氮气的压强

12-4　图 12-19 所示为同种理想气体的分子速率分布曲线，下列说法正确的是(　　)。

A. 曲线 1 对应的温度较高

B. 曲线 1 对应的分子平均速率较小

C. 曲线 2 对应的最概然速率较大

D. 曲线 2 对应的方均根速率较大

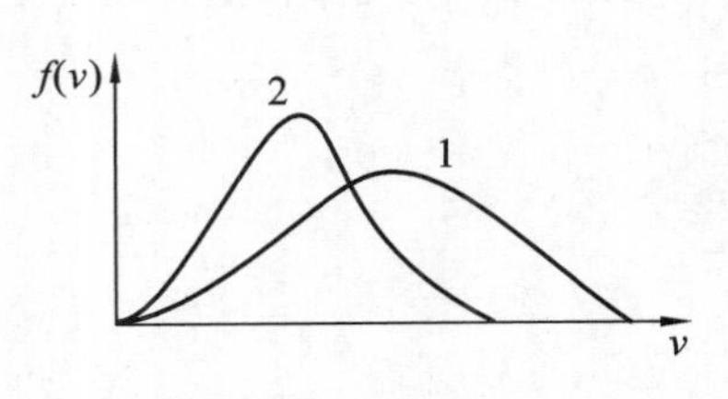


**图 12-19　习题 12-4 图**

12-5　如果氢气和氦气的温度相同，物质的量也相同，则这两种气体的(　　)。

A. 平均动能相同　　B. 平均平动动能相同

C. 内能相等　　D. 势能相等

12-6　一定量的理想气体，在体积不变的情况下，当温度升高时，分子的平均碰撞频率 $\overline{Z}$ 和平均自由程 $\overline{\lambda}$ 的变化情况是(　　)。

A. $\overline{Z}$ 增大而 $\overline{\lambda}$ 不变　　B. $\overline{Z}$ 不变而 $\overline{\lambda}$ 增大

C. $\overline{Z}$ 和 $\overline{\lambda}$ 都增大　　D. $\overline{Z}$ 和 $\overline{\lambda}$ 都不变

12-7　温度相同的氢气和氧气，若氢气分子的平均平动动能为 $6.21\times10^{-21}$ J，氧气的摩尔质量为 $3.2\times10^{-2}$ kg/mol，试求：(1) 氧气分子的平均平动动能及温度；(2) 氧气分子的最概然速率。

12-8　容器内储有氧气,其压强为 $1.013\times10^{5}$ Pa,温度为 27 ℃,求:(1) 单位体积内的分子数;(2) 氧气的密度;(3) 分子的平均平动动能;(4) 分子间的平均距离。

12-9　在什么温度下,氧分子的方均根速率等于 0 ℃ 时氢分子的方均根速率?

12-10　欲使氢分子的方均根速率等于它在地球表面的逃逸速率($11.2\times10^{3}$ m/s),需要多高的温度?

12-11　假设大气的温度不随高度变化,温度为 5.0 ℃,海平面的气压为 $1.0\times10^{5}$ Pa,某山顶的气压为 $0.787\times10^{5}$ Pa,求山顶的高度。(已知空气的摩尔质量为 29.0 g/mol。)

12-12　设想太阳是由氢原子组成的理想气体,其密度可视为均匀的。若此理想气体的压强为 $1.35\times10^{14}$ Pa。试估计太阳的温度。(已知氢原子质量为 $1.67\times10^{-27}$ kg,太阳质量为 $1.99\times10^{30}$ kg,太阳半径为 $6.96\times10^{8}$ m。)

12-13　一个能量为 $1.6\times10^{-7}$ J 的宇宙射线粒子,射入一氖管中,氖管中含有氖气 0.10 mol,如果宇宙射线粒子的能量全部被氖气分子所吸收而变为热运动能量,问氖气的温度升高了多少?

12-14　温度为 273 K 时,求:(1) 氧分子的平均平动动能和平均转动动能;(2) $4\times10^{-3}$ kg 氧气的内能。

12-15　温度为 27 ℃ 时,1 mol 氢气分子具有多少平动动能?多少转动动能?

12-16　若氖气分子的有效直径为 $2.59\times10^{-10}$ m,问在温度为 600 K,压强为 $1.33\times10^{2}$ Pa 时,氖分子 1 s 内的平均碰撞次数为多少?

12-17　如果气体分子的平均直径为 $3.0\times10^{-10}$ m,温度为 273 K,气体分子的平均自由程 $\bar{\lambda}=0.20$ m,问气体在这种情况下的压强是多少?

UNIVERSITY PHYSICS

# 机械振动和机械波

振动是自然界中最常见的运动形式之一。广义地讲，凡描述物质运动状态的物理量（如位置矢量、电流、电压、电场强度、磁感应强度、温度、压强等），在某一数值附近做周期性的变化，都可称为振动。例如：交流电路中的电流在某一电流值附近做周期性的变化；光波、无线电波传播时，空间某点的电场强度和磁场强度随时间做周期性的变化等。这些振动虽然在本质上与机械振动不同，但对它们运动规律的描述却有着相同的数学形式，在研究方法上也有着许多共同之处。所谓机械振动，是指物体在一定位置附近所做的周期性往复运动。机械振动广泛地存在于自然现象和日常生活生产活动中，例如，心脏的跳动、钟摆的摆动、气缸中活塞的运动、一切发声体的运动等，都是机械振动。振动现象是非常普遍的，并不局限于机械振动。除机械振动外，自然界中其他各式各样的振动，例如分子的热运动、振荡电路中电流的变化、电磁场的变化、晶体中原子的运动等，虽然它们属于不同的运动形式，各自遵循不同的运动规律，但是就其中的振动过程来讲，它们都具有共同的物理特征。另外，振动的重要性还在于它是波动的基础，一切波动都是某种振动的传播过程，而波动在科学技术上具有重大意义。因此，机械振动的基本规律也是研究其他形式的振动以及波动、波动光学、无线电技术等的基础，在生产技术中有着广泛的应用。

波是偏离平衡状态的一种扰动，这种扰动随时间从空间的一个区域移动或传播到另一个区域。在自然现象中，波动现象广泛地存在，如投石于静水中水面兴波、击物发声空气中激起声波、光波与无线电波等，在物理学各个领域也都发现有波动现象。近代研究结果表明，波动是一切微观粒子的根本属性之一。掌握机械振动和机械波的基本规律及应用是本篇研究学习的主要内容。

# 第13章　机械振动

本章主要研究简谐运动的运动特征，同时研究其合成规律，并介绍振动在生活中的应用。

## 13.1　简谐运动

大多数物理系统中的质点都有各自的平衡位置，当其中的一个质点受到外界扰动而离开其平衡位置后，它就会受到系统中其他质点对它的作用，使它回到其自身的平衡位置，这种作用合力称为回复力。**回复力**的特点是：力的方向始终指向平衡位置。若力的大小与位移成正比，则这种力就称为线性回复力。其中最简单、最基本的机械振动是受到线性回复力作用。**物体在线性回复力作用下产生的运动称为简谐运动**，从另外一个角度简谐运动还可以理解为**物体离开平衡位置的位移按余弦函数（或正弦函数）的规律随时间变化。**

任何复杂的振动都可以看成是若干简谐运动的合成。因此，掌握简谐运动的特征和规律对于理解机械振动乃至其他振动都非常重要。

### 13.1.1　简谐运动的特征及其运动方程

下面以简谐运动的理想模型——弹簧振子（又称谐振子）为例，来研究简谐运动的一般运动规律。如图13-1所示，在光滑的水平面上，质量为 $m$ 的物体系于一端固定的轻弹簧（其质量相对于物体来说可以忽略不计）的自由端，这样由物体和轻弹簧所构成的振动系统称为弹簧振子。当物体处于位置 $O$ 时，弹簧具有自然长度，此时物体在水平方向所受的合外力为零，则位置 $O$ 称为系统的平衡位置。取平衡位置 $O$ 为坐标原点、水平向右为 $Ox$ 轴正向建立坐标。

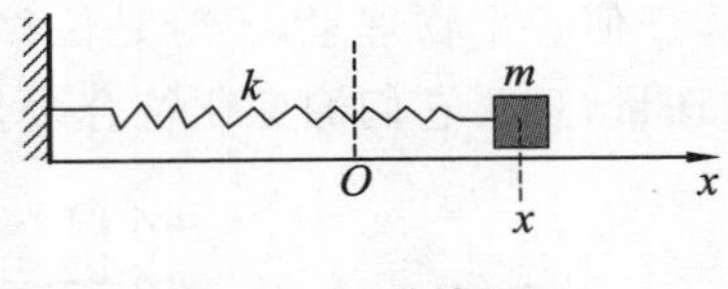

图13-1　弹簧振子

当物体处于位移 $x$ 处时，释放而任其运动，根据胡克定律可知，$f$ 和 $x$ 成正比，它们之间的关系可用下式表示

$$f=-kx$$

式中，$k$ 为弹簧的劲度系数（回复力系数）；负号表示回复力的方向总跟物体位移的方向相反。

根据牛顿第二定律可知，物体的加速度为

$$a=\frac{\mathrm{d}^2x}{\mathrm{d}t^2}=\frac{f}{m}=-\frac{k}{m}x \tag{13-1}$$

对于一个给定的弹簧振子，$k$ 和 $m$ 均为大于零的常量，故可令

$$\frac{k}{m}=\omega^2 \tag{13-2}$$

整理得

$$\frac{\mathrm{d}^2x}{\mathrm{d}t^2}+\omega^2x=0 \tag{13-3}$$

式(13-3)表明,做简谐运动的物体,其加速度的大小总是与位移的大小成正比,而方向相反,这通常称为简谐运动的运动学特征。式(13-3)为简谐运动的动力学微分方程(二阶线性常微分方程),它的解可以采用正弦函数或余弦函数等形式表示,本书采用该微分方程解的余弦函数形式表示为

$$x(t)=A\cos(\omega t+\varphi) \tag{13-4}$$

这就是简谐运动的运动学方程,简称简谐运动方程。式(13-4)表明,做简谐运动的物体,其位移是时间的余弦函数。将式(13-4)对时间 $t$ 分别求一阶、二阶导数,则分别可得物体做简谐运动的速度和加速度为

$$v=\frac{\mathrm{d}x}{\mathrm{d}t}=-\omega A\sin(\omega t+\varphi)=-v_{\mathrm{m}}\sin(\omega t+\varphi) \tag{13-5}$$

$$a=\frac{\mathrm{d}v}{\mathrm{d}t}=\frac{\mathrm{d}^2x}{\mathrm{d}t^2}=-\omega^2A\cos(\omega t+\varphi)=-a_{\mathrm{m}}\cos(\omega t+\varphi) \tag{13-6}$$

式中,$v_{\mathrm{m}}=\omega A$ 称为速度最大值;$a_{\mathrm{m}}=\omega^2A$ 称为加速度最大值。以上关于位移、速度和加速度的表达式均表征了简谐运动的运动学特征,它们表明,简谐运动系统的位置 $x$(即物体相对于平衡位置的位移)、速度 $v$ 和加速度 $a$ 都是时间 $t$ 的周期函数,它们都随时间做周期性的变化,从而体现了简谐运动的周期性。必须注意的是,简谐运动是周期运动,但周期运动却不一定都是简谐运动。

由式(13-4)、式(13-5)、式(13-6),可作出图 13-2 所示的物体做简谐运动时的 $x$-$t$,$v$-$t$ 和 $a$-$t$ 的关系曲线。由图 13-2 也可以看出,物体做简谐运动时,其位移、速度和加速度都是周期性变化的。我们可以把物体做简谐运动时位移、速度及加速度随时间周期性变化的特点推而广之,任何一个物理量,不管是位移、速度、加速度,还是电流、电压、电场强度和磁场强度等其他物理量,只要它们的变化符合余弦规律(或正弦规律),则该物理量就在做简谐运动。

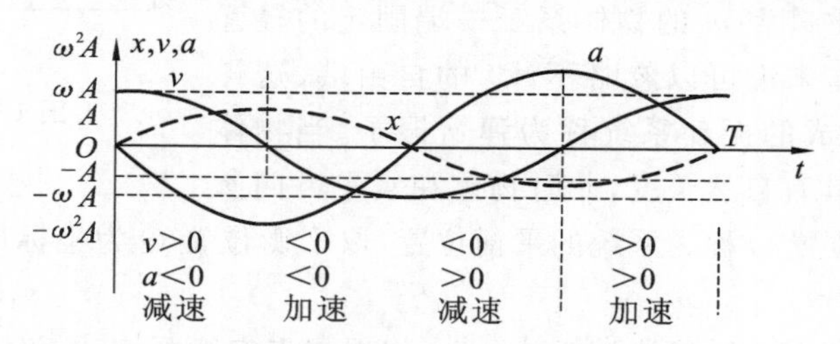


图 13-2　简谐运动的 $x$-$t$,$v$-$t$,$a$-$t$ 关系图($\varphi=0$)

通过对弹簧振子的振动讨论可知,只要一个物体在运动中受到的力为线性回复力,则它的运动规律就一定是简谐运动,这通常称为物体做简谐运动的动力学特征。在一般情况下,都将线性回复力作为物体是否做简谐运动的基本依据。然而无论是运动学特征,还是简谐运动的余弦表达式,都可以作为一个系统是否做简谐运动的判定根据。

### 13.1.2　描述简谐运动的特征物理量

振动具有周期性,描述简谐运动的物理量要体现这一特征,因此简谐运动有一套自己的特征物理量。下面就来讨论描述简谐运动特征的物理量——振幅、周期、频率和相位及其有关概念,其中相位的概念尤为重要。

1. 振幅

根据简谐运动方程 $x=A\cos(\omega t+\varphi)$，由于 $\cos(\omega t+\varphi)$ 的值在 $-1$ 和 1 之间，故物体的位移则在 $-A$ 和 $A$ 之间，因此，把做简谐运动的物体相对于平衡位置最大位移的绝对值 $A$ 称为振幅。它表示物体在平衡位置附近振动的幅度，是描述物体振动强弱的物理量。对于给定的简谐运动系统，振幅 $A$ 是确定的，故简谐运动是等幅振动。

2. 周期和频率

(1) 周期。物体做一次完全振动所经历的时间称为振动的周期，用 $T$ 表示，其单位为 s。周期是表征振动周期性的物理量，每经历一个周期，振动状态就重复一次。物体在任意时刻 $t$ 的位移和速度，应与物体在时刻 $t+T$ 的位移和速度完全相同，即

$$x=A\cos(\omega t+\varphi)=A\cos[\omega(t+T)+\varphi]$$

又由于余弦函数的周期为 $2\pi$，故有

$$\begin{aligned}x&=A\cos(\omega t+\varphi)=A\cos(\omega t+\varphi+2\pi)\\&=A\cos\left[\omega\left(t+\frac{2\pi}{\omega}\right)+\varphi\right]=A\cos[\omega(t+T)+\varphi]\end{aligned}$$

由比较可得

$$T=\frac{2\pi}{\omega} \tag{13-7}$$

(2) 频率和角频率。单位时间内物体所做的完全振动的次数称为频率，用 $\nu$ 表示，其单位为 Hz。显然，频率与周期的关系为

$$\nu=\frac{1}{T}=\frac{\omega}{2\pi} \tag{13-8}$$

由此可得

$$\omega=\frac{2\pi}{T}=2\pi\nu \tag{13-9}$$

式(13-9)表明，$\omega$ 等于物体在单位时间内所做的完全振动次数的 $2\pi$ 倍，即表示物体在 $2\pi$ 时间内所做的完全振动的次数，称为角频率，又称圆频率，其单位是 rad/s(弧度 / 秒)。频率和角频率都是描述振动快慢程度的物理量，用角频率描述简谐运动的周期性，有时比用频率更简便。

周期、频率和角频率都是描述周期性运动的物理量，它们与振动系统本身的动力学性质有关。对于弹簧振子来讲，周期和频率分别为

$$T=2\pi\sqrt{\frac{m}{k}}\qquad \nu=\frac{1}{2\pi}\sqrt{\frac{k}{m}} \tag{13-10}$$

由于弹簧振子的角频率 $\omega$ 仅取决于其质量 $m$ 和劲度系数 $k$，所以其周期和频率只与振动系统本身的物理性质有关。这种只由振动系统本身的固有属性所决定的周期和频率，称为振动系统的固有周期和固有频率。

3. 相位和相位差

(1) 相位。与力学中用位矢和速度来描述物体在某一时刻的运动状态一样，描述简谐运动在某时刻的运动状态仍然需要用这两个物理量。而从 $x=A\cos(\omega t+\varphi)$ 和 $v=-\omega A\sin(\omega t+\varphi)$ 两式中可以看出，在振幅 $A$ 和角频率 $\omega$ 都给定的情况下，还有一个量是十分重要的，这就是

$\omega t+\varphi$,振动物体在任何时刻相对于平衡位置的位移和速度都取决于这个物理量。因此,将量值 $\omega t+\varphi$ 称为振动的相位,它是描述简谐运动物体在 $t$ 时刻运动状态的物理量。对于一个振动系统,只要知道某时刻的相位,就可以立即求出其位置和速度,即知道此时系统的运动状态。

必须强调,在振动和波动的研究中,相位是一个十分重要的概念。质点在振动的一个周期内所经历的状态没有一个是完全相同的,从对应的相位来看,相当于相位从 0 到 $2\pi$ 的变化。如图 13-1 所示的弹簧振子,当相位 $\omega t_1+\varphi=\dfrac{\pi}{2}$ 时,有 $x=0, v=-\omega A$,表明 $t_1$ 时刻物体处于平衡位置,并以速率 $\omega A$ 向左运动;而当相位 $\omega t_2+\varphi=\dfrac{3\pi}{2}$ 时,有 $x=0, v=\omega A$,表明 $t_2$ 时刻物体也处于平衡位置,但它以速率 $\omega A$ 向右运动。可见,在 $t_1$ 和 $t_2$ 两时刻,由于振动的相位不同,物体的运动状态也不同。对此还可以用简谐运动的 $x$-$t$ 关系曲线来加深理解。当振动物体的相位经历了 $2\pi$ 的变化,即相位由 $\omega t+\varphi$ 变为 $\omega(t+T)+\varphi$,振动经历了一个周期时,物体恢复到原来的运动状态。故用相位描述物体的运动状态,还能充分体现简谐运动的周期性特征。

(2) 初相位。当 $t=0$ 时,相位 $\omega t+\varphi=\varphi$,故把 $t=0$ 时的相位 $\varphi$ 称为初相位,简称初相。则有

$$x_0=A\cos\varphi, v_0=-\omega A\sin\varphi$$

由此可见,在振幅 $A$ 和角频率 $\omega$ 确定的情况下,初相 $\varphi$ 是决定初始时刻(又称计时起点)振动物体运动状态的物理量。例如,若 $\varphi=0$,则在 $t=0$ 时,有 $x_0=A$ 和 $v_0=0$,这表示所选的计时起点是物体位于距平衡位置的正最大位移处,且其速度为零的这一时刻。

(3) 相位差。两简谐运动的相位之差称为相位差,用 $\Delta\varphi$ 表示。$\Delta\varphi$ 的存在,表示两振动的步调不同,因此,相位概念的重要性还在于比较两个同频率简谐运动之间的步调。设有下列两个频率的简谐运动

$$x_1=A_1\cos(\omega t+\varphi_1)$$

$$x_2=A_2\cos(\omega t+\varphi_2)$$

则两简谐运动的相位差为

$$\Delta\varphi=(\omega t+\varphi_2)-(\omega t+\varphi_1)=\varphi_2-\varphi_1 \tag{13-11}$$

式(13-11)表明,两个同频率的简谐运动在任何时刻的相位差恒等于其初相差。

4. 振幅 $A$ 和初相 $\varphi$ 的确定

在简谐运动方程 $x=A\cos(\omega t+\varphi)$ 中,除 $x$ 和 $t$ 是变量外,三个特征量为 $A$, $\omega$ 和 $\varphi$,而角频率 $\omega$ 由振动系统本身的物理性质所决定,下面介绍振幅 $A$ 和初相 $\varphi$ 的求法。

在角频率 $\omega$ 已经确定的条件下,若已知 $t=0$ 时物体相对于平衡位置的位移 $x_0$ 和速度 $v_0$(这通常称为初始条件),则可确定简谐运动的振幅 $A$ 和初相 $\varphi$。由式(13-4)和式(13-5)可得

$$\begin{cases}x_0=A\cos\varphi\\ v_0=-\omega A\sin\varphi\end{cases}$$

由此解得

$$\varphi=\arccos\frac{x_0}{A} \tag{13-12}$$

$$A=\sqrt{x_0^2+\frac{v_0^2}{\omega^2}} \tag{13-13}$$

必须指出，由于 $|\varphi| \leqslant \pi$，故 $\varphi$ 便可能有两个取值，其所在象限可由 $x_0$ 和 $v_0$ 的正负确定。在实际计算时，常先由 $\cos\varphi = \dfrac{x_0}{A}$ 定出 $\varphi$ 的两个可能值，再由 $\sin\varphi = -\dfrac{v_0}{\omega A}$，即由初速度 $v_0$ 的正负，来确定 $\varphi$ 值。

**例 13-1**　一个理想的弹簧振子，弹簧的劲度系数 $k = 0.72$ N/m，振子的质量 $m = 0.02$ kg，当 $t = 0$ 时，振子在 $x_0 = 0.05$ m 处，初速度为 $v_0 = 0.30$ m/s，且沿 $x$ 轴正向运动，求：

(1) 弹簧振子的运动方程；

(2) 在 $t = \dfrac{\pi}{4}$ s 时，振子的速度和加速度。

**解**　(1) 由于振子做简谐运动，故可设其运动方程为

$$x = A\cos(\omega t + \varphi)$$

由弹簧振子的条件可得其角频率为

$$\omega = \sqrt{\frac{k}{m}} = 6.0 \text{ rad/s}$$

由振动系统的初始条件可得振幅和初相分别为

$$A = \sqrt{x_0^2 + \left(\frac{v_0}{\omega}\right)^2} = 0.07 \text{ m}$$

$$\varphi = \arccos\frac{x_0}{A} = \arccos\frac{\sqrt{2}}{2} \text{ rad} = \pm\frac{\pi}{4} \text{ rad}$$

根据题意知，$v_0 = -\omega A\sin\varphi > 0$，则 $\sin\varphi < 0$，故 $\varphi = -\dfrac{\pi}{4}$ rad。因此，弹簧振子的运动方程为

$$x = 0.07\cos\left(6t - \frac{\pi}{4}\right)$$

(2) 当 $t = \dfrac{\pi}{4}$ s 时，振子的相位为

$$\omega t + \varphi = \frac{5}{4}\pi$$

则根据弹簧振子的速度和加速度公式可得

$$v = -\omega A\sin(\omega t + \varphi) = 0.297 \text{ m/s}$$

$$a = -\omega^2 A\cos(\omega t + \varphi) = 1.78 \text{ m/s}^2$$

## 13.2　简谐运动的旋转矢量法

### 13.2.1　旋转矢量法

如图 13-3 所示，自 $Ox$ 轴的原点作一矢量 $\vec{A}$，使它的模等于简谐运动的振幅 $A$，并使矢量 $\vec{A}$ 以角速度 $\omega$（其数值等于简谐运动的固有频率）在图平面内绕 $O$ 点做逆时针方向的匀角速度旋转，这个矢量 $\vec{A}$ 就称为旋转矢量，矢量 $\vec{A}$ 的端点在旋转过程中形成的圆称为参考圆。实际上旋转矢量法就是一个物体做逆时针匀速率圆周运动。

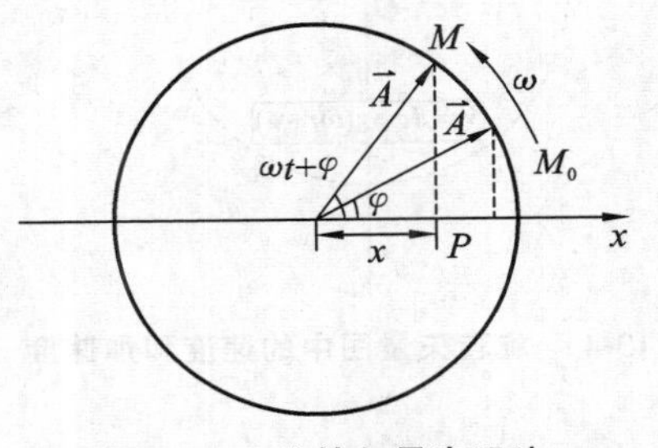


图 13-3　旋转矢量表示法

设 $t=0$ 时,$\vec{A}$ 的矢端在位置 $M_0$,$\vec{A}$ 与 $Ox$ 轴的夹角为 $\varphi$;在 $t$ 时刻,$\vec{A}$ 的矢端在位置 $M$,在这一过程中,$\vec{A}$ 沿逆时针方向转过角度 $\omega t$,此时 $\vec{A}$ 与 $Ox$ 轴的夹角为 $\omega t+\varphi$,则 $\vec{A}$ 的矢端在 $Ox$ 轴上的投影为

$$x = A\cos(\omega t+\varphi)$$

这是沿 $Ox$ 轴做简谐运动的物体在 $t$ 时刻相对于原点 $O$ 的位移。因此,旋转矢量 $\vec{A}$ 的矢端 $M$ 在 $Ox$ 轴上的投影点 $P$ 的运动,可表示一个物体在 $Ox$ 轴方向上进行的简谐运动。$\vec{A}$ 以角速度 $\omega$ 旋转一周,相当于物体在 $x$ 轴上做一次完全振动。在这种描述简谐运动的几何方法中:

(1) 旋转矢量 $\vec{A}$ 的矢端 $M$ 在 $x$ 轴上的投影坐标可表示为 $x$ 轴上的谐振动,振幅为 $|\vec{A}|$。

(2) 旋转矢量 $\vec{A}$ 以角速度 $\omega$ 旋转一周,相当于谐振动物体在 $x$ 轴上做一次完全振动,即旋转矢量旋转一周,所用时间与谐振动的周期相同。

(3) 在 $t=0$ 时,旋转矢量与 $x$ 轴夹角 $\varphi$ 为谐振动的初相,$t$ 时刻旋转矢量与 $x$ 轴夹角 $\omega t+\varphi$ 为 $t$ 时刻谐振动的相位。

由此可见,简谐运动的旋转矢量表示法是研究简谐运动的一种比较形象、直观的方法,常用于分析简谐运动及其合成。它不仅把描述简谐运动的三个特征物理量非常直观地表示出来,特别是将简谐运动中最难理解的相位用角度表示出来,而且还将相位随时间变化的线性和周期性也清晰地描述出来了。

在旋转矢量图上,不仅可以确定做简谐运动的物体的位移 $x$,而且还可以确定其速度 $v$ 和加速度 $a$。

如图 13-4 所示,由于做匀速圆周运动的物体的速率为 $v_m=\omega A$,则 $t$ 时刻它在 $Ox$ 轴上的投影为

$$v = v_m\cos\left(\omega t+\varphi+\frac{\pi}{2}\right) = -\omega A\sin(\omega t+\varphi)$$

这正是物体做简谐运动的速度表达式;又由于做匀速圆周运动的物体的法向加速度为 $a_n=\omega^2 A$,则 $t$ 时刻它在 $Ox$ 轴上的投影为

$$a = a_n\cos(\omega t+\varphi+\pi) = -\omega^2 A\cos(\omega t+\varphi)$$

这是物体做简谐运动的加速度表达式。必须注意,旋转矢量本身并不是在做简谐振动,而是它的矢端在 $x$ 轴上的投影点在 $x$ 轴上做简谐运动。图 13-5 为旋转矢量与简谐运动 $x$-$t$ 曲线的对应关系。

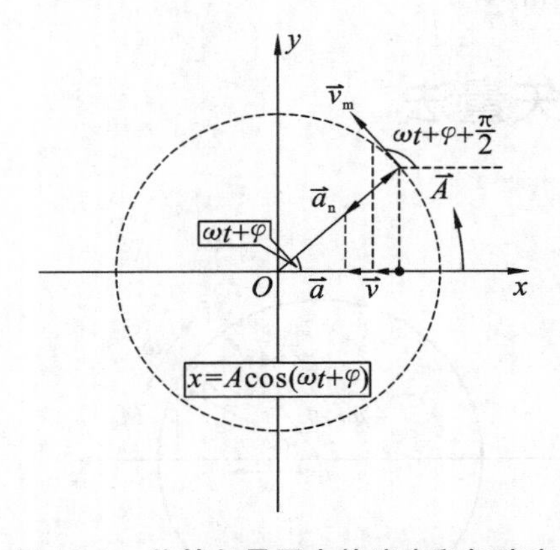


图 13-4 旋转矢量图中的速度和加速度

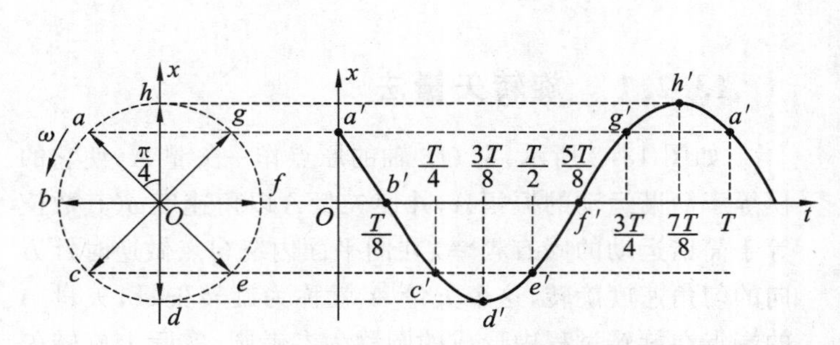


图 13-5 旋转矢量与简谐运动 $x$-$t$ 曲线的对应关系

### 13.2.2　旋转矢量法的应用

1. 求初相 $\varphi$

(1) 以振幅 $A$ 为半径作参考圆，根据题意确定振动方向为 $Ox$ 轴，如图 13-6(a) 所示。

(2) 根据初始时刻质点所在位置 $x_0$ 给出初相 $\varphi$ 的两个可能取值 $\pm\varphi$，如图 13-6(b) 所示。

(3) 根据 $Ox$ 轴正向确定初始时刻质点初速度 $v_0$ 的正负，从而判断初相 $\varphi$ 的正确取值。由于规定旋转矢量 $\vec{A}$ 沿逆时针方向旋转，因此，自初始时刻，若 $\vec{A}$ 在参考圆的上半周旋转，表示 $\vec{A}$ 的投影点向 $Ox$ 轴的负向运动，即初速度 $v_0$ 为负，则 $\varphi$ 取正值；若 $\vec{A}$ 在下半周旋转，表示 $\vec{A}$ 的投影点向 $Ox$ 轴的正向运动，即初速度 $v_0$ 为正，则 $\varphi$ 取负值。

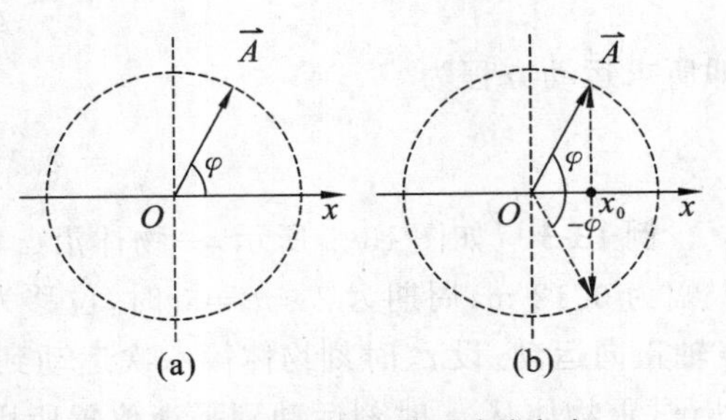


**图 13-6　用旋转矢量图确定初相 $\varphi$**

2. 用旋转矢量图比较各振动之间的相位关系

利用旋转矢量图还可以比较两个同频率简谐运动之间的相位关系，即可比较它们的步调。设有下列两个同频率的简谐运动

$$x_1 = A_1\cos\left(\omega t + \frac{\pi}{4}\right)$$

$$x_2 = A_2\cos\left(\omega t + \frac{\pi}{8}\right)$$

它们的旋转矢量图如图 13-7 所示。由图可见，$\vec{A}_1$ 超前 $\vec{A}_2$ 的相位为 $\frac{\pi}{8}$ rad。

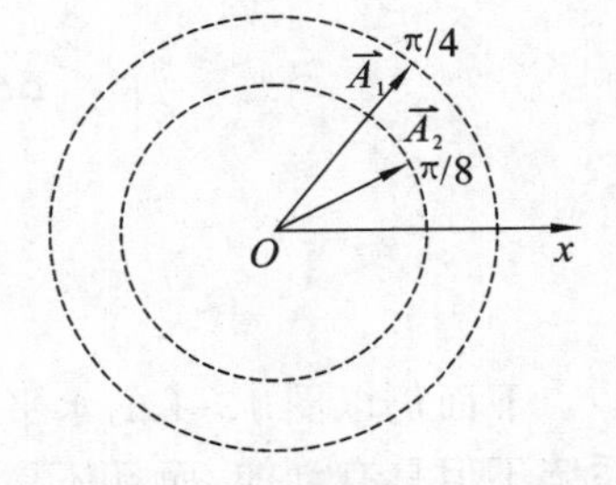


**图 13-7　振动相位的比较**

通过以上对旋转矢量法的介绍和讨论，可以看到其优点是直观、简便，使抽象的相位和初相有了形象的表示。在确定初相、比较两振动的相位差以及后面讨论简谐运动的合成等问题上，都体现出这种方法的优越性，对进一步研究简谐运动十分有益。但应再次强调，旋转矢量 $\vec{A}$ 本身并不做简谐运动，而是其矢端在过参考圆圆心的轴上的投影点在做简谐运动。旋转矢量是为了直观形象地描述简谐运动而采用的一种手段和工具。

**例 13-2**　简谐运动的 $x$-$t$ 曲线如图 13-8 所示，求运动方程。

**解**　设所求方程为 $x = A\cos(\omega t + \varphi)$。

从图 13-8 中可以看出 $A = 0.1$ m，当 $t = 0$ 时，$x_0 = -0.05$ m，据 $\varphi = \arccos\frac{x_0}{A}$ 得 $\varphi = \pm\frac{2\pi}{3}$ rad，由于 $v_0 < 0$，应取 $\varphi = \frac{2\pi}{3}$ rad；当 $t = 2$ s 时，$v_2 > 0$，于是

$$\varphi = \frac{3\pi}{2}\ \text{rad}$$

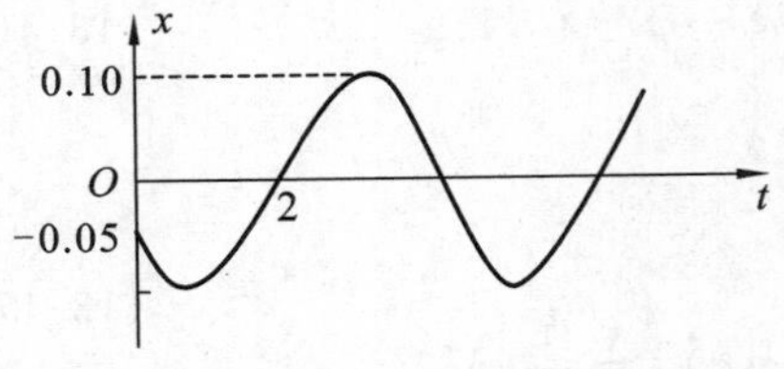

**图 13-8　例 13-2 用图**

则 2 s 内相位的改变量

$$\Delta\varphi = \varphi_{t=2} - \varphi_{t=0} = \left(\frac{3\pi}{2} - \frac{2\pi}{3}\right) \text{rad} = \frac{5\pi}{6} \text{ rad}$$

因为 $\Delta\varphi = \omega\Delta t$,可求出

$$\omega = \frac{\Delta\varphi}{\Delta t} = \frac{5\pi}{12} \text{ rad/s}$$

即所求运动方程为

$$x = 0.1\cos\left(\frac{5}{12}\pi t + \frac{2}{3}\pi\right)$$

**例 13-3** 如图 13-9 所示,一物体沿 $x$ 轴做简谐振动,振幅为 0.12 m,周期为 2 s。$t=0$ 时,位移为 0.06 m,且向 $x$ 轴正向运动。设 $t_1$ 时刻物体第一次运动到 $x=-0.06$ m 处,试求物体从 $t_1$ 时刻运动到平衡位置所用最短时间。

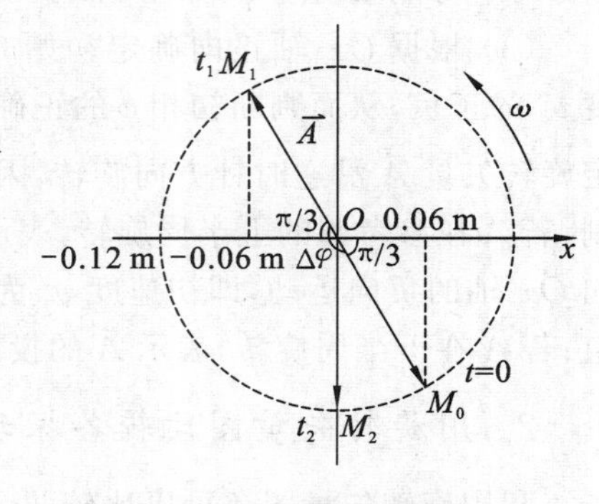


图 13-9 例 13-3 用图

**解** 由题意可知,图 13-9 中 $M_1$ 为 $t_1$ 时刻 $\vec{A}$ 末端位置,$M_2$ 为 $t_2$ 时刻 $\vec{A}$ 末端位置。从 $t_1 \to t_2$ 时间内 $\vec{A}$ 的转角为

$$\Delta\varphi = \omega(t_2 - t_1) = \angle M_1OM_2$$
$$= \left(\frac{\pi}{3} + \frac{\pi}{2}\right) \text{rad} = \frac{5}{6}\pi \text{ rad}$$

可得

$$\Delta t = t_2 - t_1 = \frac{\frac{5}{6}\pi}{\omega} = \frac{5}{6} \times \frac{\pi}{\pi} \text{ s} = \frac{5}{6} \text{ s}$$

## 13.3 振动的能量

下面仍以图 13-1 的水平弹簧振子为例,来讨论做简谐运动的系统的能量。做简谐运动时,系统不但具有动能,而且还具有势能,所以对于弹簧振子,系统的能量 $E = E_k$(物体动能)$+ E_p$(弹簧势能)。

设质量为 $m$ 的振子的简谐运动方程为 $x = A\cos(\omega t + \varphi)$。于是,振动系统的动能为

$$E_k = \frac{1}{2}mv^2 = \frac{1}{2}m\omega^2A^2 \sin^2(\omega t + \varphi) \tag{13-14}$$

由于 $\omega^2 = \dfrac{k}{m}$,则式(13-14) 可写成

$$E_k = \frac{1}{2}mv^2 = \frac{1}{2}kA^2 \sin^2(\omega t + \varphi) \tag{13-15}$$

若取振子在平衡位置的弹性势能为零,则振动系统的弹性势能为

$$E_p = \frac{1}{2}kx^2 = \frac{1}{2}kA^2 \cos^2(\omega t + \varphi) \tag{13-16}$$

振动系统的总能量为

$$\begin{aligned} E = E_k + E_p &= \frac{1}{2}mv^2 + \frac{1}{2}kx^2 \\ &= \frac{1}{2}kA^2[\sin^2(\omega t + \varphi) + \cos^2(\omega t + \varphi)] = \frac{1}{2}kA^2 \end{aligned} \tag{13-17}$$

式(13-17) 表明,谐振系统在振动过程中虽然动能和势能都随时间做周期性的变化,但总的机

械能在振动过程中却保持守恒，为一常量，即系统的动能与势能不断地相互转换，而总能量却保持恒定。

当物体做简谐运动时，系统的动能和势能都随时间 $t$ 做周期性的变化。当物体的位移最大时，其振动速度为零，故势能达到最大值，而动能为零；当物体运动到平衡位置时，位移为零，速度达到最大值，势能为零，动能达到最大值。

图 13-10 给出了简谐运动的动能、势能和总能量随时间变化的关系曲线。从式(13-17)中可以看出，简谐运动系统的总能量与振幅的平方成正比。因此，对于一个确定的振动系统来说，振动的强弱可以由振幅的大小来描述；简谐运动的总能量保持恒定，体现在振动过程中就是振幅保持不变，也就是说，简谐运动是一种等幅振动。以上结论虽然是从弹簧振子中得出的，但可以证明它适用于所有孤立的简谐运动系统。

振幅 $A$ 的值由初始条件决定，这个初始条件实际上就是起始时刻的总能量。假设起始时刻的动能为 $E_{k0}=\frac{1}{2}mv_0^2$，势能为 $E_{p0}=\frac{1}{2}kx_0^2$，则总能量为

$$E=E_{k0}+E_{p0}=\frac{1}{2}mv_0^2+\frac{1}{2}kx_0^2=\frac{1}{2}kA^2$$

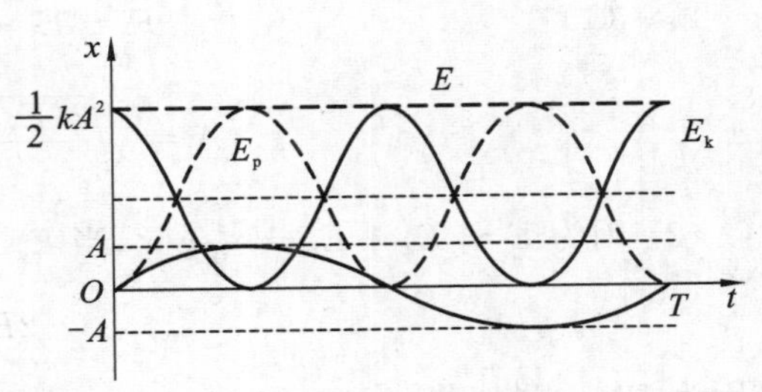

图 13-10　简谐振动的能量曲线

利用 $\omega^2=\frac{k}{m}$，可得

$$A=\sqrt{x_0^2+\frac{v_0^2}{\omega^2}}$$

这正是前面给出的振幅计算公式。

另外，还可以根据能量守恒来推导出简谐运动的动力学微分方程。

已知振动系统的总能量为

$$E=\frac{1}{2}mv^2+\frac{1}{2}kx^2=\text{常量}$$

将上式对时间求导，有

$$mv\frac{\mathrm{d}v}{\mathrm{d}t}+kx\frac{\mathrm{d}x}{\mathrm{d}t}=0$$

由于

$$v=\frac{\mathrm{d}x}{\mathrm{d}t},\quad \frac{\mathrm{d}v}{\mathrm{d}t}=\frac{\mathrm{d}^2x}{\mathrm{d}t^2}$$

故可得

$$\frac{\mathrm{d}^2x}{\mathrm{d}t^2}+\frac{k}{m}x=0$$

若令 $\frac{k}{m}=\omega^2$，则有

$$\frac{\mathrm{d}^2x}{\mathrm{d}t^2}+\omega^2x=0$$

这正是简谐运动的动力学微分方程，即式(13-3)。这种从能量守恒导出简谐运动方程的思路，对于研究非机械振动十分有利，因为非机械振动已不宜再采用受力分析的方法了。

由动能和势能的表达式可求得简谐运动系统的动能和势能对时间的平均值。根据对时间的平均值的定义可得

$$\begin{cases} \overline{E_k} = \dfrac{1}{T}\int_0^T E_k \mathrm{d}t = \dfrac{1}{T}\int_0^T \dfrac{1}{2}kA^2 \sin^2(\omega t + \varphi)\mathrm{d}t = \dfrac{1}{4}kA^2 \\ \overline{E_p} = \dfrac{1}{T}\int_0^T E_p \mathrm{d}t = \dfrac{1}{T}\int_0^T \dfrac{1}{2}kA^2 \cos^2(\omega t + \varphi)\mathrm{d}t = \dfrac{1}{4}kA^2 \end{cases} \tag{13-18}$$

由此可见,在一个周期内,动能与势能的平均值相等,且都等于振动总能量的一半。

**例 13-4**　一物体质量为 0.25 kg,在弹性力作用下做简谐振动,弹簧的劲度系数 $k = 25\ \mathrm{N/m}$,若起始振动时具有势能 0.06 J 和动能 0.02 J,试求:

(1) 振幅;

(2) 动能恰等于势能时,物体的位移;

(3) 经过平衡位置时,物体的速度。

**解**　(1)

$$E = E_k + E_p = \frac{1}{2}kA^2$$

$$A = \sqrt{\frac{2(E_k + E_p)}{k}} = 0.08\ \mathrm{m}$$

(2) 因为 $E = E_k + E_p = \dfrac{1}{2}kA^2$,当 $E_k = E_p$ 时,有

$$2E_p = E$$

又因为 $E_p = \dfrac{kx^2}{2}$,得

$$2x^2 = A^2$$

即

$$x = \pm\frac{A}{\sqrt{2}} = \pm 0.0566\ \mathrm{m}$$

(3) 过平衡点时,$x = 0$,此时动能等于总能量

$$E = E_k + E_p = \frac{1}{2}mv^2$$

$$v = \sqrt{\frac{2(E_k + E_p)}{m}} = \pm 0.8\ \mathrm{m/s}$$

## 13.4　简谐运动的合成

在实际问题中,常常会遇到一个质点同时参与几个振动的情况。例如,当两个声波同时传到空间某一点时,该点处的空气质点就同时参与两个振动。根据运动叠加原理,这时质点所做的运动实际上就是这两个振动的合成。再如,轮船中悬挂的钟摆在船破浪行驶时,摆的运动就是多种振动合成的运动。一般的振动合成问题比较复杂,下面只讨论几种简单简谐运动的合成。

### 13.4.1　两个同方向同频率简谐运动的合成

设一质点在同一直线上(即同方向)同时参与两个相互独立的同频率的简谐运动,它们的角频率均为 $\omega$,振幅分别为 $A_1$ 和 $A_2$,初相分别为 $\varphi_1$ 和 $\varphi_2$。若取这一直线为 $x$ 轴,并以质点的平衡位置为坐标原点,则在任一时刻 $t$,这两个振动的位移(即运动方程)分别为

$$x_1 = A_1\cos(\omega t + \varphi_1),\quad x_2 = A_2\cos(\omega t + \varphi_2)$$

由于是同方向的振动，$x_1$ 和 $x_2$ 都是表示同一直线方向上的、距同一平衡位置的位移，故这两个振动在任一时刻 $t$ 的合位移 $x$ 应仍在同一直线方向上，并等于上述两个位移的代数和，即

$$x = x_1 + x_2 = A_1\cos(\omega t + \varphi_1) + A_2\cos(\omega t + \varphi_2) \tag{13-19}$$

将式(13-19)按照三角函数的恒等式关系展开并整理后可得 $x = A\cos(\omega t + \varphi)$，式中 $A$ 和 $\varphi$ 的值分别为

$$A = \sqrt{A_1^2 + A_2^2 + 2A_1A_2\cos(\varphi_2 - \varphi_1)} \tag{13-20}$$

$$\varphi = \arctan\frac{A_1\sin\varphi_1 + A_2\sin\varphi_2}{A_1\cos\varphi_1 + A_2\cos\varphi_2} \tag{13-21}$$

表明合振动仍是简谐运动，其振动方向和角频率都与上述两个分振动相同，$A$ 为合振幅，$\varphi$ 为合振动的初相。以上结果对于多个简谐运动的合成问题也是适用的。

应用旋转矢量图，可以很方便地得到上述两个简谐运动的合振动。下面就用旋转矢量法来合成这两个简谐运动，求出它们的合位移。这种方法比较简单直观，且易于推广到多个简谐运动的合成。

如图 13-11 所示，设两分振动的旋转矢量分别为 $\vec{A}_1$ 和 $\vec{A}_2$，起始时刻($t=0$)它们与 $Ox$ 轴的夹角分别为 $\varphi_1$ 和 $\varphi_2$(即两分振动的初相)，在 $Ox$ 轴上的投影分别为 $x_1$ 和 $x_2$(即两分振动的位移)，以 $\vec{A}_1$ 和 $\vec{A}_2$ 为两邻边作一平行四边形，过 $O$ 点作对角线 $\vec{A}$，则由平行四边形法则，可得合矢量 $\vec{A} = \vec{A}_1 + \vec{A}_2$。由于 $\vec{A}_1$，$\vec{A}_2$ 以相同的角速度 $\omega$ 绕 $O$ 点沿逆时针方向旋转，它们之间的夹角 $\varphi_2 - \varphi_1$ 在旋转过程中保持不变，即矢量合成的平行四边形的形状保持不变，则 $\vec{A}$ 的大小也保持不变，且以相同的角速度 $\omega$ 绕 $O$ 点做逆时针旋转。由图 13-11 可见，任一时刻合矢量 $\vec{A}$ 在 $Ox$ 轴上的投影 $x = x_1 + x_2$。因此，合矢量 $\vec{A}$ 就是合振动所对应的旋转矢量，它在 $Ox$ 轴上的投影 $x$ 即为合振动的位移，而开始时 $\vec{A}$ 与 $Ox$ 轴的夹角即为合振动的初相 $\varphi$。$\vec{A}$ 和 $\varphi$ 的值可通过三角函数关系由图简便地得到。

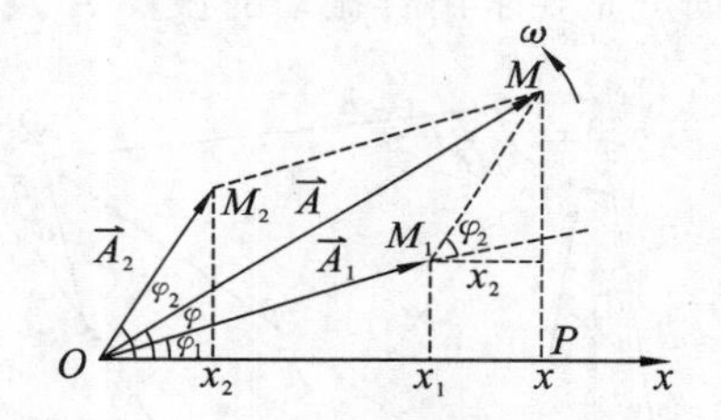

**图 13-11　两个沿 $x$ 轴的同频简谐振动合成的旋转矢量图**

下面来讨论振动合成的结果。由式(13-20)可知，合振幅 $A$ 与两分振动的振幅 $A_1$，$A_2$ 及其相位差 $\varphi_2 - \varphi_1$ 有关。在研究声、光等波动过程的干涉和衍射现象时，时常要用到下面两个特例。

(1) 当相位差 $\Delta\varphi = \varphi_2 - \varphi_1 = 2k\pi(k = 0, \pm1, \pm2, \cdots)$，即两分振动同相时，有 $\cos(\varphi_2 - \varphi_1) = 1$，则

$$A = \sqrt{A_1^2 + A_2^2 + 2A_1A_2} = A_1 + A_2 \tag{13-22}$$

即合振幅等于两分振幅之和，此时合振幅达到最大值，合成结果为相互增强，这称为振动加强。

(2) 当相位差 $\Delta\varphi = \varphi_2 - \varphi_1 = (2k+1)\pi(k = 0, \pm1, \pm2, \cdots)$，即两分振动反相时，有 $\cos(\varphi_2 - \varphi_1) = -1$，则

$$A = \sqrt{A_1^2 + A_2^2 - 2A_1A_2} = |A_1 - A_2| \tag{13-23}$$

即合振幅等于两分振幅之差的绝对值，此时合振幅达到最小值，合成的结果为相互减弱，这称为振动减弱。特别地，若 $A_1 = A_2$，则 $A = 0$，即振动合成的结果使质点处于静止状态。

在一般情况下,相位差 $\Delta\varphi=\varphi_2-\varphi_1$ 可取任意值,而合振幅 $A$ 值则在最大值 $A_1+A_2$ 与最小值 $|A_1-A_2|$ 之间。

**例 13-5** 有 $N$ 个同方向、同频率的简谐运动,它们的振幅均为 $a$,初相分别为 $0,\delta,2\delta,\cdots$,即依次相差一个恒量 $\delta$,它们的振动方程可写为

$$x_1=a\cos\omega t$$
$$x_2=a\cos(\omega t+\delta)$$
$$x_3=a\cos(\omega t+2\delta)$$
$$\vdots$$
$$x_N=a\cos[\omega t+(N-1)\delta]$$

求它们的合振动的振幅和初相。

**解** 由前面的讨论可知,这 $N$ 个同方向、同频率的简谐运动的合振动仍为简谐运动,则其振动方程可写成

$$x=A\cos(\omega t+\varphi)$$

下面就是要求出合振动的振幅 $A$ 及其初相 $\varphi$。

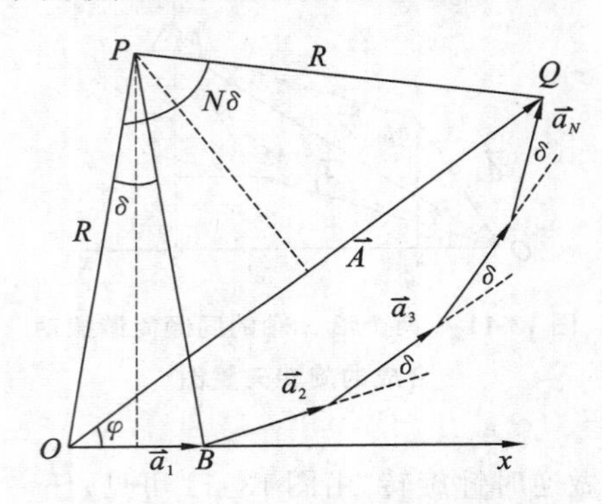


图 13-12 $N$ 个同方向、同频率的等幅简谐运动的合成矢量图

对此采用旋转矢量法,可避免繁复的三角函数运算。如图 13-12 所示,将起始时刻($t=0$)$N$ 个分振动的旋转矢量 $\vec{a}_1,\vec{a}_2,\cdots,\vec{a}_N$ 依次首尾相接,两相邻矢量的夹角为 $\delta$,它们构成正多边形的一部分,作其外接圆,圆心为 $P$,半径为 $R$。由几何关系可知,$\angle OPB=\delta$,$\angle OPQ=N\delta$。根据矢量多边形合成的法则,由 $O$ 点指向 $Q$ 点的矢量 $A$ 即为合矢量。可见,合振幅矢量等于各分振幅矢量的矢量和,其大小即为合振幅 $A$,而 $A$ 与 $Ox$ 轴的夹角($\angle QOB$)即为合振动的初相 $\varphi$。

在等腰三角形 $POB$ 中,有

$$a=2R\sin\frac{\delta}{2}$$

在等腰三角形 $POQ$ 中,有

$$A=2R\sin\frac{N}{2}\delta$$

将以上两式相比,可得合振动的振幅为

$$A=a\frac{\sin\frac{N}{2}\delta}{\sin\frac{\delta}{2}}$$

又在等腰三角形 $POB$ 和 $POQ$ 中,分别有

$$\angle POB=\frac{1}{2}(\pi-\delta)$$

$$\angle POQ=\frac{1}{2}(\pi-N\delta)$$

由此可得合振动的初相为

$$\varphi=\angle POB-\angle POQ=\frac{N-1}{2}\delta$$

### 13.4.2　两个同方向不同频率简谐运动的合成

我们知道,当两个同方向、不同频率的简谐运动合成时,由于两者的频率不同,也就是说在旋转矢量图中,两分振动的旋转矢量 $\vec{A}_1$ 和 $\vec{A}_2$ 转动的角速度不同,则它们的相位差将随时间而改变,此时合矢量 $\vec{A}$ 的大小及其转动角速度都将随时间而变化。因此,合矢量 $\vec{A}$ 所表示的合振动虽然仍与原来的振动方向相同,但一般不再是简谐运动,此类情况比较复杂。这里只讨论两个简谐运动的频率 $\nu_1$ 和 $\nu_2$ 都比较大,而两频率之差却很小的情况。

研究两个频率相近的振动的合成情况,在实际中是十分重要的,因为其合振动具有特殊的性质。例如,使频率相差很小的两支音叉分别发声,会各使人耳的鼓膜产生一个振动,这时听到的声强是均匀的;而若使两者同时发声,鼓膜上的两个振动合成,结果会听到有节奏的、时强时弱的“嗡嗡嗡”的声音。再如吹奏双簧管时,由于两个簧片的频率略有差异,也能听到时强时弱的悦耳的声音,这种声音称为“拍音”,这就反映出合振动是时强时弱的。

上述现象可用位移-时间曲线加以说明。如图 13-13 所示,为简明计,设两简谐运动的振幅相同,初相分别为 $\varphi_1$ 和 $\varphi_2$,角频率分别为 $\omega_1$ 和 $\omega_2$,且 $\omega_2 > \omega_1$,并成简单的整数比。图 13-13(a)、图 13-13(b) 分别表示两个分振动的 $x$-$t$ 曲线,图 13-13(c) 表示合振动的 $x$-$t$ 曲线。由图可知,在 $t_1$ 时刻,两分振动同相,其合振幅最大;在 $t_2$ 时刻,两分振动反相,其合振幅最小;而在 $t_3$ 时刻,两分振动又同相,其合振幅又最大。图 13-13(c) 中的虚线表示合振动的振幅随时间做缓慢的周期性变化。由此可见,同方向、频率相近的两个简谐运动所形成的合振动不再是等幅振动,其合振幅发生时强时弱的周期性变化。这种频率较大而频率之差很小的两同方向的简谐运动合成时,其合振动的振幅时而加强时而减弱的周期性变化的现象称为拍,合振幅变化的频率称为拍频。

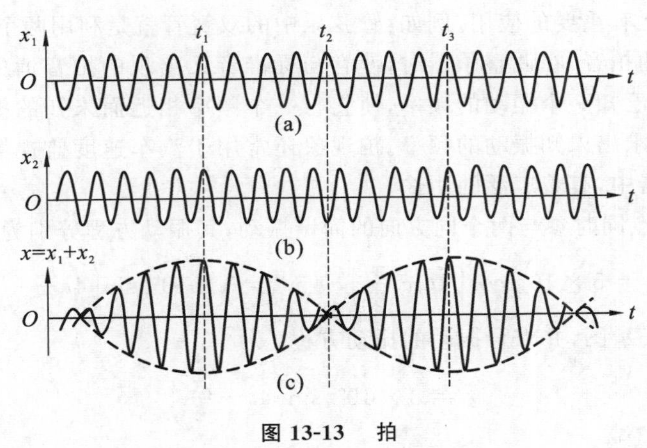


**图 13-13　拍**

下面从振动方程出发,对拍现象进行定量讨论。设有两个同方向的简谐运动,它们的振幅均为 $A$,且初相都为零,角频率分别为 $\omega_1$ 和 $\omega_2$,两者很接近,且 $\omega_2 > \omega_1$,则它们的运动方程分别为

$$x_1 = A\cos\omega_1 t,\quad x_2 = A\cos\omega_2 t$$

根据运动叠加原理,两者的合振动方程为

$$x = x_1 + x_2 = A\cos\omega_1 t + A\cos\omega_2 t$$

利用三角函数的和差化积公式,可将上式写为

$$x=2A\cos\left(\frac{\omega_2-\omega_1}{2}t\right)\cos\left(\frac{\omega_2+\omega_1}{2}t\right) \tag{13-24}$$

由于$\omega_1$与$\omega_2$很接近，故式中$\frac{\omega_2-\omega_1}{2}$很小，第一项因子随时间做缓慢变化；而$\omega=\frac{\omega_2+\omega_1}{2}\approx\omega_1\approx\omega_2$，则第二项因子是角频率接近于$\omega_1$（或$\omega_2$）的简谐函数，因此，可将合振动看成是振幅为$A'=\left|2A\cos\left(\frac{\omega_2-\omega_1}{2}t\right)\right|$、角频率为$\omega$的简谐运动，即有

$$x=A'\cos\omega t$$

合振动的振幅$A'=\left|2A\cos\left(\frac{\omega_2-\omega_1}{2}t\right)\right|$随时间做缓慢的周期性变化，从而出现时强时弱的拍现象。合振幅$A'$的数值在$0\sim 2A$范围内。

由于振幅恒为正值，而合振幅$A'$之余弦函数的绝对值以$\pi$为周期，故有

$$\begin{aligned}A'&=\left|2A\cos\left(\frac{\omega_2-\omega_1}{2}t\right)\right|=\left|2A\cos\left(\frac{\omega_2-\omega_1}{2}t+\pi\right)\right|\\&=\left|2A\cos\left[\frac{\omega_2-\omega_1}{2}\left(t+\frac{2\pi}{\omega_2-\omega_1}\right)\right]\right|\end{aligned}$$

由此可见，合振幅变化的周期$\tau$为

$$\tau=\frac{2\pi}{\omega_2-\omega_1}=\frac{1}{\nu_2-\nu_1} \tag{13-25}$$

因此，合振幅变化的频率即拍频为

$$\nu=\frac{1}{\tau}=\frac{\omega_2-\omega_1}{2\pi}=\nu_2-\nu_1 \tag{13-26}$$

式(13-26)表明，拍频等于两个分振动的频率之差。

拍现象在技术上有重要的应用。例如：管弦乐中的双簧管就是利用两个簧片振动频率的微小差异来产生颤动的拍音；在调整乐器时，使它与标准音叉出现的拍音消失以校准乐器；还可以用来测量频率，若已知一个振动的频率，使它与一个频率相近而未知的振动叠加，通过测量合振动的拍频，就可求出未知振动的频率。拍现象还常用于汽车速度监视器、地面卫星跟踪以及各种电子测量仪器中，有着广泛的用途。

**例 13-6**　一质点同时参与两个同方向的简谐振动，其振动方程分别为

$$x_1=5\times10^{-2}\cos\left(4t+\frac{\pi}{3}\right),\quad x_2=3\times10^{-2}\sin\left(4t-\frac{\pi}{6}\right)$$

画出两振动的旋转矢量图，并求合振动的振动方程。

**解**

$$\begin{aligned}x_2&=3\times10^{-2}\sin\left(4t-\frac{\pi}{6}\right)\\&=3\times10^{-2}\cos\left(4t-\frac{\pi}{6}-\frac{\pi}{2}\right)\\&=3\times10^{-2}\cos\left(4t-\frac{2\pi}{3}\right)\end{aligned}$$

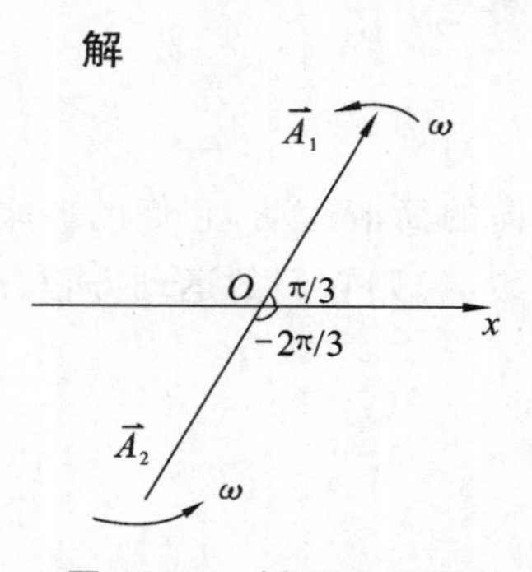

图 13-14　例 13-6 用图

作两振动的旋转矢量图，如图 13-14 所示，可知合振动的振幅和初相分别为

$$A=(5-3)\ \text{cm}=2\ \text{cm},\quad \varphi_0=\frac{\pi}{3}\ \text{rad}$$

合振动方程为
$$x = 2 \times 10^{-2} \cos\left(4t + \frac{\pi}{3}\right)$$

**例13-7**　将频率为348 Hz的标准音叉和一待测频率的音叉进行振动合成，测得拍频为3.0 Hz。若在待测音叉的一端加上一个小物块，则拍频将减小，求待测音叉的频率。

**解**　由拍频公式$\Delta\nu = |\nu_2 - \nu_1|$可知
$$\nu_2 = \nu_1 \pm \Delta\nu$$
在待测音叉的一端加上一个小物块，待测音叉的频率$\nu_2$会减小，若拍频$\Delta\nu$也随之减小，则说明$\nu_2 > \nu_1$。于是可求得
$$\nu_2 = \nu_1 + \Delta\nu = 351 \text{ Hz}$$

# 阅读材料十三　共振的应用及其危害

### 1. 什么是共振

任何物体产生振动后，由于其本身的构成、大小、形状等物理特性，原先以多种频率开始的振动，渐渐会固定在某一频率上振动，这个频率称为该物体的固有频率。当人们从外界再给这个物体加上一个振动(称为驱动)时，这时物体的振动频率等于驱动力的频率，而与物体的固有频率无关，这时称为受迫振动。但如果驱动力的频率与该物体的固有频率接近，这时物体振动的振幅达到最大，这种现象称为共振。

物体驱动力的频率与固有频率一样时，产生共振现象，可能导致巨大危害，对人们生活的方方面面共振影响也十分巨大。

### 2. 共振的应用

共振现象可以说是宇宙间最普遍和最频繁的自然现象之一，在某种程度上甚至可以说共振产生了宇宙和世间万物，没有共振就没有世界。从宇宙大爆炸到微观世界的“共振体”，从人类说话交谈到虫鸣鸟吟，都是共振的魔力。还有一些研究表明，宇宙中的紫外线射向地球时，是臭氧层的振动频率与紫外线产生共振，从而吸收了大部分的紫外线，保护了地球；叶绿素与某些可见光共振才能吸收阳光，产生光合作用；甚至连色彩也是因为各色光线与物体的共振产生的。

在日常的生产、生活中，人类利用共振现象的能量特征，发明了不少实用的东西。

“共振筛”是利用共振现象最典型的例子之一。它是把筛子用四个弹簧支承起来，并在筛子上装上偏心轮，偏心轮在皮带的带动下转动，使筛子受到周期驱动力的作用，做受迫振动。调整偏心轮的转速，可使驱动力的频率接近筛子的固有频率，筛子发生共振，获得较大振幅，提高筛子的效率。

在建筑工地上，经常可以看到建筑工人在浇灌混凝土的墙壁或地板时，为了提高质量，一边灌混凝土，一边用电振泵进行振动，使混凝土之间因振动的作用而变得更紧密、更结实。像粉碎机、测振仪、电振泵等，都是利用共振原理工作的。

现在许多家庭使用微波炉来加热食品，但为什么微波炉在加热食品时食品内外能同时升温呢？原来微波炉中的磁控管产生915 MHz或2450 MHz的微波，即一种超高频率交变电磁场，它经波导传送出去，再经风扇搅拌器把它反射到炉腔各处，食物是吸收微波的一种介质，而且食物分子的振动频率跟微波的电磁场频率相同或相近，大量分子就在食物中原来位置的附

近剧烈振动而摩擦出大量的热,使食物内外介质的温度同时升高,食物很快被烤熟。这是共振在家用电器中的应用。

总之,共振技术普遍应用于机械、化学、力学、电磁学、光学及分子、原子物理学、工程技术等几乎所有的科技领域。

### 3. 共振的危害

从共振的特点来分析,它并不需要强大的破坏力,而是能自动进行能量的积累,如果不适当地利用它或者避免它,共振的危害也是很可怕的。在人们的日常生活中,无处不在的共振现象也经常带来烦恼。

人体是一个弹性体,各器官都有它的固有频率,当外来振动的频率与人体某器官的固有频率一致时,会引起共振,因而对那个器官的影响也最大。人体固有的振动频率经科学研究,人脑是 8 ～ 12 Hz,内脏器官为 4 ～ 18 Hz。在外来振动的不断激发下,人脑和内脏器官的振动频率与外来振动频率相近或相同,吸收外来振动的能量而共振,轻者会使人产生头晕、烦躁、耳鸣、恶心,如果强度大,就会使人的心脏及其内脏剧烈抖动、狂跳,以致血管破裂,使人死亡。

登山运动员登山时严禁大声喊叫,因为喊叫声中某一频率若正好与山上积雪的固有频率相吻合,就会因共振引起雪崩,其后果十分严重。

对人危害程度尤为厉害的是次声波所产生的共振。自然界的很多现象都能产生次声波。目前已研制出次声波枪和次声波炸弹。它们利用频率为 16 Hz 左右的次声波,与人体内的某些器官发生共振,使受振者的器官发生变形、位移或出血。

“千里之堤,溃于蚁穴”,要避免共振的危害作用,就必须尽量增大振动系统和可能的策动力频率之间的差距,使受迫振动被限制在极小振幅的范围内。和振动源十分接近的操作人员,如拖拉机驾驶员、电锯的操作工等,在工作时应尽量避免这些振动源的频率与人体有关部位的固有频率产生共振。为了保障工人的安全,有关部门已做出相应规定,要求用手工操作的各类振动机械的频率必须大于 20 Hz。

## 习　题

13-1　对于一个做简谐振动的物体,下列说法正确的是(　　)。

A. 物体处在正的最大位移处时,速度和加速度都达到最大值

B. 物体处于平衡位置时,速度和加速度都为零

C. 物体处于平衡位置时,速度最大,加速度为零

D. 物体处于负的最大位移处时,速度最大,加速度为零

13-2　将一个弹簧振子分别拉离平衡位置 1 m 和 2 m 后,由静止释放(形变在弹性限度内),则它们做简谐振动时的(　　)。

A. 周期相同　　B. 振幅相同

C. 最大速度相同　　D. 最大加速度相同

13-3　一做简谐振动的物体运动至正方向的端点时,其位移 $x$、速度 $v$、加速度 $a$ 分别为(　　)。(设振动方程为 $x = A\cos(\omega t + \varphi)$)

A. $x = 0, v = 0, a = 0$　　B. $x = 0, v = 0, a = \omega A$

C. $x = A, v = 0, a = -\omega^2 A$　　D. $x = -A, v = \omega A, a = 0$

13-4　一个质点做简谐振动，振幅为 $A$，在起始时刻质点的位移为 $A/2$，且向 $x$ 轴的正方向运动，代表此简谐振动的旋转矢量图为(　　)。

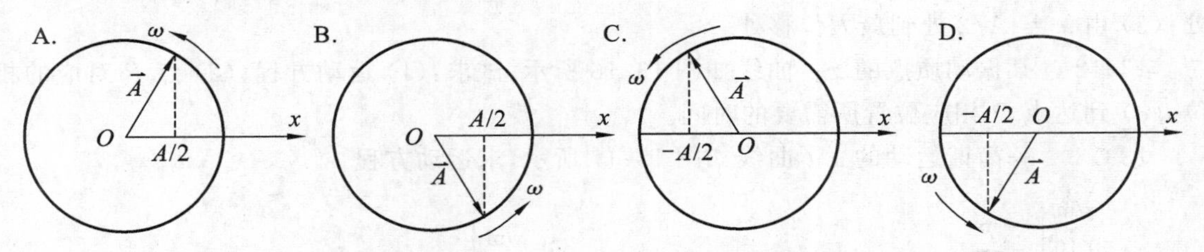


13-5　用余弦函数描述一简谐振动。已知振幅为 $A$，周期为 $T$，初相位 $\varphi=-\pi/3$ rad，则振动曲线为(　　)。

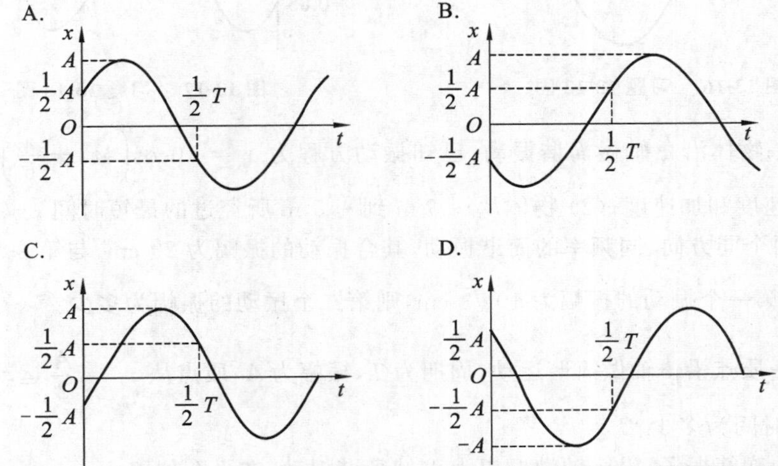


13-6　质量为 0.1 kg 的物体，以振幅 $0.1\times10^{-2}$ m 做简谐运动，其最大加速度为 4.0 m/s²，求：(1) 振动的周期；(2) 通过平衡位置时的动能。

13-7　若简谐运动方程为 $x=0.1\cos\left(20\pi t+\dfrac{\pi}{4}\right)$，求：(1) 振幅、频率、周期和初相；(2) $t=2$ s 时的位移、速度和加速度。

13-8　一物体沿 $x$ 轴做简谐振动，振幅为 0.06 m，周期为 2.0 s，当 $t=0$ 时，位移为 0.03 m，且向 $x$ 轴正方向运动，求：

(1) $t=0.5$ s 时，物体的位移、速度和加速度；

(2) 物体从 $x=-0.03$ m 处向 $x$ 轴负方向运动开始，到达平衡位置，至少需要多少时间？

13-9　已知弹簧振子做简谐振动，其振动方程为 $x=0.24\cos\left(\dfrac{\pi}{2}t+\dfrac{\pi}{3}\right)$，求：(1) 初相位及初始位置；(2) 质点从初始状态($t=0$) 运动到 $x=-0.12$ m、速度 $v<0$ 的状态所需要的最短时间。

13-10　证明图 13-15 所示系统的振动为简谐振动，其频率为 $\nu=\dfrac{1}{2\pi}\sqrt{\dfrac{k_1k_2}{(k_1+k_2)m}}$。

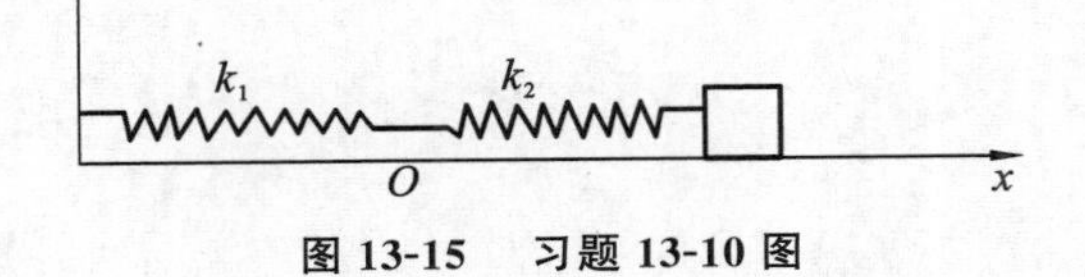


**图 13-15　习题 13-10 图**

13-11　做简谐振动的物体,由平衡位置向 $x$ 轴正方向运动,试问经过下列路程所需的最短时间各为周期 $T$ 的几分之几:(1) 由平衡位置到达最大位移处;(2) 由平衡位置到 $x=A/2$ 处;(3) 由 $x=A/2$ 处到最大位移处。

13-12　某振动质点的 $x$-$t$ 曲线如图 13-16 所示,试求:(1) 运动方程;(2) 点 $P$ 对应的相位;(3) 到达点 $P$ 相应位置所需要的时间。

13-13　一简谐运动的 $x$-$t$ 曲线如图 13-17 所示,求运动方程。

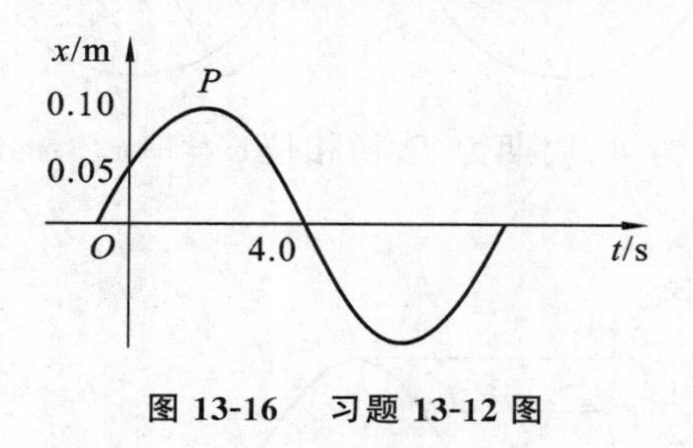


**图 13-16　习题 13-12 图**

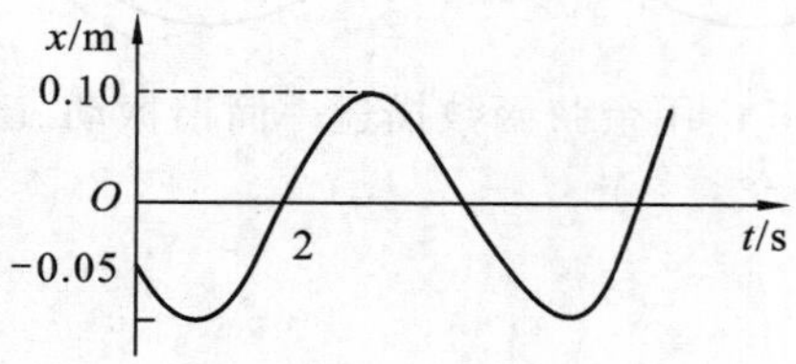

**图 13-17　习题 13-13 图**

13-14　一物体沿 $x$ 轴做简谐振动,已知振动方程为 $x=10\cos\left(4\pi t+\dfrac{\pi}{6}\right)$。求:(1)$x=5$ m 处物体的速度和加速度;(2) 物体从 $+5$ m 到 $-5$ m 所经过的最短时间。

13-15　两个同方向、同频率的简谐振动,其合振动的振幅为 20 cm,与第一个振动的相位差为$\dfrac{\pi}{6}$ rad。若第一个振动的振幅为 $10\sqrt{3}$ cm,则第二个振动的振幅为多少?

13-16　一质点沿 $x$ 轴做简谐运动,周期为 $T$,振幅为 $A$,质点从 $x_1=\dfrac{A}{2}$ 运动到 $x_2=A$ 处所需要的最短时间为多少?

13-17　一弹簧振子,沿 $x$ 轴做振幅为 $A$ 的简谐振动,在平衡位置 $x=0$ 处,弹簧振子的势能为零,系统的机械能为 50 J,问振子处于 $x=\dfrac{A}{2}$ 处时,其势能的瞬时值为多少?

# 第14章　机　械　波

波是偏离平衡状态的一种扰动，这种扰动随时间从空间的一个区域移动或传播到另一个区域。在自然现象中，波动现象广泛地存在：投石于静水中，水面兴波；击物发声，空气中激起声波；光波与无线电波等。在物理学各个领域也都发现有波动现象，近代研究结果表明，波动是一切微观粒子的根本属性之一。

机械振动在弹性介质中的传播过程称为机械波。例如绳上的波、空气中的声波和水的表面波等。

本章的主要内容有机械波的形式，波函数和波的能量，惠更斯原理及其在波的衍射、反射和折射等方面的应用，波的干涉现象和驻波。最后还将简要介绍多普勒效应。

## 14.1　机械波的产生和传播

机械振动在弹性介质（固体、液体和气体）中传播就形成了机械波，也就是说，机械波可在弹性介质中传播，这是因为弹性介质内质点之间有弹性力相互作用。在弹性介质中，可以设想其中各质点均有一个平衡位置，当介质中某一质点在外界作用下离开它的平衡位置时，就发生了形变。于是，一方面它将受到各邻近质点给予它的弹性，要使它回到平衡位置，这样，该质点就在其平衡位置附近振动起来；而另一方面，根据牛顿第三定律，这个质点同时也会给其相邻质点反作用力，从而迫使它们也离开各自的平衡位置，并且也在各自的平衡位置附近振动起来。也就是说弹性介质中的各质点依靠彼此之间的弹性力作用，将机械振动这种运动形式弥散在整个介质中，使介质中的每一质点都在做同频率的机械振动。这样，当弹性介质中的一部分发生振动时，由于各个部分之间的弹性相互作用，就将机械振动由近及远地向各个方向传播出去，从而形成了波动，简称为波。

将引起介质振动的振动物体称为波源。机械振动在弹性介质中的传播过程就称为机械波，又称为弹性波。就每一质点来讲，它们只是在做振动；而就全部质点来说，是振动传播而形成波。必须强调指出，在振动传播的过程中，质点本身并未产生宏观迁移，传播的仅仅是振动状态和振动能量。

由此可见，在弹性介质中形成机械波必须具备两个条件：**一是要有做机械振动的物体，即波源；二是要有能够传播这种机械振动的弹性介质。**

### 14.1.1　机械波的形成和分类

按照质点的振动方向与波的传播方向之间的关系，可以把机械波分为横波和纵波，这是波动最基本的两种形式。

如图14-1(a)所示，固定长绳一端，手持另一端，绷紧并拉成水平，当手上下抖动时，则绳上各部分质点就依次上下振动起来，我们将可看见有一波沿绳传播，在绳子上会交替出现凸起的波峰和凹下的波谷并且它们以一定的速度沿绳传播。这种介质中各质点的振动方向与波的传播方向相互垂直的波，称为横波。如图 14-1(b) 所示，将一水平放置的弹簧的一端固定，用手去拍打另一端，则弹簧各部分就依次左右振动起来，我们将看见有一波沿弹簧传播，在弹簧上会交替出现疏部和密部，并且它们以一定的速度沿弹簧传播，使长弹簧的各个部分呈现由始端到终端移动的、疏密相间的形状，这是这种波的外形特征。这种介质中各质点的振动方向与波的传播方向相互平行的波，称为纵波。

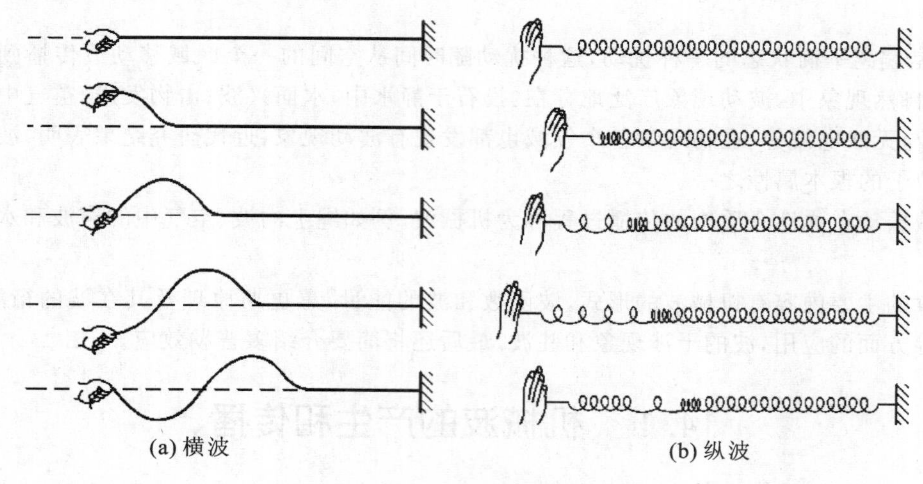


**图 14-1 机械波的形成**

由图 14-1 可见，无论是横波还是纵波，波动都只是振动状态(即振动相位)的传播，弹性介质中各质点仅在它们各自的平衡位置附近振动，并没有随振动的传播而流动。振动可在弹性介质中传播，是因为介质有弹性的相互作用，相互作用不同则形成的波也不同。进一步的研究表明，在弹性介质中形成横波时，必是一层介质相对于另一层介质发生垂直于波传播方向的平移，即发生了切变。由于固体会产生切变，而液体和气体不会产生切变，因此**横波只能在固体中传播**。而在弹性介质中形成纵波时，介质要发生压缩或拉伸，即发生了体变(也称容变)。由于固体、液体和气体都会产生体变，因此**纵波在固体、液体和气体中都可以传播**。

横波和纵波是波的两种基本类型，但有一些波既不是纯粹的横波，也不是纯粹的纵波。例如水的表面波，其形成的原因就比较复杂，不能把它简单地归入基本的横波或纵波，而是较复杂形式的波动。但任何形式的波动，都可以看成是横波和纵波的叠加。

## 14.1.2 波的几何表示法

当波源在弹性介质中振动时，振动向各个方向传播，形成波动。为了形象地描述波在空间的传播情况，常采用波的几何表示法。下面介绍在进行波的几何描述时常用的波线、波面和波前的概念。

**波线**：沿波传播方向带箭头的线。

**波面**：各传播方向振动相位相同点连成的曲面。同一时刻，同相面有任意多个。

**波前**：波传播过程中，某一时刻最前面的波面。波前只有一个，随着时间的推移波前以波速向前传播。

根据波面的形状，可以将波分为球面波和平面波。波前是球面的波称为球面波，如图 14-2(a) 所示；波前是平面的波称为平面波，如图 14-2(b) 所示。在各向同性的介质中，波线与波面处处正交。图 14-2 中标出了球面波和平面波的波线、波面和波前。

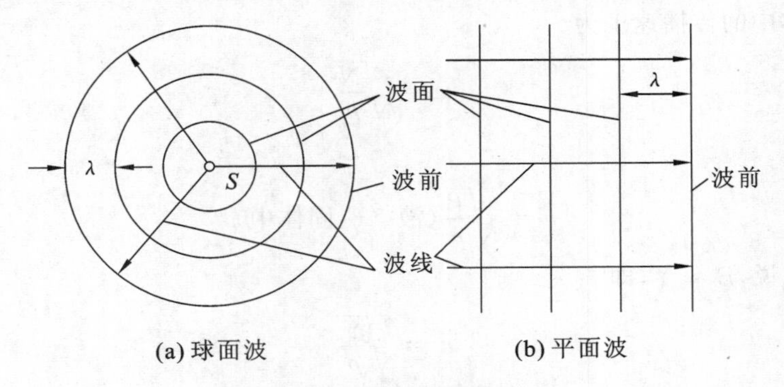


图 14-2　波线、波面和波前

例如，太阳作为可见光的波源，其光线到达地球表面时，作为太阳光发出的球面波波前的一小部分，完全可以按平面波来处理。

### 14.1.3　波的特征物理量

波长、波的周期、波的频率、波速是波动过程中的重要物理量。

1. 波长 $\lambda$

同一波线上相位差为 $2\pi$ rad 的两质点间的距离(即一完整波的长度)，如图 14-3 所示。相位差为 $2\pi$ rad 的距离都表示波长。

一个与 $\lambda$ 相关的量：$k=\frac{2\pi}{\lambda}$，称为角波数，它表示沿波线单位空间的相位改变。

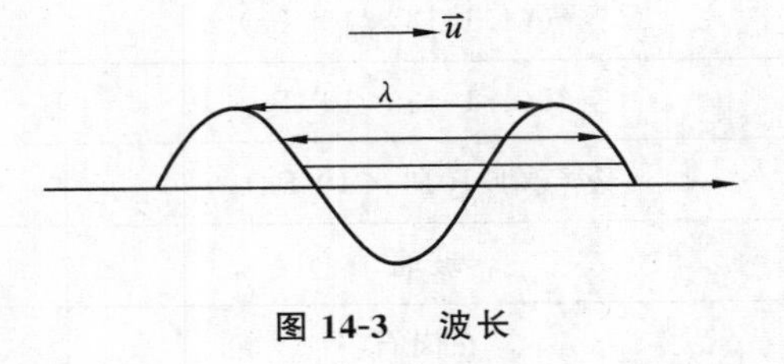


图 14-3　波长

2. 波的周期 $T$ 和波的频率 $\nu$

波的周期 $T$：波前进一个波长距离所用的时间(或一个完整波形通过波线上某点所需要的时间)。

波的频率 $\nu$：单位时间内前进的距离中包含的完整波形数目。可有

$$\nu=\frac{1}{T} \tag{14-1}$$

**当波源与介质相对静止时，波的周期(或频率)就等于波源的振动周期(或频率)，即等于介质中各质点的振动周期(或频率)。**它表明波的周期(或频率)完全由波源的状况决定，而与介质的性质无关。因而波在不同的介质中传播时，其周期(或频率)是不变的，这个结论对作为电磁波的光波来说也是适用的。

3. 波速 $u$

**在波动过程中，某一振动状态在单位时间内沿传播方向所传播的距离称为波的传播速度，简称波速**，即

$$u=\frac{\lambda}{T}=\nu\lambda \tag{14-2}$$

对弹性波而言，波的传播速度决定于介质的惯性和弹性，具体地说，就是决定于介质的质量密

度和弹性模量，而与波源无关。

横波在固体中的传播速度为

$$u=\sqrt{\frac{N}{\rho}} \tag{14-3}$$

纵波速度为

$$u=\sqrt{\frac{B}{\rho}}\text{（液、气、固体中）} \tag{14-4}$$

对大多数金属来说，$B\approx Y$，即

$$u=\sqrt{\frac{Y}{\rho}}$$

式中，$N$ 为固体切变弹性模量；$B$ 为介质的体积弹性模量；$Y$ 为杨氏弹性模量；$\rho$ 为介质质量密度。

波速 $u$ 与介质中质点的振动速度 $v$ 之间有如下区别：

(1) $u$ 是振动相位传播的速度，而 $v$ 是质点在平衡位置附近振动的速度。

(2) 在同一种各向同性的介质中，$u$ 是常量，而 $v$ 是 $t$ 的周期函数。

(3) $u$ 与 $v$ 的方向不一定相同。

表 14-1 给出了几种介质中声波的速度，通过比较可知温度和介质是波速大小的两个重要因素。

**表 14-1　不同介质声波的速度**

| 介　质 | 温度 /℃ | 声速 /(m/s) |
|---|---|---|
| 空气($1.1013\times10^5$ Pa) | 0 | 331 |
| 空气($1.1013\times10^5$ Pa) | 20 | 343 |
| 氢气($1.1013\times10^5$ Pa) | 0 | 1270 |
| 玻璃 | 0 | 5500 |
| 花岗石 | 0 | 3950 |
| 冰 | 0 | 5100 |
| 水 | 20 | 1460 |
| 铝 | 20 | 5100 |
| 铜 | 20 | 3500 |

## 14.2　平面简谐波

当波源做谐振动时，介质中各点也都做谐振动，此时形成的波称为简谐波，又叫余弦波或正弦波。一般地说，介质中各质点振动是很复杂的，所以由此产生的波动也很复杂，但是可以证明，任何复杂的波都可以看作由若干个简谐波叠加而成。因此，讨论简谐波就有特别重要的意义。在波动中，每一个质点都在进行振动，对一个波的完整的描述，应该是给出波动中任意一质点的振动方程，这种方程称为波函数。简谐波(余弦波或正弦波) 是最基本的波，特别是平面简

谐波，它的规律更为简单。下面先讨论平面简谐波在理想的无吸收的均匀无限大介质中传播时的波函数。

### 14.2.1　平面简谐波的波函数

如图 14-4 所示，设有一列平面简谐波沿 $x$ 轴的正方向传播，波速为 $u$。取任意一条波线为 $x$ 轴，设 $O$ 为 $x$ 轴的原点。假定 $O$ 点处（即 $x=0$ 处）质点的振动方程为

$$y_0 = A\cos(\omega t + \varphi) \tag{14-5}$$

式中，$A$ 为振幅，$\omega$ 为角频率，$\varphi$ 为初相。

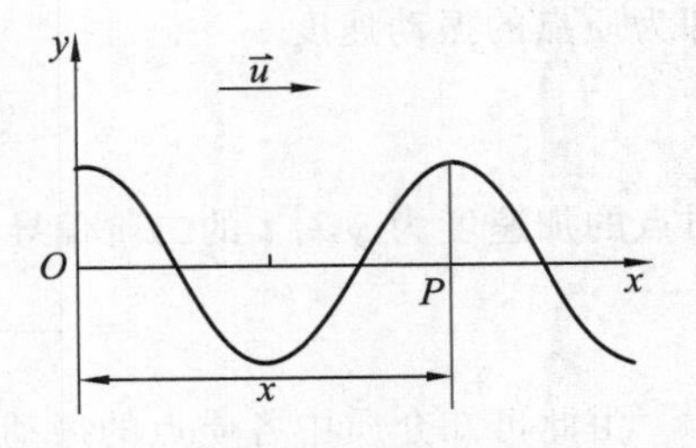

图 14-4　波线上 $x$ 处任一点 $P$ 的位移随时间的变化

设振动传播过程中振幅不变（即介质是均匀无限大、无吸收的），为了找出波动过程中任意一质点任意时刻的位移，在 $Ox$ 轴上任取一点 $P$，坐标为 $x$，显然，当振动从 $O$ 点传播到 $P$ 处时，$P$ 处质点将重复 $O$ 处质点的振动。振动从 $O$ 传播到 $P$ 所用时间为 $\frac{x}{u}$，所以，$P$ 点在 $t$ 时刻的位移与 $O$ 点在 $t-\frac{x}{u}$ 时刻的位移相等，由此 $t$ 时刻 $P$ 处质点位移为

$$y_P = A\cos\left[\omega\left(t-\frac{x}{u}\right)+\varphi\right] \tag{14-6}$$

把 $u=\frac{\lambda}{T}$ 代入式(14-6)可得

$$y_P = A\cos\left[\omega t - \frac{\omega T}{\lambda}x + \varphi\right]$$

又因为 $\omega T = 2\pi$，所以有

$$y_P = A\cos\left(\omega t - \frac{2\pi}{\lambda}x + \varphi\right) \tag{14-7}$$

由于 $P$ 点的位置是任意的，代表了介质中任一点的振动情况，因此沿 $x$ 轴正向传播的平面简谐波的波函数可以表示为

$$y = A\cos\left(\omega t - \frac{2\pi}{\lambda}x + \varphi\right)$$

波函数还可以利用角波数来给出。

同理，当波沿 $-x$ 方向传播时，平面简谐波的波函数可以表示为

$$y = A\cos\left[\omega\left(t+\frac{x}{u}\right)+\varphi\right] = A\cos\left(\omega t + \frac{2\pi}{\lambda}x + \varphi\right) \tag{14-8}$$

式(14-7)中，“—”表示波沿 $+x$ 方向传播；式(14-8)中，“+”表示波沿 $-x$ 方向传播。原点处质点的振动初相 $\varphi$ 不一定为 0；波源不一定在原点，因为坐标是任取的。

### 14.2.2　波函数的物理意义

(1) $x,t$ 均不变，$y=y(x_0,t_0)$ 表示 $t_0$ 时刻坐标为 $x_0$ 处质点的位移。

(2) $x=x_0$ 时，$y=y(x_0,t)$ 表示 $x_0$ 处质点在任意 $t$ 时刻的位移。波动方程 $y=y(x,t)$ 变成了 $x_0$ 处质点振动方程 $y=y(t)$，表明 $x_0$ 处质点只在自己的平衡位置附近振动，并未“随波逐流”。

(3) $t=t_0$ 时，$y=y(x,t_0)$ 表示 $t_0$ 时刻波线上各个质点的位移。波动方程 $y=y(x,t)$ 变成了 $t_0$ 时刻的波形方程 $y=y(x)$，反映某时刻 $t_0$ 各质点位移在空间的分布情况，好比 $t_0$ 时刻用

照相机为所有质点拍的集体照。

(4) $x,t$ 变化时，$y=y(x,t)$ 表示波线上各个质点在不同时刻的位移，$y=y(x,t)$ 为波动方程。

介质中某一质点的振动速度，可通过波动方程表达式，把 $x$ 看作为定值，将 $y$ 对 $t$ 求偏导数即为质点的振动速度

$$v=\frac{\partial y}{\partial t}=-A\omega\sin\left[\omega\left(t-\frac{x}{u}\right)+\varphi\right] \tag{14-9}$$

质点的加速度为 $y$ 对 $t$ 的二阶偏导数

$$a=\frac{\partial^2 y}{\partial t^2}==-A\omega^2\cos\left[\omega\left(t-\frac{x}{u}\right)+\varphi\right] \tag{14-10}$$

由此可知介质中各质点的振动速度和加速度都是变化的。

**例 14-1** 有一平面简谐波在介质中传播，波速 $u=100\ \text{m/s}$，波线上右侧距波源 $O$(坐标原点)为 75.0 m 处的一点 $P$ 的运动方程为 $y_P=0.30\cos(2\pi t+\pi/2)$。求：(1) 波向 $x$ 轴正方向传播时的波动方程；(2) 波向 $x$ 轴负方向传播时的波动方程。

**解** (1) 如图 14-5 所示，设以波源为原点 $O$，沿 $x$ 轴正向传播的波动方程为

$$y=A\cos\left[\omega\left(t-\frac{x}{u}\right)+\varphi_0\right]$$

将 $u=100\ \text{m/s}$ 代入，且取 $x=75.0\ \text{m}$，得点 $P$ 的运动方程为

$$y_P=A\cos[\omega(t-0.75)+\varphi_0]$$

与题意中点 $P$ 的运动方程比较可得

$$A=0.30\ \text{m},\quad \omega=2\pi\ \text{s}^{-1},\quad \varphi_0=2\pi\ \text{rad}$$

则所求波动方程为

$$y=0.30\cos\left[2\pi\left(t-\frac{x}{100}\right)\right]$$

(2) 如图 14-6 所示，设沿 $x$ 轴负向传播时，波动方程为

$$y=A\cos\left[\omega\left(t+\frac{x}{u}\right)+\varphi_0\right]$$

将 $x=75.0\ \text{m}$，$u=100\ \text{m/s}$ 代入后，与题给点 $P$ 的运动方程比较得

$$A=0.30\ \text{m},\quad \omega=2\pi\ \text{s}^{-1},\quad \varphi_0=-\pi\ \text{rad}$$

则所求波动方程为

$$y=0.30\cos\left[2\pi\left(t+\frac{x}{100}\right)-\pi\right]$$

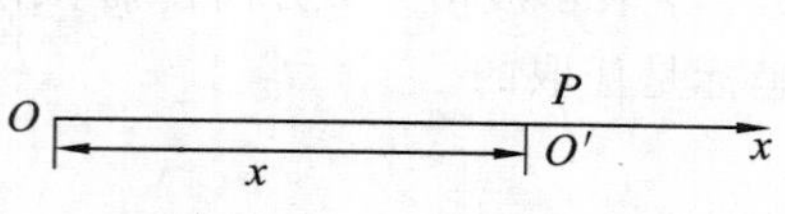

**图 14-5　沿 $x$ 轴正向传播的平面简谐波**

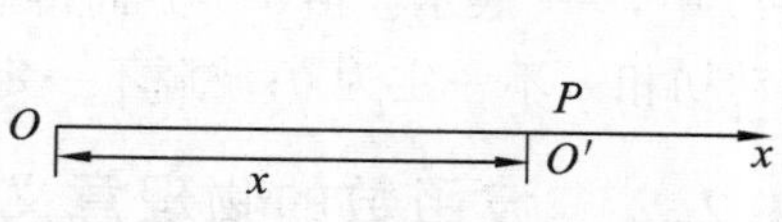

**图 14-6　沿 $x$ 轴负向传播的平面简谐波**

**例 14-2** 已知一平面简谐波的波函数为 $y=2\cos(3t-2x)$。求：(1) 绳上各质点振动时的最大速率；(2) $x_1=10\ \text{m}$，$x_2=15\ \text{m}$ 两点处质点的振动方程；(3) $x_1$，$x_2$ 两点间的振动相位差。

**解** (1) 由 $\frac{\partial y}{\partial t}=-6\sin(3t-2x)$ 可得，最大速率为

$$v_{\max} = 6\ \text{m/s}$$

（2）$x_1 = 10$ m，得振动方程为

$$y = 2\cos(3t - 20)$$

$x_2 = 15$ m，得振动方程为

$$y = 2\cos(3t - 30)$$

（3）振动相位差

$$\Delta\varphi = -k\Delta x$$

则

$$\Delta\varphi = -k(x_1 - x_2) = 10\ \text{rad} \quad 或 \quad \Delta\varphi = -k(x_2 - x_1) = -10\ \text{rad}$$

## 14.3　波的能量

当弹性波在介质中传播时，介质中质元在平衡位置附近振动，因而具有动能，同时该处的介质也将产生形变，因而也具有势能。波动传播时，介质由近及远地开始振动，能量也源源不断地向外传播出去。波在传播时带着能量，能量随波一起传播，这是波动的重要特征。本节以纵波在棒中传播的特殊情况为例，对能量的传播做说明。

波的传播过程就是振动的传播过程。波到哪里，哪里的介质就要发生振动，因而具有动能；由于质元的形变，因而具有势能。因此波传到哪里，哪里就有机械能。这些机械能来自于波源。可见，波的传播过程是能量传递过程。

### 14.3.1　波的能量

下面以纵波在一棒中沿棒长方向传播为例，推导出波的能量公式。如图 14-7 所示，取 $x$ 轴沿棒长方向，波速为 $u$，波动方程为

$$y = A\cos\left[\omega\left(t - \frac{x}{u}\right)\right]$$

在波动过程中，棒中每一小段将不断地受到压缩和拉伸。

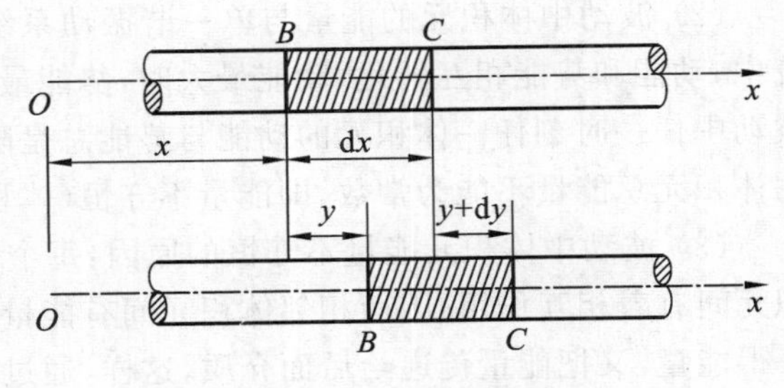

图 14-7　棒中的纵波

在棒上任取一体积元 $BC$，体积 $\mathrm{d}V$，棒在平衡位置时，$B$，$C$ 坐标分别为 $x$，$x+\mathrm{d}x$，即 $BC$ 长为 $\mathrm{d}x$。设棒的横截面积为 $S$，质量密度为 $\rho$。把式(14-9)代入 $\mathrm{d}E_\mathrm{k} = \frac{1}{2}\mathrm{d}mv^2$ 得体积元动能为

$$\begin{aligned}\mathrm{d}E_\mathrm{k} &= \frac{1}{2}\mathrm{d}mv^2 = \frac{1}{2}\rho\mathrm{d}V\left(\frac{\mathrm{d}y}{\mathrm{d}t}\right)^2 \\ &= \frac{1}{2}\rho\mathrm{d}V\omega^2A^2\sin^2\omega\left(t - \frac{x}{u}\right)\end{aligned} \tag{14-11}$$

下面推导体积元势能，设 $t$ 时刻 $B$，$C$ 两端位移分别为 $y$，$y+\mathrm{d}y$，所以体积元伸长量为 $\mathrm{d}y$。设在体积元端面上由于形变产生的弹性恢复力大小为 $f$，由杨氏弹性模量定义有

$$\frac{f}{S} = Y\frac{\mathrm{d}y}{\mathrm{d}x}\quad（Y 为杨氏弹性模量）$$

变形得

$$f = SY\frac{dy}{dx}$$

又根据胡克定律,在弹性限度内弹性恢复力值为 $f = kdy$,所以有

$$k = \frac{YS}{dx}$$

故

$$dE_p = \frac{1}{2}k(dy)^2 = \frac{1}{2}YS\frac{(dy)^2}{dx}$$
$$= \frac{1}{2}YSdx\left(\frac{dy}{dx}\right)^2 = \frac{1}{2}YdV\left(\frac{dy}{dx}\right)^2 \tag{14-12}$$

因为纵波波速 $u = \sqrt{\frac{Y}{\rho}}$,即

$$Y = \rho u^2 \tag{14-13}$$

把式(14-13)代入式(14-12)后对 $x$ 求偏导数可得体积元势能为

$$\begin{aligned} dE_p &= \frac{1}{2}\rho u^2 dV\left[\frac{\omega^2}{u^2}A^2\sin^2\omega\left(t - \frac{x}{u}\right)\right] \\ &= \frac{1}{2}\rho dV\omega^2A^2\sin^2\omega\left(t - \frac{x}{u}\right) \end{aligned} \tag{14-14}$$

通过比较体积元动能和体积元势能发现,能量表达式形式相同,总体积元能量为

$$dE = dE_k + dE_p = \rho dV\omega^2A^2\sin^2\omega\left(t - \frac{x}{u}\right) \tag{14-15}$$

说明:(1) 任一时刻体积元动能与其势能总是相等的

$$dE_k = dE_p = \frac{1}{2}\rho dV\omega^2A^2\sin^2\omega\left(t - \frac{x}{u}\right)$$

(2) 波动中体积元的能量与单一谐振动系统的能量有着显著的不同。在单一谐振动的系统中,动能和势能相互转化,动能最大时,势能最小,势能最大时,动能最小,系统机械能守恒。波动中任一时刻任一体积元的动能与势能总是随时间变化的,变化是同步的,值也相等,这说明体积元总能量不能为常数,即能量不守恒(体积元)。

(3) 波动中体积元能量不守恒的原因:每个体积元都不是独立地做谐振动,它与相邻的体积元间有着相互作用。因而相邻体积元间有能量传递,沿着波传播方向,某体积元从前面介质获得能量,又把能量传递给后面介质,这样,通过体积元不断从前一质元吸收能量并不断向后一质元传递能量,所以说波动是能量传递的一种形式。

单位体积内波动能量称为波动的能量密度,用 $w$ 表示

$$w = \frac{dE}{dV} = \rho\omega^2A^2\sin^2\omega\left(t - \frac{x}{u}\right) \tag{14-16}$$

可知,$w$ 是 $t$ 的函数。平均能量密度 $\overline{w}$ 表示为一个周期内的能量密度的平均值

$$\begin{aligned} \overline{w} &= \frac{1}{T}\int_0^T w dt = \frac{1}{T}\int_0^T \rho\omega^2A^2\sin^2\omega\left(t - \frac{x}{u}\right)dt \\ &= \rho\omega^2A^2\frac{1}{T}\int_0^T\frac{1}{2}\left[1 - \cos2\omega\left(t - \frac{x}{u}\right)\right]dt \\ &= \rho\omega^2A^2\frac{1}{T}\left[\frac{1}{2}T - \frac{1}{2}\int_0^T\cos2\omega\left(t - \frac{x}{u}\right)dt\right] \\ &= \frac{1}{2}\rho\omega^2A^2 \end{aligned} \tag{14-17}$$

### 14.3.2　能流密度

1. 平均能流

**单位时间内通过介质中某面积的能量称为通过该面积的能流**。如图14-8所示，设 $S$ 为介质中垂直于波传播方向的一面积，所以通过 $S$ 的能流等于以 $S$ 为底、$u$ 为高的柱体内的能量。由于体积元内能量是变化的，用平均值更能反映能量的变化特征。**单位时间内通过某一面积的平均能量称为平均能流**。

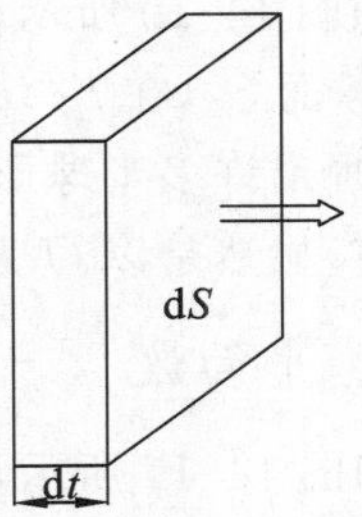

图 14-8　体积 $\mathrm{d}V$ 内的能量在 $\mathrm{d}t$ 时间内通过 $\mathrm{d}S$ 面的能流

通过 $S$ 的平均能流为 $\overline{P}$ = 平均能量密度 × 柱体体积

$$\overline{P} = \overline{w}uS \tag{14-18}$$

式中，$\overline{w}$ 为平均能量密度，$u$ 为波速，$S$ 为面积。

2. 能流密度

通常在研究声音和光的特点时要用到能量的强度。通过垂直于波传播方向单位面积上的平均能流称为能流密度或波的强度。

$$I = \frac{\overline{P}}{S} = \overline{w}u = \frac{1}{2}\rho\omega^2 A^2 u \tag{14-19}$$

## 14.4　惠更斯原理　波的衍射、反射和折射

### 14.4.1　惠更斯原理

波的传播依赖于介质中各质点之间的相互作用。距离波源近的质点的振动将引起邻近的较远的质点振动，较远质点的振动又会引起邻近的更远的质点振动，这表明波动中的相互作用是通过各质点的直接接触来实现的。按照这个观点，波传播的时候，介质中任何一点后面的波，都可以看作是由这些点对其后各点的作用而产生的。也即是说，介质中任何一点相对于其后面的点来说，都可以看作波源。例如，我们可以在水面上激起一列平行波(见图14-9)，在波的前方设置一个障碍物，障碍物上留有一个小孔。这时，可以清楚地看到水波将激起小孔中水面的振动，而小孔水面的振动又会在障碍物的后面激起一列圆形的波。显然，对于障碍物后面的波来说，小孔就是波源，波是从小孔发出来的。

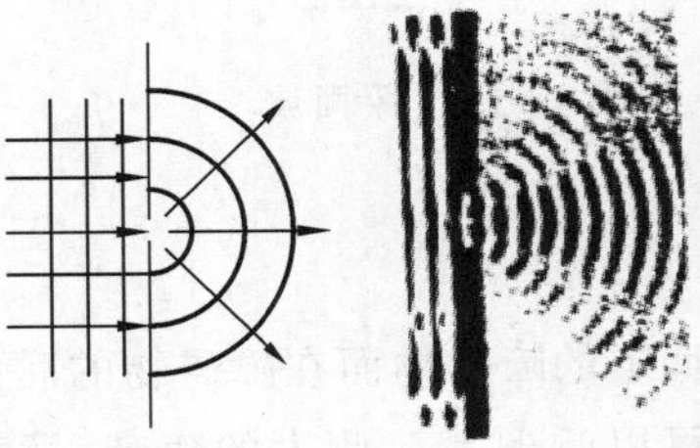

图 14-9　障碍物的小孔成为新的波源

1678年惠更斯(C. Huygens)在总结这类现象的基础上提出了波的传播规律：**在波的传播过程中，波前上的每一点都可以看作发射球面子波的新波源，在其后的任一时刻，这些子波源发出的子波波面的包络面就是该时刻的新波前，这就是惠更斯原理**。惠更斯原理适用于任何波动过程，无论是机械波还是电磁波。惠更斯原理指出了从某一时刻出发去寻找下一时刻波前的方法，对任何介质中的任何波动过程都成立。(无论是均匀的或非均匀的，是各向同性的还是各

向异性的,无论是机械波还是电磁波,惠更斯原理都成立。)

下面以球面波和平面波为例来求新波前。

1. 球面波

如图 14-10 所示,设球面波在均匀各向同性介质中传播,波速为 $u$,在 $t$ 时刻波前是半径为 $R_1$ 的球面 $S_1$,在 $t+\Delta t$ 时刻波前如何?根据惠更斯原理,以 $S_1$ 面上各点为中心,以 $r=u\Delta t$ 为半径,画出许多半球形子波,这些子波的包络即为公切于各子波的包迹面,就是 $t+\Delta t$ 时刻新的波前。显然是以 $O$ 为中心,以 $R_1+u\Delta t$ 为半径的球面 $S_2$。

2. 平面波

如图 14-11 所示,平面波在均匀各向同性介质中传播,波速为 $u$,在 $t$ 时刻波前为 $S_1$(平面),根据惠更斯原理,在 $t+\Delta t$ 时刻以 $S_1$ 面上各点为中心,以 $r=u\Delta t$ 为半径,画出许多半球面形子波,这些子波的包络即为各子波的包迹面,就是 $t+\Delta t$ 时刻新的波前。显然新波前是平行于 $t$ 时刻波前 $S_1$ 的平面 $S_2$。从太阳射出的球面波,到达地面上时,就可以看成是平面波。

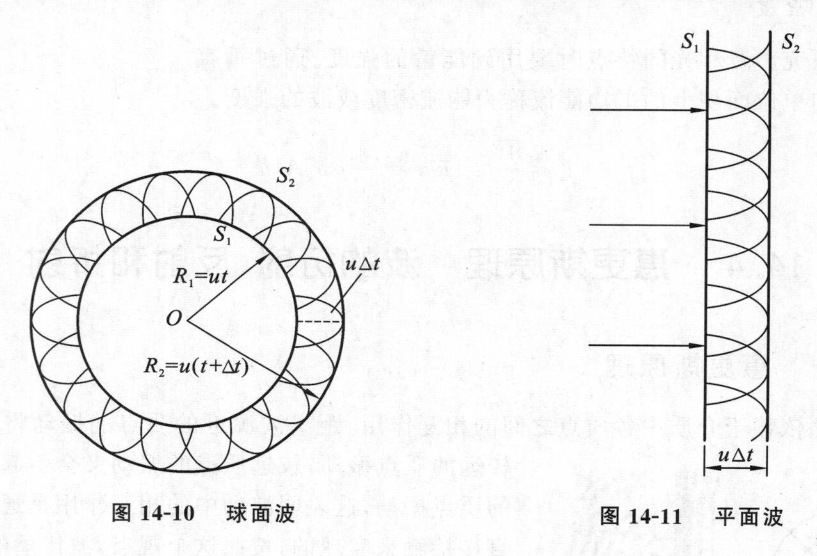


图 14-10 球面波　　图 14-11 平面波

## 14.4.2 波的衍射

从日常生活中观察到,水波在水面上传播时可以绕过水面上的障碍物而在障碍物的后面传播,在高墙一侧的人可以听到另一侧人的声音,即声波可以绕过高墙从一侧传到另一侧,这些现象说明,水波与声波在传播过程中遇到障碍物时(即波前受到限制时),波就不是沿直线传播,它可以达到沿直线传播所达不到的区域。这种现象称为波的衍射现象或绕射现象。

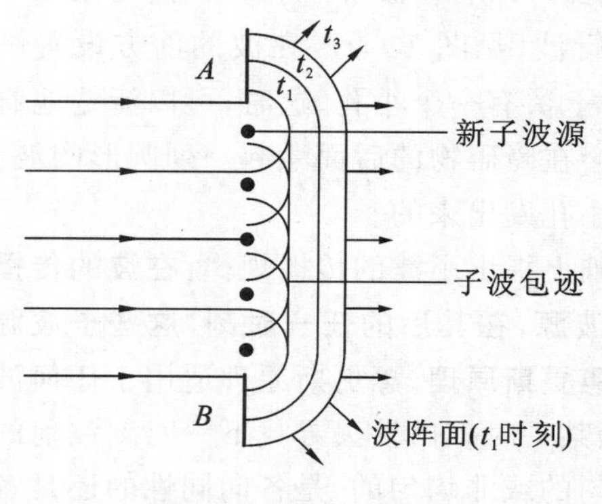


图 14-12 波的衍射

波遇到障碍物后偏离直线传播的现象即为衍射现象。惠更斯原理说明了水波的衍射现象。

如图 14-12 所示,水面上障碍物为一宽缝,缝的宽度大于水波波长。平行于波前的棒振动来产生平行水子波。当水波到达障碍物时,波前在宽缝上的所有点都可以看作发射子波的波源。这些子波在宽缝的前方的包迹就是通过缝后的新的波前。从图14-12可以看出，新波前不是直线(波前与底面交线)，只是中间一部分与原来的波前平行，在缝的边缘地方波前发生了弯曲，波线如图14-12所示，这说明水波绕过缝的边缘前进。

### 14.4.3　波的反射和折射

1. 惠更斯原理证明反射定律

如图14-13所示，由惠更斯原理可推导出波的反射定律。

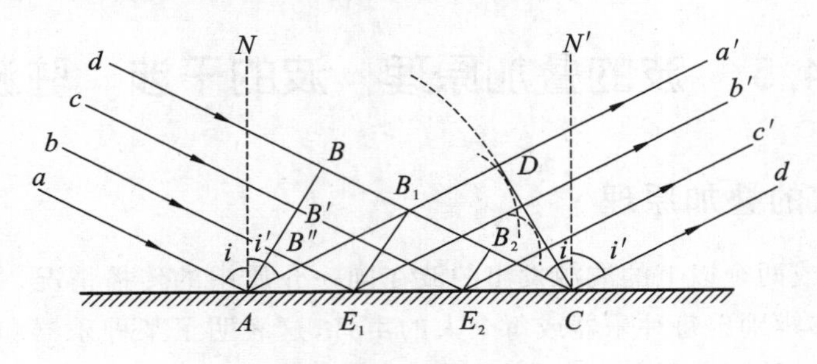


图14-13　反射定律

因为

$$BC = AD = ut$$

$$\angle ADC = \angle ABC = 90^\circ$$

又由

$$AC \equiv AC$$

$$\triangle ABC \cong \triangle ADC \tag{14-20}$$

所以有

$$i = i'$$

即反射角等于入射角。

2. 惠更斯原理证明折射定律

当波传播到两种介质的分界面时，波的一部分在界面返回，形成反射波，另一部分进入另一种介质，便形成折射波。折射定律也是一条基本的实验定律，它可以表述如下：

入射线、折射线和界面的法线在同一平面内；入射角的正弦与折射角的正弦之比，等于波在第一种介质中的波速 $u_1$ 与在第二种介质中的波速 $u_2$ 之比，即

$$\frac{\sin i}{\sin r} = \frac{u_1}{u_2} \tag{14-21}$$

下面利用惠更斯原理进行证明，仍用作图法先求解。如图14-14所示，设波在两种介质中的波速分别为 $u_1$ 和 $u_2$，则在同一时间间隔 $\Delta t$ 内，波在两种介质中通过的距离分别为

$$BC = u_1 \Delta t, \quad AD = u_2 \Delta t$$

由此可得

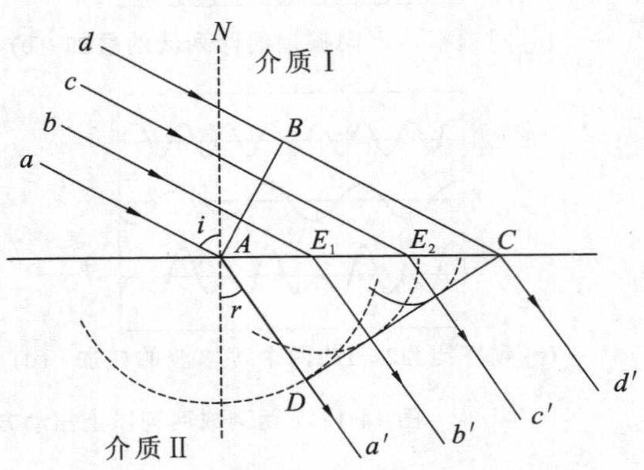


图14-14　惠更斯原理证明波的折射定律

$$\frac{BC}{AD}=\frac{u_1}{u_2}$$

从图 14-14 可以看出，入射线、折射线和界面的法线都在同一平面内，且由几何关系可知

$$\angle BAC=i,\angle DCA=r$$

故有

$$\frac{\sin i}{\sin r}=\frac{BC}{AD}=\frac{u_1}{u_2}$$

从而折射定律得证。

## 14.5　波的叠加原理　波的干涉　驻波

### 14.5.1　波的叠加原理

下面讨论两个或两个以上的波源发出的波在同一介质中的传播情况。当乐队演奏或几个人同时讲话时，能够辨别出每种乐器或每个人的声音，这表明了某种乐器和某人发出的声波，并不因为其他乐器或其他人同时发声而受到影响；我们可以接收到不同频率和波长的无线电波和手机信息。通过对这些现象的观察和研究，可总结出如下规律：

**几列波在传播空间中相遇时，各个波保持自己的特性（即频率、波长、振动方向、振幅不变），各自按其原来的传播方向继续传播，互不干扰，这就是波传播的独立性。**

**在相遇区域内，任一点的振动为各列波单独存在时在该点所引起的振动的合振动。这个规律称为波的叠加原理。**

波的叠加原理告诉我们，任何一质点的周期性运动都可以用简谐运动的合成来表示；反之，任何几列波在空间某点的叠加都可以用该点振动合成的方法来获得。

图 14-15 所示为两列或两列以上振动方向相同、传播方向相同的波的叠加。

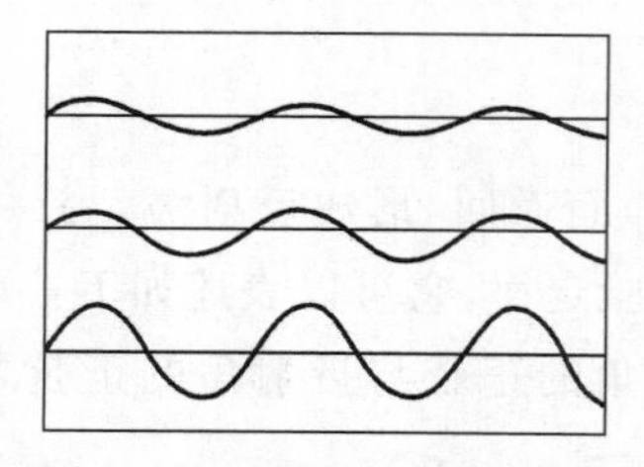

(a) 同频率、不同振幅的两列波的叠加

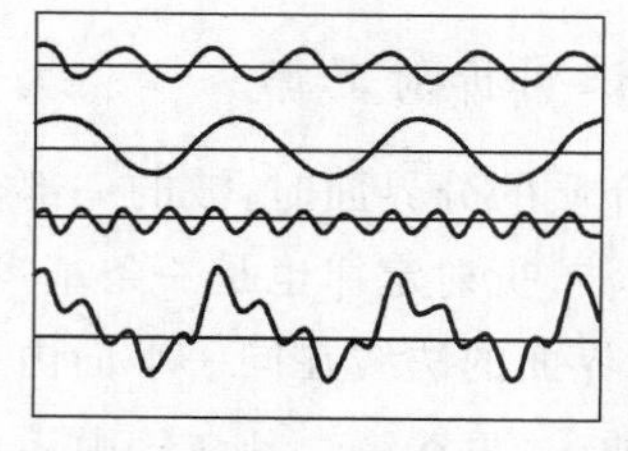

(b) 频率比为2∶1∶4的三个不同振幅的波的叠加

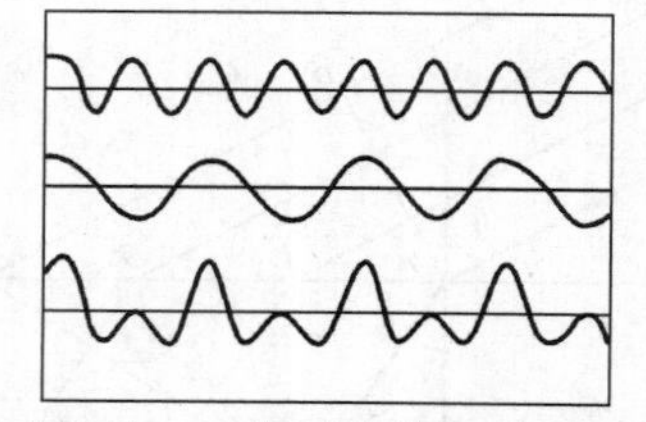

(c) 频率比为2∶1的两个等幅波的叠加

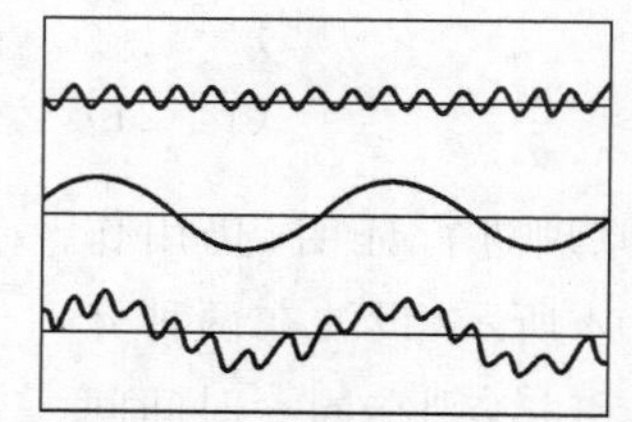

(d) 一个高频波和一个低频波的叠加

**图 14-15　两列或两列以上振动方向相同、传播方向相同的波的叠加**

### 14.5.2　波的干涉

1. 波的干涉条件

通常频率不同、振动方向不同的几列波在相遇各点的合振动是很复杂的，叠加图样不稳定。当两列波在空间中某点相遇时，各个波在该点引起的振动相位是一定的(在不同点相位可能不同)，因此该点的合振动的振幅是恒定的。由此可知，如果两列波在空间某点相互加强(即合振幅最大)，则在这些点上始终是相互加强的；如果两列波在空间中某些点相互减弱(即合振幅最小)，则在这些点上始终是相互减弱的，可见叠加图样是稳定的。这种现象称为波的干涉现象，相应的波称为相干波，相应的波源称为相干波源。相干波源需要满足**两列波频率相同、振动方向相同、相位差恒定**这三个条件。图 14-16 是水波的干涉图样。从图中可以看出，有些地方的水面起伏较大(图中亮处)，说明这些地方的振动加强；而有些地方的水面只有微弱的起伏，甚至平静不动(图中暗处)，说明这些地方的振动减弱，甚至完全抵消。在这两列波相遇的区域内，振动的强弱是呈现空间周期性的。

2. 波的干涉现象分析

如图 14-17 所示，设有两个相干波源 $S_1$ 和 $S_2$，它们的振动方程分别为

$$y_1 = A_1\cos(\omega t + \varphi_1)$$
$$y_2 = A_2\cos(\omega t + \varphi_2)$$

式中，$\omega$ 为角频率，$A_1$ 和 $A_2$ 分别为两波源的振幅，$\varphi_1$ 和 $\varphi_2$ 分别为它们的初相。若 $S_1$ 和 $S_2$ 这两个相干波源发出的波在同一种介质中传播，则两波的波长均为 $\lambda$，且若不考虑介质对波的吸收，则两波的振幅亦分别为 $A_1$ 和 $A_2$。设该两列波分别经过 $r_1$ 和 $r_2$ 的距离后在 $P$ 点相遇，$P$ 点处质点的振动可按叠加原理得到，两列波各自在 $P$ 点引起的分振动的方程可分别写为

$$y_1 = A_1\cos\left(\omega t + \varphi_1 - \frac{2\pi}{\lambda}r_1\right)$$
$$y_2 = A_2\cos\left(\omega t + \varphi_2 - \frac{2\pi}{\lambda}r_2\right)$$

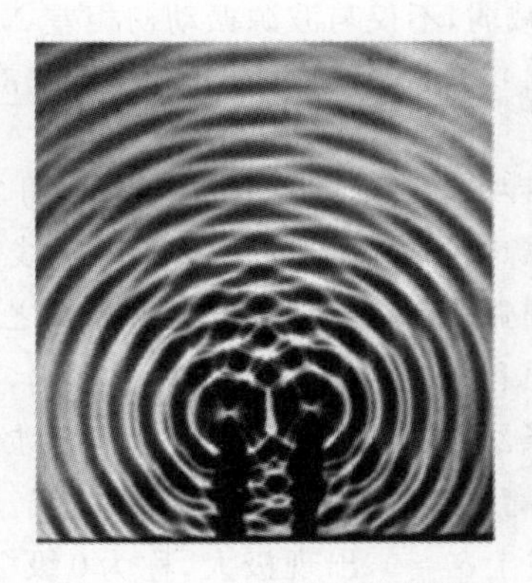

图 14-16　水波的干涉图样

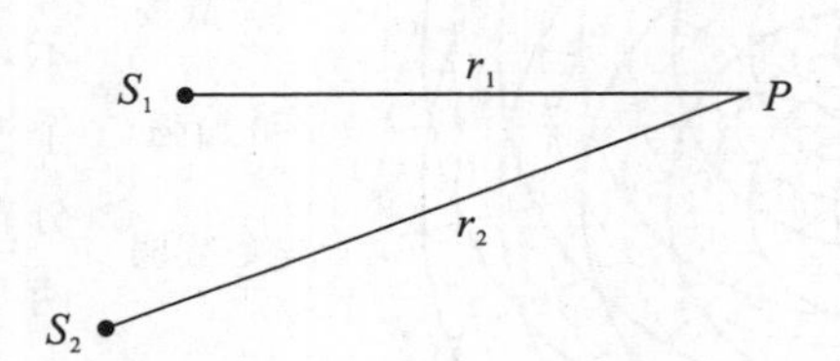


图 14-17　两相干波

通过两个同方向、同频率的简谐运动的合成可以知道，$P$ 点的合振动方程可表示为

$$y = y_1 + y_2 = A\cos(\omega t + \varphi)$$

式中,$\varphi$ 为合振动的初相,由两个同方向、同频率简谐运动合成的公式(13-21)可知

$$\varphi=\arctan\frac{A_1\sin\left(\varphi_1-\frac{2\pi}{\lambda}r_1\right)+A_2\sin\left(\varphi_2-\frac{2\pi}{\lambda}r_2\right)}{A_1\cos\left(\varphi_1-\frac{2\pi}{\lambda}r_1\right)+A_2\cos\left(\varphi_2-\frac{2\pi}{\lambda}r_2\right)} \tag{14-22}$$

而 $A$ 为合振动的振幅,由式(14-20)可知

$$A=\sqrt{A_1^2+A_2^2+2A_1A_2\cos\Delta\varphi} \tag{14-23}$$

式中,$\Delta\varphi$ 为两相干波源在 $P$ 点振动的相位差,即

$$\Delta\varphi=\varphi_2-\varphi_1-\frac{2\pi}{\lambda}(r_2-r_1) \tag{14-24}$$

$P$ 点合振动振幅 $A$ 的大小与 $\Delta\varphi$ 的取值直接相关,当

$$\Delta\varphi=\varphi_2-\varphi_1-\frac{2\pi}{\lambda}(r_2-r_1)=2k\pi \quad k=0,\pm1,\pm2\cdots \tag{14-25}$$

空间各点合振幅最大,即 $A=A_1+A_2$,为干涉加强;而对应于满足

$$\Delta\varphi=\varphi_2-\varphi_1-\frac{2\pi}{\lambda}(r_2-r_1)=(2k+1)\pi \quad k=0,\pm1,\pm2\cdots \tag{14-26}$$

的空间各点,其合振幅最小,即 $A=|A_1-A_2|$,为干涉减弱。这样,干涉的结果使空间某些点的振动始终加强,而使另一些点的振动始终减弱。式(14-25)和式(14-26)分别称为相干波的干涉加强条件和干涉减弱条件。

若两相干波源的初相相同,即 $\varphi_1=\varphi_2$,$\delta$ 表示从两相干波源发出的两列相干波各自到达 $P$ 点时所经过的路程之差,即 $\delta=r_2-r_1$,称为波程差,当

$$\delta=r_2-r_1=k\lambda=2k\cdot\frac{\lambda}{2} \quad k=0,\pm1,\pm2\cdots \tag{14-27}$$

即波程差等于半波长的偶数倍时,空间各点合振幅最大,干涉最强;当

$$\delta=r_2-r_1=(2k+1)\frac{\lambda}{2} \quad k=0,\pm1,\pm2\cdots \tag{14-28}$$

即波程差等于半波长的奇数倍时,空间各点合振幅最小,干涉最弱。在其他情况下,合振幅 $A$ 的数值介于最大值 $A_1+A_2$ 与最小值 $|A_1-A_2|$ 之间。

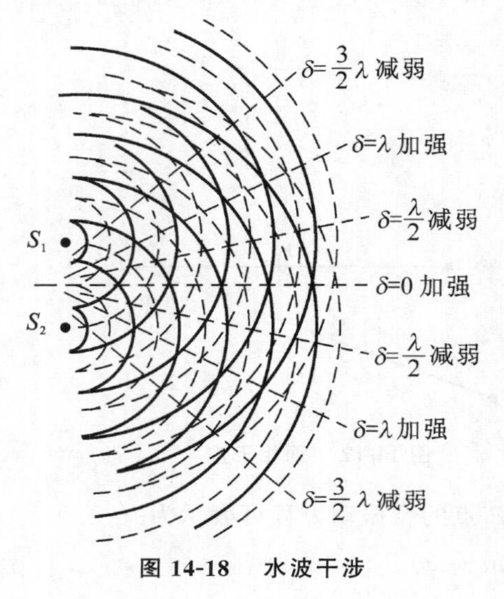


**图 14-18　水波干涉**

干涉加强与减弱,不仅与波源振动初相差 $\Delta\varphi$ 有关,而且也与波程差 $\delta=r_2-r_1$ 引起的相位差 $2\pi\frac{\delta}{\lambda}$ 有关。

波的干涉图样分析如图 14-18 所示,$S_1$ 和 $S_2$ 是两个同相位的相干源,两列相干波的波峰用实线圆弧表示,波谷用虚线圆弧表示,两相邻波峰或波谷之距是一个波长。干涉加强和减弱的地方已在图中标出,呈线状分布,称为干涉条纹。按照干涉极值条件,干涉条纹到两个相干源的距离之差为常数,是一组双曲线。例如在 $S_1$ 和 $S_2$ 的中垂线上 $\delta=0$,出现极大,称为0级极大。在干涉极大的地方是两列相干波的波峰相遇或波谷相遇(振动同相)的地方,而干涉极小的地方肯定是两列相干波的波峰和波谷相遇(振动反相)的地方。

干涉现象是波动最重要的特征之一，它对于光学、声学、电磁学等都非常重要，对于近代物理学的发展也有重大的作用。

### 14.5.3　驻波

1. 驻波中的概念

驻波是干涉的一种特殊情况，**两个振幅相同的相干波，在同一直线上反向传播时叠加的结果称为驻波**。始终静止不动的点称为**波节**；振幅始终最大的点称为**波腹**。

2. 驻波实验

如图 14-19 所示，弦线的一端固定在音叉 $C$ 点上，另一端通过一滑轮系一砝码，使弦线拉紧，现让音叉振动起来，并调节劈尖 $B$ 至适当位置，使 $CB$ 具有某一长度，可以看到 $CB$ 上形成稳定的振动状态。当音叉振动时，带动弦线 $C$ 端振动，由 $C$ 端振动引起的波沿弦线向右传播，在到达 $B$ 点遇到障碍物（劈尖）后产生反射，反射波沿弦线向左传播。这样，在弦线上向右传播的入射波和向左传播的反射波满足相干条件，产生干涉，出现了驻波。

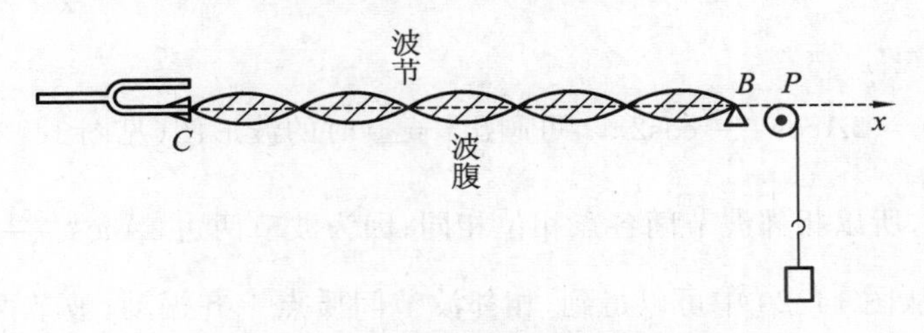


**图 14-19　弦线驻波实验装置**

3. 驻波方程

以纵波为例，设有两列相干波，分别沿 $x$ 轴正、负方向传播，表达式分别为

$$y_1 = A\cos 2\pi\left(\nu t - \frac{x}{\lambda}\right)$$

$$y_2 = A\cos 2\pi\left(\nu t + \frac{x}{\lambda}\right)$$

相干波频率相同，又在同一介质中传播（即波速相同），根据叠加原理，合成的波为

$$y = y_1 + y_2 = A\cos 2\pi\left(\nu t - \frac{x}{\lambda}\right) + A\cos 2\pi\left(\nu t + \frac{x}{\lambda}\right) = 2A\cos\frac{2\pi x}{\lambda}\cos 2\pi\nu t \quad (14\text{-}29)$$

**讨论：**

(1) 由驻波方程知，$x$ 给定时，则驻波方程变成了坐标为 $x$ 处质点的振动方程，振幅为 $2A\left|\cos\frac{2\pi x}{\lambda}\right|$，相位为 $2\pi\nu t$ 或 $2\pi\nu t + \pi$。不同点振幅可能不同。

(2) 波节：当振幅 $2A\left|\cos\frac{2\pi x}{\lambda}\right| = 0$ 时，$x$ 对应的质点始终不动，这些点称为波节。

由于 $\cos\frac{2\pi x}{\lambda} = 0$，可得

$$\frac{2\pi x}{\lambda} = \pm(2k+1)\frac{\pi}{2} \quad (k = 0, 1, 2, \cdots)$$

即 $x_k = \pm(2k+1)\frac{\lambda}{4}$,所以相邻波节距离表示为

$$x_{k+1} - x_k = [2(k+1)+1]\frac{\lambda}{4} - (2k+1)\frac{\lambda}{4} = \frac{\lambda}{2}$$

(3) 波腹:当 $\left|\cos\frac{2\pi x}{\lambda}\right| = 1$ 时,$x$ 对应的质点振动最强,这些点称为波腹。

由于 $\cos\frac{2\pi x}{\lambda} = \pm 1$,可得

$$\frac{2\pi x}{\lambda} = \pm k\pi \quad (k = 0,1,2,\cdots)$$

即 $x_k = \pm k\frac{\lambda}{2}$,所以相邻波腹距离为

$$x_{k+1} - x_k = (k+1)\frac{\lambda}{2} - k\frac{\lambda}{2} = \frac{\lambda}{2}$$

(4) 驻波中各点相位。

当 $2A\cos\frac{2\pi x}{\lambda} > 0$ 时 $x$ 对应的各点振动相位均为 $2\pi\nu t$;当 $2A\cos\frac{2\pi x}{\lambda} < 0$ 时,$x$ 对应的各点振动相位均为 $2\pi\nu t + \pi$。

由驻波方程 $y = 2A\cos\frac{2\pi x}{\lambda}\cos 2\pi\nu t$ 可画出 $t = 0$ 时的波形图(见图 14-20),由于相邻波节间 $2A\cos\frac{2\pi x}{\lambda}$ 同号,所以相邻波节间各点相位相同;因为波节两边 $2A\cos\frac{2\pi x}{\lambda}$ 异号,所以波节两边质点相位相反。从图 14-20 中可以得到,相邻波节间质点一齐振动,波节两边质点反方向振动。驻波中分段振动,每段间为一整体同步振动。

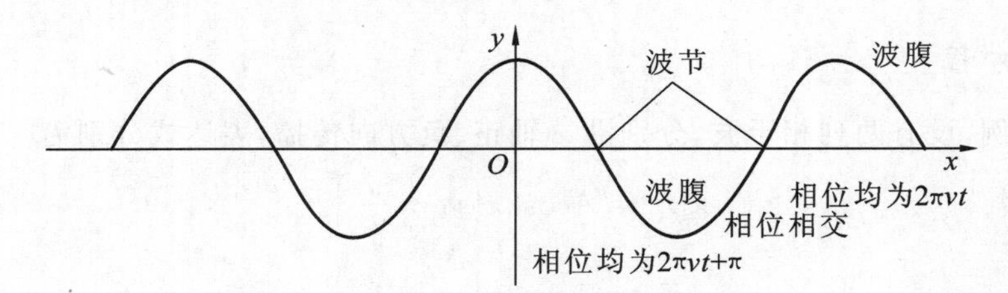


图 14-20　驻波波形图

4. 驻波的能量

驻波严格来说并不是波,而是一种干涉现象。驻波是一种特殊形式的振动,有一定波形,它不传播能量。当弦线上各质点达到各自的最大位移时,其振动速度均为零,因而此时动能也都为零,但此时弦线各段都有不同程度的形变,且越靠近波节处形变越大,因此,这时驻波的能量以势能为主,且主要集中于形变最大的波节附近。当弦线上各质点都同时回到平衡位置时,弦线的形变完全消失,因而此时势能都为零,但此时各质点的振动速度都达到各自的最大值,且越靠近波腹处的速度越大,因此,这时驻波的能量又以动能为主,且主要集中于速度最大的波腹附近。至于其他时刻,则动能与势能同时存在。由此可见,在弦线上形成驻波时,动能与势能是不断相互转换的,驻波中的能量始终在相邻两波节间来回移动,从而形成了能量交替地由波腹附近逐渐转向波节附近,再由波节附近逐渐转回到波腹附近的情形。表 14-2 给出了驻波与

行波的区别。

表 14-2　驻波与行波的区别

| 项　　目 | 驻　　波 | 行　　波 |
|---|---|---|
| 波形 | 原地驻扎不动 | 以波速 $u$ 向前传播 |
| 振幅 | 各点不同，有波腹、波节 | 各质点做等幅振动 |
| 相位 | 波节之间各点同相，波节两侧各点反相 | 以波速 $u$ 向前传播 |
| 能量 | 在波腹与波节之间振荡、转移，不传播 | 以波速 $u$ 向前传播 |

5. 半波损失

在反射面处形成波节，说明入射波与反射波相位相反，反射波在该处相位跃变了 $\pi$。在波线上相差半个波长的两点，其相位差为 $\pi$，所以，波从波密介质反射回到波疏介质时，相当于附加（或损失）了半个波长的波程。通常称这种现象为半波损失。

半波损失问题不仅存在于机械波中，在电磁波中也是如此。对于光波，我们将折射率较大的介质称为光密介质，而将折射率较小的介质称为光疏介质。当光波从光疏介质入射到其与光密介质的分界面上时，反射光就有 $\pi$ 的相位跃变，即有半波损失。半波问题在后续讨论的光的干涉中是很重要的。

6. 驻波的应用

对于两端固定的弦线，不是任何频率（或波长）的波都能在弦上形成驻波，只有当弦长 $l$ 等于半波长的整数倍时才有可能，即

$$l = n\frac{\lambda}{2} \quad (n = 1,2,3,\cdots) \tag{14-30}$$

把 $\nu = \frac{u}{\lambda}$ 和 $u = \sqrt{\frac{S}{\mu}}$（$\mu$ 为弦线单位长度的质量）代入式(14-30)得

$$\nu = \frac{n}{2l}\sqrt{\frac{S}{\mu}}$$

在弦乐器方面，通过改变张力 $S$ 实现调谐，增加张力会使频率或音调升高，钢琴低音部的弦或低音大提琴的弦较长，而钢琴最高音部或小提琴的弦较短，在拉小提琴时用手指按小提琴的键板以改变这些弦的振动部分长度，这就是改变音调的通常方法。在钢琴低音弦上缠绕一些金属线是为了增加每单位长度的质量。

## 14.6　多普勒效应

在前面的讨论中，波源和观察者都是相对介质静止的，波源的频率和观察者感觉到的频率是相同的，若波源或观察者或两者均相对介质运动，则观察者感觉到的频率和波源的真实频率一般并不相同，这种现象称为多普勒效应。

### 14.6.1　多普勒效应

在日常生活中，我们有过这样的经历，在铁路旁听行驶中火车的汽笛声，当火车鸣笛而来

时，人们会听到汽笛声的音调变高；相反，当火车鸣笛而去时，人们则听到汽笛声的音调变低。像这样由于波源或观察者相对于介质运动时，观察者所接收到的波频率有所变化的现象就叫作多普勒效应。这种现象是奥地利物理学家多普勒(1803—1853 年) 于 1842 年首先发现的，因此以他的名字命名。

### 14.6.2 多普勒效应的演示实验

火车鸣笛的频率并没有改变，而是由于声源和观察者之间有相对运动，使人耳接收到声音的频率发生了变化，所以人耳听到汽笛的音调发生了变化。为了说明这个问题，我们可以用水波代替声波(都是机械波)，通过如下演示实验说明多普勒效应。

在盛有清水的大水槽中，以一端粘有直径约为 8 mm 的石蜡球的细弹簧作为弹簧单振子，使单振子与水面接触，如图 14-21 所示。使单振子沿竖直方向周期性地上下击打水面，这时，水面上就形成向四周传播的周期性同心圆波。若将振动着的单振子在水面上向右平移，便可看到从振源中心到右槽壁间的波纹变密、波长缩短，右槽壁接收圆波的频率变大；而振源中心到左槽壁的波纹变疏、波长增大，左槽壁接收圆波的频率变小，波形如图 14-22 所示(做该实验时，水槽尽量大些，为减少反射波的影响，可将多层纱布条缝叠在一起，挂在水槽壁内，以吸收传到槽壁的圆波)。实验表明，单振子(振源) 本身的频率并没有改变，而是水槽壁(接收器) 接收水波的频率发生了变化，这与上述火车鸣笛的情况相类似。通过该实验的演示，我们就不难理解波的多普勒效应了。

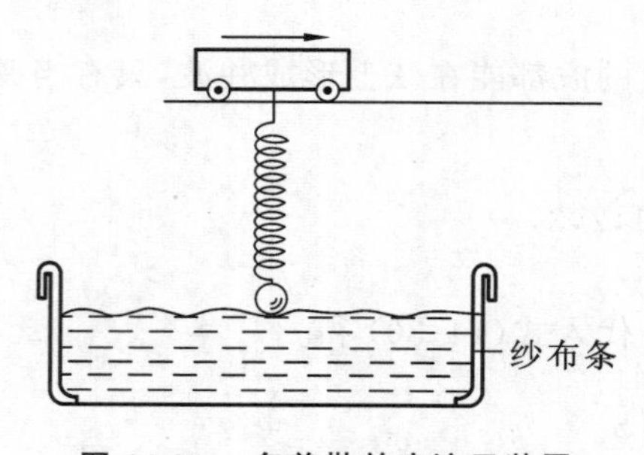


图 14-21 多普勒效应演示装置

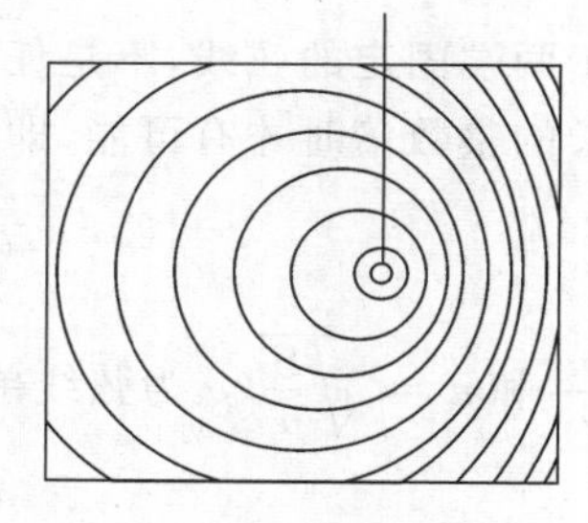

图 14-22 波形

### 14.6.3 声波多普勒效应的理论分析

为了便于研究问题，在讨论这个现象的规律之前，首先要把波源的频率、观察者接收到的频率以及波的频率分清楚。

$\gamma_s$ 为波源振动频率，即波源单位时间所发波的个数；$u_s$ 为波源相对于介质的运动速度；$\gamma$ 为波的频率，即媒质质元的振动频率(数值上等于单位时间内通过波线上一固定点完整波形的个数)；$u$ 为波在介质中的传播速度；$\gamma_R$ 为接收频率，即单位时间内接收器所接收到的波的个数；$u_R$ 为接收器相对于介质的运动速度。

当波源与接收器有相对运动时，如果二者相互接近，接收器接收到波的频率增大；如果二者远离，接收器接收到波的频率减小。对于这种变化关系，下面分四种情况针对声波进行讨论。

1. 波源和接收器都静止($u_s = 0, u_R = 0$)

当波源和接收器都相对静止时，三种频率都相等，即 $\gamma_s = \gamma = \gamma_R$。

2. 波源静止、接收器运动($u_s=0, u_R\neq 0$)

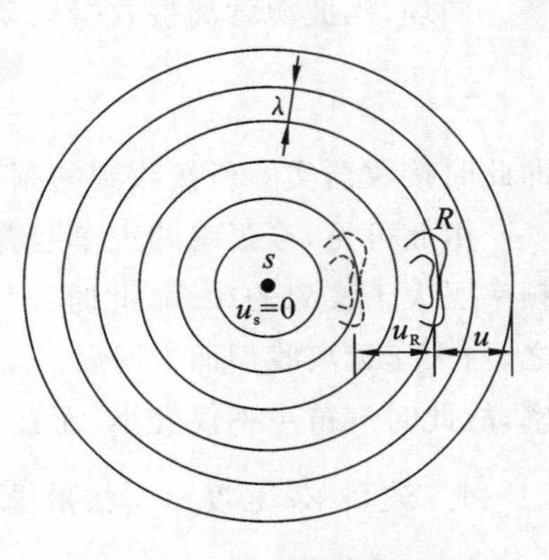

图 14-23　波源静止而接收器运动的多普勒效应

如图14-23所示，波在1 s内传播的距离为$u$，而同时接收器在1 s内向着波源移动的距离为$u_R$，则总体看来，相当于波通过接收器的总距离为$u+u_R$，在此距离内的波都被接收器接收到了，故此时在单位时间内接收器接收到的完整波的数目(即频率$\gamma_R$)为

$$\gamma_R=\frac{u+u_R}{\lambda}=\frac{u+u_R}{\frac{u}{\gamma}}=\frac{u+u_R}{u}\gamma \tag{14-31}$$

由于波源在介质中是静止的，故波的频率就等于波源的频率，即$\gamma_s=\gamma$，所以接收器向波源运动时所接收到的频率为波源频率的$1+\frac{u_R}{u}$倍。

同理，当接收器背离波源运动时，可求得接收器实际接收到的频率为

$$\gamma_R=\frac{u-u_R}{u}\gamma \tag{14-32}$$

3. 接收器静止、波源以速度$u_s$相对于介质运动($u_R=0, u_s\neq 0$)

如图14-24所示，波源在$s$处时按自己的频率发出一个波，在一个周期$T_s$内，该波在介质中传播了一个波长$\lambda=uT_s$的距离，即完成了一个完整波形(见图14-24)。然而当波源相对于介质以速度$u_s$向着接收器运动时，在一个周期$T_s$内，波源由位置$s$向右运动，通过的距离为$u_sT_s$，即在一个周期$T_s$内，波源已向接收器移近了$u_sT_s$的距离，因而对接收器而言，由于波源的运动，介质中的波长变短，故此时波在一个周期$T_s$内所走过的距离，即波实际的波长$\lambda'$为

$$\lambda'=uT_s-u_sT_s=\frac{u-u_s}{\gamma_s}$$

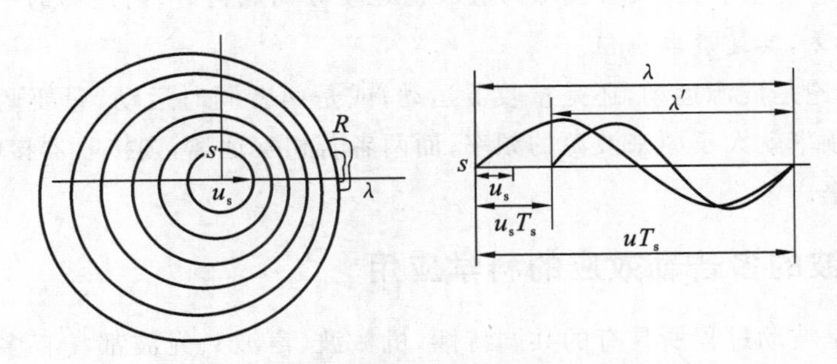

图 14-24　接收器静止而波源运动的多普勒效应

则波相应的频率为

$$\gamma=\frac{u}{\lambda'}=\frac{u}{u-u_s}\gamma_s$$

由于接收器静止，所以接收到的频率就是波的频率，即$\gamma_R=\gamma$，因此，接收器实际所接收到的频率为

$$\gamma_R=\frac{u}{u-u_s}\gamma_s \tag{14-33}$$

式(14-33) 表明,当波源向着静止的接收器运动时,接收器实际所接收到的频率高于波源的频率。

同理,当波源背离接收器运动时,可求得接收器实际接收到的频率为

$$\gamma_R = \gamma = \frac{u}{\lambda'} = \frac{u}{u + u_s}\gamma_s \tag{14-34}$$

即此时接收器实际所接收到的频率低于波源的频率。

由此可见,当轰鸣的火车迎着我们开过来时,有 $\gamma_R > \gamma_s$,即观察者(接收器) 实际接收到的频率要大于波源的频率,此时我们听到的汽笛声不仅变大,而且音调升高,似乎一声尖鸣;反之,当火车远离我们而去时,$\gamma_R < \gamma_s$,即观察者(接收器) 实际接收到的频率要小于波源的频率,故此时汽笛声不仅变小,而且音调降低。

4. 波源以速度 $u_s$、接收器以速度 $u_R$ 同时相对于介质运动($u_s \neq 0, u_R \neq 0$)

设波源与接收器两者相向运动,根据以上的讨论可知,由于接收器以速度 $u_R$ 相对于介质的运动,将会使波相对于接收器的波速为

$$u' = u + u_R$$

而波源以速度 $u_s$ 相对于介质的运动,又将会使波长变为

$$\lambda' = \frac{u - u_s}{\gamma_s}$$

因此,综合以上情况可知,当波源和接收器同时相对于介质运动时,接收器实际所接收到的频率为 $\gamma_R = \frac{u'}{\lambda'}$,即

$$\gamma_R = \frac{u + u_R}{u - u_s}\gamma_s \tag{14-35}$$

**注意:**

式(14-35) 中,当波源与接收器相向运动时,则 $u_s$ 和 $u_R$ 均取正值;而当波源与接收器相背运动时,则 $u_s$ 和 $u_R$ 均取负值;又当波源与接收器运动方向相同时,则迎向的一方,其速度取正值,而背离的另一方,其速度取负值。

综上所述,不论是波源运动,还是接收器运动,或是两者同时运动,只要两者相互接近,则接收器接收到的频率就大于原来波源的频率;而两者若相互远离,则接收器接收到的频率就低于原来波源的频率。

### 14.6.4 波的多普勒效应的科学应用

多普勒效应是波动过程所具有的共同特性,机械波(声波)、光波都具有多普勒效应。有经验的铁路工人可以根据火车的汽笛声判断火车的运行方向及快慢;交通警察向行进中的汽车发射一个已知频率的电磁波,波被运动的汽车反射回来时,接收到的频率发生变化,由此可检测汽车的速度。在军事上,有经验的战士可以从炮弹飞行时的尖叫声判断飞行的炮弹是接近还是远去;水兵可以根据声波判断潜艇的运行方向及速度大小。在医学上,可以利用超声波的多普勒效应对心脏跳动情况进行诊断。天体物理学家正是根据光波的多普勒效应,通过对遥远星系发出来的光进行光谱分析,发现了“红移” 现象,从而有力地证明了宇宙膨胀论,即宇宙中的遥远天体正在以一定的速度离我们远去。多普勒效应被广泛地应用。

# 阅读材料十四　超声波

声波属于机械波，是指人耳能感受到的一种纵波，其频率范围为 20 Hz ～ 20 kHz。当声波的频率低于 20 Hz 时就叫作次声波，高于 20 kHz 则称为超声波。超声波方向性好，穿透能力强，易于获得较集中的声能，在水中传播距离远，可用于测距、测速、清洗、焊接、碎石、杀菌消毒等。超声波可以根据原理分为检测超声和功率超声，在医学、军事、工业、农业上有很多的应用。超声波因其频率下限大约等于人的听觉上限而得名。

理论研究表明，在振幅相同的条件下，一个物体振动的能量与振动频率成正比。超声波在介质中传播时，介质质点振动的频率很高，因而能量很大。在我国北方干燥的冬季，如果把超声波通入水罐中，剧烈的振动会使罐中的水破碎成许多小雾滴，再用小风扇把雾滴吹入室内，就可以增加室内空气湿度，这就是超声波加湿器的原理。咽喉炎、气管炎等疾病，很难利用血流使药物到达患病的部位，利用加湿器的原理，把药液雾化，让病人吸入，能够提高疗效。利用超声波巨大的能量还可以使人体内的结石做剧烈的受迫振动而破碎，从而减缓病痛，达到治愈的目的。

声波是物体机械振动状态（或能量）的传播形式。所谓振动是指物质的质点在其平衡位置附近进行的往返运动。如鼓面经敲击后，它就上下振动，这种振动状态通过空气媒质向四面八方传播，这便是声波。超声波是振动频率大于 20 000 Hz 的声波，其每秒的振动次数（频率）甚高，超出了人耳听觉的上限。超声和可闻声本质上是一致的，它们都是一种机械振动，通常以纵波的方式在弹性介质内传播，是一种能量的传播形式；其不同点是超声频率高、波长短，在一定距离内沿直线传播具有良好的束射性和方向性。目前腹部超声成像所用的频率范围为 2 ～ 5 MHz，常用的为 3 ～ 3.5 MHz。

超声波具有如下特性：

(1) 超声波可在气体、液体、固体、固溶体等介质中有效传播。

(2) 超声波可传递很强的能量。

(3) 超声波会产生反射、干涉、叠加和共振现象。

(4) 超声波在液体介质中传播时，可在界面上产生强烈的冲击和空化现象。

虽然人类听不出超声波，但不少动物却有此本领。它们可以利用超声波“导航”、追捕食物或避开危险物。大家可能看到过夏天的夜晚有许多蝙蝠在庭院里来回飞翔，它们为什么在没有光亮的情况下飞翔而不会迷失方向呢？原因就是蝙蝠能发出 2 万 ～ 10 万赫兹的超声波，这好比是一座活动的“雷达站”。蝙蝠正是利用这种“声呐”判断飞行前方是昆虫或是障碍物的。雷达的质量有几十、几百、几千千克，而在一些重要性能如精确度、抗干扰能力等方面，蝙蝠远优于现代无线电定位器。深入研究动物身上各种器官的功能和构造，将获得的知识用来改进现有的设备，这是近几十年来发展起来的一门新学科，叫作仿生学。

人类直到第一次世界大战才学会利用超声波，那就是利用“声呐”的原理来探测水中目标及其状态，如潜艇的位置等。人们向水中发出一系列不同频率的超声波，然后记录与处理反射的回声，从回声的特征便可以估计出探测物的距离、形态及其动态改变。医学上最早利用超声波是在 1942 年，奥地利医生杜西克首次用超声技术扫描脑部结构。到 20 世纪 60 年代，人们开始将超声波应用于腹部器官的探测。如今超声波扫描技术已成为现代医学诊断不可缺少的工具。

研究超声波的产生、传播、接收，以及各种超声效应和应用的声学分支称为超声学。产生超声波的装置有机械型超声发生器(例如气哨、汽笛和液哨等)、利用电磁感应和电磁作用原理制成的电动超声发生器，以及利用压电晶体的电致伸缩效应和铁磁物质的磁致伸缩效应制成的电声换能器等。

超声效应已广泛用于实际，主要有如下几个方面：

(1) 超声检验。超声波的波长比一般声波要短，具有较好的方向性，而且能透过不透明物质，这一特性已被广泛用于超声波探伤、测厚、测距、遥控和超声成像技术。超声成像是利用超声波呈现不透明物内部形象的技术。把从换能器发出的超声波经声透镜聚焦在不透明试样上，从试样透出的超声波携带了被照部位的信息(如对声波的反射、吸收和散射的能力)，经声透镜汇聚在压电接收器上，所得电信号输入放大器，利用扫描系统可把不透明试样的形象显示在荧光屏上。上述装置称为超声显微镜。超声成像技术已在医疗检查方面获得普遍应用，在微电子器件制造业中用来对大规模集成电路进行检查，在材料科学中用来显示合金中不同组分的区域和晶粒间界等。声全息术是利用超声波的干涉原理记录和重现不透明物的立体图像的声成像技术，其原理与光波的全息术基本相同，只是记录手段不同而已。用同一超声信号源激励两个放置在液体中的换能器，它们分别发射两束相干的超声波：一束透过被研究的物体后成为物波，另一束作为参考波。物波和参考波在液面上相干叠加形成声全息图，用激光束照射声全息图，利用激光在声全息图上反射时产生的衍射效应而获得物的重现像，通常用摄像机和电视机做实时观察。医学超声波检查的工作原理与声呐有一定的相似性，即将超声波发射到人体内，当它在体内遇到界面时会发生反射及折射，并且在人体组织中可能被吸收而衰减。因为人体各种组织的形态与结构是不相同的，因此其反射与折射以及吸收超声波的程度也就不同，医生们正是通过仪器所反映出的波形、曲线或影像的特征来辨别它们。此外再结合解剖学知识、正常与病理改变，便可诊断所检查的器官是否正常。

(2) 超声处理。利用超声的机械作用、空化作用、热效应和化学效应，可进行超声焊接、钻孔、固体的粉碎、乳化 、脱气、除尘、去锅垢、清洗、灭菌、促进化学反应和进行生物学研究等，在工矿业、农业、医疗等各个部门获得了广泛应用。

清洗的超声波应用原理是由超声波发生器发出的高频振荡信号，通过换能器转换成高频机械振荡而传播到介质，超声波在清洗液中疏密相间地向前辐射，使液体流动而产生数以万计的微小气泡，存在于液体中的微小气泡(空化核) 在声场的作用下振动。当声压达到一定值时，气泡迅速增长，然后突然闭合，在气泡闭合时产生冲击波，在其周围产生上千个大气压力，破坏不溶性污物而使它们分散于清洗液中。当团体粒子被油污裹着而黏附在清洗件表面时，油被乳化，固体粒子即脱离，从而达到清洗件表面净化的目的。清洗效果好，清洁度高且全部工件清洁度一致，清洗速度快，提高生产效率，无须人手接触清洗液，安全可靠，对深孔、细缝和工件隐蔽处也可清洗干净，对工件表面无损伤，节省溶剂、热能、工作场地和人工。表面比较复杂的工件，以及一些特别小而对清洁度有较高要求的产品，如钟表和精密机械的零件、电子元器件、电路板组件等，使用超声波清洗都能达到很理想的效果。

# 习　题

14-1　关于“波长”的定义，下列说法正确的是(　　)。

A. 同一波线上振动相位相同的两质点间的距离

B. 振动在一个周期内所传播的距离

C. 波源相对介质静止时，机械波的频率与波源的振动频率是一样的

D. 同一波线上两个波峰之间的距离

14-2　下面说法正确的是(　　)。

A. 机械波是介质中的振动质点向远处传播形成的

B. 只要有机械振动就一定会产生机械波

C. 波源相对介质静止时机械波的频率与波源的振动频率是一样的

D. 机械波的速度与波源的振动速度是一样的

14-3　当一列波由一种介质进入另一种介质中，它的波长、波速、频率三者的变化情况是(　　)。

A. 波长和频率会改变，波速不会变　　B. 波速和频率会改变，波长不会变

C. 波速和波长会改变，频率不会变　　D. 波长、波速、频率都可能改变

14-4　一平面谐波沿 $x$ 轴正向传播，$t=0$ 时刻的波形如图14-25所示，则 $a$ 处质点的振动在 $t=0$ 时刻的旋转矢量图是(　　)。

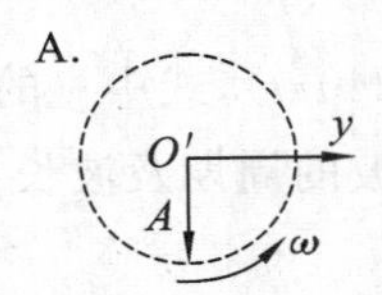


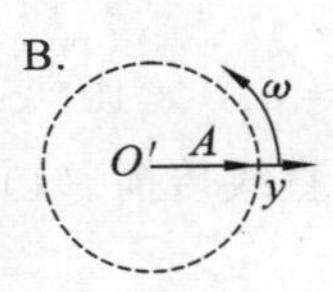


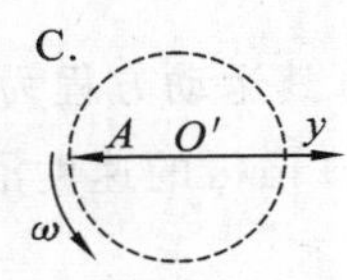


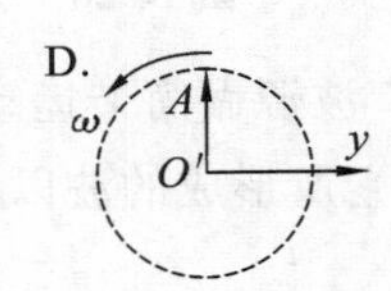


14-5　一平面简谐波的波动方程为 $y=0.1\cos(3\pi t-\pi x+\pi)$，$t=0$ 时的波形曲线如图14-25所示，则(　　)。

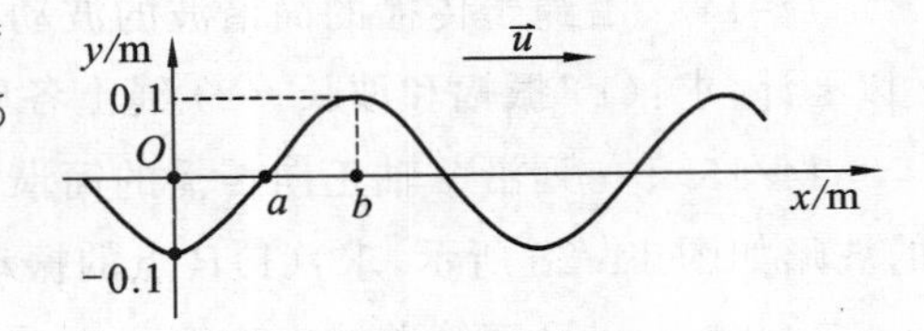


图 14-25　习题 14-4 和习题 14-5 图

A. $O$ 点的振幅为 $-0.1$ m

B. 波长为 3 m

C. $a$，$b$ 两点间相位差为 $\pi/2$

D. 波速为 9 m/s

14-6　一平面简谐波，周期为 0.01 s，振幅为 0.01 m，波速为 200 m/s，沿 $x$ 轴正向传播，已知当 $t=1$ s 时，$x=2$ m 处质点在平衡位置向 $y$ 轴正向运动。求：(1) 该平面简谐波的波函数；(2) $t=4$ s 时的波形方程。

14-7　已知原点处有一波源，它的振动频率为 $\nu=40$ Hz，振幅为 $A=1.0\times10^{-2}$ m，初相为 $\frac{\pi}{3}$，波长为 $\lambda=1.5$ m，沿 $Ox$ 轴正方向传播。求：(1) 波函数；(2) $x_1=6$ m 和 $x_2=9$ m 两点间的相位差。

14-8　已知一平面简谐波的波函数为 $y=2\cos(3t-2x)$。求：(1) 绳上各质点振动时的最

大速率;(2) $x_1 = 10$ m,$x_2 = 15$ m 两点处质点的振动方程;(3)$x_1$,$x_2$ 两点间的振动相位差。

14-9　已知一平面简谐波的波函数为 $y = 0.25\cos(125t - 0.37x)$。求:(1)$x_1 = 10$ m,$x_2 = 25$ m 两点处质点的振动方程;(2)$x_1$,$x_2$ 两点间的振动相位差;(3)$x_1$ 点在 $t = 4$ s 时的振动位移。

14-10　有一平面简谐波在介质中传播,波速 $u = 200$ m/s,波线上右侧距波源 $O$(坐标原点)150 m 处的一点 $P$ 的运动方程为 $y_P = 0.30\cos(2\pi t + \pi/2)$。求:波向 $x$ 轴正方向传播时的波动方程。

14-11　平面简谐波以波速 $u = 0.50$ m/s 沿 $x$ 轴负方向传播,在 $t = 2$ s 时的波形如图 14-26 所示,求原点的运动方程。

14-12　如图 14-27 所示,$A$,$B$ 两点为同一介质中两相干波源,其振幅皆为 $A$,频率皆为 $\nu$,波速皆为 $u$,而且点 $A$ 和点 $B$ 初相位相同。已知 $AP = D$,$AB = H$,(1) 试写出由 $A$,$B$ 发出的两列相干波传到点 $P$ 时干涉加强和减弱的条件;(2) 若 $B$ 点沿水平方向向右移动,试求在 $P$ 点干涉加强和减弱时,$H$ 的最小值。

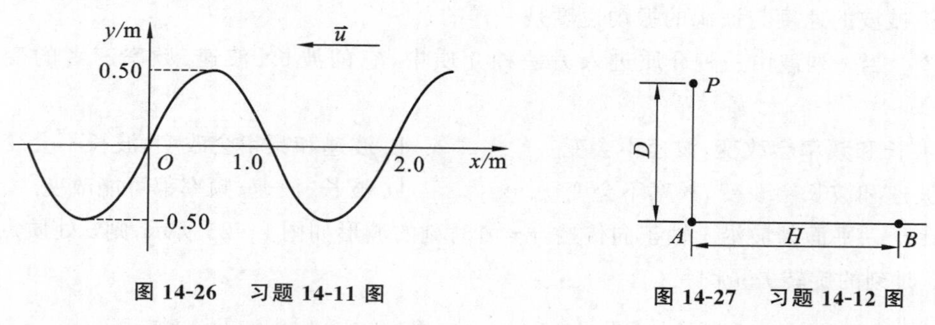


图 14-26　习题 14-11 图

图 14-27　习题 14-12 图

14-13　波源做简谐运动,其运动方程为 $y = 4.0 \times 10^{-3}\cos(240\pi t)$,式中 $y$ 的单位为 m,$t$ 的单位为 s,它所形成的波以 30 m/s 的速度沿一直线传播。(1) 求波的周期及波长;(2) 写出波动的方程。

14-14　沿绳子传播的简谐波的波动方程为 $y = 0.04\cos(10\pi t - 2\pi x)$,式中 $x$,$y$ 以 m 计,$t$ 以 s 计,求:(1) 振幅和波长;(2) 绳上各质点振动时的最大速度。

14-15　一列沿 $x$ 轴正向传播的简谐波,其周期大于 0.25 s,已知 $t_1 = 0$ 和 $t_2 = 0.25$ s 时的波形如图 14-28 所示,求:(1)$P$ 点的振动方程;(2) 此波的波函数。

14-16　一平面简谐波以速度 $u = 0.8$ m/s 沿 $x$ 轴负方向传播。已知原点的振动曲线如图 14-29 所示,请写出:(1) 原点的振动表达式;(2) 波动表达式;(3) 同一时刻相距 1 m 的两点之间的相位差。

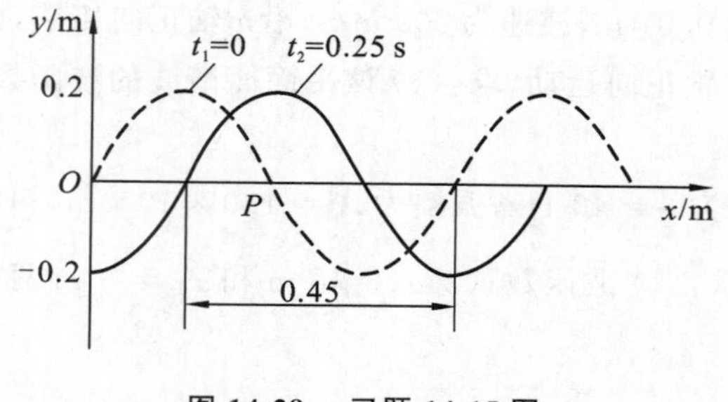


图 14-28　习题 14-15 图

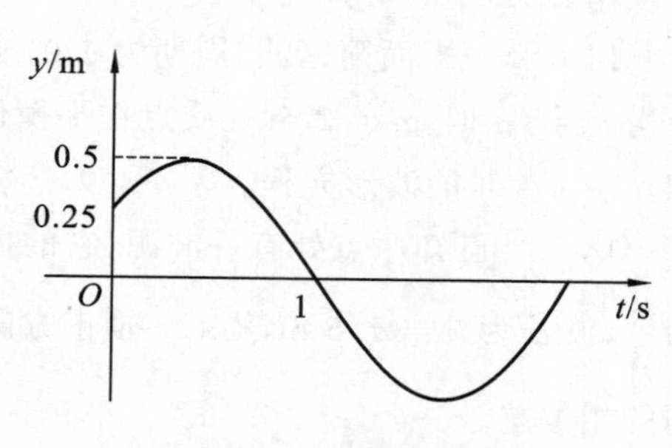


图 14-29　习题 14-16 图

14-17　弹性波在媒质中传播的速度 $u=10^3$ m/s，振幅 $A=1.0\times10^{-4}$ m，频率 $\nu=10^3$ Hz。若该媒质的密度为 800 kg/m$^3$，求：(1) 该波的平均能流密度；(2)1 min 内垂直通过面积 $S=4.0\times10^{-4}$ m$^2$ 的总能量。

14-18　绳索上的波以波速 $v=25$ m/s 传播，若绳的两端固定，相距 2 m，在绳上形成驻波，且除端点外其间有 3 个波节。设驻波振幅为 0.1 m，$t=0$ 时绳上各点均经过平衡位置，求驻波方程。

14-19　从能量的角度讨论振动和波动的联系和区别。

14-20　一波源振动的频率为 2040 Hz，以速度 $v_s$ 向墙壁接近，如图 14-30 所示，观察者在 $A$ 点听到的拍音的频率为 $\Delta\nu=3$ Hz，求波源移动的速度 $v_s$，设声速为 340 m/s。

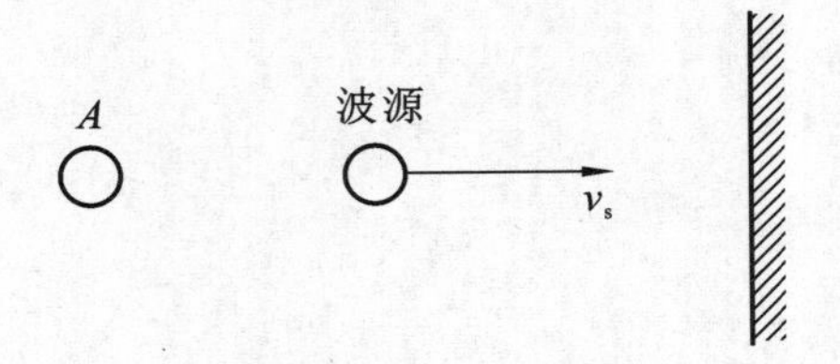


图 14-30　习题 14-20 图

# 波动光学

光是人类最早认识的自然现象。光学和天文学、几何学、力学一样，是一门最早发展起来的学科，光学是研究光的本性、光的产生、光的传播以及光与物质的相互作用的科学。人类对光的研究已有至少两千多年的历史，光学的发展是一个漫长而曲折的历史过程，下面我们简单回顾一下光学的发展历史。

古代人们对光的认识是和生产、生活实践紧密相连的。它起源于火的获得和光源的利用，以及试图回答“人怎么能看见周围的物体?”之类的问题。约在公元前 400 多年，中国的《墨经》中记录了世界上最早的光学知识。它有 8 条关于光学的记载，叙述影的定义和生成、光的直线传播性和针孔成像，并且以严谨的文字讨论了在平面镜、凹球面镜和凸球面镜中物和像的关系。古希腊学者欧几里得(约公元前 330— 前 275 年) 在《反射光学》中，研究光的反射，提出了反射定律和光类似触须的投射学说。克莱门德和托勒密(约 100—170 年) 研究了光的折射，最早测定了光在两介质界面的入射角和折射角。阿拉伯学者阿勒·哈增(965—1038年)写过一部《光学全书》，讨论了许多光学现象。公元11世纪，阿拉伯人伊本·海赛木发明了透镜，荷兰的李普塞在 1608 年发明了第一架望远镜。开普勒于 1611 年发表了他的著作《折光学》，提出照度定律，还设计了几种新型的望远镜。1621 年斯涅尔在他的一篇文章中指出，入射角的余割和折射角的余割之比是常数，而笛卡儿约在 1630 年在《折光学》中给出了用正弦函数表述的折射定律。接着费马在 1657 年首先指出光在介质中传播时所走路程取极值的原理，并根据这个原理推出光的反射定律和折射定律。到 17 世纪中叶，基本上已经奠定了几何光学的基础。

1665 年，牛顿进行太阳光的实验，该实验把太阳光分解成简单的组成部分，这些成分形成一个颜色按一定顺序排列的光分布——光谱。它使人们第一次接触到光的客观的和定量的特征，各单色光在空间上的分离是由光的本性决定的。牛顿还发现了把曲率半径很大的凸透镜放在光学平玻璃板上，当用白光照射时，则见透镜与玻璃平板接触处出现一组彩色的同心环状条纹；当用某一单色光照射时，则出现一组明暗相间的同心环条纹，后人把这种现象称为牛顿环。牛顿在发现这些重要现象的同时，根据光的直线传播性，认为光是一种微粒流。微粒从光源飞出来，在均匀媒质内遵从力学定律做等速直线运动。牛顿用这种观点对折射和反射现象做了解释。惠更斯是光的微粒说的反对者，1678 年，他提出了光的波动理论，认为“光同声一样，是以球形波面传播的”。并且指出光振动所达到的每一点，都可视为次波的振动中心，次波的包络面为传播波的波阵面(波前)。在 18 世纪，光的微粒流理论和光的波动理论都被粗略地提了出来，但都不很完整。19 世纪初，波动光学初步形成，其中托马斯·杨圆满地解释了薄膜颜色和双狭缝干涉现象。菲涅耳于 1818 年以杨氏干涉原理补充了惠更斯原理，由此形成了今天人们所熟知的惠更斯-菲涅耳原理，用它可圆满地解释光的干涉和衍射现象，也能解释光的直线传播。在进一步的研究中，观察到了光的偏振和偏振光的干涉。为了解释这些现象，菲涅耳假定光是一种在连续媒质(以太) 中传播的横波。为说明光在各不同媒质中的不同速度，必须假定以太的特性在不同的物质中是不同的；在各向异性媒质中还需要有更复杂的假设。此外，还必须给以太以更特殊的性质才能解释光不是纵波。如此性质的以太是难以想象的。1846 年，法拉第发现了光的振动面在磁场中发生旋转；1856 年，韦伯发现光在真空中的速度等于电流强度的电磁单位与静电单位的比值。他们的发现表明光学现象与磁学、电学现象间有一定的内在关系。1860 年前后，麦克斯韦建立起著名的电磁理论，该理论预言了电磁波的存在，并指出电磁波的速度与光速相同，提出光是电磁波的假设。1888 年，赫兹从实验发现了波长较长的电磁波——

无线电波。至此,光的电磁理论被正式确立。

然而,这样的理论还不能说明能产生像光这样高的频率的电振子的性质,也不能解释光的色散现象。到1896年洛伦兹创立电子论,才解释了发光和物质吸收光的现象,也解释了光在物质中传播的各种特点,包括对色散现象的解释。在洛伦兹的理论中,以太是广袤无限的不动的媒质,其唯一特点是,在这种媒质中光振动具有一定的传播速度。对于像炽热的黑体的辐射中能量按波长分布这样重要的问题,洛伦兹理论还不能给出令人满意的解释。并且,如果认为洛伦兹关于以太的概念是正确的,则可将不动的以太选作参照系,使人们能区别出绝对运动。而事实上,1887年迈克耳孙用干涉仪测"以太风",得到了否定的结果,这表明到了洛伦兹电子论时期,人们对光的本性的认识仍然有不少片面性。1900年,普朗克从物质的分子结构理论中借用不连续性的概念,提出了辐射的量子论。他认为各种频率的电磁波,包括光,只能以各自确定分量的能量从振子射出,这种能量微粒称为量子,光的量子称为光子。量子论不仅很自然地解释了灼热体辐射能量按波长分布的规律,而且以全新的方式提出了光与物质相互作用的整个问题。量子论不但给光学,也给整个物理学提供了新的概念,所以通常把它的诞生视为近代物理学的起点。1905年,爱因斯坦运用量子论解释了光电效应。他给光子做了十分明确的表示,特别指出光与物质相互作用时,光也是以光子为最小单位进行的。1905年9月,德国《物理学年鉴》发表了爱因斯坦的《关于运动媒质的电动力学》一文。第一次提出了狭义相对论基本原理,文中指出,从伽利略和牛顿时代以来占统治地位的古典物理学,其应用范围只限于速度远远小于光速的情况,而他的新理论可解释与很大运动速度有关的过程的特征,根本放弃了以太的概念,圆满地解释了运动物体的光学现象。这样,在20世纪初,一方面从光的干涉、衍射、偏振以及运动物体的光学现象确证了光是电磁波;而另一方面又从热辐射、光电效应、光压以及光的化学作用等无可怀疑地证明了光的量子性——微粒性。1922年发现的康普顿效应,1928年发现的喇曼效应,以及当时已能从实验上获得的原子光谱的超精细结构,它们都表明光学的发展是与量子物理紧密相关的。光学的发展历史表明,现代物理学中的两个最重要的基础理论——量子力学和狭义相对论都是在关于光的研究中诞生和发展的。此后,光学开始进入一个新的时期,以至于成为现代物理学和现代科学技术前沿的重要组成部分。其中最重要的成就,就是发现了爱因斯坦于1916年预言过的原子和分子的受激辐射,并且创造了许多具体的产生受激辐射的技术。1960年,梅曼用红宝石制成世界上第一台可见光的激光器,同年制成氦氖激光器,1962年产生了半导体激光器,1963年产生了可调谐染料激光器。由于激光具有极好的单色性、高亮度和良好的方向性,所以得到了迅速的发展和广泛应用,引起了科学技术的重大变化。光学的另一个重要的分支是由成像光学、全息术和光学信息处理组成的。这一分支最早可追溯到1873年阿贝提出的显微镜成像理论和1906年波特为之完成的实验验证;1935年泽尔尼克提出相位反衬观察法,并依此由蔡司工厂制成相衬显微镜,为此他获得了1953年诺贝尔物理学奖;1948年伽柏提出现代全息照相术的前身——波阵面再现原理,为此,伽柏获得了1971年诺贝尔物理学奖。自20世纪50年代以来,人们开始把数学、电子技术和通信理论与光学结合起来,给光学引入了频谱、空间滤波、载波、线性变换及相关运算等概念,更新了经典成像光学,形成了所谓"傅里叶光学"。光纤通信就是依据这方面理论的重要成就,它为信息传输和处理提供了崭新的技术。此外,由强激光产生的非线性光学现象正为越来越多的人所注意。激光光谱学,包括激光喇曼光谱学、高分辨率光谱和皮秒超短脉冲,以及可调谐激光技术的出现,已使传统的光谱学发生了很大的变化,成为深入研究物质微观结构、运动规律及能量转换机制的重要手段。它为凝聚态物理学、分子生物学和化学的动态过程的研究提供了前所未有的技术。

根据光学发展历史,我们可以把光学分成几何光学、波动光学、量子光学和现代光学四大部分。光的本性问题是贯穿在光学发展中的一个根本问题。正是这种对光的本性的探讨有力地推动了光学以及整个物理学的发展。人们对光的本性的认识,从古希腊杰出的原子论者德谟克利特(公元前460—前370年)最早提出的光是"物质的微粒流",经历了光是"以太的振动"、光是电磁波到光是波粒二象性的统一等各个认识阶段。人们遵循实验—假设—理论—实验这条途径,逐步达到了对光的本性的认识,这一认识揭示了物质世界光和电磁的统一、光的波动性和微粒性的统一。光的波动性表现为光的干涉、光的衍射和光的偏振性,本篇将用三章的篇幅来讨论光的波动性。

# 第 15 章　光的干涉

光的干涉现象(interference phenomenon)不但证实了光具有波动性,而且在科学技术上有着广泛的应用。本章主要讨论光的干涉现象的几种方式,并简单介绍它的一些实际应用。

## 15.1　相　干　光

在讨论机械波时已经说明,两列机械波相遇,在振动频率相同、振动方向相同和具有固定相位差的前提下能够发生干涉现象。其实,当两束光波相互叠加并满足上述条件时,也能够发生干涉现象。

为什么人们观察不到两盏或两盏以上的日光灯的灯光共同照射到的区域产生干涉现象呢?如图 15-1 所示,即使是只用同一盏钠光灯(发光频率相同),用黑纸盖住钠光灯的中部,使 $A$,$B$ 两部分发出的光照射到 $P$ 区域,也不产生明暗相间的干涉条纹图样。这是为什么呢?问题出在通常情况下,普通光源发出的光不满足相干条件。

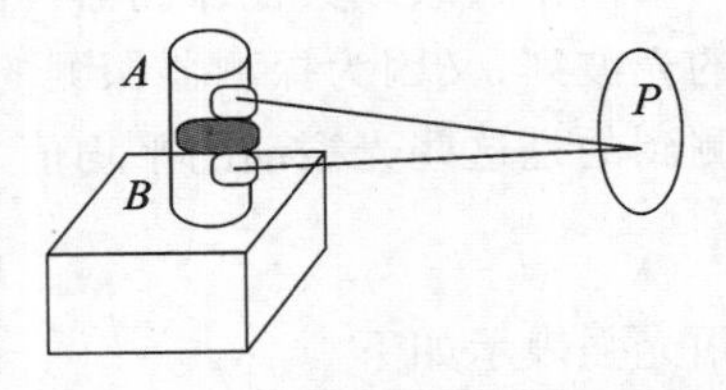


图 15-1　钠光灯两端光束的相遇

### 15.1.1　普通光源的特性

普通光源如白炽灯、钠光灯、太阳等光源,是相对激光而言的。普通光源发光是光源中大量的原子或分子进行的一种微观过程,与原子中的电子(或分子中的离子)的运动状态有关。按照近代物理学理论,一个孤立的原子,它的能量只允许处在一系列的分立能级 $E_1, E_2, \cdots, E_n$ 上。通常原子总是处在最低的能级 $E_1$ 上,这种状态称为基态,基态是稳定态。如果在外界作用下,原子吸收了外界能量跃迁到较高的能级上,结果使该原子处于激发态。处于激发态的原子是不稳定的,原子在激发态停留的时间非常短,只有 $10^{-10} \sim 10^{-8}$ s。然后,原子就会在没有任何外界作用下,自发地辐射出光子,回到低激发态或基态,辐射出的光子的能量是量子化的,即 $h\nu_{ij} = E_j - E_i$,这种现象称为自发辐射。普通光源发光以自发辐射为主。普通光源发光具有两大特点,一是间歇性,原子或分子从高能级到低能级的跃迁过程经历的时间是很短的,约为 $10^{-8}$ s,这也是一个原子或分子一次发光所持续的时间。这样一个原子或分子一次发光只能发出一段长度有限、频率一定、振动方向一定的光波,称为光波列。二是独立性,各个原子或分子的辐射彼此没有联系,都是自发地、独立地进行的。即使同一个原子或分子先后发出的光波列,在频率、振动方向、初相位上不会都相同。普通光源每一瞬间都有很多原子或分子发光,它们发出的光波列彼此之间在频率、振动方向和初相位上没有确定的关系,完全可以不相同。所以从普通光源的发光机制可知,来自两个独立光源的光或来自同一光源的两个不同部分的光均不满足相干条件。

### 15.1.2 相干光

光是一种电磁波,是电磁场中电场强度矢量与磁感应强度矢量周期性变化在空间的传播。光波中,能引起人眼视觉作用和使底片感光的是电场强度矢量 $\vec{E}$,故常将 $\vec{E}$ 称为光矢量,$\vec{E}$ 的变化称为光振动。假设有两个同频率的单色光源 $S_1$ 和 $S_2$ 发出两束光相交于空间 $P$ 点,如图 15-2 所示,它们光矢量的振动方向相同,则在空间 $P$ 点参与振动的两分振动方程为

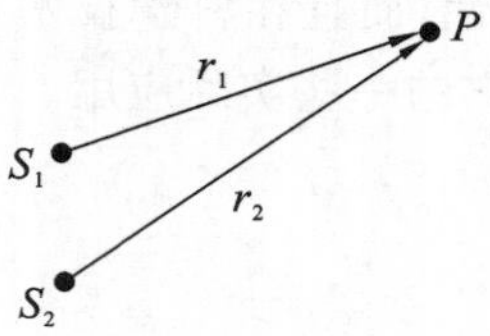

$$E_1 = E_{10}\cos\left(\omega t - \frac{2\pi r_1}{\lambda} + \varphi_{10}\right)$$

$$E_2 = E_{20}\cos\left(\omega t - \frac{2\pi r_2}{\lambda} + \varphi_{20}\right)$$

图 15-2 光波的叠加

它们的合振动的振幅为

$$E_0 = \sqrt{E_{10}^2 + E_{20}^2 + 2E_{10}E_{20}\cos(\Delta\varphi)}$$

其中

$$\Delta\varphi = \varphi_{20} - \varphi_{10} + \frac{2\pi}{\lambda}(r_2 - r_1)$$

由于人眼或其他探测器件的响应时间都远大于光的振动周期,在观测时间内接收了大量的光波列,又因为探测器探测的光强与光矢量振幅的平方成正比,所以探测器在观测时间内探测到的是这些光振动的平均值。

$$\overline{E_0^2} = E_{10}^2 + E_{20}^2 + 2E_{10}E_{20}\overline{\cos\Delta\varphi}$$

用光强表示如下

$$I = I_1 + I_2 + 2\sqrt{I_1 I_2}\,\overline{\cos\Delta\varphi}$$

若光源是两个相互独立的普通光源,在观测时间内,根据统计规律,接收到的大量光波列之间的相位差 $\Delta\varphi$ 在 $0 \sim 2\pi$ 中取任何值的概率都是相同的,所以有 $\overline{\cos\Delta\varphi} = 0$。以光强来表示,则有

$$I = I_1 + I_2$$

上式表明,这两束光叠加后光强 $I$ 等于两束光分别照射时的光强 $I_1$ 和 $I_2$ 之和,这种叠加称为**非相干叠加**。

若两束光在叠加的位置具有固定的相位差,即 $\Delta\varphi$ 为恒定常量,则叠加后光强为

$$I = I_1 + I_2 + 2\sqrt{I_1 I_2}\cos\Delta\varphi \tag{15-1}$$

这种情况下,叠加之后光强 $I$ 不仅为叠加前两束光光强 $I_1$ 和 $I_2$ 的函数,同时也随着两束光的相位差 $\Delta\varphi$ 变化,这种叠加称为**相干叠加**。假设两束光光强 $I_1$ 和 $I_2$ 不变,则叠加后总光强 $I$ 随相位差 $\Delta\varphi$ 变化。

当 $\Delta\varphi = \pm 2k\pi\ (k = 0,1,2\cdots)$ 时,$\cos\Delta\varphi = 1$。代入式(15-1),得

$$I = I_1 + I_2 + 2\sqrt{I_1 I_2}$$

此时,两束光合成的光强值最大,称为**干涉加强**。

当 $\Delta\varphi = \pm(2k+1)\pi\ (k = 0,1,2\cdots)$ 时,$\cos\Delta\varphi = -1$。代入式(15-1),得

$$I = I_1 + I_2 - 2\sqrt{I_1 I_2}$$

此时,两束光合成的光强值最小,称为**干涉减弱**。

通过上述分析可以知道,同机械波的振动叠加原理相同,只有当两束光满足相干条件,即频率相同、振动方向相同和具有恒定的相位差的时候才能够发生光的干涉现象。能够满足上述条件的光称为**相干光**(coherent light)。

### 15.1.3　普通光源获得相干光的方法

由于不同原子或分子发出的光或同一原子或分子先后发出的光都不是相干光，因而利用普通光源获得相干光的思路是：把由同一原子或分子发出的光波列分成两束，让它们经过不同的传播路径后，再使它们相遇，这时，这一对由同一光波列分出来的光的频率和振动方向相同，在相遇点的相位差也是恒定的，所以它们满足相干条件，因而是相干光。尽管同一瞬间不同原子或分子发出的光波列不是相干光，但它们都被分成两束，而每一个分成的光束对的叠加是加强还是减弱与频率、振动方向无关，只取决于相位差，在同一观察点的光束对总是保持着相同的相位差，所以能观察到稳定的光的干涉现象。

从普通光源获得相干光的方法有两种：一种是分波阵面法（wavefront-splitting interference），即把同一波面上的不同的两部分作为发射次波的波源，然后这些次波经过不同的传播路径交叠在一起发生干涉，如杨氏双缝干涉、菲涅耳双面镜干涉、劳埃德镜干涉等；另一种是分振幅法（amplitude-splitting interference），其原理是利用反射、折射把同一光波列分成两束，再使它们相遇从而产生干涉现象，如劈尖干涉、薄膜干涉、牛顿环仪干涉等。

## 15.2　分波阵面干涉

### 15.2.1　杨氏双缝干涉

英国医生兼物理学家托马斯·杨（Thomas Young）在1801年最先用实验方法，利用单一光源获得了光的干涉现象，并且最早以明确的形式确立了光波叠加原理，用光的波动性解释了干涉现象，对波动学说占上风起了关键作用。改进后的杨氏实验装置如图15-3所示。平行单色光照射到狭缝$S$上，$S$作为普通单色缝光源发射波长为$\lambda$的单色光，照射到另一不透光的屏上，屏上有两条靠得很近的狭缝$S_1$和$S_2$，根据惠更斯原理，$S_1$和$S_2$作为子波源分别发出新的子波，这时$S_1$和$S_2$就构成一对相干光源。在双缝后面的光叠加区域内放置的观察屏上，可以观察到通过双缝的两束光产生的一组与双缝长度方向平行的明暗相间的条纹。

下面对杨氏双缝干涉的条纹特征做定量的分析。如图15-4所示，设$E$为观察屏，两缝$S_1$和$S_2$之间的距离为$d$，双缝到观察屏$E$的距离为$D(D \gg d)$，$O$为$S_1$，$S_2$中垂线与$E$的交点，$P$为$E$上的一点，距$O$为$x$，距$S_1$，$S_2$为$r_1$，$r_2$，由$S_1$，$S_2$传出的光在$P$点相遇时，产生的波程差为

$$\delta = r_2 - r_1$$

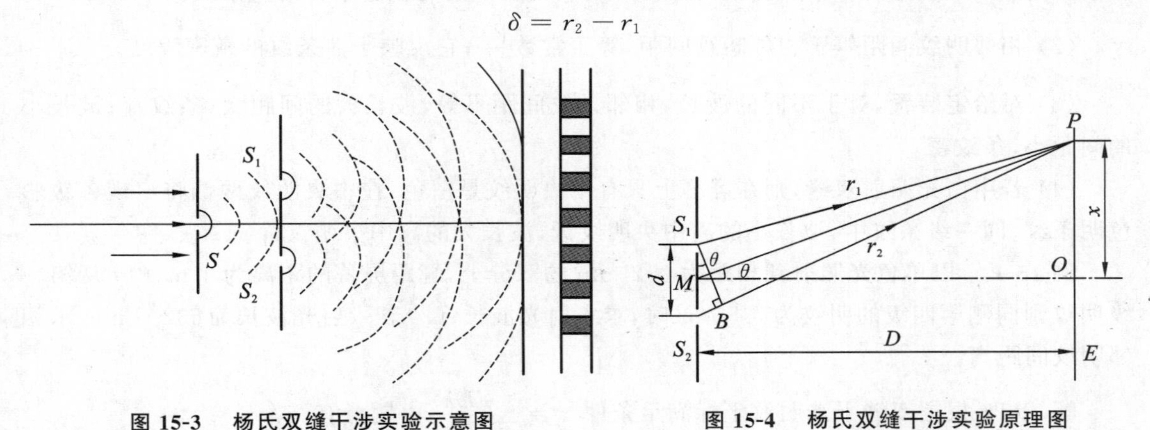


图15-3　杨氏双缝干涉实验示意图　　图15-4　杨氏双缝干涉实验原理图

相位差为

$$\Delta\varphi = 2\pi \frac{\delta}{\lambda}$$

在 $S_2P$ 上作 $PB = S_1P$,可知

$$\delta = r_2 - r_1 = S_2B$$

由于 $d \ll D$,$\theta$ 很小,所以有

$$\delta = r_2 - r_1 = S_2B \approx d\sin\theta \approx d\tan\theta = d\frac{x}{D}$$

即

$$\delta = d\frac{x}{D} \tag{15-2}$$

根据上节的讨论,当 $\Delta\varphi = \pm 2k\pi$ 时,即 $\delta = \pm k\lambda (k = 0,1,2\cdots)$ 时,两束光相互加强,$P$ 处为明纹,该明纹中心位置满足

$$x = \pm k\frac{D\lambda}{d} \quad (k = 0,1,2\cdots) \tag{15-3}$$

式中,$k$ 反映明纹的级次,$k = 0$ 对应 $O$ 点,为中央明纹,在其两侧对称地依次分布有 $k = 1$,$k = 2$,$k = 3\cdots$ 各级明纹,并且相邻明纹中心间距为

$$\Delta x = x_{k+1} - x_k = (k+1)\frac{D\lambda}{d} - k\frac{D\lambda}{d} = \frac{D\lambda}{d}$$

即

$$\Delta x = \frac{D\lambda}{d} \tag{15-4}$$

当 $\Delta\varphi = \pm(2k+1)\pi$ 时,即 $\delta = \pm(2k+1)\frac{\lambda}{2}$ 时,两束光相互减弱,$P$ 处为暗纹,该暗纹中心位置满足

$$x = \pm(2k+1)\frac{D\lambda}{2d} \quad (k = 0,1,2\cdots) \tag{15-5}$$

显然,在相邻两明纹之间分布一条暗纹,各级暗纹也是关于 $O$ 处对称分布的,同理可以求出相邻暗纹中心间距为

$$\Delta x = \frac{D\lambda}{d}$$

根据以上的讨论,可得到如下结论:

(1) 干涉条纹是关于中央明纹对称分布的明暗相间的与双缝平行的直条纹。

(2) 相邻明纹间距等于相邻暗纹间距,等于常数$\frac{D\lambda}{d}$,它反映干涉条纹的疏密程度。

(3) 对给定装置,对于不同的波长,相邻条纹间距不等,波长大的间距大,条纹疏;波长小的间距小,条纹密。

(4) 若用白光照射双缝,则在屏幕上只有中央明纹是白色,在中央明纹两侧将出现各级彩色明条纹。同一级条纹中,波长小的离中央明纹近,波长大的离中央明纹远。

**例 15-1**　以单色光照射到相距为 0.2 mm 的双缝上,缝距屏幕的距离为 1 m。(1) 从第一级明纹到同侧第四级的明纹为7.5 mm时,求入射光波长;(2) 若入射光波长为632.8 nm,求相邻明纹间距离。

**解**　(1) 根据双缝干涉明纹坐标满足条件 $x = \pm k\frac{D\lambda}{d}$,由题意有

$$x_4 - x_1 = 4\frac{D\lambda}{d} - \frac{D\lambda}{d} = \frac{3D\lambda}{d}$$

则可求得

$$\lambda = \frac{d}{3D}(x_4 - x_1) = \frac{0.2\times10^{-3}}{3\times1}\times7.5\times10^{-3}\ \text{m} = 5\times10^{-7}\ \text{m} = 500\ \text{nm}$$

(2) 当 $\lambda = 632.8$ nm 时，相邻明纹间距为

$$\Delta x = \frac{D\lambda}{d} = \frac{1\times6328\times10^{-10}}{0.2\times10^{-3}}\ \text{m} = 3.164\times10^{-3}\ \text{m} = 3.164\ \text{mm}$$

### 15.2.2　菲涅耳双面镜干涉

在杨氏双缝干涉实验中，缝都很小，它们的边缘效应往往会对实验产生影响而使问题复杂化。1818 年，法国物理学家菲涅耳(A. J. Fresnel) 提出了一种可使问题简化的获得相干光的方法，即菲涅耳双面镜干涉法。基本思想是让一个点光源在两个夹角很小的平面反射镜中产生两个虚像，以此作为两相干光源。实验装置如图 15-5 所示。

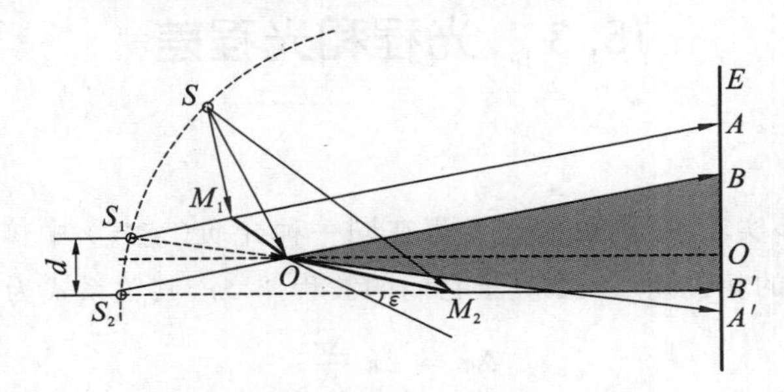


图 15-5　菲涅耳双面镜干涉实验

$S$ 为点光源，$S_1$，$S_2$ 分别为 $S$ 在两个平面镜 $M_1$ 和 $M_2$ 中所成的虚像，$\varepsilon$ 为两平面镜之间的夹角。由 $S$ 发出的单色光，经两平面镜 $M_1$，$M_2$ 反射后，分别在 $M_1$ 和 $M_2$ 中形成虚像 $S_1$ 和 $S_2$，因此可把 $S_1$ 和 $S_2$ 看作两个相干光源(虚光源)。图中灰色区域为相干光的相干区域，在此区域放一屏幕 $E$，可在屏幕 $E$ 上出现明暗相间的干涉条纹。其干涉条纹的分析与杨氏双缝干涉相同。

### 15.2.3　劳埃德镜干涉

1834 年，劳埃德(Lloyd) 利用单面镜同样得到了杨氏双缝干涉的结果。其干涉实验装置如图 15-6 所示，$M$ 为一反射镜，离 $S_1$ 的垂直距离很小。从狭缝 $S_1$ 射出的光的一部分(以 ① 表示的光) 直接射到屏幕 $P$ 上，另一部分以近 90° 的入射角掠射到反射镜 $M$ 上，反射后的光(以 ② 表示的光) 也到达屏幕上。图中阴影的区域表示入射光和反射光的叠加区域，因 ①、② 光是从同一波阵面上分出来的，这时在屏上可以观察到明、暗相间的干涉条纹。反射光可看成是由虚光源 $S_2$ 发出的。则 $S_1$，$S_2$ 构成一对相干光源。因而关于双缝实验的分析也同样适用于劳埃德镜实验。若把屏幕移到和镜面相接触的位置(图中 $E$ 处)，此时从 $S_1$，$S_2$ 发出的光到达屏幕与镜面接触点位置的波程是相等的。这时在屏幕与镜面接触处应该出现明条纹，但是在实验中观察到的是暗条纹。这表明，直接射到屏幕上的光与由镜面反射出来的光在屏幕与镜面接触处的相位反，即相位差为 π。由于入射光的相位没有变化，所以只能是反射光(从空气射向玻璃并反

射)的相位跃变了 $\pi$，这就相当于反射光与入射光之间有了 $\frac{\lambda}{2}$ 的波程差。这种因为相位跃变 $\pi$ 而产生 $\frac{\lambda}{2}$ 波程差的现象称为半波损失。半波损失的情况比较复杂，本教材只考虑光从光速较大(折射率较小)的介质掠入射或正入射射向光速较小(折射率较大)的介质这两种情况。

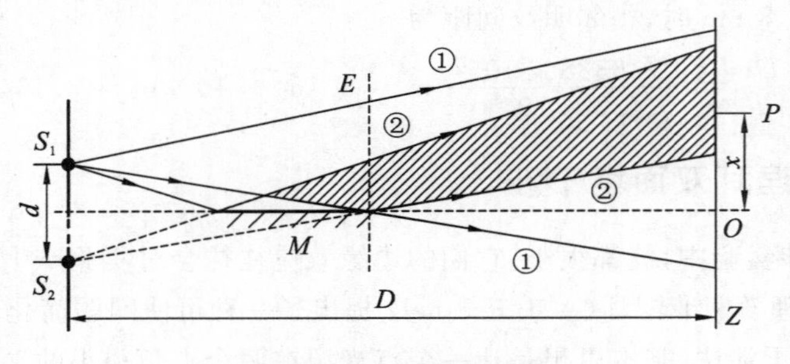


图 15-6 劳埃德镜干涉

# 15.3 光程和光程差

## 15.3.1 光程

上节所讨论的干涉实验中，两束相干光都在同一种介质(空气)中传播，光的波长不发生变化，因此两束相干光的相位差 $\Delta\varphi$ 取决于它们的波程差 $\Delta r$，其关系式为

$$\Delta\varphi = 2\pi \frac{\Delta r}{\lambda}$$

但在不少实验仪器和一些常见的现象中，两束相干光往往是在不同的介质中传播，由于光通过不同介质时光波的波长要随介质的不同而变化，所以在这种情况下就不能简单地用光波传播的几何路程差来计算相位差了。为了便于计算相干光在不同介质中传播相遇的相位差，需要引入光程(optical path)的概念。

设一频率为 $\nu$ 的单色光在真空中的传播速度为 $c$，波长为 $\lambda$，在折射率为 $n$ 的媒质中传播时，速度为 $u=\frac{c}{n}$，在媒质中的波长

$$\lambda' = \frac{u}{\nu} = \frac{c/n}{\nu} = \frac{\lambda}{n} \tag{15-6}$$

折射率可表示为

$$n = \frac{\lambda}{\lambda'}$$

若波长为 $\lambda$ 的光在真空中传播的几何路程为 $l$，其相位变化为

$$\Delta\varphi = 2\pi \frac{l}{\lambda}$$

如果同样的光在折射率为 $n$ 的介质中传播的几何路程为 $r$，其相位变化为

$$\Delta\varphi = 2\pi \frac{r}{\lambda'}$$

于是得到光在真空中传播的几何路径 $l$ 和光在介质中传播的几何路径 $r$ 有以下关系

$$l = \frac{\lambda}{\lambda'} r \tag{15-7}$$

将式(15-6) 代入式(15-7)，则

$$l = nr \tag{15-8}$$

式(15-8) 表明，光在折射率为 $n$ 的介质中传播 $r$ 的路程所引起的相位变化与其在真空中传播 $nr$ 路程所引起的相位变化是相同的。由此，我们把光传播的路程与所在介质的折射率的乘积定义为光程。设光在介质中传播 $r$ 的路程需要的时间为 $t$，式(15-8) 还可以写为

$$l = nr = nut = ct \tag{15-9}$$

从式(15-9) 可以看出，光程的物理意义就是光在介质中通过的几何路程 $r$ 可折算为在相同时间 $t$ 内光在真空中通过的几何路程 $nr$。

## 15.3.2　光程差

如图 15-7 所示，如果从 $S_1$ 和 $S_2$ 发出相干光，在与 $S_1$ 和 $S_2$ 等距离的 $P$ 点，其中一束光线经过空气 $(n \approx 1)$，另一束光线经过长为 $r$、折射率为 $n$ 的媒质，虽这两束光线的几何路程都是 $l$，但光程不同。光线 $S_1P$ 的光程就是几何路程 $l$，光线 $S_2P$ 的光程却是 $(l-r)+nr$，两者的光程差

$$\delta = (l-r) + nr - l = (n-1)r \tag{15-9}$$

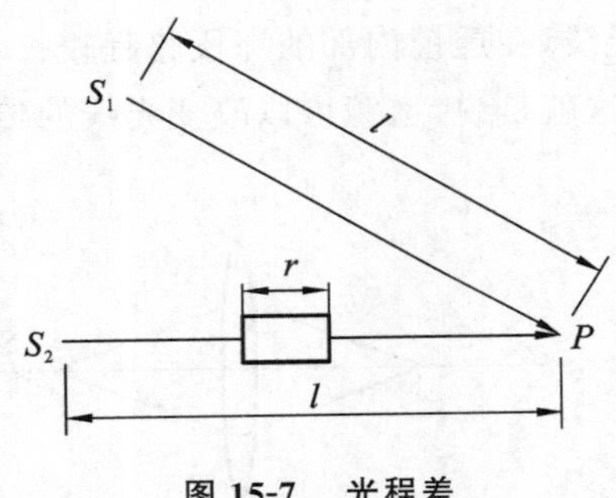

图 15-7　光程差

两束光在空间相遇产生干涉现象与两者的光程差(optical path difference) 有关，而不是决定于两者的几何路程差。其光程差与相位差之间的关系为

$$\Delta\varphi = \frac{2\pi}{\lambda}\delta \tag{15-10}$$

利用此关系讨论干涉条件，干涉明暗条件为

$$\Delta\varphi = \frac{2\pi}{\lambda}\delta = \begin{cases} \pm 2k\pi & \text{明条纹} \\ \pm (2k+1)\pi & \text{暗条纹} \end{cases} \quad (k = 0,1,2,\cdots)$$

用光程差直接表示，则

$$\delta = \begin{cases} \pm k\lambda & \text{明条纹} \\ \pm (2k+1)\dfrac{\lambda}{2} & \text{暗条纹} \end{cases} \quad (k = 0,1,2,\cdots) \tag{15-11}$$

式(15-11) 表明，两相干光干涉的光强分布，在波长一定的条件下，由光程差唯一确定。因此，由光程差出发分析干涉条纹的分布及变化规律是处理干涉问题的基本方法。

**例 15-2**　在杨氏双缝实验中，如果用折射率 $n = 1.58$ 的透明薄膜覆盖在一个缝上，如图 15-8 所示，并用波长为 632.8 nm 的氦氖激光照射，发现中央明纹向上移到原来的第三条明纹处，试求薄膜的厚度 $d$。

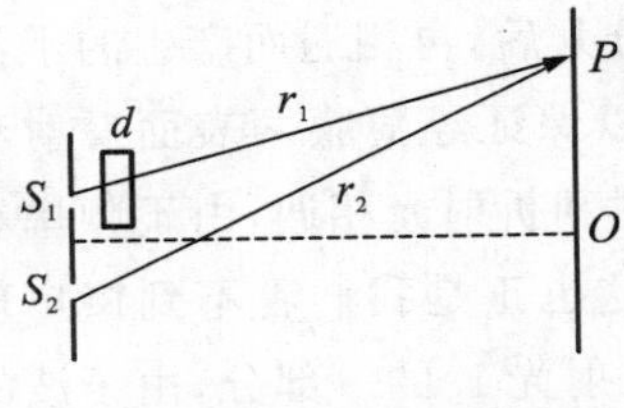

图 15-8　例 15-2 用图

**解**　薄膜覆盖前，$P$ 点为 3 级明纹，有

$$r_2 - r_1 = 3\lambda$$

薄膜覆盖后，$P$ 点为中央明纹，有

$$r_2-(r_1-d+nd)=0$$

两式联解得

$$d=\frac{3\lambda}{n-1}=3.27\times10^{-6}\ \mathrm{m}$$

### 15.3.3 薄透镜的等光程性

我们知道，从物点 $S$ 发出的不同光线，经不同路径通过薄透镜后汇聚成一个明亮的实像 $S'$，如图 15-9 所示，说明从物点到像点，各光线具有相等的光程。如图 15-10 所示，平行光束通过透镜后，将汇聚于焦平面上成一亮点，这是由于某时刻平行光束波前上各点(图中 $A,B,C$ 各点) 的相位相同，到达焦平面后相位仍然相同，因而干涉加强。可见，这些点到点 $F$ 的光程都相等。图 15-10 中已表明，在通过透镜的各光线中，越靠近透镜主光轴的路程越短，但总路程较短的光线，在透镜内部的那段路程较长，而那段路程上折射率 $n$ 较大，所以各光线的光程是相等的。这就是说，透镜可以改变光线的传播方向，但不引起额外的光程差。

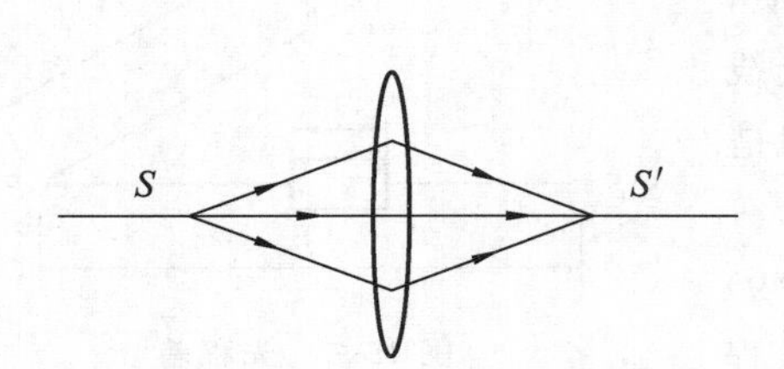


图 15-9 薄透镜的等光程性(一)

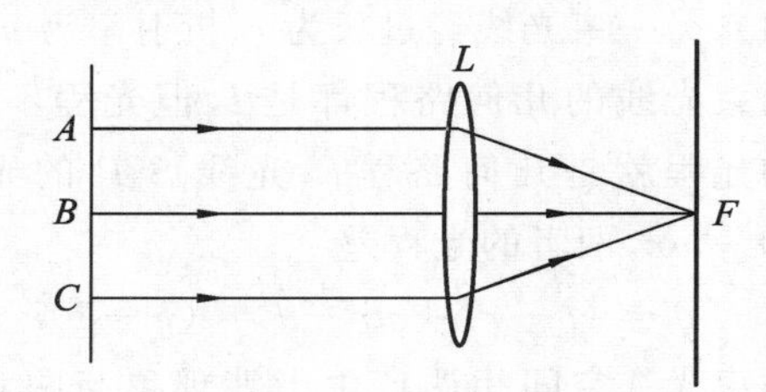


图 15-10 薄透镜的等光程性(二)

## 15.4 分振幅干涉

### 15.4.1 薄膜干涉

用分振幅法获得相干光产生干涉的实验中，最典型的是薄膜干涉。日常在太阳光下见到的肥皂膜(见图 15-11) 和水面上的油膜所呈现的彩色都是薄膜干涉的实例。如图 15-12 所示，一折射率为 $n$ 的两表面平行的透明薄膜，处于折射率为 $n'$ 的均匀介质中($n>n'$)，膜厚为 $d$，由单色面光源上点 $S$ 发出的光线 $1'$ 以入射角 $i$ 射到膜上 $A$ 点后，分成两部分，即反射光 1 和折射光，折射光到薄膜中在膜下表面 $B$ 处又反射，之后经 $C$ 处折射到介质 $n'$ 中，即 2 光。显然，1，2 光是平行的，经透镜 $L$ 后汇聚在 $P$ 点。由于光线 1 和 2 是从同一束入射光中分出来的，它们分别在薄膜的上表面和下表面反射，因此，1，2 光的振动方向相同，频率相同，两束光线之间有确定的相位差，所以，二者将会产生干涉。一束光经薄膜两表面反射和折射分开后，再相遇而产生的干涉称为薄膜干涉。特别需要注意的是，薄膜干涉的膜必须要足够薄，以保证经薄膜两表面反射和折射的光是来自于同一个光波列。如果是来自不同的光波列的反射和折射光相遇，由于频率和振动方向可能不同，从而不满足相干条件，会观察不到干涉条纹，这也正是我们看不到窗户玻璃的两表面的反射和折射光产生干涉条纹的原因。因为 1，2 各占入射光 $1'$ 的一部分，由于波的能量与振幅的平方成正比，所以此种干涉称为分振幅干涉。

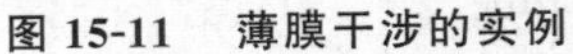

图 15-11　薄膜干涉的实例

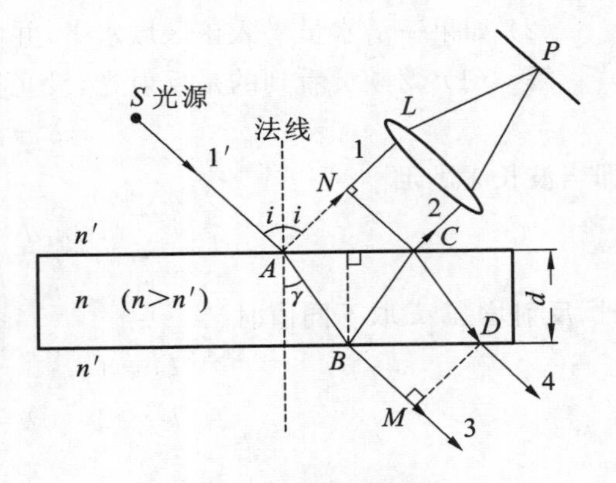


图 15-12　薄膜干涉

下面我们用光程差的概念来分析薄膜干涉的加强和减弱的条件。因为1,2光在 $A$ 处以前相位相同,所以光程差仅由1,2光从 $A$ 点分开后到 $P$ 点汇合过程中的光程差决定。作 $NC \perp AN$,由于透镜 $L$ 不产生额外的光程差,所以从 $N$ 到 $P$ 和从 $C$ 到 $P$ 光程相等,因此1,2光的光程差为

$$\delta' = n(AB+BC) - n'AN$$

由于
$$AB = BC = \frac{d}{\cos\gamma},\quad AN = AC\sin i = 2d\tan\gamma\sin i$$

故
$$\delta' = 2\frac{d}{\cos\gamma}(n - n'\sin\gamma\sin i)$$

由折射定律
$$n'\sin i = n\sin\gamma$$

得
$$\delta' = \frac{2d}{\cos\gamma}n(1-\sin^2\gamma) = 2nd\cos\gamma$$
$$= 2nd\sqrt{1-\sin^2\gamma} = 2d\sqrt{n^2 - n'^2\sin^2 i}$$

此外,由于两介质的折射率不同,还必须考虑光在界面反射时有 $\pi$ 的相位跃变,即引起额外的光程差 $\pm\frac{\lambda}{2}$。在此取 $+\frac{\lambda}{2}$,则两反射光的总光程差为

$$\delta = 2d\sqrt{n^2 - n'^2\sin^2 i} + \frac{\lambda}{2} \tag{15-12}$$

由此可得薄膜干涉明条纹公式

$$\delta = 2d\sqrt{n^2 - n'^2\sin^2 i} + \frac{\lambda}{2} = k\lambda \quad k = 1,2\cdots \tag{15-13}$$

薄膜干涉暗条纹公式

$$\delta = 2d\sqrt{n^2 - n'^2\sin^2 i} + \frac{\lambda}{2} = (2k+1)\frac{\lambda}{2} \quad (k = 0,1,2,\cdots) \tag{15-14}$$

由式(15-12)可知,光程差与薄膜厚度 $d$ 和入射角 $i$ 两因素有关,因此分振幅干涉又分为等倾干涉(equal inclination interference)和等厚干涉(equal thickness interference),下面将分别予以具体的讨论。反射光1,2能产生干涉,透射光3,4也能产生干涉,只不过亮度较低,且与反射光明暗情况正好相反,同学们可以自己去证明。

**例 15-3**　一油轮漏出的油(折射率 $n_1 = 1.20$)污染了某海域,在海水($n_2 = 1.30$)表面形成一层薄薄的油污。问:

(1) 如果太阳位于海域正上空,一直升机的驾驶员从机上向正下方观察,他所正对的油层厚度为 460 nm,则他将观察到油层呈什么颜色?

(2) 如果一潜水员潜入该区域水下，并向正上方观察，又将看到油层呈什么颜色？

**解**　(1) 驾驶员看到的是反射光，设光程差为$\delta$时反射增强，根据薄膜干涉的理论

$$\delta = 2n_1 d = k\lambda$$

即当波长$\lambda$满足

$$\lambda = \frac{2n_1 d}{k} \quad (k = 1,2,3,\cdots)$$

时，反射增强。$k$取不同值时

$$k = 1, \quad \lambda = 2n_1 d = 1104\ \text{nm}$$

$$k = 2, \quad \lambda = n_1 d = 552\ \text{nm}$$

$$k = 3, \quad \lambda = \frac{2}{3}n_1 d = 368\ \text{nm}$$

$$\vdots$$

可见，只有当$k = 2$时，绿色的光反射增强，所以驾驶员将看到绿色。

(2) 潜水员看到的是透射光，根据薄膜干涉的理论，透射光若要干涉加强，则反射光干涉减弱，即满足

$$2n_1 d = (2k+1)\frac{\lambda}{2} \quad k = 0,1,2,3\cdots$$

同理可得

$$k = 0, \quad \lambda = 4n_1 d = 2208\ \text{nm}$$

$$k = 1, \quad \lambda = \frac{4n_1 d}{3} = 736\ \text{nm}$$

$$k = 2, \quad \lambda = \frac{4n_1 d}{5} = 441.6\ \text{nm}$$

$$k = 3, \quad \lambda = \frac{4n_1 d}{7} = 315.4\ \text{nm}$$

$$\vdots$$

可见，$k = 2$时的红色光(736 nm)和$k = 3$时的紫色光(441.6 nm)透射光增强，所以潜水员将看到紫红色的光。

### 15.4.2　等倾干涉

对于厚度均匀的薄膜，薄膜的折射率通常是常量，光程差只由入射角$i$决定，凡以相同的倾角入射的光，经膜的上、下表面反射后产生的相干光束都有相同的光程差，必定处于同一条干涉条纹上。或者说，处于同一条干涉条纹上的各个光点，是由从光源到薄膜的相同倾角的入射光所形成的，故把这种干涉称为等倾干涉。

观察等倾干涉的实验装置如图15-13(a)所示，图中$M$是与薄膜表面成$45^\circ$角放置的半反射镜，透镜的光轴与薄膜垂直(等倾干涉条纹的形状与观察透镜放置的位置有关)。

点光源发出的同一圆锥面上的光线经$M$反射后均以相同的入射角入射到薄膜上，在薄膜上下表面反射后，形成两个平行的锥面，经透镜汇聚后，在其焦平面上形成一个圆形条纹。由于在该圆上，分别来自薄膜上下表面反射的相干光的光程差相同，因此该圆属同一级条纹。同理，由$S$发出的处于不同大小顶角的圆锥面上的光线都会在透镜焦平面上形成其他级次的圆形干涉条纹，所以我们可以从处于透镜焦平面上的观看屏幕上看到一组内疏外密的明暗相间的同

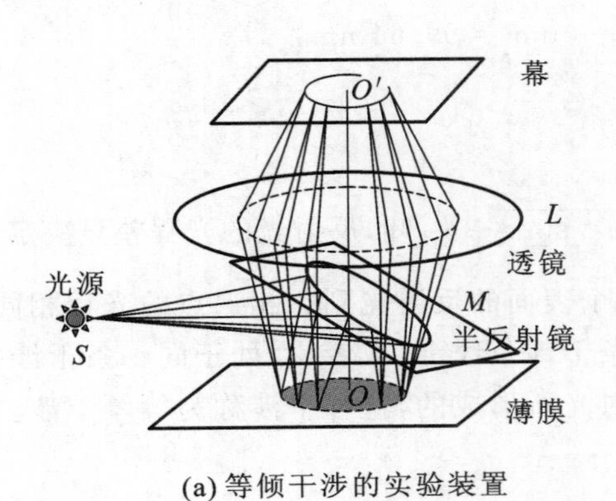


(a) 等倾干涉的实验装置

(b) 等倾干涉条纹

**图 15-13　等倾干涉**

心圆环干涉条纹，如图 15-13(b) 所示。

如将点光源换成面光源，情况将会怎样呢？面光源上的其他点发出的光束同样会在观察屏上形成一套相应的圆形干涉图样，但由于透镜会把平行光汇聚到同一点，这一性质决定了各套干涉图样中，具有相同倾角的干涉条纹，都将重叠在一起，总光强为各个点光源产生的干涉圆环光强的非相干叠加，条纹亮度大大增强。

由此可见，等倾条纹的位置与形成条纹的光束入射角有关，而与光源的位置无关。所以在观察等倾干涉条纹时，采用扩展光源是有利无害的。

利用等倾干涉原理可以制造增透膜和增反膜。增透膜是指在现代光学仪器中，为减少入射光能量在透镜等光学元件的玻璃表面上反射引起的损失，而在镜面上镀一层厚度均匀的透明薄膜(如 $MgF_2$)。其折射率介于空气与玻璃之间，当膜的厚度适当时，可使某波长的反射光因干涉而减弱，根据能量守恒定律，反射光减少，透射光就增加了。这种能减少反射光强度而增加透射光强度的薄膜，称为增透膜。

在照相机等光学仪器的镜头表面镀上 $MgF_2$ 薄膜后，能使对人眼视觉最灵敏的黄绿光反射减弱而透射增强，这样的镜头在白光照射下，其反射常给人以蓝紫色的视觉，这是因为白光中波长大于和小于黄绿光的光不完全满足干涉。

在镜面上镀上透明薄膜后，能使某些波长反射光因干涉而增强，从而使该波长更多的光能得到反射，这种反射光增强的薄膜称为增反膜。

**例 15-4**　透镜表面通常镀一层如 $MgF_2$($n = 1.38$) 一类的透明物质薄膜，目的是利用干涉来降低玻璃表面的反射。为了使透镜在可见光谱的中心波长(550 nm) 处产生极小的反射，试求此薄膜必须有多厚？最薄厚度为多少？

**解**　可以认为光是沿垂直方向入射的，即 $i = \gamma = 0°$，由于镀膜上下表面的反射都由光疏介质反射到光密介质，所以无额外光程差。因此光程差

$$\delta = 2nd$$

如果光程差等于半波长的奇数倍，即 $\delta = (2k+1)\dfrac{\lambda}{2}$，则满足干涉减弱的条件，因此有

$$2nd = (2k+1)\frac{\lambda}{2}$$

所以

$$d = \frac{(2k+1)\lambda}{4n} \quad (k = 0,1,2\cdots)$$

当 $k=0$ 时厚度最小　　$d_{\min}=\frac{\lambda}{4n}=\frac{550}{4\times1.38}\ \text{nm}=99.64\ \text{nm}$

## 15.4.3　等厚干涉

如果入射角 $i$ 相同,那么由 $\delta=2d\sqrt{n^2-n'^2\sin^2 i}+\frac{\lambda}{2}$ 知,反射光的光程差只决定于薄膜的厚度。所以薄膜上厚度相同的地方的上、下两个表面的反射光到达相遇点的光程相同,相位相同,薄膜上厚度相同的连续点必定处于同一条干涉条纹上。或者说,处于同一条干涉条纹上的各个光点,是由薄膜上厚度相同的地方的反射光所形成的,这种干涉称为等厚干涉。在这里讨论两种典型的等厚干涉情况。

1. 劈尖薄膜干涉

当薄膜两个表面是互不平行的平面,二者之间有一微小夹角 $\theta(\theta<1^\circ)$ 时,这样的薄膜称为劈尖薄膜。有两块平面玻璃片,一端叠合,另一端夹一薄纸片,两玻璃片之间就形成一劈形空气膜。下面分析劈尖薄膜形成干涉条纹的规律。

如图 15-14 所示,$L$ 为凸透镜,$M$ 为半反射膜,成 45° 角放置,$T$ 为读数显微镜。点光源 $S$ 发出的光经 $M$ 反射后,平行地垂直射向劈尖(一般 $\theta$ 非常小,为讨论的方便,可以认为上下表面入射光线分别与其表面垂直),则自空气劈尖上下表面反射的光相互干涉,它们在劈尖上表面附近处相遇形成干涉条纹。由于空气的折射率小于玻璃的折射率,所以光在劈尖下表面反射时,有"半波损失"现象,产生 $\lambda/2$ 的光程差,这样,可得劈尖厚度为 $d$ 处上下表面反射的两相干光的总光程差为

$$\delta=2nd+\frac{\lambda}{2}\tag{15-15}$$

因而,产生明纹的条件

$$2nd+\frac{\lambda}{2}=k\lambda\quad(k=1,2,3,\cdots)\tag{15-16}$$

产生暗纹的条件

$$2nd+\frac{\lambda}{2}=(2k+1)\frac{\lambda}{2}\quad(k=0,1,2,3,\cdots)\tag{15-17}$$

由上面形成明暗条纹的条件可以看出,等厚干涉条纹的形状决定于薄膜上厚度相等的点的轨迹。对于厚度均匀变化的劈尖薄膜,干涉条纹是平行于劈刃的明暗相间且等间距的直线,如图 15-15 所示。若用白光照射,则干涉条纹变为彩色条纹。

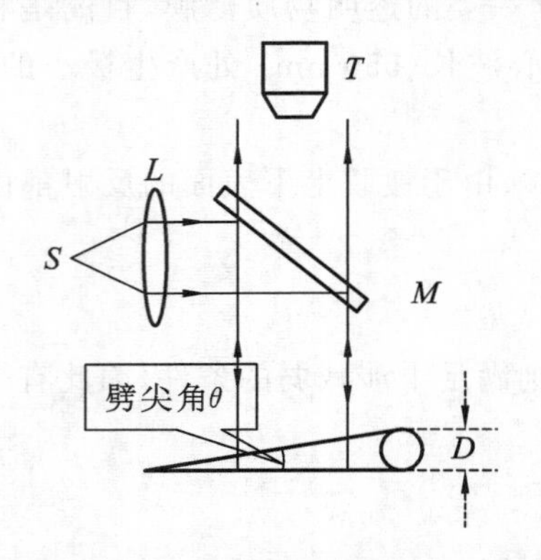


图 15-14　空气劈尖薄膜干涉装置

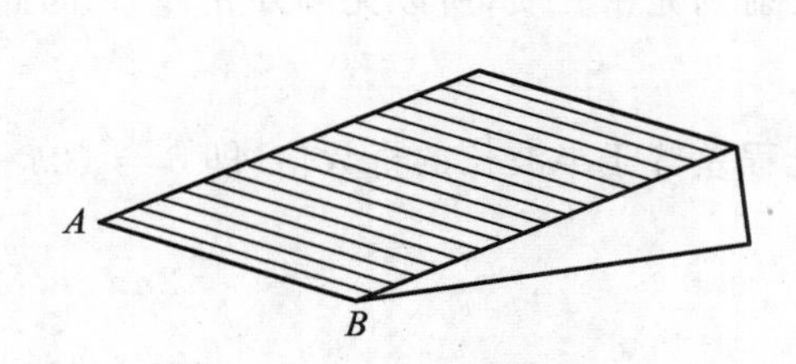


图 15-15　空气劈尖薄膜干涉

在两玻璃片接触处($d=0$),此时 $\delta=\dfrac{\lambda}{2}$,因而在棱边处形成暗纹。由形成明暗条纹的条件,可以很容易算出两相邻明纹(或暗纹)处劈尖的厚度差

$$\Delta d=d_{k+1}-d_k=\frac{\lambda}{2n}$$

如图15-16所示,可以算出相邻明条纹(或暗条纹)间距

$$L=\frac{\Delta d}{\sin\theta}\approx\frac{\lambda}{2n\theta} \tag{15-18}$$

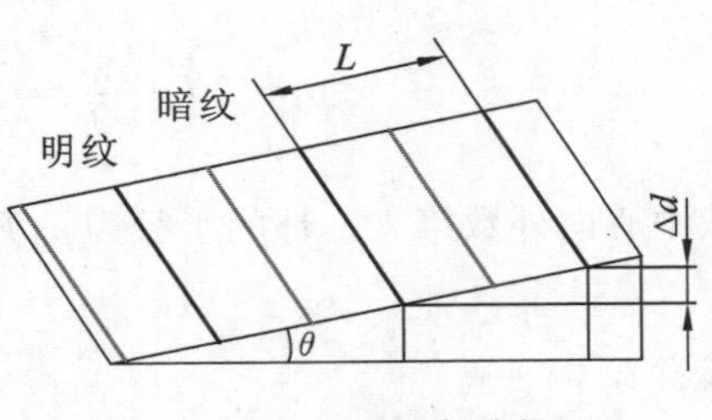

图 15-16　劈尖的条纹间距

式(15-18)表明条纹间距与劈尖角 $\theta$ 有关,$\theta$ 角越大,条纹越密,当 $\theta$ 角大到一定程度后,条纹就密不可分了,所以劈尖薄膜干涉图样只在 $\theta$ 角不太大时才能观察得到。

根据劈尖薄膜的干涉原理可设计多种多样的测量装置。如为了测量细丝的直径,可以把它夹在两块平面玻璃板的一端,把玻璃板的另一端压紧。通过测量两玻璃板间空气膜的干涉条纹的间距,即可求出细丝的直径。也可以利用劈形气隙产生的等厚干涉条纹检查玻璃板的平整度。如果两块玻璃板中有一块是具有光学平面的标准玻璃块(称为平晶),而另一块待测平面的玻璃板表面是不平整的,则干涉条纹不是直线,而是曲线。

2. 牛顿环仪干涉

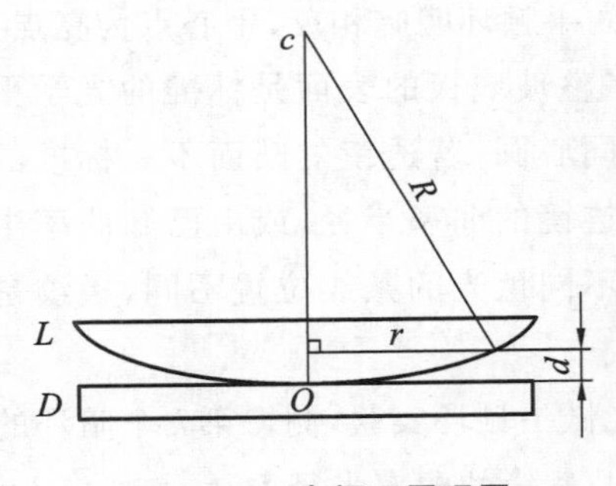

图 15-17　牛顿环原理图

牛顿环仪是一种常见的等厚干涉仪器,并且有较重要的应用。将一个曲率半径很大的平凸透镜 $L$ 放在一块平整的玻璃板 $D$ 上,如图15-17所示,则在它们之间就形成了环状的劈形气隙。在以接触点 $O$ 为中心的圆周上各点,气隙的厚度相等。若用单色平行光垂直照射平凸透镜,由气隙上、下表面形成的反射光,在气隙表面相干涉而形成以 $O$ 为中心的一系列同心圆环状等厚干涉条纹,这种同心圆环状干涉条纹称为牛顿环(Newton's Rings),如图15-18所示。观察牛顿环的实验装置如图15-19所示,$L'$ 为凸透镜,$M$ 为半反射膜,成45°角放置,$T$ 为读数显微镜。点光源 $S$ 发出的光经 $M$ 反射后,平行地垂直射向牛顿环仪。

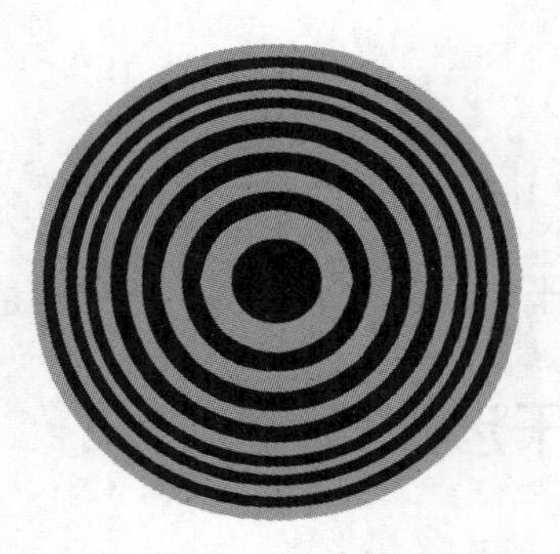
图 15-18　牛顿环干涉图样

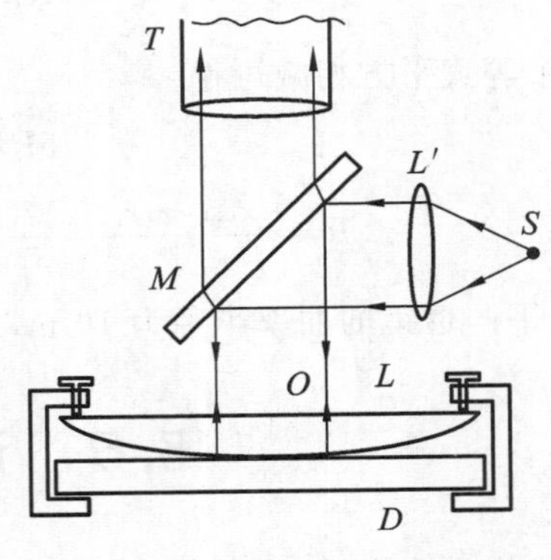

图 15-19　牛顿环的实验装置

下面推导干涉条纹的半径$r$、光波波长$\lambda$和平凸透镜的曲率半径$R$之间的关系。如图15-17所示,考虑到空气劈尖的折射率($n \approx 1$)小于玻璃的折射率$n_1$,以及光是垂直入射($i=0$)的情形,在空气膜上表面所反射的光无半波损失,下表面反射的光有半波损失。在厚度为$d$处,上、下表面反射光的相干条件为

$$\delta = 2d + \frac{\lambda}{2} = \begin{cases} k\lambda & k = 1,2\cdots \quad \text{明条纹} \\ (2k+1)\dfrac{\lambda}{2} & k = 0,1\cdots \quad \text{暗条纹} \end{cases} \tag{15-19}$$

从中心向外数第$k$个环的半径为$r$,则有

$$R^2 = r^2 + (R-d)^2$$

或者

$$r^2 = 2dR - d^2$$

式中,$d$为与半径为$r$的干涉环相对应的气隙厚度。由于$R \gg d$,在上式中$d^2$为二级小量,可以略去,于是便有

$$d = \frac{r^2}{2R} \tag{15-20}$$

将式(15-20)代入式(15-19),得到第$k$级环的半径为

$$r = \begin{cases} \sqrt{\left(k - \dfrac{1}{2}\right)R\lambda} & k = 1,2,\cdots \quad \text{明条纹} \\ \sqrt{kR\lambda} & k = 0,1,2,\cdots \quad \text{暗条纹} \end{cases} \tag{15-21}$$

当观察透射光时,同样可看到干涉圆环,但此时其与反射光的牛顿环明暗相反,中心点为亮点。

利用牛顿环可以很方便地检查透镜曲面的质量。如果平整玻璃板的表面是标准的光学平面,而平凸透镜的凸面也是标准的球面,则牛顿环是规则的同心圆。若透镜的凸面不是标准的球面,则牛顿环将发生畸变。还可以利用牛顿环准确地测定透镜的曲率半径,或由已知曲率半径测定光波波长。白光经牛顿环反射形成的干涉条纹,由于不同色光的条纹位置不同,条纹是彩色的。

**例 15-5** 用氦氖激光器发出的波长为 633 nm 的单色光做牛顿环实验,测得第$k$个暗环的半径为 5.63 mm,第$k+5$个暗环的半径为 7.96 mm,求平凸透镜的曲率半径$R$。

**解** 根据牛顿环的暗纹的半径公式$r=\sqrt{kR\lambda}$ $(k=0,1,2\cdots)$,有

$$r_k = \sqrt{kR\lambda}, \quad r_{k+5} = \sqrt{(k+5)R\lambda}$$

将上面两个等式平方相减可得

$$5R\lambda = (r_{k+5}^2 - r_k^2)$$

所以有

$$R = \frac{r_{k+5}^2 - r_k^2}{5\lambda} = \frac{7.96^2 - 5.63^2}{5 \times 633} \times 10^3 \text{ m} \approx 10.0 \text{ m}$$

可见,平凸透镜的曲率半径为 10 m,所以牛顿环中平凸透镜与平面镜间的距离是很小的。

## 15.5 迈克耳孙干涉仪

迈克耳孙干涉仪是 1881 年美国物理学家迈克耳孙(Albert Abraham Michelson)为研究

“以太”漂移实验而设计制造出来的精密光学仪器。1887 年他与莫雷合作，进行了著名的迈克耳孙 - 莫雷实验，这是一个重大的否定性实验，它动摇了经典物理学的基础，为爱因斯坦发现相对论提供了实验依据。以后，迈克耳孙又用它做了两个重要实验，首次系统地研究了光谱线的精细结构，以及直接将光谱线的波长与标准米尺进行比较，实现了长度单位的标准化。今天，迈克耳孙干涉仪广泛用于光的波长测量和对微小长度的精密测量。

### 15.5.1　迈克耳孙干涉仪的结构及原理

图 15-20 为迈克耳孙干涉仪实物图。图 15-21 是迈克耳孙干涉仪的光路图。单色光源发出的光射到分光玻璃板 $G_1$ 上，被 $G_1$ 后表面所镀的半透明银膜分解为振幅近似相等的透射光和反射光。其中透射光透过补偿玻璃板 $G_2$，到达固定的平面反射镜 $M_2$，并被 $M_2$ 反射，再次透过 $G_2$ 回到 $G_1$ 后表面的银膜，并被银膜反射到观察者的眼睛。而反射光透过 $G_1$ 到达可动的平面反射镜 $M_1$，并被反射，透过 $G_1$ 和银膜也到达观察者的眼睛。到达眼睛的这两束光是按分振幅法获得的相干光束，它们将发生等倾干涉或等厚干涉。

补偿玻璃板 $G_2$ 与玻璃板 $G_1$ 完全相同，只是底面没镀银膜。从光路图中可看出，$G_2$ 的插入使得两相干光束都三次穿越相同的玻璃板，不致引起额外的光程差，起到补偿光程的作用，因而叫作补偿板。$M_1$，$M_2$ 是精细磨光的平面反射镜，$M_2$ 固定，$M_1$ 借助导轨可沿光路方向做微小平移，$M_1$，$M_2$ 后各有 3 个调节螺钉，可调节 $M_1$，$M_2$ 间的相对方位。

图 15-20　迈克耳孙干涉仪

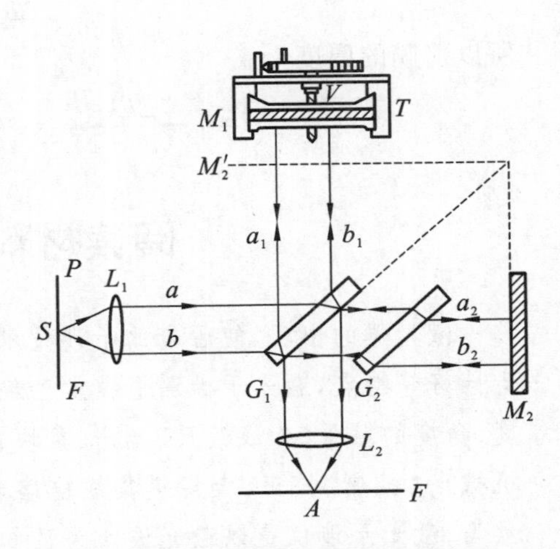


图 15-21　迈克耳孙干涉仪光路图

### 15.5.2　干涉图样的讨论

$G_1$ 后表面的银膜作为一个平面镜，对固定镜 $M_2$ 所成的虚像应是 $M_2'$，射到眼睛的两相干光束可视为由 $M_1$ 和 $M_2'$ 所反射。于是 $M_1$ 和 $M_2'$ 就好像是一个薄膜的两表面，由 $M_1$ 和 $M_2'$ 所反射的两束光的干涉与薄膜干涉相似。

如果 $M_1$ 与 $M_2$ 严格垂直，则 $M_1$ 与 $M_2'$ 严格平行，这时发生的干涉就是等倾干涉，观察到的干涉条纹应是一组明暗相间的同心圆环。移动 $M_1$，相当于改变 $M_1$ 与 $M_2'$ 之间的气隙厚度，干涉环将向里淹没或向外长出。干涉条纹的位置随 $M_1$ 的移动而变化,当 $M_1$ 平移的距离为 $\frac{\lambda}{2}$ 时,在该条臂上的光程改变一个波长,这时干涉环将淹没或长出一个条纹。假如 $M_1$ 平移的距离使干涉环移过 $m$ 个条纹,则 $M_1$ 平移的距离 $d$ 必定为

$$d = m\frac{\lambda}{2} \tag{15-22}$$

如果 $M_1$ 与 $M_2$ 不严格垂直,则 $M_1$ 与 $M_2'$ 不严格平行,它们之间就形成一劈尖薄膜,这时发生的干涉就是等厚干涉,观察到的干涉条纹应是一组明暗相间的直线或弧线。假如 $M_1$ 平移的距离使干涉环移过 $m$ 个条纹,则 $M_1$ 平移的距离 $d$ 同样为

$$d = m\frac{\lambda}{2} \tag{15-23}$$

根据式(15-23)就可以利用迈克耳孙干涉仪测量长度或长度的变化,如果长度已知,则可以测量光波的波长。迈克耳孙干涉仪有两个分开的互相垂直的光臂,便于在光路中插放待测样品或其他器件,这是迈克耳孙干涉仪的显著优点。

**例 15-6** 当把折射率 $n = 1.40$ 的薄膜放入迈克耳孙干涉仪的一臂时,如果产生了 7.0 条条纹的移动,求薄膜的厚度(已知入射光的波长为 $\lambda = 589.3$ nm)。

**解** 光程的改变量

$$\Delta\delta = 2(n-1)d$$

当光程改变一个 $\lambda$ 就会产生一条条纹的移动,所以有

$$\Delta\delta = 2(n-1)d = \Delta k\lambda$$

所以薄膜的厚度

$$d = \frac{\Delta k\lambda}{2(n-1)} = \frac{7\times 5893\times 10^{-10}}{2\times(1.4-1)}\ \text{m} = 5.156\times 10^{-6}\ \text{m}$$

# 阅读材料十五 激光干涉仪

激光器的出现,使古老的干涉技术得到迅速发展,激光具有亮度高、方向性好、单色性及相干性好等特点,激光干涉测量技术已经比较成熟。激光干涉测量系统应用非常广泛,如:精密长度、角度的测量(如线纹尺、光栅、量块、精密丝杠的检测),精密仪器中的定位检测系统(如精密机械)的控制、校正,大规模集成电路专用设备和检测仪器中的定位检测系统,微小尺寸的测量等。激光干涉仪是以激光波长为已知长度,利用迈克耳孙干涉系统测量位移的通用长度测量工具。激光干涉仪有单频的和双频的两种。单频的是在20世纪60年代中期出现的,最初用于检定基准线纹尺,后又用于在计量室中精密测长。双频激光干涉仪是1970年出现的,它适宜在车间中使用。激光干涉仪在极接近标准状态(温度为 20 ℃,大气压力为 101 325 Pa,相对湿度为 59%,$CO_2$ 含量为 0.03%)下的测量精确度很高,可达 $1\times10^{-7}$ m。

## 1. 单频激光干涉仪

如图 15-22 所示,从激光器发出的光束,经扩束准直后由分光镜分为两路,并分别从固定反射镜和可动反射镜反射回来汇合在分光镜上而产生干涉条纹。当可动反射镜移动时,干涉条

纹的光强变化由接收器中的光电转换元件和电子线路等转换为电脉冲信号，经整形、放大后输入可逆计数器计算出总脉冲数，再由电子计算机按计算式$L=\frac{1}{2}\lambda N$（式中，$\lambda$为激光波长，$N$为电脉冲总数）计算出可动反射镜的位移量$L$。使用单频激光干涉仪时，要求周围大气处于稳定状态，各种空气湍流都会引起直流电平变化而影响测量结果。

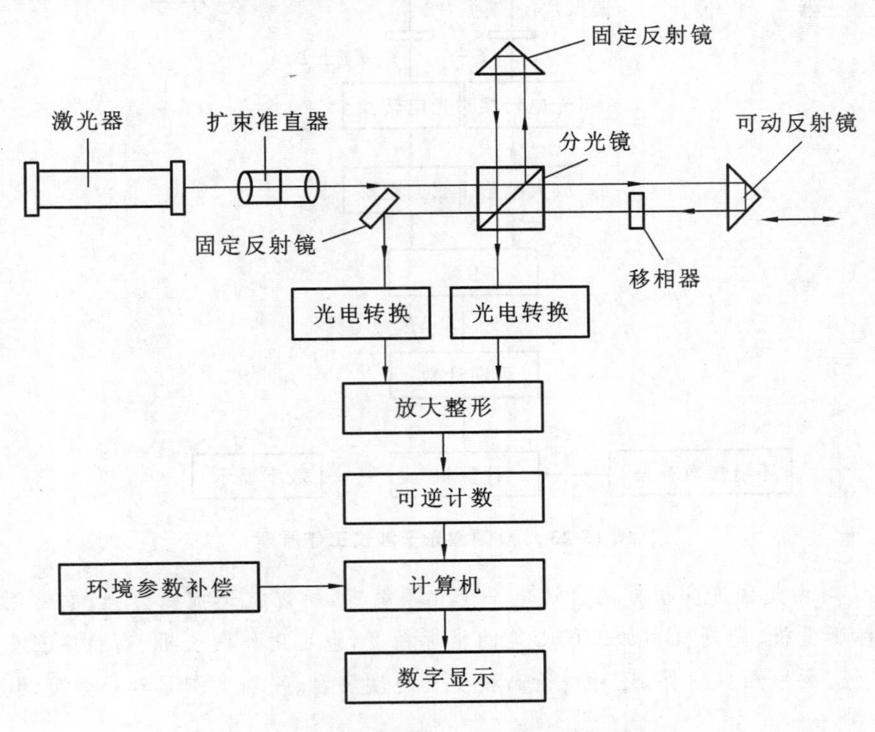


图 15-22 单频激光干涉仪工作原理

2. 双频激光干涉仪

如图15-23所示，在氦氖激光器上，加上一个约0.03特斯拉的轴向磁场。由于塞曼分裂效应和频率牵引效应，激光器产生$f_1$和$f_2$两个不同频率的左旋和右旋圆偏振光。经1/4波片后成为两个互相垂直的线偏振光，再经分光镜分为两路。一路经偏振片1后成为含有频率为$f_1-f_2$的参考光束。另一路经偏振分光镜后又分为两路：一路成为仅含有$f_1$的光束，另一路成为仅含有$f_2$的光束。当可动反射镜移动时，含有$f_2$的光束经可动反射镜反射后成为含有$f_2\pm\Delta f$的光束，$\Delta f$是可动反射镜移动时因多普勒效应产生的附加频率，正负号表示移动方向。这路光束和由固定反射镜反射回来的仅含有$f_1$的光束经偏振片2后汇合成为$f_1-(f_2\pm\Delta f)$的测量光束。测量光束和上述参考光束经各自的光电转换元件、放大器、整形器后进入减法器相减，输出成为仅含有$\pm\Delta f$的电脉冲信号。经可逆计数器计数后，由电子计算机进行当量换算（乘$\frac{1}{2}$激光波长）后即可得出可动反射镜的位移量。

双频激光干涉仪的发明使激光干涉仪最终摆脱了计量室的束缚，更为广泛地应用于工业生产和科学研究中。双频激光干涉仪是应用频率变化来测量位移的，这种位移信息载于$f_1$和

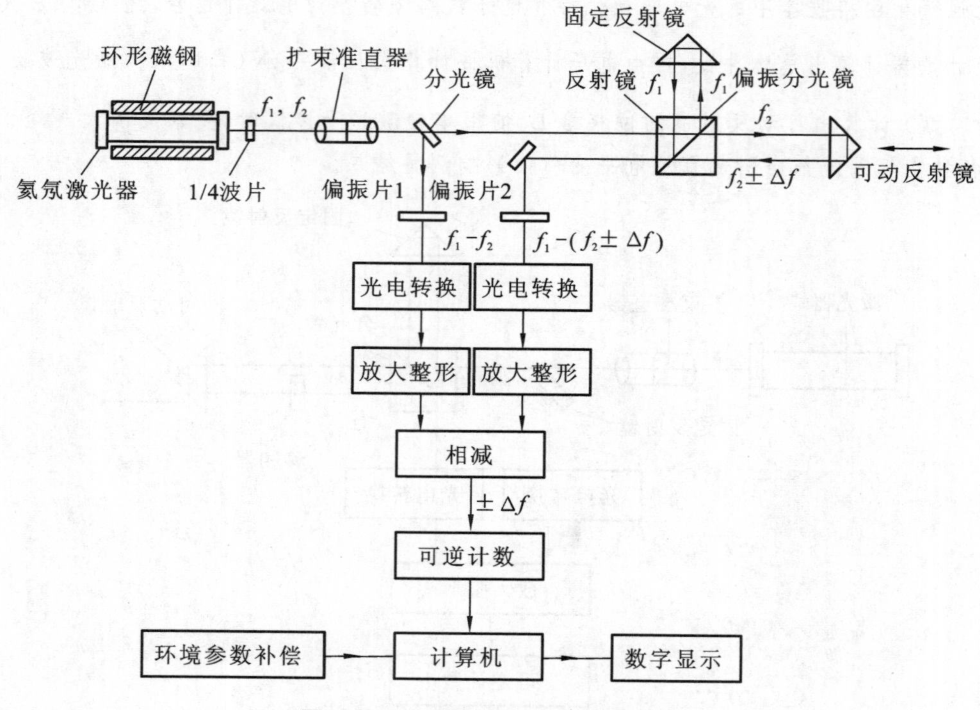


**图 15-23 双频激光干涉仪工作原理**

$f_2$ 的频差上，对由光强变化引起的直流电平变化不敏感，所以抗干扰能力强。它常用于检定测长机、三坐标测量机、光刻机和加工中心等的坐标精度，也可用作测长机、高精度三坐标测量机等的测量系统。利用相应附件，还可进行高精度直线度测量、平面度测量和小角度测量。

## 习 题

15-1 单色平行光垂直照射在薄膜上，经上下两表面反射的两束光发生干涉，如图 15-24 所示，若薄膜的厚度为 $e$，$n_1 < n_2$ 且 $n_3 < n_2$，$\lambda_1$ 为入射光在 $n_1$ 中的波长，则两束反射光的光程差为(　　)。

A. $2n_2e$　　B. $\dfrac{2n_2e-\lambda_1}{2n_1}$　　C. $2n_2e-\dfrac{\lambda_1 n_1}{2}$　　D. $2n_2e-\dfrac{\lambda_1 n_2}{2}$

15-2 如图 15-25 所示，$n_1 > n_2 > n_3$，则两束反射光在相遇点的相位差为(　　)。

A. $\dfrac{4\pi n_2 e}{\lambda}$　　B. $\dfrac{2\pi n_2 e}{\lambda}$　　C. $\dfrac{4\pi n_2 e}{\lambda}+\pi$　　D. $\dfrac{2\pi n_2 e}{\lambda}-\pi$

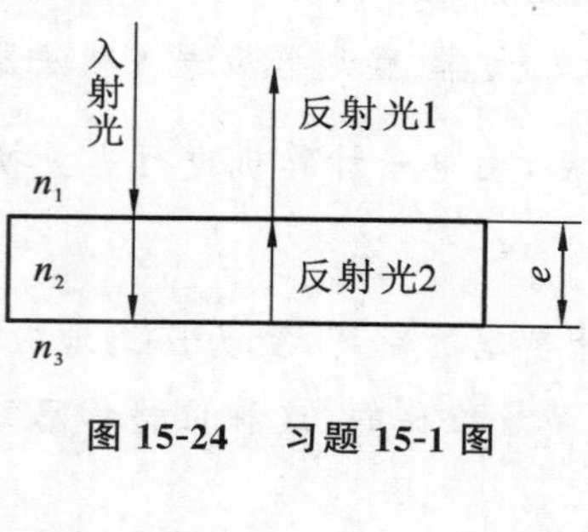

入射光　反射光1　反射光2　$n_1$　$n_2$　$n_3$　$e$

**图 15-24 习题 15-1 图**

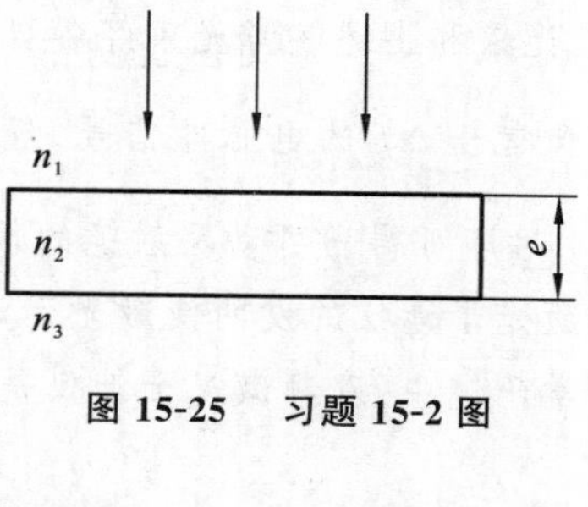

$n_1$　$n_2$　$n_3$　$e$

**图 15-25 习题 15-2 图**

15-3　如图15-26所示，$S_1$，$S_2$是两个相干光源，它们到$P$点的距离分别为$r_1$和$r_2$，路径$S_1P$垂直穿过一块厚度为$t_1$、折射率为$n_1$的介质板，路径$S_2P$垂直穿过厚度为$t_2$、折射率为$n_2$的另一介质板，其余部分可看作真空，这两条路径的光程差等于(　　)。

A. $(r_2+n_2t_2)-(r_1+n_1t_1)$　　B. $[r_2+(n_2-1)t_2]-[r_1+(n_1-1)t_1]$

C. $(r_2-n_2t_2)-(r_1-n_1t_1)$　　D. $n_2t_2-n_1t_1$

15-4　在双缝干涉实验中，设缝是水平的。若将缝所在的平板稍微向上平移，其他条件不变，则屏上的干涉条纹(　　)。

A. 向下平移，且间距不变　　B. 向上平移，且间距不变

C. 不移动，但间距改变　　D. 向上平移，且间距改变

15-5　在双缝干涉实验中，屏幕$E$上的$P$点处是明条纹。若将缝$S_2$盖住，并在$S_1$，$S_2$连线的垂直平分面处放一高折射率介质反射面$M$，如图15-27所示，则此时(　　)。

A. $P$点处仍为明条纹　　B. $P$点处为暗条纹

C. 不能确定$P$点处是明条纹还是暗条纹　　D. 无干涉条纹

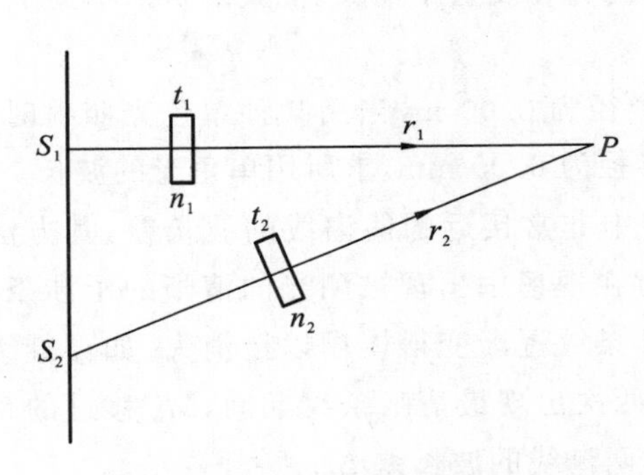


图15-26　习题15-3图

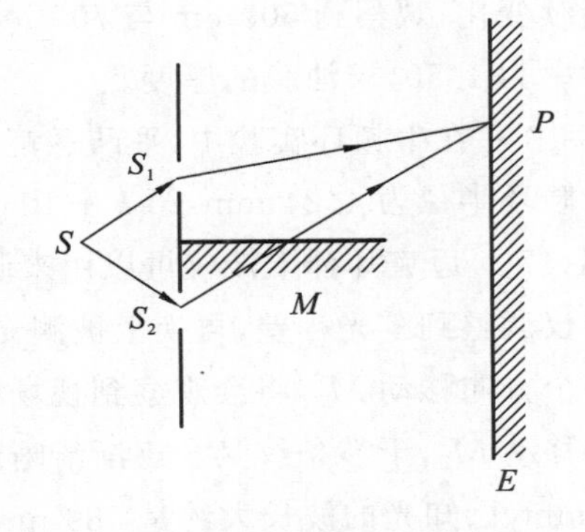


图15-27　习题15-5图

15-6　杨氏双缝的间距为0.2 mm，距离屏幕1 m。

(1) 若第一到第四明纹距离为7.5 mm，求入射光波长；

(2) 若入射光的波长为600 nm，求相邻两明纹的间距。

15-7　在图15-4所示的双缝干涉实验中，若用薄玻璃片(折射率$n_1=1.4$)覆盖缝$S_1$，用同样厚度的玻璃片(但折射率$n_2=1.7$)覆盖缝$S_2$，将使屏上原来未放玻璃片时的中央明条纹所在处$O$变为第五条明纹，设单色光波长$\lambda=480$ nm，求玻璃片的厚度$d$(可认为光线垂直穿过玻璃片)。

15-8　使一束水平的氦氖激光器发出的激光($\lambda=632.8$ nm)垂直照射一双缝。在缝后2.0 m处的墙上观察到中央明纹和第一级明纹的间隔为14 cm。(1) 求两缝的间距；(2) 在中央明纹以上还能看到几条明纹？

15-9　白色平行光垂直入射到间距为$d=0.25$ mm的双缝上，距缝50 cm处放置屏幕，分别求第一级和第五级明纹彩色带的宽度(设白光的波长范围是400.0～760.0 nm)。

15-10　试求能产生红光($\lambda=700$ nm)的二级反射干涉条纹的肥皂膜厚度。已知肥皂膜折射率为1.33，且平行光与法向成30°角入射。

15-11　在折射率为$n_1=1.52$的照相机镜头表面镀一层折射率为$n_2=1.38$的增透膜，

若此膜适用于波长 $\lambda = 550$ nm 的光，则膜的最小厚度为多少？

15-12　波长为680 nm的平行光照射到 $L = 12$ cm长的两块玻璃片上，两玻璃片的一边相互接触，另一边被厚度 $D = 0.048$ mm 的纸片隔开。试问在这 12 cm 长度内会呈现多少条暗条纹？

15-13　制造半导体元件时，常常要精确测定硅片上二氧化硅薄膜的厚度，这时可把二氧化硅薄膜的一部分腐蚀掉，使其形成劈尖，利用等厚条纹测出其厚度。已知 Si 的折射率为 3.42，$SiO_2$ 的折射率为 1.5，入射光波长为 589.3 nm，观察到 7 条暗纹，如图 15-28 所示。问 $SiO_2$ 薄膜的厚度 $e$ 是多少？

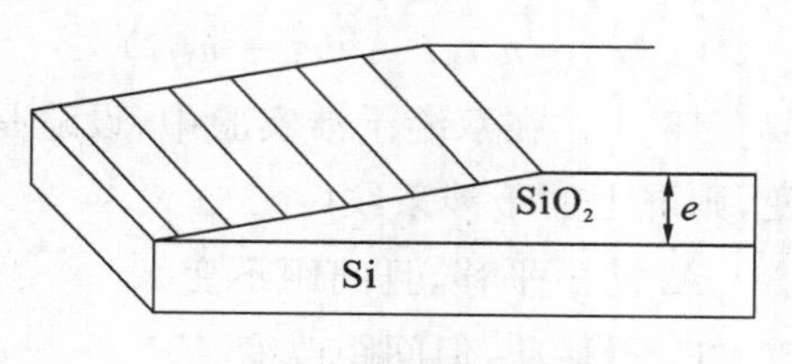


图 15-28　习题 15-13 图

15-14　波长为 400 ～ 760 nm 的可见光正射在一块厚度为 $1.2\times10^{-6}$ m、折射率为 1.5 玻璃片上，试问从玻璃片反射的光中哪些波长的光最强？

15-15　平面单色光垂直照射在厚度均匀的油膜上，油膜覆盖在玻璃板上。所用光源波长可以连续变化，观察到 500 nm 与 700 nm 两波长的光在反射中消失。油膜的折射率为 1.30，玻璃折射率为 1.50，求油膜的厚度。

15-16　在牛顿环实验中，平凸透镜的曲率半径为 3.00 m，当用某种单色光照射时，测得第 $k$ 个暗环半径为 4.24 mm，第 $k+10$ 个暗环半径为 6.00 mm。求所用单色光的波长。

15-17　迈克耳孙干涉仪可以用来测量光谱中非常接近的两谱线的波长差，其方法是先将干涉仪调整到零光程差，再换上被测光源，这时在视场中出现被测光的清晰的干涉条纹，然后沿一个方向移动 $M_2$，将会观察到视场中的干涉条纹逐渐变得模糊以至消失。如再继续向同一方向移动 $M_2$，干涉条纹又会逐渐清晰起来。设两次出现最清晰条纹期间，$M_2$ 移过的距离为 0.289 mm，已知光的波长大约是 589 nm。试计算两谱线的波长差 $\Delta l$。

# 第16章　光的衍射

除干涉现象外，光的衍射现象(diffraction phenomenon)也是光的波动性的另一个主要标志。本章以惠更斯-菲涅耳原理为基础，介绍光的衍射，着重讨论单缝衍射和光栅衍射的特点和规律，简单介绍圆孔衍射、光学仪器的分辨本领和X射线衍射。

## 16.1　光的衍射现象与惠更斯-菲涅耳原理

### 16.1.1　光的衍射现象

波能够绕过障碍物而偏离直线向它后面传播的现象，称为波的衍射现象。例如：我们很容易观察到水波穿过障碍物的小孔，弯曲地向它后面传播；屋里屋外的人尽管彼此看不见，但都能听到对方的说话声；住在山区的人也能接收到电台的广播，这些都是波的衍射。意大利物理学家格里马耳迪(Grimaldi)在17世纪首先观察到光的衍射现象，他在一个小光源照明的小棍阴影中观察到了光带。但人们在日常生活中，不容易看到光偏离直线传播的现象，在一般光学实验中，反映的也是光在均匀媒质中的直线传播，那是因为光的波长较短。只有当障碍物(例如小孔、狭缝、小圆屏、毛发、细针等)的大小比光的波长大得不多时，才能观察到明显的光的衍射现象。

在实验室里，可通过图16-1所示的实验装置来观看光的衍射现象，$S$为线光源，$k$为可调节宽度的狭缝，$Z$为屏幕(均垂直于纸面)，当缝宽比光的波长大得多时，$Z$上出现一光带，这表明光在沿直线传播；若缝宽缩小到可以与光的波长相比拟时，在$Z$上出现光幕。虽然亮度降低，但范围却增大，形成明暗相间的条纹。其范围超过了光沿直线所能达到的区域，即形成了衍射。图16-2所示为几幅用激光照射不同开口形状的遮光屏产生的衍射现象。

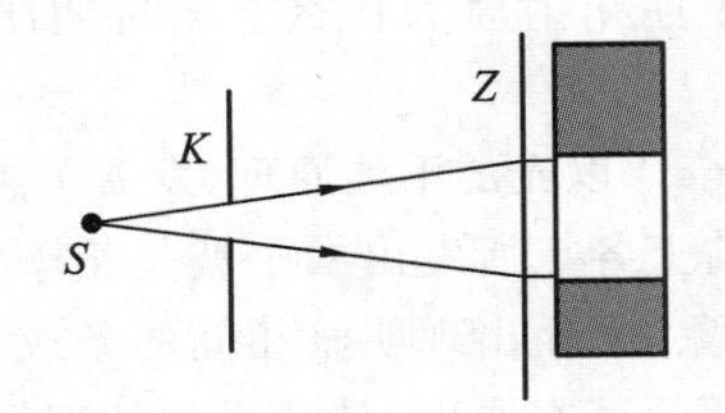

(a) 缝宽比波长大得多时，光沿直线传播

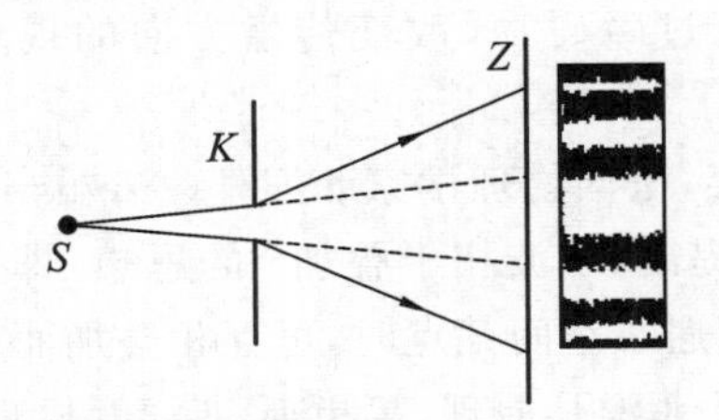

(b) 缝宽可与波长相比拟时，出现衍射条纹

图16-1　光的直线传播和光的衍射

通过实验发现以下几点：

(1) 衍射光波不仅绕过障碍物，使物体的几何阴影失去清晰的轮廓，而且在边缘还出现了明暗相间的条纹，屏上的明亮区域要比光的直线传播所达到的区域大得多。

(2) 光束在衍射屏上某一方位受到限制，则观察屏上的衍射图样就沿该方向展开，而且限制越严，扩展越烈。

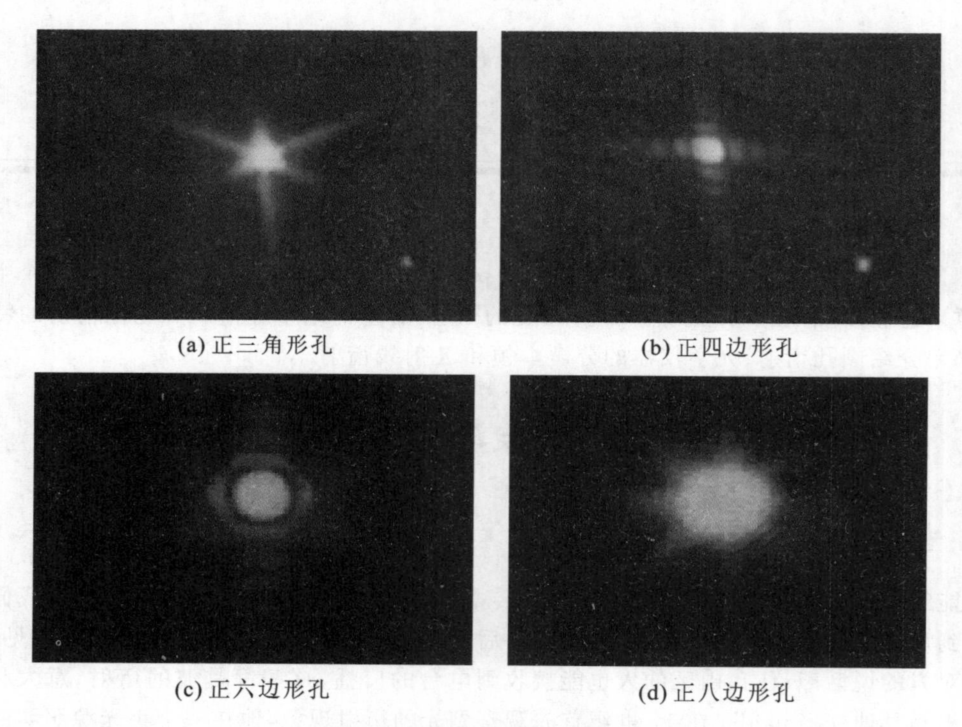

(a) 正三角形孔　(b) 正四边形孔

(c) 正六边形孔　(d) 正八边形孔

**图 16-2　不同形状衍射屏的衍射条纹**

(3) 当改变衍射屏上障碍物的线度,衍射图样的清晰度会发生改变,当障碍物的线度接近光波的波长时,衍射现象更加明显。

光线绕过障碍物偏离直线传播而进入几何阴影区域,并在屏幕上出现光强重新分布而形成明暗相间条纹的现象,称为光的衍射现象。

### 16.1.2　惠更斯-菲涅耳原理

1678 年,荷兰物理学家惠更斯(C. Huygens) 提出惠更斯原理,认为波前上的每一点都可以看作是发出球面子波的新的波源,这些子波的包络面就是下一时刻的波前。此原理可以定性地解释光绕过障碍物,改变传播方向的现象,但不能说明衍射时为什么会出现明暗相间的条纹。

1818 年,法国物理学家菲涅耳(Augustin Jean Fresnel) 以光的干涉原理,发展了惠更斯原理,进一步提出"子波相干叠加" 的思想,即:从同一波前上各点所发出的子波是相干波,在传播过程中相遇于空间某点时,可互相叠加而产生干涉现象,因而出现明暗相间的条纹。该原理称为惠更斯-菲涅耳原理。惠更斯-菲涅耳原理是波动光学的基本原理,是分析和处理衍射问题的理论基础。

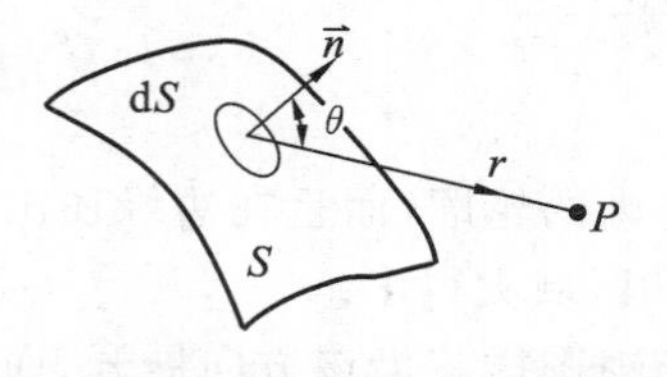


**图 16-3　菲涅耳衍射积分公式说明图**

根据这个原理,衍射现象中出现的明暗条纹是由于从同一个波前上发出的子波产生干涉的结果。如果已知某时刻的波前 $S$,就可以算出空间任意点 $P$ 处光振动的振幅。如图 16-3 所示,将波前 $S$ 分成许多面元 $\mathrm{d}S$,面元 $\mathrm{d}S$ 发出的子波在前方某点 $P$ 引起的光振动的振幅,与 $\mathrm{d}S$ 的大小成正比,与 $\mathrm{d}S$ 到 $P$ 点的距离 $r$ 成反比,并与 $r$

和面元 dS 法线方向 $\vec{n}$ 的夹角 $\theta$ 有关，$\theta$ 越大，振幅越小，当 $\theta \geqslant \frac{\pi}{2}$ 时，振幅为零。至于 $P$ 点处光振动的相位，则由 dS 到 $P$ 点的光程确定。因此，$P$ 点的总振动，为波前面 $S$ 上各面元 dS 所产生的子波在 $P$ 点相干叠加的总效果。

取 $t=0$ 时刻波阵面上各点发出的子波初相为零，则

$$E=\iint_S C\frac{K(\theta)}{r}\cos\left(\omega t-\frac{2\pi}{\lambda}r\right)\mathrm{d}S \tag{16-1}$$

式(16-1) 称为菲涅耳衍射积分公式，其中 $C$ 是比例系数，$K(\theta)$ 是随 $\theta$ 增大而减小的倾斜因子，当 $\theta=0$ 时，$K(\theta)=1$；当 $\theta \geqslant \frac{\pi}{2}$ 时，$K(\theta)=0$，表示子波不能向后传播。在一般情况下，式(16-1) 的积分是比较复杂的，在某些特殊情况下积分比较简单，并可以用矢量加法代替积分。

### 16.1.3　菲涅耳衍射和夫琅禾费衍射

在实验室里为了观察衍射现象，总是由光源、衍射屏和接收衍射图样的屏幕(称为观察屏)组成一个衍射系统。为了研究的方便，通常根据衍射系统中三者的相互距离的大小，将衍射现象分为两类，一类称为菲涅耳衍射(Fresnel diffraction)，另一类称为夫琅禾费衍射(Fraunhofer diffraction)。

当光源到衍射屏的距离或观察屏到衍射屏的距离不是无限大时，或两者中有一个不是无限大时所发生的衍射现象，称为菲涅耳衍射。可见在菲涅耳衍射中，入射光或衍射光不是平行光，或两者都不是平行光，如图 16-4 所示。其特点为观察比较方便，但定量计算却很复杂。

当光源到衍射屏的距离和观察屏到衍射屏的距离都是无限大时，所发生的衍射现象称为夫琅禾费衍射。可见在夫琅禾费衍射中入射光和衍射到观察屏上任意一点的光都是平行光，如图 16-5 所示。

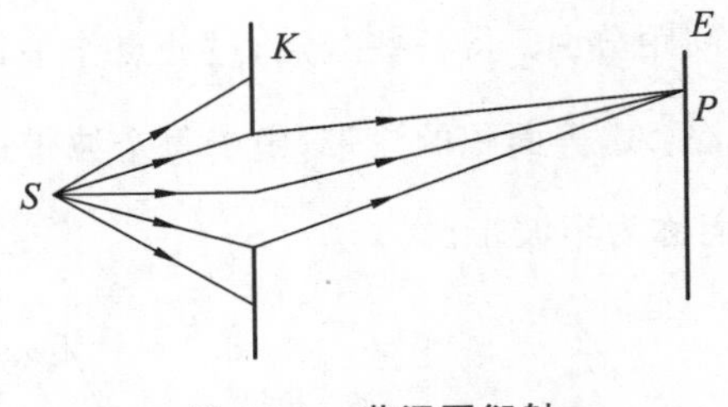


图 16-4　菲涅耳衍射

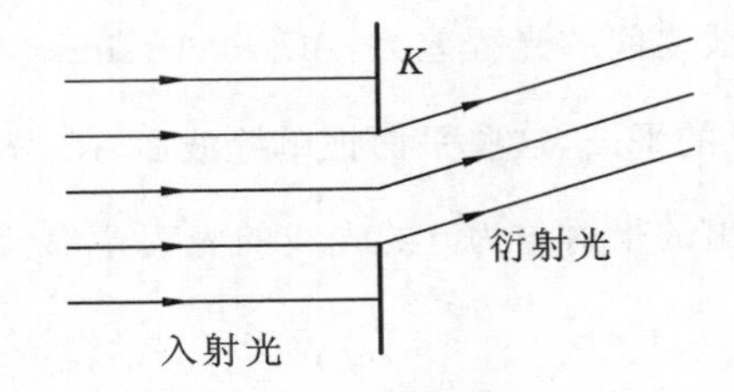


图 16-5　夫琅禾费衍射

光源到衍射屏的距离和观察屏到衍射屏的距离都是无限大是不现实的，在实验室里可借助于透镜来实现这“两个无限大”。将光源放置在汇聚透镜 $L_1$ 的焦点上，则从 $L_1$ 透射的光，即衍射屏的入射光就是平行光；同时将观察屏放置在汇聚透镜 $L_2$ 的焦平面上，则从 $L_2$ 透射的平行衍射光就能汇聚在观察屏上，这样衍射屏的入射光和衍射光也满足夫琅禾费衍射的条件，如图 16-6 所示。夫琅禾费衍射的特点是计算比较简单，便于研究，而且也是大多数实用场合需要考虑的情形。因此，下面重点讨论夫琅禾费衍射的现象。

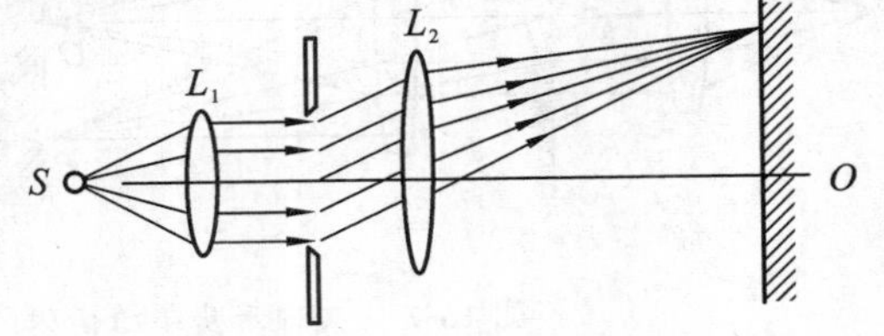


图 16-6　实验室中夫琅禾费衍射示意图

# 16.2　夫琅禾费单缝衍射

## 16.2.1　夫琅禾费单缝衍射实验装置

如图 16-7 所示，在遮光屏上开一条宽度为十分之几毫米的单缝，$AB$ 为单缝的截面，并在缝的前后各放一个透镜，光源 $S$ 和观察屏分别置于这两透镜的焦平面上。光源 $S$ 发出的光线，经 $L_1$ 后变成平行光束垂直照射在宽度为 $b$ 的单缝上，显然单缝截面 $AB$ 位于入射平行光束的同一波阵面上，该波阵面上各子波源向各个方向发射衍射光。按照惠更斯-菲涅耳原理，该波阵面上各子波源是相干光源且初相位相同，取衍射光与衍射屏法线的夹角为衍射角 $\theta$，那么同一衍射角的衍射光通过透镜 $L_2$ 汇聚于透镜 $L_2$ 焦平面上同一点，并且汇聚于焦平面上同一点的光束之间的光程差，随衍射角 $\theta$ 不同而发生变化，于是在位于焦平面处的观察屏上就出现平行于单缝的明暗相间的衍射图样。

## 16.2.2　菲涅耳半波带法

我们先考察衍射角 $\theta = 0$ 的一束平行光 ①，它们由垂直于透镜主光轴的 $AB$ 波阵面发出时，具有相同的相位，经透镜 $L_2$ 汇聚于 $O$ 处(见图 16-7)，由透镜的等光程原理，它们到达屏幕上的光程差总是为零。因此 $O$ 处的光矢量振幅为各分振动振幅之和。这样，在正对狭缝中心的 $O$ 处将是一条明纹的中心，这条明纹叫作中央明纹。

下面来讨论当衍射角 $\theta \neq 0$ 时的情况。衍射角为 $\theta$ 的一束平行光 ②，经透镜后聚焦在屏幕上 $P$ 点，如图 16-7 所示，那么 $P$ 点处是干涉加强还是干涉减弱呢？我们用菲涅耳半波带法来确定。如图 16-8 所示，过 $B$ 点作平面 $BC$ 与衍射光 ② 垂直，由于光通过透镜不产生额外的光程差，所以这些衍射角为 $\theta$ 的光线间的光程差取决于它们各自在 $AB$ 与 $BC$ 面间的光程，两条边缘光线之间的光程差为：$AC = AB\sin\theta = b\sin\theta$。以 $\dfrac{\lambda}{2}$ 为间距分 $AC$ 得一些分点，过分点作平行于 $BC$ 的平面，这些平面把单缝波面 $AB$ 分成 $AA_1$，$A_1A_2$，$A_2A_3$ 等面积的波带，由于每个波带边缘发出的衍射角为 $\theta$ 的光线的光程差都为 $\dfrac{\lambda}{2}$，因而把它们称为半波带。

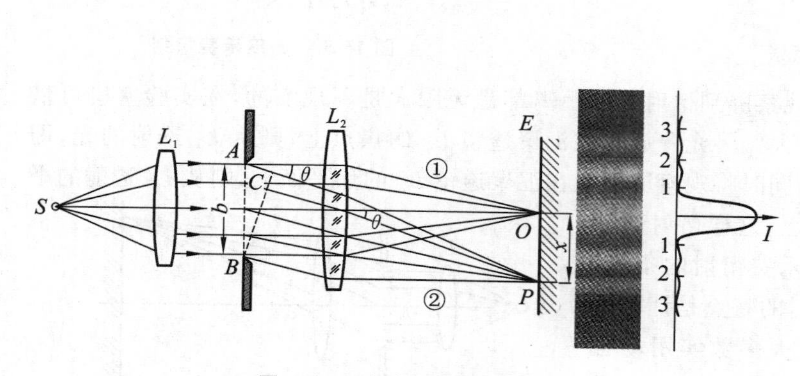

图 16-7　夫琅禾费单缝衍射

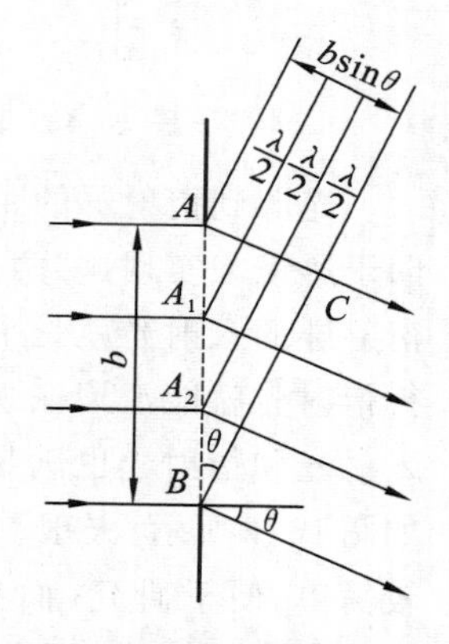

图 16-8　菲涅耳半波带法

由于各个波带的面积相等，所以各个波带在 $P$ 点所引起的光振幅接近相等。两相邻的波带上，任何两个对应点所发出的衍射角为$\theta$的光线的光程总是$\frac{\lambda}{2}$，亦即相位差总是$\pi$。因此任何两个相邻波带所发出的光线在$P$点合成时，将相互抵消。

由上面的分析，我们可以给出以下结论：如果单缝处波阵面被分成偶数个半波带，即

$$b\sin\theta = \pm 2k\frac{\lambda}{2} \quad (k=1,2,3\cdots) \tag{16-2}$$

则由于所有波带的作用成对地相互抵消，所以合振幅为零，在$P$点将出现暗条纹。如果单缝处波阵面被分为奇数个半波带，即

$$b\sin\theta = \pm(2k+1)\frac{\lambda}{2} \quad (k=1,2,3\cdots) \tag{16-3}$$

则相邻的两相半波带相互抵消，最后只留下一个波带的光线进行叠加，在$P$点将出现明条纹，而且$\theta$角越大，单缝波面$AB$分成的半波带的数目越多，一个半波带面积越小，明纹光强越弱。如果不能刚好被分成半波带的整数倍，则其条纹光强度介于明纹与暗纹之间。

因而单缝衍射条纹公式如下：

$$b\sin\theta = \begin{cases} 0 & \text{中央明纹} \\ \pm k\lambda = \pm(2k)\frac{\lambda}{2} \quad k=1,2,\cdots & \text{暗纹} \\ \pm(2k+1)\frac{\lambda}{2} \quad k=1,2,\cdots & \text{明纹} \end{cases} \tag{16-4}$$

$k$称为衍射级次，$2k$和$2k+1$为单缝波面上可分出的半波带数目，正负号“$\pm$”表示明暗条纹对称分布在中央明纹的两侧。

### 16.2.3　夫琅禾费单缝衍射图样分析

为了深刻理解单缝衍射，现做以下一些讨论。

1. 条纹位置

如图16-7所示，衍射条纹中心的坐标$x$与透镜焦距$f$之间的关系为

$$\tan\theta = \frac{x}{f} \tag{16-5}$$

因$f \gg b$，因而$\theta$角非常小，所以有

$$\theta \approx \tan\theta \approx \sin\theta \tag{16-6}$$

将式(16-5)、式(16-6)代入式(16-4)，得到单缝衍射条纹中心的坐标$x$的关系式

$$x = \begin{cases} \pm\frac{f}{b}k\lambda \quad k=1,2\cdots & \text{暗纹位置} \\ \pm\frac{f}{b}(2k+1)\frac{\lambda}{2} \quad k=1,2\cdots & \text{明纹位置} \end{cases} \tag{16-7}$$

2. 明条纹宽度和条纹间距

在单缝衍射实验中，由于观看效果为明条纹比暗条纹宽很多，所以通常把相邻两个暗纹间的距离叫作明条纹的宽度，即

$$\Delta x = x_{k+1} - x_k = \frac{(k+1)\lambda f}{b} - \frac{k\lambda f}{b} = \frac{\lambda f}{b} \tag{16-8}$$

这既是明纹宽度又是暗纹间距。类似简单推算,可以证明暗纹间距也是一样的结果。要注意的是结果与 $k$ 无关,也就是说,除中央明条纹外,各明条纹是等间距、等宽度的。中央明条纹的宽度是两个一级暗纹间的距离,即中央明条纹的宽度由式(16-7)可得

$$\Delta x_0 = 2\frac{f\lambda}{b} \tag{16-9}$$

为其他明纹宽度的2倍。

### 3. 波长 $\lambda$、缝宽 $b$ 与条纹关系

式(16-8)表明,明条纹的宽度正比于波长 $\lambda$,反比于缝宽 $b$。对给定波长 $\lambda$ 的单色光来说,$b$ 越小,明纹越宽,这时条纹间距也越大,亦即衍射作用越显著;反之,$b$ 越大,明纹越窄,条纹间距也越小,这些条纹都向中央明纹靠近,衍射作用也就越不显著。当 $b \gg \lambda$ 时,各级衍射条纹全部并入 $O$ 点附近而分辨不清,只能观察到一条明条纹,它就是从单缝射出的平行光束通过透镜所成的像,这时光可看成是直线传播的。由此可见,通常所说的光的直线传播现象,只是在光的波长较透光孔或缝(或障碍物)的线度小很多时,即衍射现象不显著时的情况。由于几何光学是以光的直线传播为基础的理论,所以几何光学是波动光学在 $\frac{\lambda}{b} \to 0$ 时的极限情况。或者说光的直线传播只在 $b \gg \lambda$ 时成立,这一条件称为几何光学的限度。

对一定缝宽的单缝,用不同波长的单色光照射,同一级明纹的位置坐标 $x$ 不同,$\lambda$ 越大,$x$ 越大。如果用白光照射,白光中各种波长的光抵达 $O$ 点时,都没有光程差,所以中央是白色明条纹,但在 $O$ 点两侧的各级条纹中,各种单色光的条纹将按波长排列,最靠近 $O$ 的为紫色,最远的为红色。这种由衍射所产生的彩色条纹称为衍射光谱。

### 4. 单缝平移与图样的关系

当单缝垂直于透镜光轴稍微向上、下平移时,屏幕上的衍射图样没有改变。因为单缝位置平移时,不影响 $L$ 汇聚光的作用,衍射角 $\theta$ 相同的光束经汇聚透镜 $L_2$ 后汇聚于相同的一点,不会因为光束来自上部或下部而有区别,此时汇聚位置不变,所以观察屏上图样不变。这一点对讨论光栅衍射非常重要。

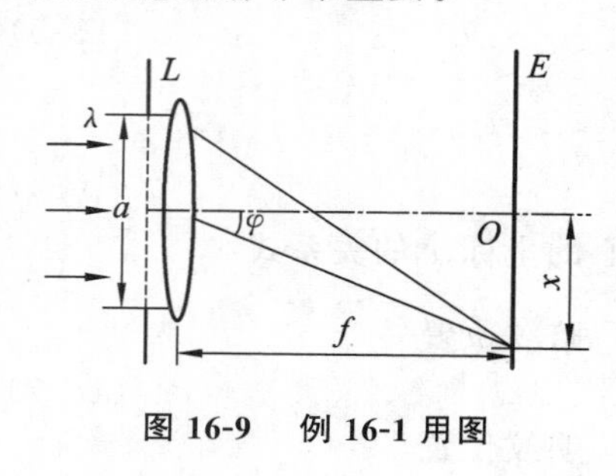

**图 16-9　例 16-1 用图**

**例 16-1**　如图 16-9 所示,波长为 $\lambda = 500$ nm 的单色光,垂直照射到宽度为 $a = 0.25$ mm 的单缝上。在缝后放置一凸透镜 $L$,使之形成衍射条纹,若透镜焦距为 $f = 25$ cm,求:(1) 屏幕上第一级暗条纹中心与点 $O$ 的距离;(2) 中央明条纹的宽度;(3) 其他各级明条纹的宽度。

**解**　(1) 根据单缝衍射暗条纹满足条件有

$$x = \pm k\frac{f\lambda}{b} \quad k = 1,2\cdots \tag*{①}$$

对于第一级暗条纹 $k = 1$,有

$$x_1 = \frac{f\lambda}{a} \tag*{②}$$

把 $f = 25$ cm,$\lambda = 500$ nm $= 5\times10^{-5}$ cm,$a = 0.25$ mm $= 0.025$ cm 代入式②,得第一级暗条纹中心与点 $O$ 的距离

$$x_1 = \frac{25 \times 5 \times 10^{-5}}{0.025}\ \text{cm} = 0.05\ \text{cm}$$

(2) 欲求中央明条纹的宽度，只需求中央明条纹上、下两侧第一级暗纹间的距离 $x_0$，由式②，有

$$x_0 = 2x_1 = \frac{2\lambda f}{a} = 2 \times 0.05\ \text{cm} = 0.10\ \text{cm}$$

(3) 设其他任一级明条纹的宽度(即相邻暗条纹中心位置间的距离)为 $\Delta x$。按式①有

$$\Delta x = x_{k+1} - x_k = \left[\frac{(k+1)\lambda}{a} - \frac{k\lambda}{a}\right]f = \frac{f\lambda}{a} = x_1 = 0.05\ \text{cm}$$

## 16.3　夫琅禾费圆孔衍射

将上节单缝衍射屏换成圆孔衍射屏，就成为夫琅禾费圆孔衍射，由于光学仪器中所用的孔径光阑、透镜的边框等都相当于一个透光的圆孔，而圆孔的夫琅禾费衍射对光学系统的成像质量有直接影响。因此研究圆孔夫琅禾费衍射具有重要的实际意义。

### 16.3.1　夫琅禾费圆孔衍射

用圆孔代替图 16-7 中的单缝，如图 16-10 所示，用单色光照射小圆孔时，在透镜 $L$ 的焦平面处的屏幕上，将呈现夫琅禾费圆孔衍射图样，它是由中央圆形亮斑以及外围一系列明暗相间的同心圆环组成。中央圆形亮斑通常称为艾里斑(Airy disk)，图样条纹的位置和光强分布可用惠更斯-菲涅耳原理计算求得，经计算可知艾里斑集中了衍射光能的 83.8%，而第一级亮环只占 7%。

下面来讨论艾里斑，如图 16-11 所示，设圆孔的直径为 $D$，光波波长为 $\lambda$，艾里斑的直径为 $d$，透镜 $L$ 的焦距为 $f$，艾里斑对透镜中心的张角为 $2\theta$，由理论推导可知

$$2\theta = \frac{d}{f} = 2.44\,\frac{\lambda}{D}$$

则艾里斑的线半径

$$r = f\theta = 1.22\lambda\,\frac{f}{D} \tag{16-10}$$

由式(16-10)可见，艾里斑的大小与衍射孔的孔径 $D$ 成反比。对于光学仪器而言，成像质量好坏与艾里斑有关，下面就来讨论这个问题。

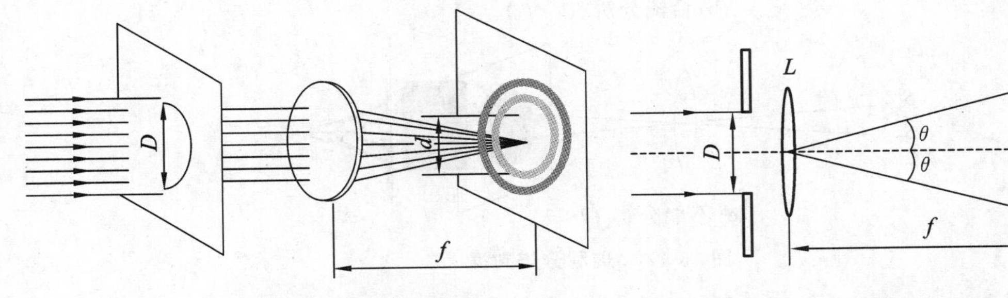


图 16-10　夫琅禾费圆孔衍射实验　　图 16-11　艾里斑对透镜中心的张角

### 16.3.2　光学仪器分辨率

从几何光学的观点来说,物体通过光学仪器成像时,每一物点就有一对应的像点。但从波动光学的角度来看,由于光的衍射,像点已不是一个几何的点,而是有一定大小的艾里亮斑。如果两个物点的距离很小,对应的艾里斑互相重叠,即使光学系统的放大率很高,所成的像对眼睛的张角很大,但仍然有可能不能分辨它们,不知道这是两个物点成的像,还是一个物点成的像。所以说,光的衍射现象限制了光学系统的分辨能力,并且这是光学系统普遍存在的问题。下面借助于光衍射的规律分析光学系统的分辨本领。

设 $S_1$,$S_2$ 为距透镜 $L$ 很远的两个物点,由它们发出的光可以看作平行光,透镜的边框相当于一圆孔,所以,$S_1$,$S_2$ 发出的光通过 $L$ 在焦平面上分别形成两个艾里亮斑。如果 $S_1$,$S_2$ 相距较远,则它们也较远(见图 16-12(a))。我们可以分辨出这两个物点的像。如果 $S_1$,$S_2$ 相距很近,使它们的艾里亮斑大部分重叠(见图 16-12(c)),则分辨不出有两个物点存在。对于一定的光学仪器来说,能分辨得开的两个物点的最小距离是多大呢?我们以两个物点对透镜光心的最小夹角是多大来衡量,瑞利(Lord Rayleigh) 曾提出了一个判断标准。此判据如下:两个物点形成的两艾里斑中心距离为艾里斑的半径时,即一个艾里斑的中心和另一艾里斑的边缘相重合(见图 16-12(b)),这时两个艾里斑重合的中心处的光强约为每个艾里斑中央最大处光强的 80%,一般人眼刚好能分辨出这是两个物点的像,就认为这两物点恰能被这光学仪器分辨。这时两个艾里斑中心对透镜光心所张的角 $\theta_0$(即两个物点对透镜光心的张角) 等于爱里斑的半角宽度 $\theta$,这一条件称为瑞利分辨判据。

$$\theta_0 = \theta = 1.22\frac{\lambda}{D} \tag{16-11}$$

式中,$D$ 为圆孔直径;$\theta_0$ 称为光学仪器的最小分辨角,其倒数称为光学仪器的分辨本领。

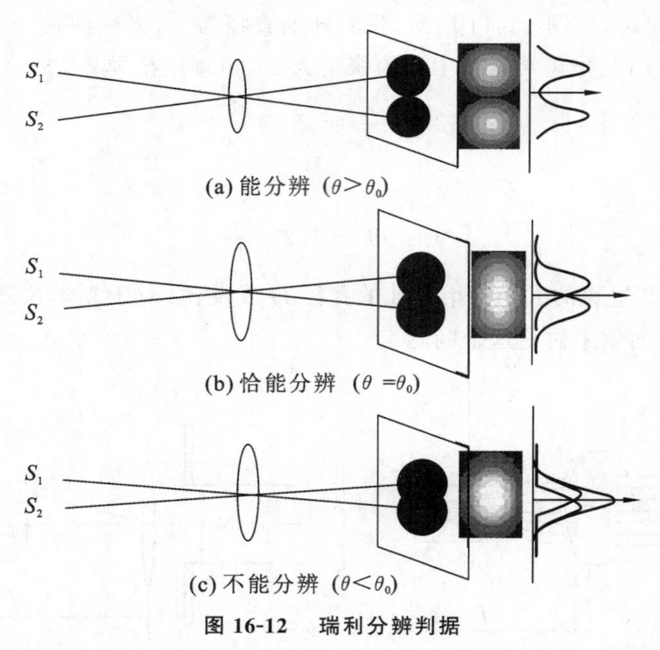


**图 16-12　瑞利分辨判据**

式(16-11) 表明,光学仪器的分辨本领与仪器的孔径成正比,与所用光波的波长成反比。望远镜的分辨本领由物镜决定,因为目镜的作用只是把物镜所成的像加以放大。要提高其分辨本领就要增大物镜的直径，近代建造的大型天文望远镜，物镜的直径 $D$ 可达到几米，增大物镜孔径的余地是有限的，而使用短波光却是提高光学仪器分辨本领的有效途径。近代物理学表明，一切微观粒子都具有波动性，其波长与其动量成反比。所以，以一定速率运动的电子束，就是一束波，当加速电压为 100 V 时，波长是 0.123 nm，当加速电压为 10 000 V 时，波长可达 0.0122 nm。可见电子波的波长是很短的，这正是电子显微镜具有高分辨本领的原因。

**例 16-2**　已知天空中两颗星相对于一望远镜的角距离为 $4.84\times10^{-6}$ rad，它们都发出波长 $\lambda=5.50\times10^{-5}$ cm 的光。试问：望远镜的口径至少要多大，才能分辨出这两颗星。

**解**　由瑞利分辨判据有

$$\theta=1.22\,\frac{\lambda}{d}$$

故

$$d=1.22\,\frac{\lambda}{\theta}=\frac{1.22\times5.50\times10^{-7}}{4.84\times10^{-6}}\ \mathrm{m}=0.14\ \mathrm{m}$$

即望远镜的口径至少要 0.14 m，才能分辨出这两颗星。

## 16.4　光栅衍射

虽然我们可以利用单缝衍射条纹来测定光波的波长，但为了提高测量精度，就需要单缝衍射条纹既有足够的亮度又彼此分得开，然而要想使单缝各级衍射条纹分开，缝宽 $b$ 必须甚小，$b$ 太小，通过的光强又太弱，为了克服这一困难，实际上测定光波的波长时，往往利用光栅所形成的衍射现象。

### 16.4.1　衍射光栅

衍射光栅是一种很有用的光谱分析元件，它是由大量等宽、等间距平行排列的狭缝（或反射面）构成的光学元件。它是夫琅禾费于1821年左右发明的，在玻璃片上刻画出一系列平行等距的划痕，称为透射光栅，刻过的地方因漫反射而不透光，未刻的地方透光。设透光狭缝宽为 $b$，不透光的刻痕宽为 $b'$，则 $b+b'$ 称为光栅常数，如图 16-13 所示。光栅常数代表相邻两缝对应点之间的距离，是代表光栅性能的重要参数，通常在 1 cm 内刻画 $10^3\sim10^4$ 条刻痕，其光栅常数为 $10^{-6}\sim10^{-5}$ m 的数量级。

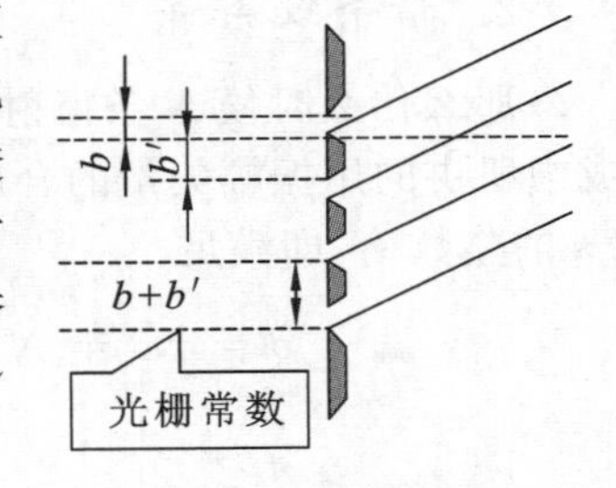


**图 16-13　透射光栅**

### 16.4.2　光栅衍射条纹

如图 16-14 所示，设平面单色光波垂直入射到光栅表面 $G$ 上，在光栅表面成一波阵面。衍射光通过透镜 $L$ 聚焦在焦平面上，于是在观察屏上就出现衍射图样。如果将衍射光栅的缝都遮挡住，只留下一条缝，这时观察屏上就呈现单缝衍射图样。若换成另一条缝单独开放，其余的也遮挡住，则观察屏上仍然是同样的单缝衍射图样，位置和强度分布都毫无变化。这是因为单缝衍射时，$P$ 点的光强是由衍射角 $\theta$ 决定的，而与缝的上下平移位置无关。每条缝同一衍射角 $\theta$ 的衍射光，相交在透镜 $L$ 焦平面上同一点，具有相同的振幅，即相同的强度。这样，当 $N$ 条缝同时都开放时，便有 $N$ 套完全重合的单缝衍射条纹叠加在一起。由于各缝的衍射光来自同一波阵面（光栅实际上是一分波阵面装置），因而各缝透过的光是相干的，所以，在接收屏上得到的光栅衍射条纹是单缝衍射和缝间衍射光干涉的共同结果，光强分布的情况就与单缝衍射大不一样了。

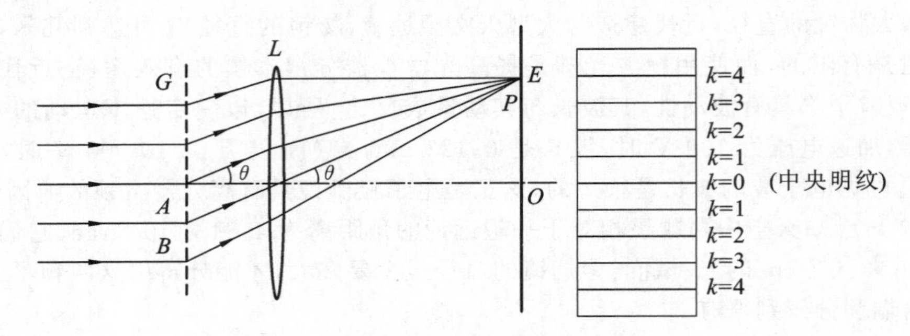


**图 16-14　光栅衍射**

### 1. 主明纹条件

现在考虑从各狭缝射出的衍射角同为$\theta$的衍射光。任意相邻两缝对应点(两缝几何位置相同部位,不对应点的情况与单缝衍射相似)的光程差为$\delta=(b+b')\sin\theta$。当相邻两缝相应点发出的光线在$E$上相遇,光程差为$\lambda$的整数倍时,即

$$\delta=(b+b')\sin\theta=\pm k\lambda \quad (k=0,1,2\cdots)$$

两相邻缝对应点的衍射光在观察屏的$P$点干涉结果是加强的,进而可知,所有缝间对应点的衍射光在该处都是加强的。故$P$点出现明纹。可见

$$(b+b')\sin\theta=\pm k\lambda \quad (k=0,1,2\cdots) \tag{16-12}$$

为干涉加强的必要条件(是出现明纹的必要条件),式(16-12)称为光栅方程(grating equation)。满足光栅方程而形成的明纹称为主明纹。这时在$P$点的合振幅应是来自一条缝的光的振幅的$N$倍,而合光强将是来自一条缝的光强的$N^2$倍。这就是说,光栅的多光束干涉形成的明纹的亮度要比一条缝发出的光的亮度大多了。

### 2. 暗条纹条件

那么什么时候$N$条衍射角同为$\theta$的衍射光,在观察屏上形成暗条纹呢?按照在简谐振动合成中所讲的用振幅矢量的合成来求合振幅的方法,如果从$N$个缝发出的光束的相位差之和是$2\pi$的整数倍,即满足

$$\sum\delta=N\delta=N\frac{2\pi}{\lambda}(b+b')\sin\theta=2k'\pi \quad k'=\pm1,\pm2,\cdots \quad k'\neq Nk \tag{16-13}$$

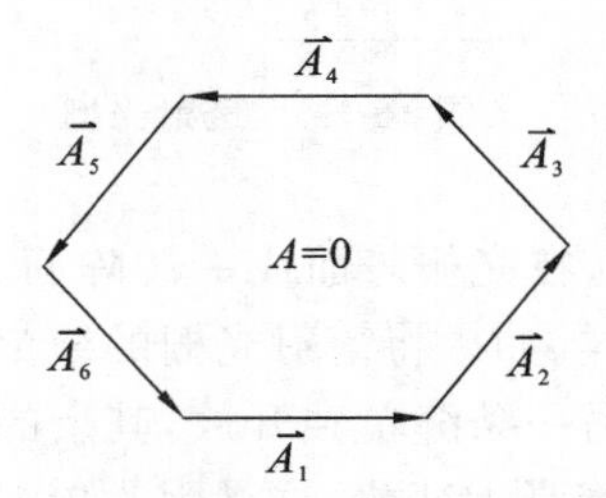


**图 16-15　$N$个光振动矢量的叠加**

时,$N$束光干涉相消,在屏上出现暗条纹。这相当于$N$个振动矢量首尾连接成一个闭合的多边形,如图16-15所示。显然式(16-13)可以改写为

$$(b+b')\sin\theta=\pm\frac{k'\lambda}{N} \quad k'=1,2,\cdots,N-1,N+1,N+2\cdots \tag{16-14}$$

式(16-14)称为暗纹方程。

将式(16-12)和式(16-13)比较可知:$k'\neq kN$。$k'=kN$属于出现主明条纹的情况,而且在0级主明纹和一级主明纹($k=0,k'=0$和$k=1,k'=N$)之间有$N-1$条暗纹,在每两个暗纹之间必有一明纹,因此在0级主明纹和一级主明纹之间还有$N-2$条明纹,由于它的亮度远不如主明纹,故称为次明纹。由于次明纹的强度甚小,当$N$很大时,光栅衍射的暗纹和次明纹已连成一片,形成微亮的暗背景,除理论研究外,无实际意义。

由式(16-12)可知,主明纹的位置与缝数 $N$ 无关,但从上面的分析知道,在相邻两主明纹之间有 $N-1$ 条暗纹、$N-2$ 条次明纹,所以,总缝数 $N$ 越大,亮纹越细锐,这正是多光束干涉的特点。

3. 缺级问题

如果衍射角 $\theta$ 满足光栅方程

$$(b+b')\sin\theta=\pm k\lambda \quad (k=0,1,2,\cdots)$$

同时又满足单缝衍射时暗纹公式

$$b\sin\theta=\pm k'\lambda \quad (k'=1,2,\cdots)$$

即屏上光栅衍射的某一级主明纹刚好落在单缝衍射的光强为零处,则光栅衍射图样上便缺少这一级主明纹,这一现象称为缺级。

若有缺级时,则有

$$\begin{cases}(b+b')\sin\theta=\pm k\lambda\\ b\sin\theta=\pm k'\lambda\end{cases}$$

上两式相除得

$$\frac{b+b'}{b}=\frac{k}{k'} \tag{16-15}$$

发生缺级的主极大级次为

$$k=\frac{b+b'}{b}k' \quad (k'=1,2,\cdots) \tag{16-16}$$

如 $b+b'=4b$ 时,则 $k=\pm 4,\pm 8,\pm 12\cdots$ 时缺级。

如图16-16所示,不光是主明纹的出现受单缝衍射的影响,多缝干涉的各主明纹光强也受单缝衍射因子的调制作用而各不相同。中央主明纹光强最强,其余各级主明纹的光强逐渐减弱。即单缝衍射强度分布曲线给出了各级主极大强度分布的"轮廓",决定了光强在各主极大之间如何分配,多光束干涉和单缝衍射共同决定了光栅衍射的总光强分布。

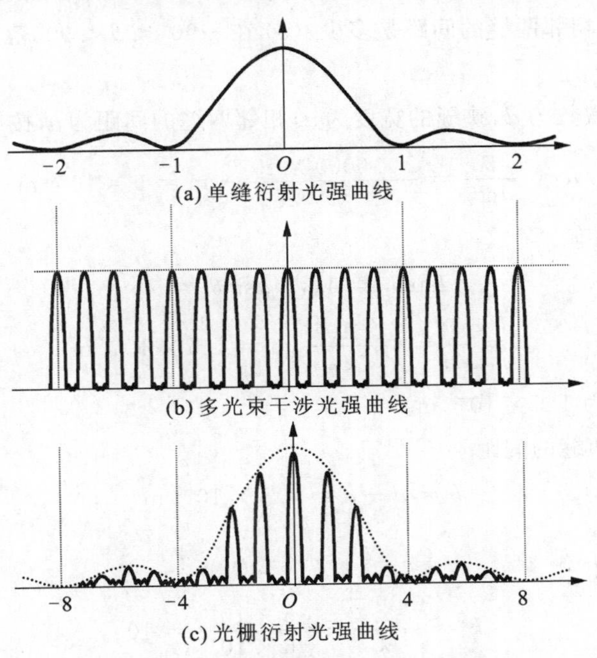


图16-16　光栅衍射条纹缺级、光强分布情况

### 16.4.3　光栅光谱

以上仅对单色光进行讨论，由光栅方程可知，在光栅常数 $b+b'$ 一定时，主明纹衍射角 $\theta$ 的大小和入射光的波长有关。假如用白色平行光照射光栅，其中的各种单色光将各自产生衍射条纹。各种波长的中央亮条纹($k=0$)重叠在一起，仍呈白色。在中央亮条纹的两侧对称地排列着各色的第一级亮条纹、第二级亮条纹等，且两侧的各级明纹都由紫到红对称排列着。这些彩色光带叫作衍射光谱，如图 16-17 所示。由于波长短的光的衍射角小，波长长的光的衍射角大，所以紫光(图中以 V 表示)靠近中央明纹，红光(图中以 R 表示)远离中央明纹。从图中还可以看出，级数较高的光谱中有部分谱线是彼此重叠的。

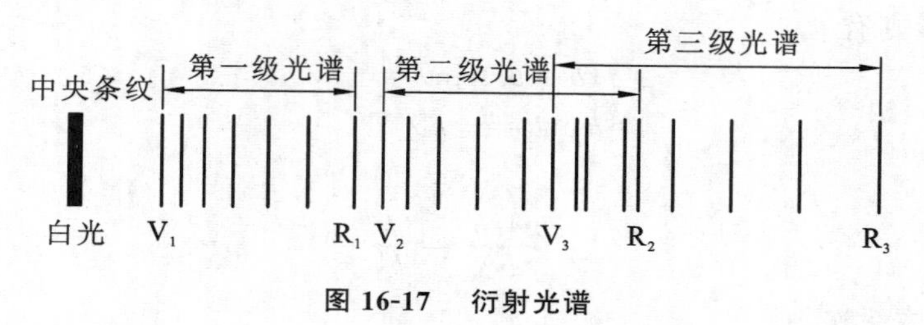


图 16-17　衍射光谱

各种元素(或化合物)都有自己特定的光谱，测定光谱中各谱线的波长成分和相对强度，可以分析该物质的成分和含量，这种分析方法叫作光谱分析。光栅光谱在谱图上排列均匀，测量比较方便。而对棱镜而言，如果角度不大，$\sin\theta\approx\theta$，则 $\theta\propto\lambda$，即不同的波长分开不同的角度，两者成正比关系。由于棱镜光谱为非线性关系，故不易测量。

**例 16-3**　波长为 6000 Å 的单色光垂直入射在一光栅上，第二和第三级谱线分别出现在衍射角 $\theta$ 满足关系式 $\sin\theta_2=0.20$ 和式 $\sin\theta_3=0.30$ 处，第四级缺级，试问：(1) 光栅上狭缝的宽度有多大？(2) 光栅上相邻两缝的间距是多少？(3) 在 $-90°<\theta<90°$ 范围内，实际呈现的全部级数是多少？

**解**　(1) 设光栅常数为 $d$，狭缝的宽度为 $a$，相邻两缝的间距为 $b$，按题意有 $d\sin\theta_2=2\lambda$，故

$$d=\frac{2\lambda}{\sin\theta_2}=\frac{2\times6000\times10^{-10}}{0.20}\ \mathrm{m}=6\times10^{-6}\ \mathrm{m}$$

由于第四级缺级，因而有

$$d\sin\theta_4=4\lambda,\quad a\sin\theta_4=\lambda$$

$$a=\frac{d}{4}=\frac{6\times10^{-6}}{4}\ \mathrm{m}=1.5\times10^{-6}\ \mathrm{m}$$

即光栅上狭缝的宽度为 $1.5\times10^{-6}$ m。

(2) 光栅上相邻两缝的间距

$$b=d-a=4.5\times10^{-6}\ \mathrm{m}$$

(3) 当 $\theta=90°$，有

$$k=\frac{d\sin\frac{\pi}{2}}{\lambda}=\frac{6\times10^{-6}}{6\times10^{-7}}=10$$

所以实际呈现的全部谱线级别为 $-9,-7,-6,-5,-3,-2,-1,0,1,2,3,5,6,7,9$，共15条。

# 16.5　X射线的晶体衍射

## 16.5.1　X射线

X射线(X-ray)也称伦琴射线,是伦琴(Wilhelm Conrad Röntgen)于1895年发现的。它是在高速电子流轰击金属靶的过程中产生的一种波长极短的电磁辐射。图16-18所示为X射线管的结构示意图。X射线管是一个抽成真空的玻璃泡,其中密封有电极K和P。K是发射电子的热阴极,P是阳极。两极间加数万伏高电压,阴极发射的电子,在强电场作用下加速,高速电子撞击阳极(靶)时,就从阳极发出X射线。X射线的波长处于0.01～10 nm的范围,由于它是不带电的粒子流,所以不受电磁场的作用,并具有很强的穿透能力。

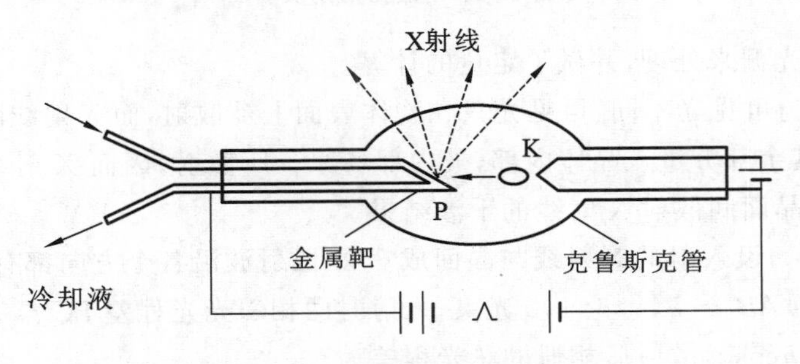


图16-18　X射线管的结构示意图

## 16.5.2　劳厄实验

由于X射线是一种波长极短的电磁波,当时很难用实验证明。普通的光学光栅虽然可以用来测定光波波长,但因光栅常数限制,对波长极短的电磁波无法测定。因此,长期以来,人们苦于用机械方法来制造伦琴射线可用的光栅。

晶体的特点是外部具有规则的几何形状,内部原子具有周期性的空间排列。如果我们将晶体中的原子视为不透光的部分,原子的间隙视为透光的部分,那么,晶体应该是很理想的三维光栅。1912年劳厄(Max Von Laue)提出,既然结晶固体中的点阵粒子之间的距离与X射线的波长同数量级,可以把结晶固体作为X射线的天然衍射光栅,这种设想得到了实验验证。

1912年劳厄用一束具有连续波长的X射线穿过铅板上的小孔射到单晶片上,衍射的X射线使照相底片感光,在照相底片上感光形成按一定规则分布的许多斑点,叫作劳厄斑点(Laue spots),如图16-19(b)所示。晶体衍射的实验装置如图16-19(a)所示。X射线的衍射实验揭示了X射线具有波动性,同时也反映出晶体内部原子的规则排列结构。

## 16.5.3　布拉格方程

下面来分析X射线在晶体中的衍射。当X射线照射到晶体上时,晶体各层面的原子或离子内部的电子,在外来X射线的电磁场作用下将发生强迫振荡,从而向周围发射同频率的电磁波(这种情形也称为散射),晶体的点阵粒子成为发射X射线的子波波源,称为衍射中心,而各子波射线将发生干涉。1913年,布拉格父子,提出了一种解释X射线衍射的方法,他们把晶体的

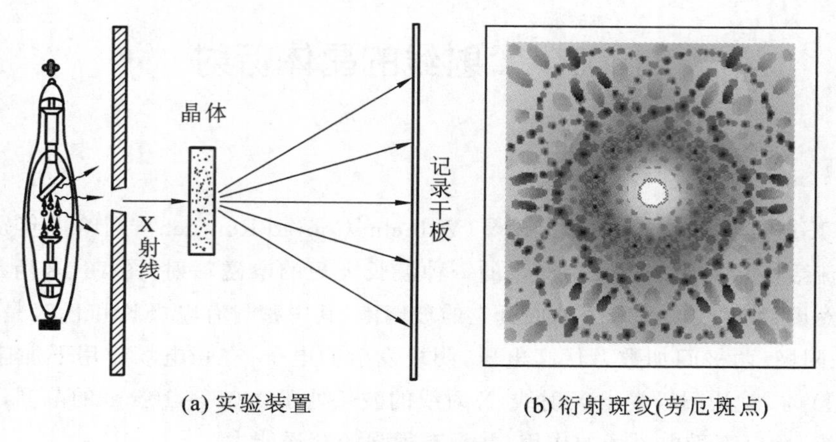


(a) 实验装置　　(b) 衍射斑纹(劳厄斑点)

**图 16-19　晶体衍射实验**

空间点阵当作衍射光栅来处理,并做了定量的计算。

X 射线的散射与可见光不同,可见光只在物体表面上被散射,而 X 射线除一部分在表面原子层上被反射外,其余部分进入晶体内部,被内部各原子所散射。因而 X 射线的晶体衍射是由同一晶面上和不同晶面间散射 X 射线的干涉结果。

如图 16-20 所示,设入射的 X 射线与晶面成 $\theta$ 角,散射波沿各个方向都有,现取沿 $\varphi$ 方向,$\varphi$ 是散射角。原子间距 $AB = h$,讨论 1,2 光束,入射时两相邻光光程差 $BC = h\cos\theta$,散射时两相邻光光程差 $AD = h\cos\varphi$,散射后相遇的总光程差为

$$\delta = AD - BC = h(\cos\varphi - \cos\theta) = k\lambda$$

我们知道零级干涉条纹的强度最大,即 $k = 0, \delta = 0, \varphi = \theta$时为干涉最强处,这表示各原子层散射射线中满足反射定律的散射射线相遇,干涉最强。而在其他方向上衍射的 X 射线强度较弱。

由不同晶面上"反射"(由于满足反射定律的散射射线干涉最强,因而不同晶面间散射的 X 射线的干涉,只讨论散射角等于入射角的散射射线的干涉)的 X 射线还要发生干涉。如图 16-21 所示,X 射线以掠射角 $\theta$(X 射线入射方向与原子层平面之间的夹角)射到晶面上,晶面间距为 $d$(称为晶格常数),则相邻两原子层的反射线的光程差为

$$\delta = AC + BC = 2d\sin\theta$$

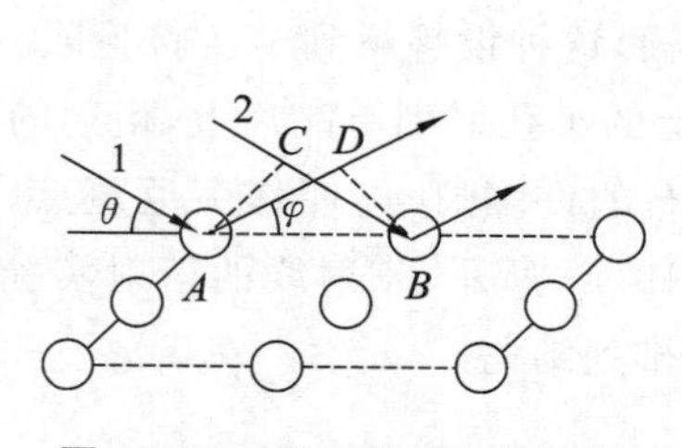


**图 16-20　同层晶面上的反射**

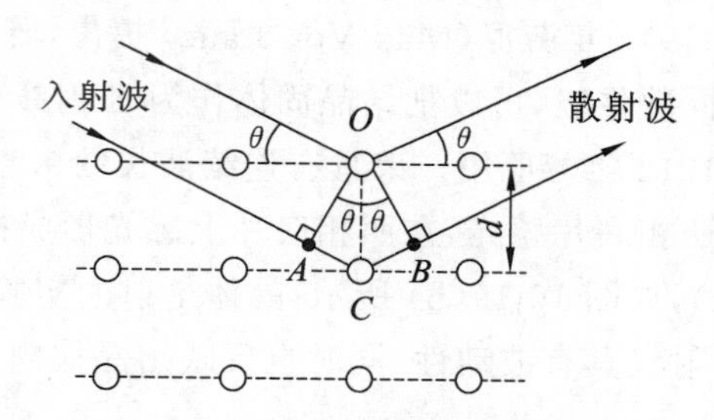


**图 16-21　不同层晶面上的反射**

所以,两反射光干涉加强的条件为

$$2d\sin\theta = k\lambda \quad k = 1,2\cdots \tag{16-17}$$

式(16-17) 就是晶体衍射的布拉格方程(Bragg equation)。只有当 X 射线的掠射角 $\theta$ 满足此式时才会得到不同原子层反射加强的图样,只有在衍射角等于掠射角的方向上才有加强的

衍射。

由布拉格方程可以看出，如果晶体结构（晶面间距为 $d$）已知，则可测定X射线的波长。反之，如果X射线波长 $\lambda$ 已知，在晶体上衍射，则可测出晶面间距 $d$，从而可推出晶体结构，进而研究材料性能。这种研究已经发展为一门独立的学科，叫作X射线结构分析。

**例 16-4**　一已知波长 $\lambda = 0.599\ \text{Å}$ 的平行X射线，以 $16°2'$ 掠射角射向某一晶体表面时，出现第三级反射极大。当一未知的平行X射线以 $14°42'$ 掠射角射向同一晶体表面时，出现第一级反射极大，试求该晶体的晶格常数以及未知X射线的波长。

**解**　由布拉格方程得

$$2d\sin\theta_1 = 3\lambda$$

$$d = \frac{3\lambda}{2\sin\theta_1} = \frac{3\times 0.599}{2\times\sin 16°2'}\ \text{Å} = 3.26\ \text{Å}$$

$$\lambda_X = 2d\sin\theta_X = 2\times 3.26\times\sin 14°42'\ \text{Å} = 1.58\ \text{Å}$$

该晶体的晶格常数为 $3.26\ \text{Å}$，未知X射线的波长为 $1.58\ \text{Å}$。

## 阅读材料十六　全息照相

普通照相是根据几何光学成像原理，记录下光波的强度（即振幅），将空间物体成像在一个平面上，由于丢失了光波的相位，从而失去了物体的三维信息。全息照相（holography），又称全息摄影，是一种记录被摄物体反射或透射光波中全部信息（振幅、相位）的照相技术。物体反射或者透射的光波可以通过记录胶片完全重建，仿佛物体就在那里一样。通过不同的方位和角度观察照片，可以看到被拍摄的物体的不同的角度，因此记录得到的像可以使人产生立体视觉。全息照相技术是英国匈牙利裔物理学家丹尼斯·盖伯1947年在英国BTH公司研究增强电子显微镜性能手段时的偶然发现，他因此项工作获得了1971年的诺贝尔物理学奖。但是全息照相技术自盖伯提出后，由于当时缺乏很好的相干光源，全息图的成像质量很差，这项技术沉寂了十多年，一直到1960年激光的发明才取得了实质性的进展。第一张实际记录了三维物体的光学全息摄影照片是在1962年由苏联科学家尤里·丹尼苏克拍摄的。与此同时，美国密歇根大学雷达实验室的工作人员艾米特·利思和尤里斯·乌帕特尼克斯将通信理论中的载频概念推广到空域中，提出了离轴全息术。尼古拉斯·菲利普斯改进了光化学加工技术，以生产高质量的全息摄影图片。1969年本顿发明了彩虹全息术，掀起以白光显示为特征的全息三维显示新高潮。彩虹全息图是一种能实现白光显示的平面全息图，除了能在普通白炽灯下观察到明亮的立体像外，还具有全息图处理工艺简单、易于复制等优点。把彩虹全息术与当时发展日趋成熟的全息图模压复制技术结合起来便形成了目前风靡世界的全息印刷产业。另外，由于数字计算机和光电成像技术的迅速发展，1965年在美国IBM公司工作的德国光学专家罗曼使用计算机和计算机控制的绘图仪做出了世界上第一个计算全息图（computer-generated hologram，简称CGH），计算全息能利用数字计算机综合出复杂的或世间不存在的物体的全息图，因此，具有独特的优点和极大的灵活性。1967年，美国科学家顾德门提出了数字全息理论（digital holography，简称DH），数字全息术利用电荷耦合器件（CCD）代替传统光学全息中用来记录全息图的银盐干板，利用计算机编程对CCD记录下的离散数字全息图进行数字再现，从而实现了全息图记录、存储和再现全过程的数字化。除光学全息外，还发展了红外、微波和超声全息技术,这些全息技术在军事侦察和监视上有重要意义。

## 一、全息照相原理

具体来说,全息照相包括以下两个过程。

### 1. 物光波前的干涉记录

通过干涉方法能够把物体光波在某波前的相位分布转换成光强分布,从而被照相底片记录下来。由于两个干涉光波的振幅比和相位差决定着干涉条纹的强度分布,所以在干涉条纹中就包含了物光波的振幅和相位信息。典型的全息记录装置如图 16-22 所示,从激光器发出的相干光波被分束镜分成两束,一束经反射、扩束后照在被摄物体上,经物体反射或透射的光再射到感光底片上,这束光称为物光波;另一束经扩束、反射后直接照射在感光底片上,这束光称为参考光波。由于这两束光是相干的,所以在感光底片上就形成并记录了明暗相间的干涉条纹。干涉条纹的形状和疏密反映了物光波的相位分布情况,而条纹明暗的反差反映了物光波的振幅。感光底片将物光的信息都记录下来了,经过显影、定影处理后,便形成与光栅结构相似的全息图——全息照片。所以全息图正是参考光波和物光波干涉图样的记录。显然,全息照片本身和原物体没有任何相似之处,如图 16-23 所示。

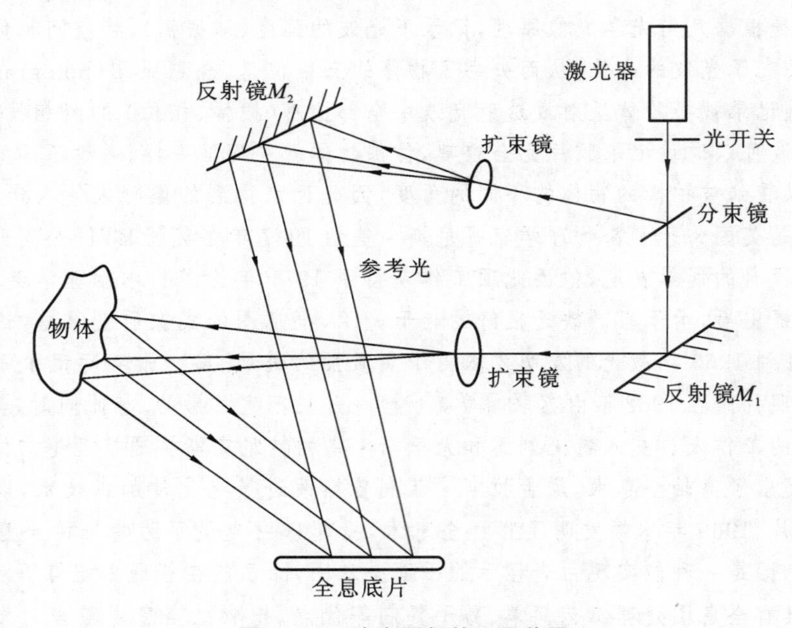


图 16-22　全息照相的记录装置

### 2. 物光波前的衍射再现

物光波前的再现利用了光波的衍射,如图 16-24 所示。用一束参考光(在大多数情况下与记录全息图时用的参考光波完全相同)照射在全息图上,就好像在一块复杂光栅上发生衍射,在衍射光波中将包含有原来的物光波,因此当观察者迎着物光波方向观察时,便可看到物体的再现像。这是一个虚像,它具有原始物体的一切特征。此外还有一个实像,称为共轭像。

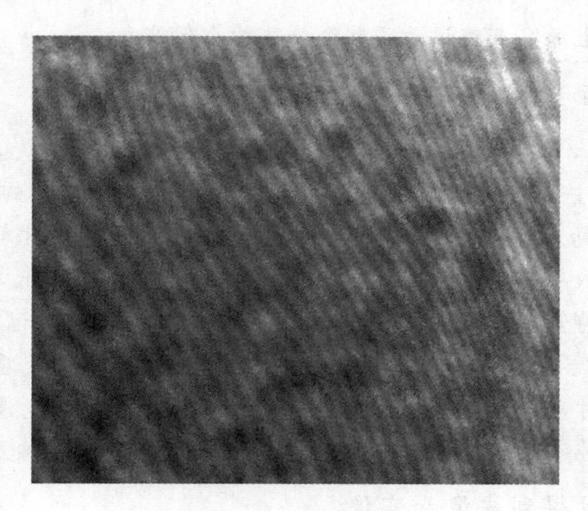

图 16-23　全息照片

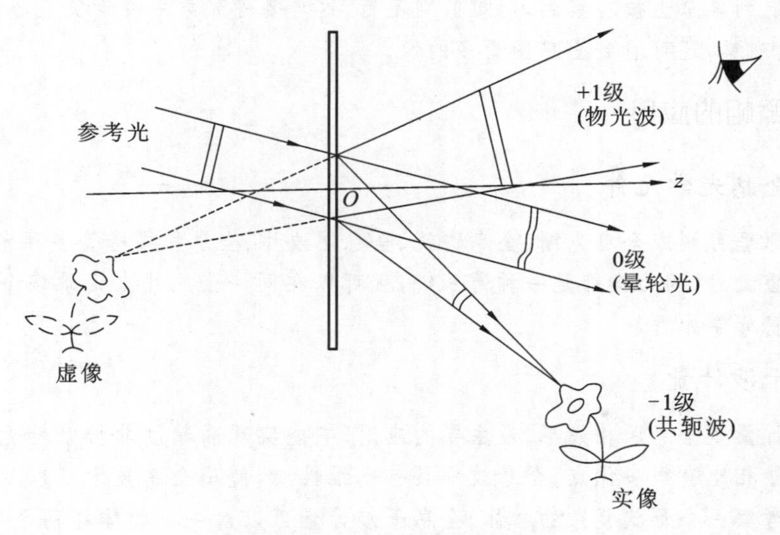


图 16-24　全息照相的再现

## 二、全息照相的特点

### 1. 全息照相能形成三维形象

全息照相最突出的特点为由它所形成的三维形象。一张全息图看上去很像一扇窗子，当通过它观看时，物体的三维形象在眼前，让人感觉到这个形象就要破窗而出。如果观察者的头部上下、左右移动时，就可以看到物体的不同侧面。所看到的整个景象是那样逼真，完全没有普通照片给予人们的隔膜感。

### 2. 全息图具有弥漫性

一张具有激光重现的透射式全息图，即使被打碎成若干小碎片，用其中任何一个小碎片仍可重现所拍摄物体的完整的形象。不过，当碎片太小时，重现景象的亮度和分辨率将会降低。为什么全息照片会具有上述特征呢？这是因为，全息底片上的每一点都受到被拍摄物体各部位发出的光的作用,所以其上每一点都记录了整个物体的全部信息。

### 3. 全息图可进行多重记录

对于一张全息相片,记录时的物光和参考光以及重现时的重现光,三者应该是一一对应的。这里包含两层意思:一是指记录时用什么物,则重现时也就得到它的像;二是指重现光与原参考光应相同。如果重现光与原参考光有区别(例如波长、波面或入射角不同),就得不到与原物体完全相同的像。当入射角不同时,则像的亮度和清晰度会大大降低,入射角改变稍大时,像将完全消失。利用这一特点,就可在同一张全息底片上对不同的物体记录多个全息图像,只需每记录一次后改变一下参考光相对于全息底片的入射角即可。如果使重现光与原参考光的波长不同,则重现像的尺寸就会改变,得到放大或缩小的像。如果重现光波面形状相对于原参考光发生了变化,则有可能获得畸变的像,就像公园的哈哈镜里看到的像那样。

### 4. 全息图可同时得到虚像和实像

实像能投射到屏幕上被观察到,而虚像则不行。这与基础光学中关于实像与虚像的概念是一致的。但细致观察,还可看到全息图更多的像。

## 三、全息照相的应用

### 1. 制作全息光学元件

根据全息原理可制成全息光栅、全息透镜、全息滤波片、全息扫描器等多种光学器件。它们的共同优点是重量轻,因为全都是一种薄系统,且可以在同一张底片上记录多个全息图,得到空间重叠的全息光学元件。

### 2. 全息干涉计量

全息干涉计量是全息照相最早、最主要的应用。它能实现高精度非接触性无损测量,与一般光学干涉计量相比有很多优点。全息技术具有三维性质,使用全息技术可以从不同视角,通过干涉量度去考察一个形状复杂的物体。全息干涉计量可以对一个物体在两个不同时刻的状态进行对比,这就可以探测物体在某段时间内发生的任何改变。由于这些优点,全息干涉计量分析在无损检测、微应力应变测量、形状和等高线的测绘、振动分析、高速飞行体的冲击波和迅速流体的流速场描绘等多个领域中得到应用。

### 3. 全息存储

随着科技的发展,人类积累了越来越多的信息,包括图片、文字资料、代码、数据等,缩微存储已经成为信息科学技术发展的一个方向。目前的存储技术如蓝光光盘已经达到了衍射所限制的最大的数据存储密度,因此全息存储可能成为下一代主要的存储技术。2005 年,一些公司如 Optware 和 Maxell 生产了 120 mm 的全息光盘,这个全息光盘使用全息记录层,最多可以存储 3.9 TB 的信息。

### 4. 全息显示与防伪

大型全息图既可展示轿车、卫星以及各种三维广告,也可采用脉冲全息术再现人物肖像、结婚纪念照。小型全息图可以戴在颈项上形成美丽的装饰,它可再现人们喜爱的动物、多彩的花朵与蝴蝶。迅猛发展的模压彩虹全息图，既可成为生动的卡通片、贺卡、立体邮票，也可以作为防伪标识出现在商标、证件卡、银行信用卡甚至钞票上。装饰在书籍中的全息立体照片，以及礼品包装上闪耀的全息彩虹，使人们体会到21世纪印刷技术与包装技术的新飞跃。模压全息标识，由于它的三维层次感，并随观察角度而变化的彩虹效应，以及千变万化的防伪标记，再加上与其他高科技防伪手段的紧密结合，把21世纪的防伪技术推向了新的辉煌顶点。

## 习　题

16-1　根据惠更斯-菲涅耳原理，若已知光在某时刻的波阵面为$S$，则$S$的前方某点$P$的光强度决定于波阵面$S$上所有面积元发出的子波各自传到$P$点的(　)。

A. 振动振幅之和　　B. 光强之和

C. 振动振幅之和的平方　　D. 振动的相干叠加

16-2　在单缝夫琅禾费衍射实验中，波长为$\lambda$的单色光垂直入射到宽度为$a=6\lambda$的单缝上，屏上第三级暗纹对应的衍射角为(　　)。

A. 60°　　B. 45°　　C. 30°　　D. 75°

16-3　对某一定波长的垂直入射光，衍射光栅的屏幕上只能出现零级和一级主极大，欲使屏幕上出现更高级次的主极大，应该(　　)。

A. 换一个光栅常数较小的光栅　　B. 换一个光栅常数较大的光栅

C. 将光栅向靠近屏幕的方向移动　　D. 将光栅向远离屏幕的方向移动

16-4　波长$\lambda=550$ nm(1 nm $=10^{-9}$ m)的单色光垂直入射于光栅常数$d=2\times10^{-4}$ cm的平面衍射光栅上，可能观察到的光谱线的最大级次为(　　)。

A. 2　　B. 3　　C. 4　　D. 5

16-5　设光栅平面、透镜均与屏幕平行。则当入射的平行单色光从垂直于光栅平面入射变为斜入射时，能观察到的光谱线的最高级次$k$(　　)。

A. 变小　　B. 变大　　C. 不变　　D. 改变无法确定

16-6　在宽度$b=0.6$ mm的狭缝后40 cm处，有一与狭缝平行的屏幕。现以平行光自左面垂直照射狭缝，在屏幕上形成衍射条纹，若离零级明条纹的中心$P_0$处为1.4 mm的$P$处，看到的是第4级明条纹。求：(1) 入射光的波长；(2) 从$P$处来看这光波时，在狭缝处的波前可分成几个半波带？

16-7　在某个单缝衍射实验中，光源发出的光含有两种波长$\lambda_1$和$\lambda_2$，垂直入射于单缝上。假如$\lambda_1$的第一级衍射极小与$\lambda_2$的第二级衍射极小相重合，试问：

(1) 这两种波长之间有何关系？

(2) 在这两种波长的光所形成的衍射图样中，是否还有其他极小相重合？

16-8　在通常亮度下，人眼瞳孔直径约为3 mm，若视觉感受最灵敏的光波长为550 nm，试问：

(1) 人眼最小分辨角是多大？

(2) 在教室的黑板上，画的等号的两横线相距2 mm，坐在距黑板10 m处的同学能否看清？

16-9　有一种利用太阳能的设想是在 $3.5\times10^4$ km 的高空放置一块大的太阳能电池板，把它收集到的太阳能用微波形式传回地球。设所用微波波长为 10 cm，而发射微波的抛物天线的直径为 1.5 km。此天线发射的微波中央波束的角宽度是多少？在地球表面它所覆盖的面积的直径多大？

16-10　设汽车前照灯光波长按 $\lambda=550$ nm 计算，两车灯的距离 $d=1.22$ m，在夜间人眼的瞳孔直径为 $D=5$ mm，试根据瑞利判据计算人眼刚能分辨上述两只车灯时，人与汽车的距离 $L$。

16-11　白光垂直照射到一个每毫米 250 条刻痕的透射光栅上，试问在衍射角为 30° 处会出现哪些波长的光？其颜色如何？

16-12　波长为 600 nm 的单色光垂直入射在一光栅上，第二、三级明条纹分别出现在 $\sin\theta=0.20$ 与 $\sin\theta=0.30$ 处，第四级缺级。试求：(1) 光栅常量；(2) 光栅上狭缝宽度；(3) 屏上实际呈现的全部级数。

16-13　用波长为 624 nm 的单色光照射一光栅，已知该光栅的缝宽 $b$ 为 0.012 mm，不透明部分的宽度 $b'$ 为 0.029 mm，缝数 $N$ 为 $10^3$ 条。求：(1) 单缝衍射图样的中央角宽度；(2) 单缝衍射图样中央宽度内能看到多少级光谱？

16-14　伦琴射线管发出的射线投射到食盐晶体(其晶格常量 $d=0.2814$ nm) 上，测得第一级干涉反射($k=1$) 所对应的掠射角为 15°51′，求 X 射线的波长。

16-15　在图 16-25 中，若 $\theta=45°$，入射的 X 射线包含从 0.95 Å 到 1.30 Å 这一波带中的各种波长。已知晶格常数 $d=2.75$ Å，问其中哪种波长的 X 射线会发生加强衍射？

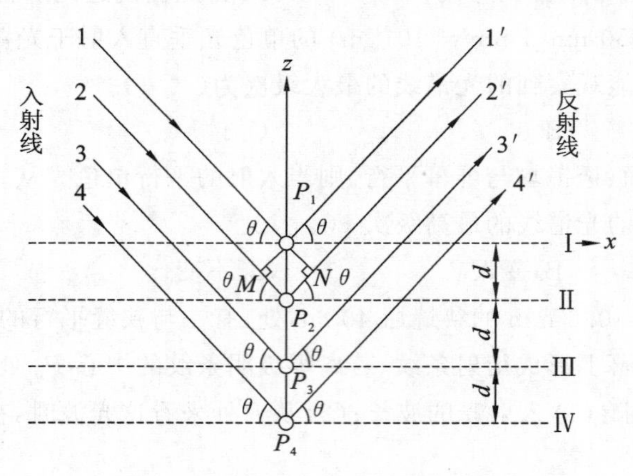


**图 16-25　习题 16-15 图**

# 第17章　光的偏振

光的干涉和衍射现象揭示了光的波动性，但它们并不能告诉我们光是横波还是纵波。实践中还发现另一类光学现象，不但说明了光的波动性，而且进一步说明了光是横波，这就是“光的偏振”现象，因为只有横波才具有偏振现象。在本章中，我们主要介绍偏振光的描述、产生、检验及光的偏振现象在实践中的应用。

## 17.1　光的偏振性　马吕斯定律

振动方向对于传播方向的不对称性叫作偏振(polarization)，它是横波区别于纵波的一个最明显的标志。我们在光的干涉一章中介绍了光是一种电磁波，在光与物质相互作用时，主要是横向振动着的电矢量起作用，因而光波具有偏振性。

### 17.1.1　自然光与偏振光

1. 自然光

普通光源发出的光一般是自然光(natural light)。由于普通光源发光的间歇性和独立性，光矢量振动方向不一定相同，光波列长度不一定相同，光波的初相也不一定相同，因而其光矢量振动方向包含于整个振动平面。根据统计，没有哪个方向占有优势，而且所有可能的方向上相应光矢量的振幅(光强度)平均值都是相等的，各个振动之间没有固定的相位联系。这种在垂直于光传播方向的平面内沿各方向振动的光矢量成对称分布的光就称为自然光，如图17-1所示。

在自然光中，任何取向的一个光矢量 $\vec{E}$ 都可分解为两个相互垂直方向上的分量，如图17-2所示，再将所有波列光矢量的 $x$ 分量和 $y$ 分量分别叠加起来，得到总光矢量的分量 $E_x$ 和 $E_y$(见图17-3)，由于光矢量分布的对称性，这两个垂直分量的振幅相同，即 $E_x = E_y$。换句话说，即两者的光强度各等于自然光总光强度的一半。而且这种分解不论在哪两个相互垂直的方向上进行，其分解的结果都是相同的。由于各波列的光矢量的相位和振动方向都是无规则分布

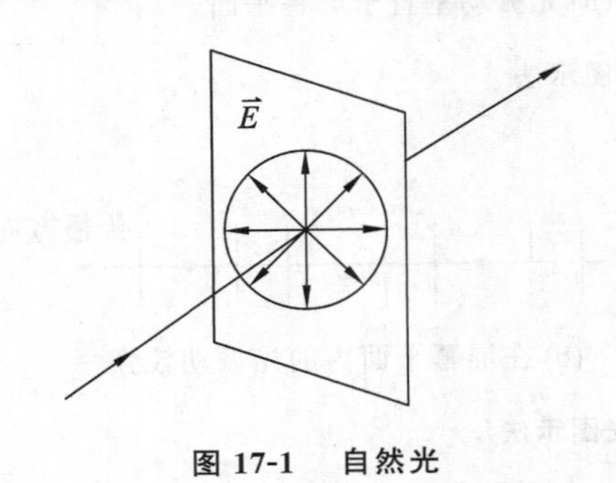


图17-1　自然光

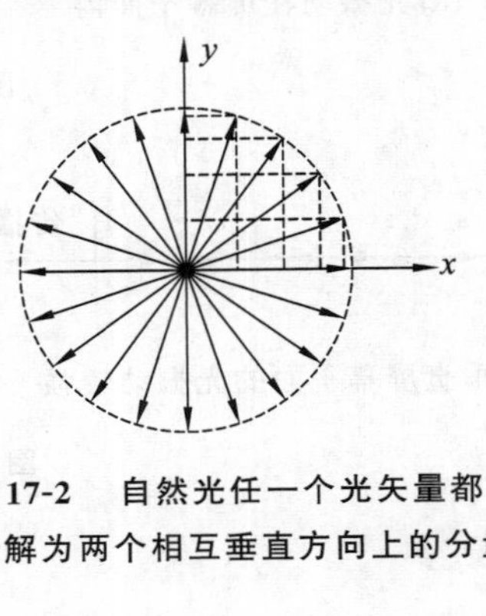

图17-2　自然光任一个光矢量都可分解为两个相互垂直方向上的分量

的,不能把 $E_x$ 和 $E_y$ 叠加成一个具有某一方向的合矢量。由于我们可以把自然光分解为两束等幅的、振动方向互相垂直的光矢量,因而通常用图 17-4 所示的图示法简明表示自然光。图中用短竖线和点分别表示在纸面内和垂直于纸面的光振动,点和短竖线交替均匀画出,表示光矢量对称而均匀地分布。

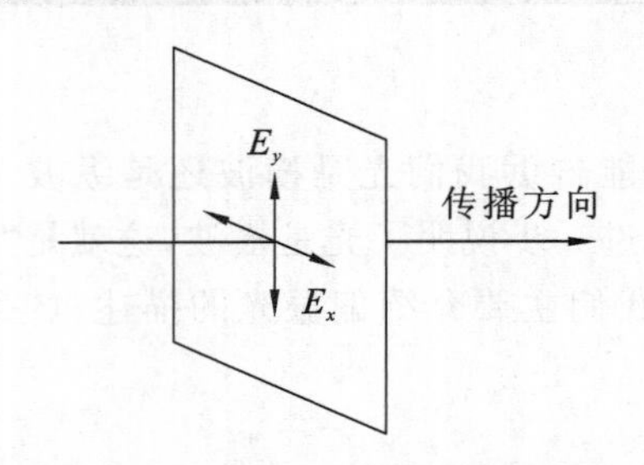


图 17-3 自然光分解为两束振动方向互相垂直的等幅的独立光振动

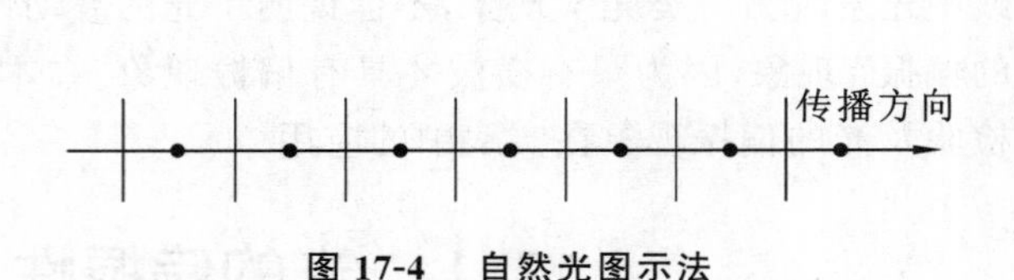


图 17-4 自然光图示法

2. 线偏振光

光矢量只在一个固定平面内沿单一方向振动的光,称为线偏振光(linearly polarized light)。光矢量方向与传播方向组成的平面称为振动面,线偏振光只有一个振动面,因而线偏振光也可称为平面偏振光。线偏振光的振动面是固定不动的,图 17-5 所示的是线偏振光的两种图示方法,图中短竖线表示光振动在屏幕平面内,点表示光振动垂直于屏幕平面。

3. 部分偏振光

部分偏振光(partially polarized light)是振动态介于自然光和线偏振光之间的光。在垂直于这种光的传播方向的平面内,各方向的光振动都有,但它们的振幅不相等,部分偏振光可以看成偏振光与自然光的混合。常将其表示成某一确定方向的光矢量较强,与之垂直方向的光矢量较弱。如图 17-6 所示,用数目不等的点和短竖线表示。图 17-6(a) 表示垂直屏幕平面的光振动较强,图 17-6(b) 表示在屏幕平面内的光振动较强。要注意,这种偏振光各方向的光向量之间也没有固定的相位关系。

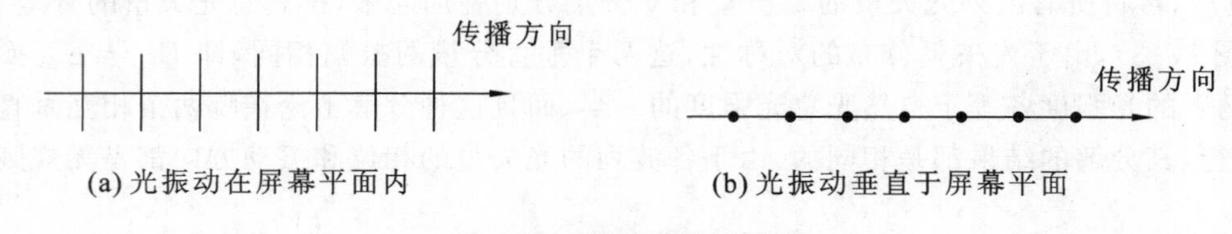


(a) 光振动在屏幕平面内　(b) 光振动垂直于屏幕平面

图 17-5 线偏振光图示法

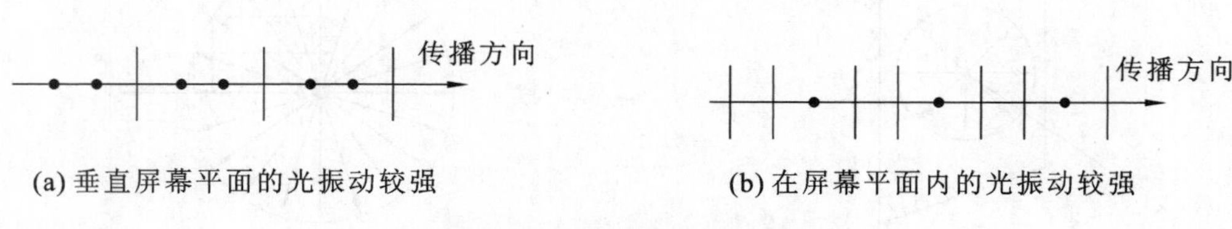


(a) 垂直屏幕平面的光振动较强　(b) 在屏幕平面内的光振动较强

图 17-6 部分偏振光图示法

### 17.1.2　偏振片及起偏与检偏

普通光源发出的是自然光，用于从自然光中获得偏振光的器件称为起偏器(polarizer)。人的眼睛不能区分自然光与偏振光，用于鉴别光的偏振状态的器件称为检偏器(analyzer)。实际上，一般用来产生偏振光的器件同样可以用来检验偏振光，即可用作起偏器的器件也可用作检偏器。常用的起偏器有偏振片、尼科耳棱镜等。

1. 偏振片

某些晶体对不同方向的光振动有选择吸收的性能，这种晶体对某一方向的光矢量有强烈的吸收，而对与之相垂直的方向的光矢量则吸收很少，这种性质叫作二向色性。将二向色性物质涂在透明薄片上就制成了偏振片，即只允许沿某一特定方向的光通过的光学器件，这一方向称为偏振片的偏振化方向，用符号“↕”表示，通常将符号“↕”标示在偏振片的表面上。

2. 起偏与检偏

将自然光转变为偏振光的过程称为起偏。如图 17-7 所示，让自然光垂直入射到一个偏振片 $P_1$ 上，透过的光将成为线偏振光，其振动方向平行于 $P_1$ 的偏振化方向，其光强 $I_1$ 等于入射自然光强 $I_0$ 的一半，偏振片 $P_1$ 在这里是作为一个起偏器来使用的。

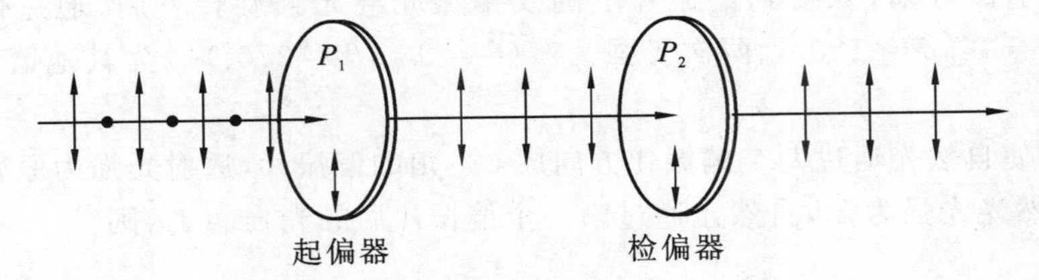


图 17-7　起偏与检偏(一)

检测某一光是否是偏振光的过程称为检偏。由 $P_1$ 得到的线偏振光入射到 $P_2$ 上，如偏振片 $P_1$ 的偏振化方向与 $P_2$ 的偏振化方向一致，从 $P_1$ 透过的线偏振光将完全通过，如图 17-7 所示。若以光束为轴而转动 $P_2$ 至两偏振片的偏振化方向互相垂直，如图 17-8 所示，线偏振光被理想偏振片完全吸收，透过 $P_2$ 的光强 $I_2 = 0$，这种透射光强为零的现象叫作消光。在将 $P_2$ 转动的中间过程中，透过 $P_2$ 的光的强度 $I_2$ 就会变化。如果入射到 $P_2$ 上的光不是线偏振光，而是自然光，则旋转 $P_2$ 时透射光强不会变化，总等于入射光强的一半。如果入射到 $P_2$ 上的光是部分偏振光，则旋转 $P_2$ 时透射光强虽有变化但不出现消光。偏振片这样用来检验光的偏振状态，这时它被称为检偏器。

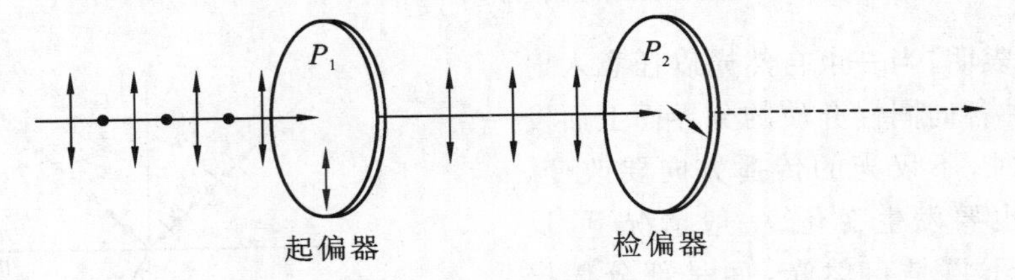


图 17-8　起偏与检偏(二)

### 17.1.3　马吕斯定律

上面我们定性地讨论了线偏振光透过 $P_2$ 的光强度 $I_2$ 随 $P_2$ 的偏振化方向的改变而变化。

那么透过 $P_2$ 的线偏振光的光强变化的规律如何呢?这就是马吕斯定律要阐述的内容。

强度为 $I_0$ 的偏振光,通过检偏器后,透射光的强度为

$$I = I_0\cos^2\theta \tag{17-1}$$

式中,$\theta$ 为检偏器的偏振化方向与入射偏振光的光矢量振动方向之间的夹角。式(17-1)是马吕斯(Etienne Louis Malus)1808 年由实验发现的,称为马吕斯定律(Malus's law)。它表明:透过一偏振片的光强等于入射线偏振光光强乘以入射偏振光的光振动方向与偏振片偏振化方向夹角余弦的平方。对这个实验定律很容易给予证明。

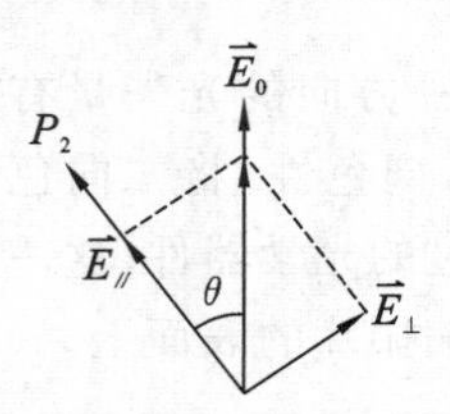


图 17-9 马吕斯定律的证明

设强度为 $I_0$ 的一束偏振光,垂直入射到偏振片 $P_2$ 上,光矢量 $\vec{E}_0$ 与偏振片偏振化方向夹角为 $\theta$,将光矢量 $\vec{E}_0$ 分解为与偏振片偏振化方向平行的分量 $E_{/\!/} = E_0\cos\theta$、垂直的分量 $E_\perp = E_0\sin\theta$,如图 17-9 所示,垂直分量 $E_\perp$ 不能通过,平行分量 $E_{/\!/}$ 全部通过。又由于光强与光振幅的平方成正比,即 $I \propto E^2$,所以

$$\frac{I}{I_0} = \frac{E_{/\!/}^2}{E_0^2} = \frac{E_0^2\cos^2\theta}{E_0^2} = \cos^2\theta$$

则透过 $P_2$ 的线偏振光的光强为

$$I = I_0\cos^2\theta$$

由马吕斯定律可知,入射到偏振片上的线偏振光绕光轴旋转一周,通过偏振片后的光有两次最强($\theta = 0°, \theta = 180°$)、两次光强为零($\theta = 90°, \theta = 270°$),$\theta$ 为其他值时光强介于最强和零之间。

**例 17-1** 使自然光通过两个偏振化方向成 60° 角的偏振片,透射光强为原光强的多少?

**解** 设自然光光强为 $I_0$,自然光通过第一个偏振片后的光强为 $I_1$,则

$$I_1 = \frac{1}{2}I_0$$

由题意,第一个偏振片出射的光是平面偏振光,振动方向与 $P_1$ 相同,并与 $P_2$ 成 60° 夹角,根据马吕斯定律,通过第二个偏振片的光强 $I_2$ 为

$$I_2 = I_1\cos^2\theta = \frac{1}{2}I_0\cos^2 60° = \frac{1}{8}I_0$$

## 17.2 布儒斯特定律

### 17.2.1 反射光与折射光的偏振

大量实验表明,当一束自然光以任意入射角 $i$ 入射到两种各向同性介质的分界面上而发生反射和折射时,不仅光的传播方向要改变,而且偏振状态也要发生变化。一般情况下,反射光和折射光不再是自然光,而是部分偏振光。反射光是以垂直于入射面的光振动为主的部分偏振光,折射光则是以平行于入射面的光振动为主的部分偏振光,如图 17-10 所示。理论和实验还证明:反射光的偏振化程度和入射

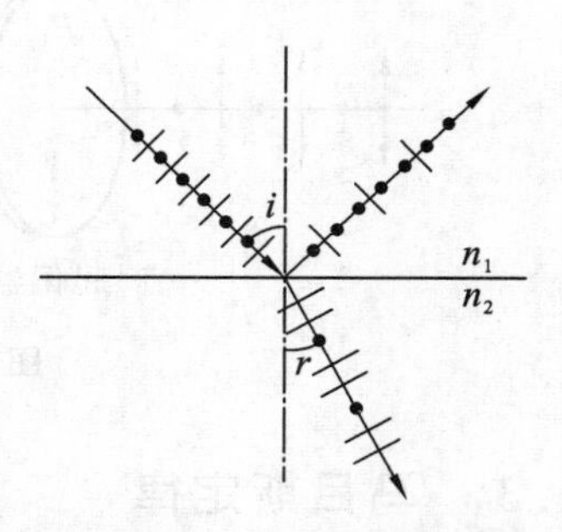


图 17-10 自然光经反射与折射后成为部分偏振光

角有关。

### 17.2.2　布儒斯特定律

上面讲到反射光的偏振化程度随入射角的变化而改变，若光从折射率为 $n_1$ 的介质射向折射率为 $n_2$ 的介质，当入射角满足

$$\tan i_0 = \frac{n_2}{n_1} \tag{17-2}$$

时，反射光中就只有垂直于入射面的光振动，而没有平行于入射面的光振动，这时反射光为线偏振光（见图 17-11），而折射光仍为部分偏振光，式(17-2) 所反映的规律称为布儒斯特定律(Brewster's law)。这是由英国物理学家布儒斯特(David Brewster) 于 1815 年发现的，其中 $i_0$ 叫作布儒斯特角(Brewster's angle)，也称为起偏角(polarizing angle)。这个实验规律可用麦克斯韦电磁场理论的菲涅耳公式解释。

根据折射定律有

$$\frac{\sin i_0}{\sin r_0} = \frac{n_2}{n_1} \tag{17-3}$$

比较式(17-2) 和式(17-3) 可得

$$\sin r_0 = \cos i_0 = \sin\left(\frac{\pi}{2} - i_0\right)$$

所以

$$i_0 + r_0 = \frac{\pi}{2}$$

这说明当入射角为布儒斯特角 $i_0$ 时，反射光和折射光的传播方向相互垂直。

利用满足布儒斯特条件下的反射光，可以得到线偏振光，但由于通常反射光较折射光弱得多，对于一般的光学玻璃而言，每个界面反射光的强度约占入射光强度的 7.5%，大部分都成为折射光。为了获得一束强度较高的偏振光，可以把许多表面相互平行的玻璃片装在一起，构成一玻璃片堆（见图 17-12）。再让自然光以布儒斯特角 $i_0$ 入射到玻璃片堆上，它将在每一界面上进行反射和折射，因光线射到各玻璃表面时的入射角均为起偏角，各次反射光均为振动垂直于入射面的线偏振光。显然，折射光则因多次折射逐渐减少了垂直于入射面振动的分量而提高了平行于入射面振动的分量。当玻璃片足够多时，透射光就接近线偏振光了。

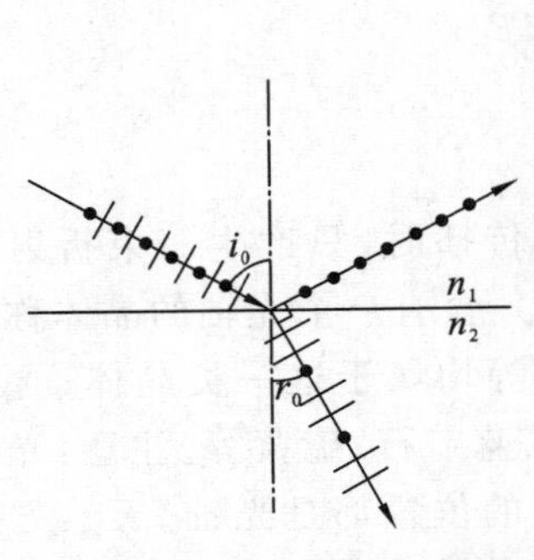


图 17-11　入射角为布儒斯特角时，反射光为线偏振光

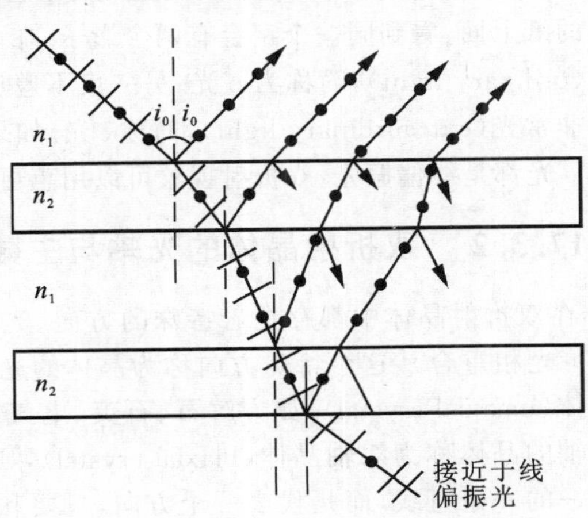


图 17-12　玻璃片堆产生偏振光

**例 17-2** 一束自然光从空气射到一平板玻璃上,入射角为 56.5°,测得此时的反射光为完全偏振光,求此玻璃的折射率以及折射线的折射角。

**解** 反射光是线偏振光时,入射角是布儒斯特角

$$i_0 = 56.5^\circ$$

根据布儒斯特定律 $\tan i_0 = \frac{n_2}{n_1}$,所以有

$$n_2 = n_1 \tan i_0 = 1 \times \tan 56.5^\circ = 1.51$$

当以布儒斯特角入射时,必有 $i_0 + r = 90^\circ$,因此,折射角为

$$r = 90^\circ - 56.5^\circ = 33.5^\circ$$

## 17.3 光的双折射

### 17.3.1 双折射现象

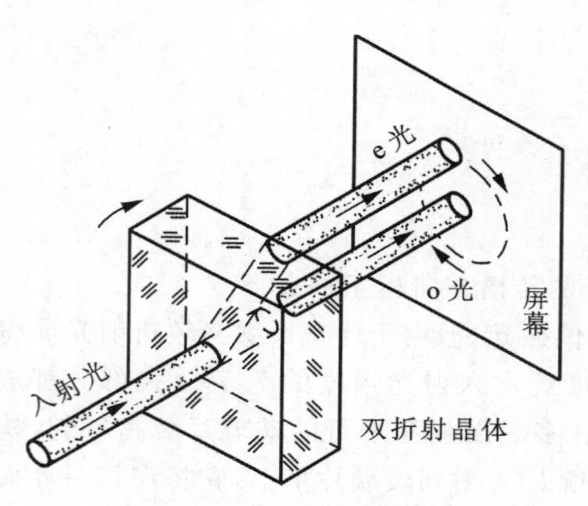


图 17-13 晶体的双折射现象

17.2 节所涉及的透明媒质,不论沿哪个方向,光的传播速率都是相同的,这种媒质在各个方向上的折射率也是相同的,媒质只有一个折射率,这样的媒质称为光学各向同性媒质,也被称为非晶材料。但是,在某些晶体物质中,由于晶体中分子、原子的具有方向性的周期排列,光传播时,沿着不同方向有不同的传播速率,例如碳酸钙晶体(方解石)和石英晶体、云母、硫黄等,这样的媒质称为光学各向异性媒质。

当一束光入射到光学各向异性的晶体表面而折射时,在晶体中一般有两束折射光,这种现象叫作双折射,如图 17-13 所示。1669 年,巴托林(Erasmus Bartholin)首先发现了这一规律。正是因为双折射的原因,如果把一块透明的方解石晶体放在有字的纸上面,看到同一个字会有两个影子。在两束折射光中,其中一束遵从折射定律,称为寻常光(ordinary light),简称为 o 光;另一束不遵从折射定律,而且该折射光一般不在入射面内,称为非常光(extraordinary light),简称 e 光。如果我们用检偏器去查验两束折射光,就会发现 o 光和 e 光都是线偏振光。双折射现象可以用惠更斯原理做出解释。

### 17.3.2 双折射晶体的光轴与主截面

在双折射晶体中都存在着特殊的方向。光线沿这个方向传播时,只产生一束折射光(o 光和 e 光相重合)。这个特殊方向称为晶体的光轴(optical axis)。含有一个光轴的晶体称为单轴晶体(uniaxial crystal),如方解石、石英、电气石、冰、红宝石等均属于这一类晶体;含有两个光轴的晶体称为双轴晶体(biaxial crystal),如云母、橄榄石、蓝宝石、硫黄等。注意:光轴不是唯一的一条直线,而是代表一个方向,只要和这个方向平行的位置都是光轴。天然方解石(又称冰洲石,化学成分是 $CaCO_3$)晶体是平行六面体,两棱之间的夹角或为 78°,或为 102°,从其三个钝角相汇合的顶点引出一条直线,并使其与各邻边成等角,这一直线方向就是方

解石晶体的光轴方向，如图 17-14 所示，图中 $AB$ 或 $CD$ 以及与 $AB$ 平行的所有直线都可代表光轴方向。

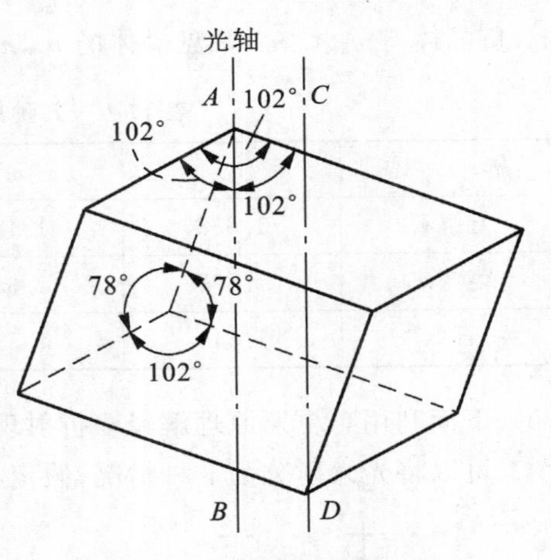


图 17-14　方解石晶体的光轴

晶体的光轴和晶体表面法线所决定的平面，称为晶体的主截面。晶体中 o 光传播方向和光轴所决定的平面叫作 o 光的主平面，晶体中 e 光传播方向和光轴所决定的平面叫作 e 光的主平面。o 光光矢量的振动方向垂直于 o 光的主平面，而 e 光光矢量的振动方向就在 e 光的主平面内。当光线的入射面和晶体的主截面相重合，即光轴在入射面内时，o 光与 e 光都在入射面内，即 o 光和 e 光的主平面与晶体的主截面重合。此时 o 光的光振动与 e 光的光振动互相垂直。当光线的入射面和晶体的主截面不重合时，o 光仍在入射面内，而 e 光却不在入射面内，此时两光的振动方向不再垂直。

### 17.3.3　双折射现象的解释

根据惠更斯原理，波阵面上任何一点可以看作子波波源。在各向同性的介质中，点光源沿各个方向传播的速率相同，所以子波的波阵面为球面波。在双折射晶体中，通常 o 光和 e 光的传播速度不同。其中，o 光在晶体中沿着各方向传播速度相同，所以其子波的波阵面为球面；而 e 光在晶体中沿各方向传播速度都不相同，其中只有沿着光轴的方向传播时，e 光和 o 光的传播速度才是相同的，在垂直于光轴的方向上，e 光和 o 光的传播速度差别最大。

对于有些晶体，o 光和 e 光沿垂直光轴的方向传播时，e 光的传播速度要小于 o 光的传播速度，即 $v_e < v_o$，这种晶体称为**正晶体**；也有一些晶体，o 光和 e 光沿垂直光轴的方向传播时，e 光的传播速度要大于 o 光的传播速度，即 $v_e > v_o$，这种晶体称为**负晶体**。无论是正晶体还是负晶体，e 光的子波波阵面都是旋转椭球面，而 o 光子波波阵面为球面。而由于沿着光轴方向，o 光和 e 光的传播速度都相同，所以 o 光和 e 光相切于光轴，如图 17-15 所示。

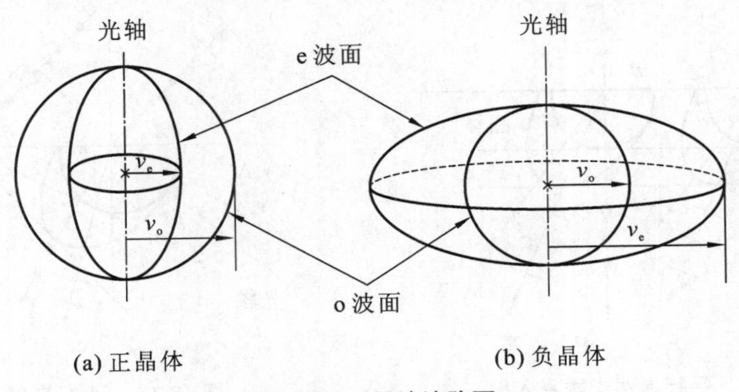


图 17-15　子波波阵面

根据折射率的定义，o 光的折射率 $n_o = \dfrac{c}{v_o}$，为由晶体材料决定的常数。而 e 光沿各向的传播速度不同，所以不存在一般意义上的折射率，为与 o 光对应起见，通常把光速与 e 光沿垂直于光轴方向传播速率之比称为 **e 光的主折射率**，即 $n_e = \dfrac{c}{v_e}$。如前所述，对于正晶体来说有 $n_e >$

$n_o$，负晶体有 $n_e < n_o$。常见晶体的 $n_e$，$n_o$ 如表 17-1 所示。

**表 17-1　几种晶体中 o 光折射率和 e 光主折射率**

| 晶　体 | $n_o$ | $n_e$ | 晶　体 | $n_o$ | $n_e$ |
|---|---|---|---|---|---|
| 方解石 | 1.658 | 1.486 | 电气石 | 1.669 | 1.638 |
| 菱铁矿 | 1.875 | 1.635 | 白云石 | 1.681 | 1.500 |
| 石英 | 1.544 | 1.553 | 冰 | 1.309 | 1.313 |

下面利用惠更斯原理解释双折射现象。

可以将光入射分为 3 种情况，假定 e 光的传播速度大于 o 光的传播速度。

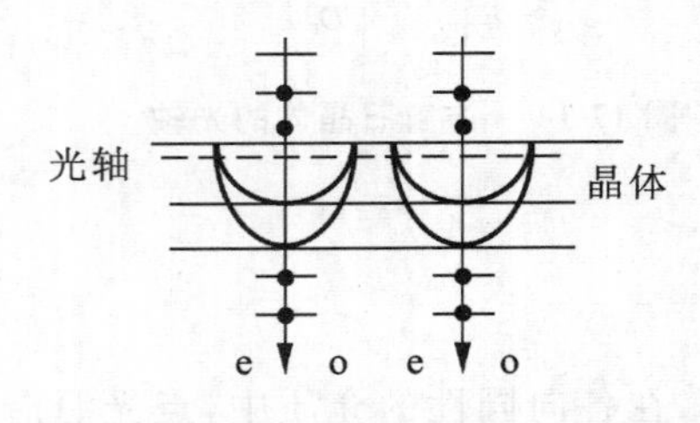


**图 17-16　光轴平行于晶体表面，平行自然光垂直入射**

(1) 光轴平行于晶体表面，自然光垂直入射。如图 17-16 所示，平行自然光垂直入射到晶体表面时，o 光和 e 光并不能分开，但是由于晶体内传播速度不同，进入晶体之后，两种光在同一点处的相位并不同。

(2) 光轴与晶体表面有一定夹角，平行自然光垂直入射。如图 17-17 所示，平行自然光垂直入射到晶体表面 $A$，$B$ 点并进入晶体继续传播。自 $A$ 点和 $B$ 点入射的光的波阵面如图 17-17 所示，作直线相切于 o 光波阵面，$A$，$B$ 两点分别和切点连接，得 o 光传播方向。同理，作直线相切于 e 光波阵面，$A$，$B$ 两点分别和切点连接，得 e 光传播方向。

(3) 平行自然光斜入射。如图 17-18 所示，平行自然光以入射角 $i$ 入射到晶体表面 $A$ 点并进入晶体继续传播，进入晶体经历 $\Delta t$ 时间后，两束光的子波波阵面如图 17-18 所示。此时自然光中的另一束恰好入射到晶体表面 $B$ 点，自该点引两直线分别相切于 o 光和 e 光的波阵面，连接 $A$ 点和两切点所得的两条直线就是 o 光和 e 光的传播方向。

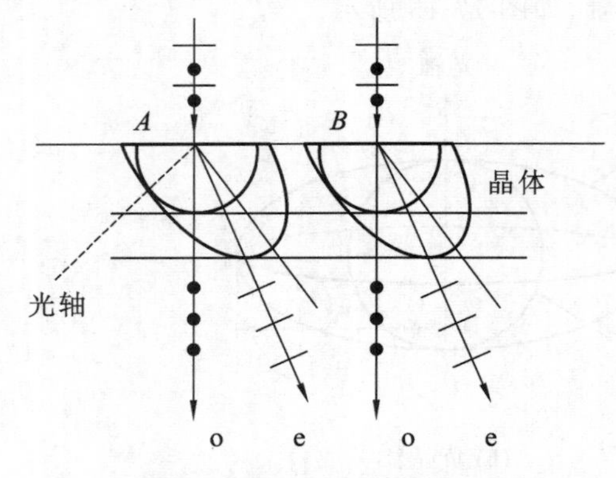


**图 17-17　平行自然光垂直入射**

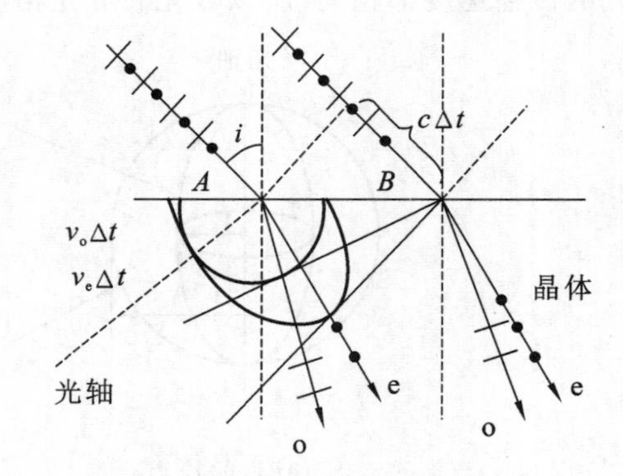


**图 17-18　平行自然光斜入射**

## 17.3.4　尼科耳棱镜

双折射产生的 o 光和 e 光都是线偏振光，如果通过某种办法将 o 光和 e 光分开，就可以利用晶体双折射现象来获得线偏振光。尼科耳棱镜就是这样的偏振器件。尼科耳棱镜可以当作起偏器使用，也可以当作检偏器使用。

两块经特殊加工而成的方解石晶体，使用特殊的树胶材料粘在一起形成的长方形柱状棱镜就是尼科耳棱镜，如图 17-19(a) 所示。

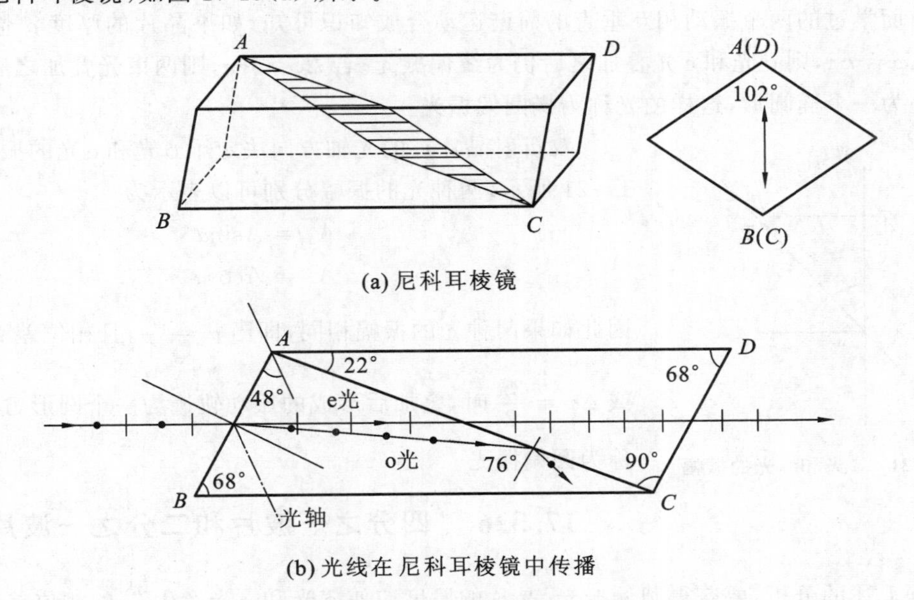


**图 17-19　尼科耳棱镜**

如图 17-19(b) 所示，自然光从尼科耳棱镜的端面入射进入晶体后分为两束，一束为 o 光，一束为 e 光。由于方解石晶体中 o 光的折射率为 1.658，e 光的主折射率为 1.486，而尼科耳棱镜使用的树胶折射率为 1.55，所以当光束照到方解石和树胶的界面时，o 光的入射角超过临界角而发生全反射，而 e 光则透射过树胶。最终 o 光照射到 $BC$ 底面被涂黑的部分吸收，而 e 光自棱镜的另一个端面射出，从而获得线偏振光。

除了尼科耳棱镜外，还有格兰-汤普森棱镜、沃拉斯顿棱镜等偏振器件。

### 17.3.5　椭圆偏振光和圆偏振光

椭圆偏振光(elliptical polarized light) 和圆偏振光(circularly polarized light) 是两种特殊的偏振光。

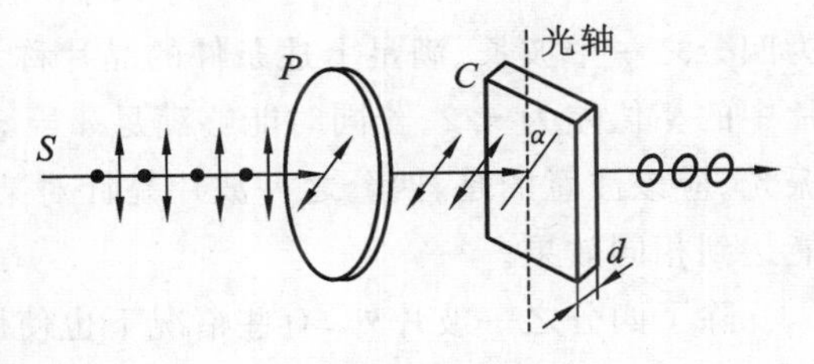


**图 17-20　椭圆偏振光**

如图 17-20 所示，当一束单色自然光垂直透过偏振片 $P$ 后，透射光将变成线偏振光，其偏振方向同偏振片 $P$ 的偏振化方向一致。这时在光路中加入双折射晶片 $C$，使所得的线偏振光垂直入射，双折射晶片 $C$ 的光轴方向平行于晶体表面且与线偏振光偏振方向成 $\alpha$ 角。

线偏振光进入双折射晶体中也会分为 o 光和 e 光。根据惠更斯原理对双折射现象的解释，可以知道 o 光和 e 光在垂直入射时不会分开，如图 17-16 所示。但是由于折射率不同，两种光射出双折射晶片 $C$ 时，其相位会有所不同。假设 o 光和 e 光的折射率分别为 $n_o$ 和 $n_e$，双折射晶片 $C$ 厚度为 $d$，则两束光透过晶片后的相位差为

$$\Delta\varphi = \frac{2\pi}{\lambda}d(n_o - n_e)$$

由前面学过的两个振动相互垂直的简谐运动合成知识可知，如果晶片的厚度 $d$ 恰好能使相位差 $\Delta\varphi = k\pi$，则 o 光和 e 光叠加之后仍为线偏振光。若 $\Delta\varphi \neq k\pi$，则两束光叠加之后形成的振动轨迹为一个椭圆形，这样的光称为**椭圆偏振光**。

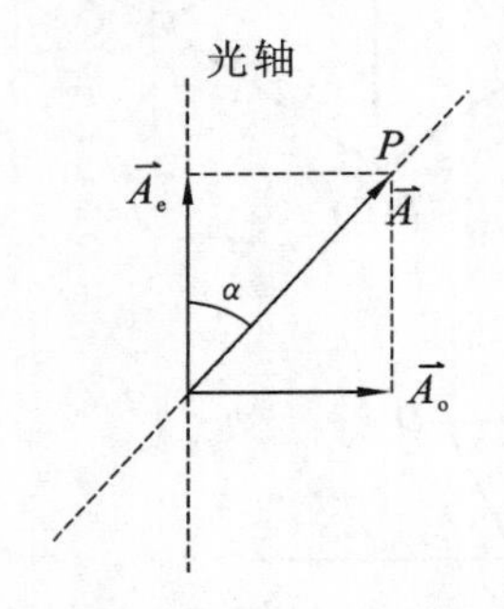


图 17-21　o 光和 e 光的振幅

双折射晶片 $C$ 的光轴方向决定了 o 光和 e 光的振幅。如图 17-21 所示，两种光的振幅分别可以表示为

$$A_o = A\sin\alpha$$
$$A_e = A\cos\alpha$$

因此如果两种光的振幅相同，即当 $\alpha = \frac{\pi}{4}$，且相位差 $\Delta\varphi = \frac{\pi}{2}$ 或 $\Delta\varphi = \frac{3\pi}{2}$ 时，叠加后形成的振动轨迹为一个圆形，这样的光称为**圆偏振光**。

### 17.3.6　四分之一波片和二分之一波片

根据上述的分析，要获得圆偏振光，晶片的厚度应使 o 光和 e 光产生 $\frac{\pi}{2}$ 的相位差，即

$$\Delta\varphi = \frac{2\pi}{\lambda}d(n_o - n_e) = \frac{\pi}{2}$$

由此可以得出

$$d = \frac{\lambda}{4(n_o - n_e)}$$

或写成两种光之间光程差的形式

$$\delta = d(n_o - n_e) = \frac{\lambda}{4}$$

即如果选择晶片的厚度使 o 光和 e 光的相位差 $\Delta\varphi = \frac{\pi}{2}$，可以让 o 光和 e 光在晶片中的光程差为四分之一个波长。满足上述条件的晶片称为**四分之一波片**。使用这种波片可以使两种光在晶片中的相位差为 $\pi/2$。若同时能够满足 $\alpha = \pi/4$，则透射出来的光为圆偏振光，否则仍为椭圆偏振光。应该注意的是，四分之一波片是针对某一特定波长而言的，若是使用其他波长的光则不能达到相同效果。

除了四分之一波片外，有些情况下也使用二分之一波片。这种波片使 o 光和 e 光的相位差 $\Delta\varphi = \pi$，此时波片的厚度满足

$$d = \frac{\lambda}{2(n_o - n_e)}$$

或写成两种光之间光程差的形式

$$\delta = d(n_o - n_e) = \frac{\lambda}{2}$$

二分之一波片也称为半波片，线偏振光垂直入射到该波片上透射出来时仍为线偏振光。

# 17.4 旋光现象

## 17.4.1 旋光现象

在晶体中沿光轴方向传播的光虽然并不发生双折射，但有其他现象发生。阿喇果(Arago)在1811年首先发现单色的线偏振光垂直地入射到光轴垂直于入射界面的石英薄片时，透射出来的光虽然仍是线偏振光，但它的振动面相对于原入射光的振动面旋转了一个角度。对于不同厚度的石英薄片，这角度的大小随着晶片的厚度而增加。这说明线偏振光在石英内传播时，振动面是在继续旋转的，后来在许多其他晶体以及某些液体中也发现了这种现象。让线偏振光通过物质后振动面发生旋转的现象叫作旋光现象，能够使线偏振光的振动面发生旋转的物质叫作旋光性物质。旋光性物质分为两类：一类是右旋物质，即迎着光的传播方向观看，使振动面按顺时针方向转动的物质，如葡萄糖、石英；另一类是左旋物质，即迎着光的传播方向观看，使振动面按逆时针方向转动的物质，如果糖、石英。大多数旋光性物质的旋光性都有右旋和左旋两种，其左、右旋的旋光度数值总是彼此相等，只是符号(左、右)不同。

## 17.4.2 旋光现象的应用

旋光性物质的旋光效应作为一种物理效应已有十分广泛的应用，它是研究旋光性物质及其物理性质的有效方法，它广泛应用于化学工业、制药工业、制糖工业、香料工业、食品工业、石油工业等领域的科学研究。

实验表明，对于有旋光性的溶液，振动面的旋转角度 $\varphi$ 正比于光所通过的溶液厚度 $l$ 和旋光性溶质的浓度 $C$，即

$$\varphi = \alpha l C \tag{17-4}$$

系数 $\alpha$ 叫作旋光率，标志着溶质的特性，它与温度和光的波长都有关，并且当溶剂改变时，它也随之发生很复杂的变化。对于有旋光性的固体，振动面的旋转角 $\varphi$ 与光在物质中所经过的距离 $l$ 成正比，即

$$\varphi = \alpha l \tag{17-5}$$

在已知旋光率 $\alpha$ 的基础上，如测出旋转角度 $\varphi$ 就可计算出固体旋光性物质的厚度；对于液体类旋光性物质，再在已知溶液厚度 $l$ 时，就可计算出旋光性溶质的浓度 $C$。这种测定旋光性溶质浓度的方法既迅速又可靠。人们研制了旋光仪来测旋转角度 $\varphi$，通过旋光率的测定，可以分析确定物质的浓度、含量及纯度等。

目前已发现了一些生物物质也具有旋光性，例如自然界与人体中的葡萄糖，它是右旋的，而不同的氨基酸、DNA等有的是左旋，有的是右旋。生物物质的旋光性是目前生物物理学研究的课题。

# 阅读材料十七 立体视觉与立体电影

你看过立体电影吗？你知道它的原理吗？它就是应用光的偏振现象的一个例子。在观看立体电影时，观众要戴上一副特制的眼镜，这副眼镜就是一对透振方向互相垂直的偏振片。这样，

从银幕上看到的景象才有立体感。如果不戴这副眼镜,银幕上的图像就模糊不清了。这是为什么呢?

这要从人眼看物体说起。人的两只眼睛同时观察物体,不但能扩大视野,而且能判断物体的远近,产生立体感。

## 一、双眼立体视觉

当双眼观察物点 $A$ 时,两眼的视轴对准 $A$ 点,两视轴之间的夹角称为视差角,两眼节点 $J_1$ 和 $J_2$ 的连线称为视觉基线,其长度以 $b$ 表示,如图 17-22 所示。物体远近不同,视差角不同,使眼球发生转动的肌肉的紧张程度也就不同,根据这种不同的感觉,双眼能容易地辨别物体的远近。图 17-23 所示为不同距离的物体对应的视差角。

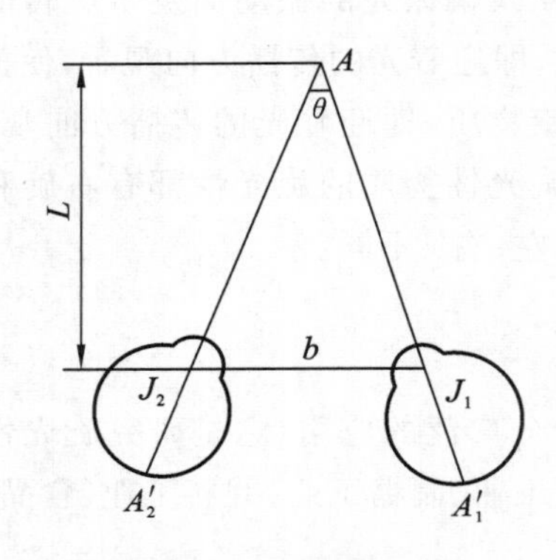


图 17-22　双眼观察物体

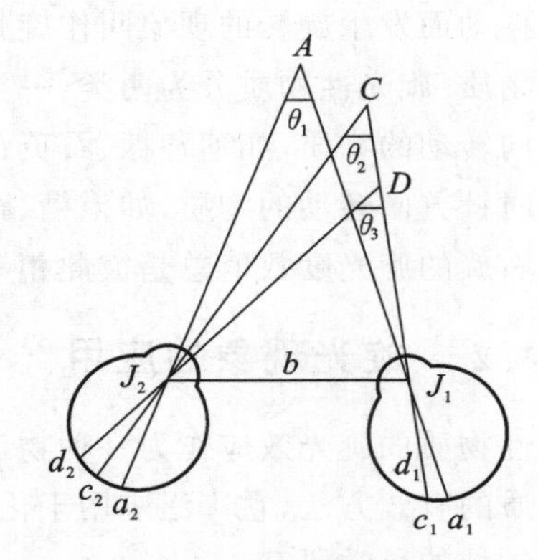


图 17-23　双眼立体视觉

当人的两只眼睛同时观察物体时,在视网膜上形成的像并不完全相同,左眼看到物体的左侧面较多,右眼看到物体的右侧面较多,这两个像经过大脑综合以后就能区分物体的远近,从而产生立体视觉,如图 17-24 所示。

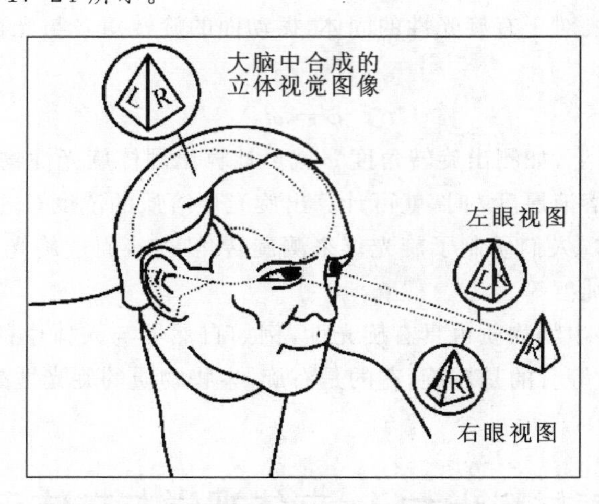


图 17-24　双眼的视差产生立体视觉示意图

## 二、立体电影

立体电影在拍摄的时候，就是用两架摄影机模仿了人的眼睛，从两个不同方向同时拍摄下景物的像。行内有“昆虫眼”“人眼”“巨人眼”之说，如果要拍很近的景，两个摄影机要像苍蝇的眼睛一样离得那么近。一般两个摄影机之间的距离跟人眼差不多。如果要拍远景，两个摄影机就要分开得像巨人的眼睛那样。图17-25所示是拍摄立体电影用的摄影机。

在放映时，通过两个放映机，把用两个摄影机拍下的两组胶片同步放映，使这略有差别的两幅图像重叠在银幕上。这时如果用眼睛直接观看，看到的画面是模糊不清的，要看到立体电影，就要在每架放映机前装一块偏振片，它的作用相当于起偏器。从两架放映机射出的光，通过偏振片后，就成了偏振光。左右两架放映机前的偏振片的偏振化方向互相垂直，因而产生的两束偏振光的偏振方向也互相垂直。这两束偏振光投射到银幕上再反射到观众处，偏振光方向不改变。

观众戴上与放映机偏振方向相同的偏振眼镜观看，每只眼睛只看到相应的偏振光图像，即左眼只能看到左机映出的画面，右眼只能看到右机映出的画面，这样就像用双眼直接观看原来的场景一样，产生立体视觉。如图17-26所示。

图 17-25　拍摄立体电影的摄影机

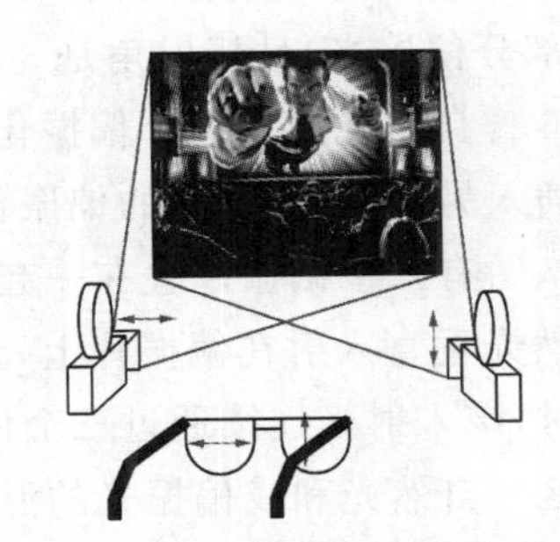

图 17-26　立体电影的放映与观看

## 习　题

17-1　在双缝干涉实验中，用单色自然光，在屏上形成干涉条纹，若在两缝后分别放一个偏振片，两偏振片偏振化方向互相垂直，则（　　）。

A. 干涉条纹的间距不变，但明纹的亮度加强

B. 干涉条纹的间距不变，但明纹的亮度减弱

C. 干涉条纹的间距变窄，且明纹的亮度减弱

D. 无干涉条纹

17-2　一束光是自然光和线偏振光的混合光，让它垂直通过一偏振片，若以此入射光束为轴旋转偏振片，测得透射光强度最大值是最小值的5倍，那么入射光束中自然光与线偏振光的光强比值为（　　）。

A. $\frac{1}{2}$　　B. $\frac{1}{3}$　　C. $\frac{1}{4}$　　D. $\frac{1}{5}$

17-3　一束光强为 $I_0$ 的自然光，相继通过 3 个偏振片 $P_1$，$P_2$，$P_3$ 后，出射光的光强为 $I=I_0/8$，已知 $P_1$ 和 $P_3$ 的偏振化方向相互垂直，若以入射光线为轴，旋转 $P_2$，要使出射光的光强为零，$P_2$ 最少要转过的角度是(　　)。

A. 30°　　B. 45°　　C. 60°　　D. 90°

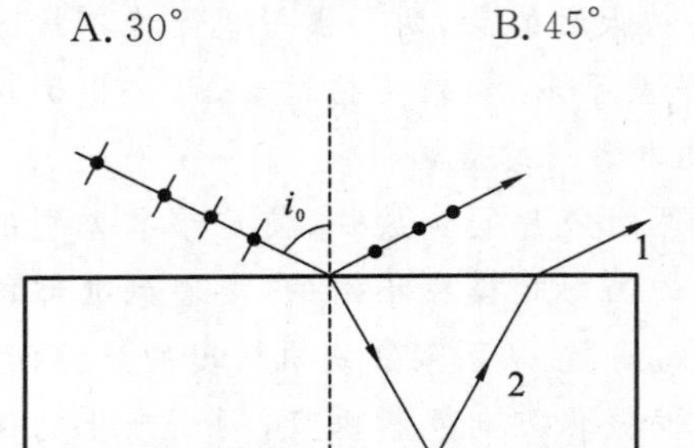


图 17-27　习题 17-4 图

17-4　一束自然光自空气射向一块平板玻璃(见图 17-27)，设入射角等于布儒斯特角 $i_0$，则在界面 2 的反射光是(　　)。

A. 自然光

B. 线偏振光且光矢量的振动方向垂直于入射面

C. 线偏振光且光矢量的振动方向平行于入射面

D. 部分偏振光

17-5　自然光以 60° 的入射角照射到某两介质交界面时，反射光为完全线偏振光，则可知折射光为(　　)。

A. 完全偏振光，且折射角是 30°

B. 部分偏振光，且只是在该光由真空入射到折射率为 $\sqrt{3}$ 的介质时，折射角是 30°

C. 部分偏振光，但须知两种介质的折射率才能确定折射角

D. 部分偏振光，且折射角是 30°

17-6　自然光通过两个偏振化方向间成 60° 角的偏振片，透射光强为 $I_1$。在这两个偏振片之间再插入另一偏振片，它的偏振化方向与前两个偏振片均成 30° 角，则透射光强为多少？

17-7　有三个偏振片叠在一起，已知第一个与第三个的偏振化方向相互垂直。一束光强为 $I_0$ 的自然光垂直入射在偏振片上，求第二个偏振片与第一个偏振片的偏振化方向之间的夹角为多大时，该入射光连续通过三个偏振片之后的光强为最大。

17-8　自然光和线偏振光的混合光束，通过一偏振片时，随着偏振片以光的传播方向为轴的转动，透射光的强度也跟着改变，如最强和最弱的光强之比为 6∶1，那么入射光中自然光和线偏振光的强度之比为多大？

17-9　在两个正交的理想偏振片之间有一个偏振片以匀角速度 $\omega$ 绕光的传播方向旋转，若入射的自然光的光强为 $I_0$，试证明透射光强为 $I=\dfrac{I_0}{16}(1-\cos 4\omega t)$。

17-10　根据布儒斯特定律可以测定不透明介质的折射率。今测得釉质的起偏角 $i_0=58°$，试求它的折射率。

17-11　水的折射率为 1.33，玻璃的折射率为 1.50，当光由水中射向玻璃而反射时，其偏振角为多少？当光由玻璃射向水而反射时，其偏振角又为多少？

17-12　如图 17-28 所示，自然光入射到水面上，入射角为 $i$ 时反射光成为完全偏振光，今有一块玻璃浸于水中，若光由玻璃面反射也成为完全偏振光，求水面与玻璃面之间的夹角 $\alpha$(玻璃的折射率 $n_3=1.5$，水的折射率 $n_2=1.33$)。

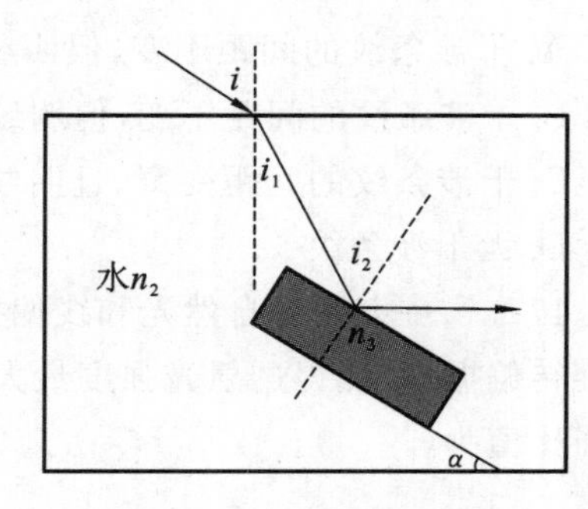


图 17-28　习题 17-12 图

17-13　用方解石制成一棱镜，横截面为正三角形。

光轴垂直于棱镜的正三角形截面，如图17-29所示。自然光以入射角 $i$ 入射时，e光在棱镜内的折射线与棱镜底边平行，求入射角 $i$，并画出o光的光路。已知 $n_e = 1.49$，$n_o = 1.66$。

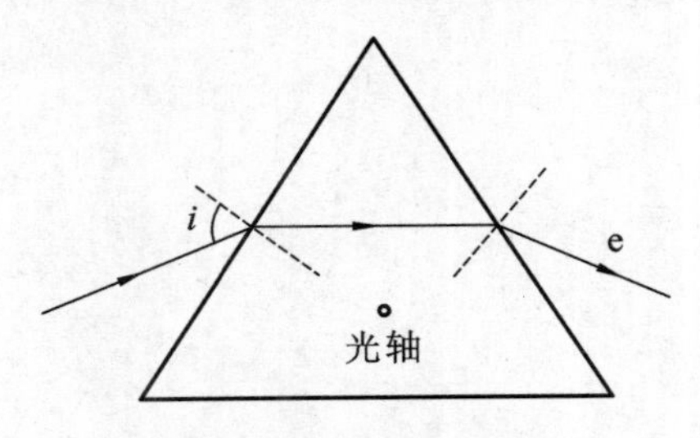


**图17-29　习题17-13图**

17-14　将50 g含有杂质的糖溶于纯水中，制成100 $cm^3$ 的糖溶液，然后将此溶液装入长10 cm的玻璃管中，用单色的线偏振光垂直于管的端面并沿管的中心轴线射过，从检偏器测得光的偏振面旋转了 $25°4'$。已知这种纯糖的旋光率为 $54.5°\ cm^2/g$（即溶液浓度用 $g/cm^3$，管长用cm，旋转角用度作单位）。试计算这种糖的纯度（即含有纯糖的百分比）。

UNIVERSITY PHYSICS

# 近代物理学

19世纪末20世纪初，由于力学、电磁场理论和经典统计物理学的相继建立，不少物理学家认为物理学的大厦已基本建成，物理理论上的一些原则问题已经解决，今后的任务就是在已知的物理规律中做一些零星的修补工作。但是，在物理学晴朗的天空上出现了两朵乌云，后来发展为席卷整个物理学的一场革命风暴。这两朵乌云是指当时经典物理学无法解释的两个实验：一个是迈克耳孙干涉仪实验，一个是黑体辐射实验，它们分别导致了相对论和量子理论的诞生。

量子物理世界的大门是在黑体辐射问题研究中打开的，德国的普朗克在1900年12月发表了论文《正常光谱辐射能的分布理论》，给出了一个猜测性质的黑体辐射定律和它的理论根据：能量在辐射过程中不是连续的，而是一股股的“再不可分”的涓流被释放或吸收。

普朗克的量子理论是牛顿以后自然哲学所经受的最巨大、最深刻的变革，能量的量子思想奠定了现代微观物理的基础。爱因斯坦在1905年提出电磁场能的能量量子化，把光子引入物理学，创立了固体热容量的量子理论，解释了光电效应。爱因斯坦的量子化观点比普朗克更进了一步：辐射能量在传播过程中也是分立的。伟大的丹麦物理学家玻尔以普朗克的量子理论和爱因斯坦的光子概念为基础，提出原子能级及电子在能级间跃迁的假设。1913年弗兰克-赫兹实验利用电子来撞击原子，直观地证实了能级的存在。

1924年德布罗意提出波粒二象性假设，电子衍射实验证实了他的假设。薛定谔进一步推广了德布罗意的概念，于1926年提出了波动力学，后与海森堡、玻恩的矩阵力学统一为量子力学。从而，以量子概念为基础的量子力学在微观领域代替了经典的牛顿力学。

20世纪初，物理学中除了普朗克的量子假设之外的另一项伟大成就就是爱因斯坦的相对论。相对论在物理学界引起的世界观变革按其深刻性和后果来说，只有哥白尼创造的宇宙说所引起的改革才能与之相比。

爱因斯坦在1905年的德文科学杂志《物理年鉴》上发表了论文《论运动物体的电动力学》，这篇论文相当全面地论述了狭义相对论。狭义相对论不是凭空出现的，而是在解决运动物体的电动力学问题过程中形成的。

从19世纪中叶开始，物理学家想证实电磁波的传播介质——以太的存在。到19世纪末，被认为最能自圆其说和最像真理的是静止的以太模型，这种以太充满所有空间，不参与物体的运动。静止的以太似乎可以充当绝对静止参照系，当年牛顿似乎就是相对于这种参照系研究物体“真正”的运动的。

在理论上，利用迈克耳孙-莫雷实验，可以算出地球相对于“以太”的“绝对”速度，但事实上却得到否定的结果：在任何过程中地球相对于“以太”总是静止不动的。因此，否定了绝对静止参照系的存在。

运动物体的电动力学问题还有另一方面。我们知道牛顿力学方程经过伽利略变换后其形式保持不变，即牛顿力学方程相对于经典力学的变换形式来说是协变的。而麦克斯韦电磁场方程相对于经典力学的变换形式来说是非协变的，因此经典力学和电磁理论之间存在着一条鸿沟。

爱因斯坦根据实验事实概括出两个假设——相对性原理和光速不变原理，抛弃了以太的假设，得到了使牛顿力学和麦克斯韦电磁场方程都保持协变的洛伦兹变换，从而建立了狭义相对论。

1915年又把它拓展到非惯性系中去，继而创建了广义相对论。

# 第 18 章　狭义相对论基础

狭义相对论研究在高速情况下的运动相对性问题，它集中体现在惯性系之间的时间和空间的相对性上，由此给出的运动规律更具有普遍性，既适用于高速运动，也适用于低速运动的情况；而牛顿力学是相对论力学的低速极限。

狭义相对论的观念虽然很难用人们的日常经验去领会，但它在物理学上却是那样合理、和谐，并且已为实验所证实。

本章主要介绍相对论的一些基础知识。着重阐明相对论的两个基本假设，介绍爱因斯坦的时空观念。然后在狭义相对论时空观的基础上推导出洛伦兹坐标、速度变换。最后，介绍相对论动力学（relativistic mechanics）基础。

## 18.1　牛顿的时空观

### 18.1.1　牛顿力学的时空观

建立在牛顿三大运动定律基础上的牛顿力学由于具有严谨的理论体系和完备的研究方法，曾被誉为完美普遍的理论而兴盛了约三百年。前面已经介绍过力学的核心内容是研究物体在空间所处的位置随时间的变化规律，而研究位置的变化必然是针对某一特定的参照物或者说参照系而言的，因此为了定量地研究这种变化，只有在一定的参考系下才有意义。对于单一参考系下的运动研究，牛顿力学已经给出了详细的描述，但是在研究实际问题时常常需要从不同的参考系来描述同一物体的运动。而对于不同的参考系，同一质点的位移、速度和加速度都可能不同。因此，为了解决不同的参考系所带来的问题，物理学中专门有一条针对性的基本原理叫作伽利略相对性原理或者力学相对性原理。这个原理的内容是指：**任何局限于一个系统中的力学实验，都无法判断这个系统是静止的或沿直线做匀速运动**。换句话说，**在各个彼此做匀速直线运动的系统中，力学规律都相同**。为了明白这个原理，下面以具体例子来说明。设想在一个完全封闭的船舱里做力学实验，我们会发现桌上的苹果仍旧会笔直地下落到地板上，这和我们在家中或船停在港口的结果完全一致。换句话说，我们不能单凭船舱里的力学实验来判断船是匀速直线运动还是静止。这就是力学相对性原理的内容。在这个原理的基础上，逐步形成了牛顿力学的绝对时空观。这种时空观认为任何时空点都是平等的，物理规律在任何一个时空点都是一样的。时间和空间与物质的运动是彼此独立的。

为了能够定量地解决实际应用问题，根据力学相对性原理，伽利略提出了相应的伽利略变换（Galilean transformation）。下面简单地介绍一下伽利略变换。对于两个相对做匀速直线运动（相对速度为 $\vec{u}$）的不同的参考系 $K$，$K'$，分别建立两个直角坐标系（$O,x,y,z$）和（$O',x',y',z'$），如图 18-1 所示，两者的坐标轴各自相互平行，而且 $x$ 轴和 $x'$ 轴重合在一起，方向与两个参考系的相对运动方向相同，两个坐标系的原点重合，在两个参考系里各有一个标准钟分别指向

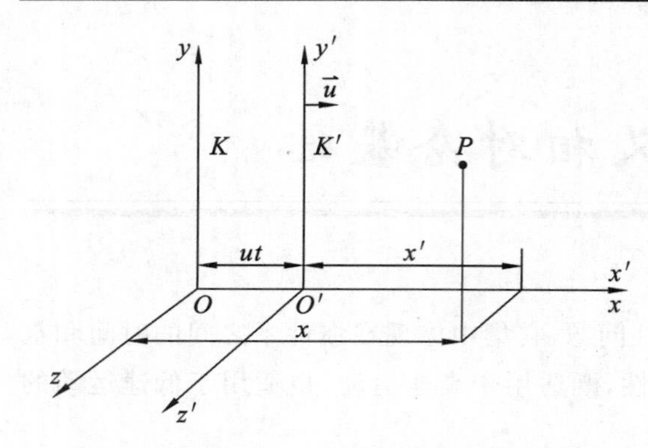


图 18-1　伽利略变换

时刻 $t$ 和 $t'$，且在原点处皆指向零点。此时，所谓的伽利略变换的内容就是指对应于这两个参考系分别测到的同一质点到达空间某一位置 $P$ 的坐标所满足的关系为

$$\begin{cases} t' = t \\ x' = x - ut \\ y' = y \\ z' = z \end{cases} \tag{18-1}$$

从式(18-1)可以清晰地看出牛顿力学的绝对时空观念。

相比于以往的时空观，它具有以下几个鲜明的特点：

1. 同时性是绝对的

由式(18-1)中的第一个式子就可以很清晰地得到这个概念。由此可见，两个事件(event)的同时性与观察者的运动状态无关。

2. 时间间隔和空间间隔是绝对的

考虑客观世界中发生的任意两个事件，在 $K$ 参考系下观察得到这两个事件的发生时刻分别为 $t_1$ 和 $t_2$，而在 $K'$ 参考系下观察时这两个事件发生的时刻则分别为 $t'_1$ 和 $t'_2$，根据式(18-1)可以很方便地得到

$$t_1 = t'_1,\quad t_2 = t'_2$$

可得

$$t_2 - t_1 = t'_2 - t'_1$$

由此可见，在 $K$ 和 $K'$ 参考系下观察同样的两个事件之间的间隔相等，即时间间隔是绝对的。

同样的，对于空间中任一物体，在 $K$ 参考系下测量它的长度即两端点 $AB$ 之间的距离为 $x_B - x_A$，在 $K'$ 参考系下测量时，相应的两个端点的坐标是 $x'_B$ 和 $x'_A$，则此时测量得到的物体长度为 $x'_B - x'_A$。根据式(18-1)，可以得出

$$x'_B = x_B - ut,\quad x'_A = x_A - ut$$

可得

$$x'_B - x'_A = x_B - x_A$$

因此，可以同样得到空间间隔是绝对的这一结论。将上述结论在数学上表示出来，式(18-1)就可以变成式(18-2)，即

$$\begin{cases} \Delta x' = \Delta x \\ \Delta y' = \Delta y \\ \Delta z' = \Delta z \\ \Delta t' = \Delta t \end{cases} \tag{18-2}$$

3. 力学规律在一切惯性系中都是等价的

伽利略变换的一个重要结论就是速度合成律。将式(18-1)中的各式分别对时间求导，考虑到 $t = t'$，可得

$$\frac{\mathrm{d}\vec{x}'}{\mathrm{d}t'} = \frac{\mathrm{d}\vec{x}}{\mathrm{d}t} - \vec{u},\quad \frac{\mathrm{d}\vec{y}'}{\mathrm{d}t'} = \frac{\mathrm{d}\vec{y}}{\mathrm{d}t},\quad \frac{\mathrm{d}\vec{z}'}{\mathrm{d}t'} = \frac{\mathrm{d}\vec{z}}{\mathrm{d}t}$$

上述三式中各个微分量分别对应于 $K'$ 和 $K$ 系中的各个速度分量。因此可将此三式进行合并，得到速度变换公式

$$\vec{v}' = \vec{v} - \vec{u} \tag{18-3}$$

同样我们也可以得到加速度的变换公式。将式(18-3) 再对时间求导，由于 $\vec{u}$ 与时间无关，所以有

$$\vec{a}' = \vec{a} \tag{18-4}$$

在经典物理中，物体的质量与速度无关，相互作用力只与相对位置或相对速度有关，而相对位置或相对速度与参考系无关。所以在 $K$ 系和 $K'$ 系中，有

$$\vec{F}' = \vec{F}$$

$$m' = m$$

由此可以得到在 $K$ 系和 $K'$ 系中牛顿第二定律的数学表达形式分别为

$$\vec{F} = m\vec{a}$$

$$\vec{F}' = m'\vec{a}'$$

由此可以看出，牛顿第二定律具有伽利略变换不变性。由此可以证明，经典力学中的所有基本定律，如动量守恒定律、角动量守恒定律和机械能守恒定律等都具有伽利略变换不变性。

### 18.1.2　爱因斯坦的两个基本假设

爱因斯坦(Einstein) 摆脱了经典时空观的束缚，坚信相对性原理是正确的。同时他认为麦克斯韦(Maxwell) 方程组是对所有惯性系都适用的理论。于是，这就必须承认光速的不变性。这样一来，自然就要求修正牛顿定律及其相应的绝对时空观。1905 年爱因斯坦在德国《物理年鉴》上发表了《论运动物体的电动力学》，从全新的角度提出了作为狭义相对论理论基础的两个重要假设。

1. 相对性假设

**物理定律对所有惯性参考系中的观察者来说是相同的，没有哪一个参考系是特殊的。**可以看出，爱因斯坦相对性假设是力学相对性原理的推广，爱因斯坦相对性假设否定了特殊惯性系的存在。

2. 光速假设

**光在真空中的速率沿各个方向在所有的惯性参考系中具有相同的值 $c$。**光速假设认为真空中的光速是一个与惯性系的运动无关的常量。光速不变原理直接否定了伽利略速度变换。

## 18.2　洛伦兹速度变换公式

### 18.2.1　洛伦兹变换

1. 洛伦兹(Lorentz) 变换及其逆变换

能够满足狭义相对论基本原理的变换是洛伦兹变换：

(1) 通过这种变换，物理定律都应该保持自己的数学表达形式不变。

(2) 通过这种变换，真空中光的速率在一切惯性系中保持不变。

(3) 这种变换在适当的条件下(即在低速情况下) 转化为伽利略变换。

洛伦兹变换最先是由爱因斯坦导出的,后来洛伦兹在研究电磁场理论时也推导出同样的公式,故以洛伦兹变换命名。

假设 $K'$ 系沿 $x$ 轴相对于 $K$ 系运动,则有

正变换:
$$\begin{cases} x' = \gamma(x - vt) \\ y' = y \\ z' = z \\ t' = \gamma\left(t - \dfrac{v}{c^2}x\right) \end{cases} \tag{18-5}$$

逆变换:
$$\begin{cases} x = \gamma(x' + vt') \\ y = y' \\ z = z' \\ t = \gamma\left(t' + \dfrac{v}{c^2}x'\right) \end{cases} \tag{18-6}$$

式中,$\gamma = (1-\beta^2)^{-\frac{1}{2}}$ 为相对论因子,$\beta = \dfrac{v}{c}$。

2. 说明

(1) 将正变换中的速度反号,并将带撇的与不带撇的量相互交换,即得到逆变换。

(2) 当 $v \ll c$ 时,$\beta \to 0$,洛伦兹变换 → 伽利略变换。

(3) $\sqrt{1-\beta^2}$ 为实数,$\beta = \dfrac{v}{c} \leqslant 1$,所以 $v \leqslant c$,即任何物体都不能做超光速运动,真空中光速 $c$ 是一切物体运动的极限速度。

3. 洛伦兹变换的特点

(1) 两个参照系的相对运动对于垂直于运动方向的空间尺寸没有影响。

(2) 运动方向上距离和时间测量结果在变换中“混合起来”,对绝对空间和绝对时间的否定,导致了时间和空间的相互依存,因为空间和时间的测量结果所依照的参考系的选择而改变。

(3) 当物体的速度远小于光速时,洛伦兹变换式就变为伽利略变换式。两个物体的相对速度不可能超过光速 $c$。

**例 18-1** 地面参考系中,在 $x = 1000$ km 处,于 $t = 0.02$ s 时刻爆炸了一颗炸弹。如果有一艘沿 $x$ 轴正方向、以 $u = 0.75c$ 速率运动的飞船,试求在飞船参考系中的观察者测得的这颗炸弹爆炸的空间和时间坐标。若按伽利略变化,结果又如何?

**解** 由洛伦兹变换式(18-5),可求出在飞船参考系中测得的炸弹爆炸的时空坐标分别为

$$x' = \frac{x - ut}{\sqrt{1 - \dfrac{u^2}{c^2}}} = \frac{1\times10^6 - 0.75\times3\times10^8\times0.02}{\sqrt{1-0.75^2}}\ \text{m} = -5.29\times10^6\ \text{m}$$

$$t' = \frac{t - \dfrac{u}{c^2}x}{\sqrt{1 - \dfrac{u^2}{c^2}}} = \frac{0.02 - \dfrac{0.75\times1\times10^6}{3\times10^8}}{\sqrt{1-0.75^2}}\ \text{s} = 0.0265\ \text{s}$$

如果按照伽利略变换进行计算,由伽利略变换式(18-1)可得

$$x'' = x - ut = (1\times10^6 - 0.75\times3\times10^8\times0.02)\ \text{m} = -3.50\times10^6\ \text{m}$$

$$t'' = t = 0.02\ \mathrm{s}$$

这显然与洛伦兹变换所得结果不同。这说明在本题所述条件下($u = 0.75c$)，用伽利略变换计算误差太大，必须用洛伦兹变换进行计算。而且，按照洛伦兹变换，不同参考系观察下的事件发生时间是不同的，这和伽利略变换有本质上的区别。

### 18.2.2　速度的变换

1. 速度变换式

对于 $K$，$K'$ 系，$K'$ 系以速度 $v$ 相对 $K$ 系沿 $xx'$ 轴运动，考虑质点 $P$ 的运动。在 $K$ 系中，其速度为

$$\vec{u}_x = \frac{\mathrm{d}\vec{x}}{\mathrm{d}t},\quad \vec{u}_y = \frac{\mathrm{d}\vec{y}}{\mathrm{d}t},\quad \vec{u}_z = \frac{\mathrm{d}\vec{z}}{\mathrm{d}t}$$

在 $K'$ 系中，质点的速度为

$$\vec{u}'_x = \frac{\mathrm{d}\vec{x}'}{\mathrm{d}t},\quad \vec{u}'_y = \frac{\mathrm{d}\vec{y}'}{\mathrm{d}t},\quad \vec{u}'_z = \frac{\mathrm{d}\vec{z}'}{\mathrm{d}t}$$

由洛伦兹变换式有

$$\mathrm{d}x' = \gamma(\mathrm{d}x - v\mathrm{d}t)$$
$$\mathrm{d}y' = \mathrm{d}y$$
$$\mathrm{d}z' = \mathrm{d}z$$
$$\mathrm{d}t' = \gamma\left(\mathrm{d}t - \frac{v}{c^2}\mathrm{d}x\right)$$

故有

$$\vec{u}'_x = \frac{\mathrm{d}\vec{x}'}{\mathrm{d}t'} = \frac{\gamma(\mathrm{d}\vec{x} - \vec{v}\mathrm{d}t)}{\gamma\left(\mathrm{d}t - \frac{v}{c^2}\mathrm{d}\vec{x}\right)} = \frac{\frac{\mathrm{d}\vec{x}}{\mathrm{d}t} - \vec{v}}{1 - \frac{v}{c^2}\frac{\mathrm{d}\vec{x}}{\mathrm{d}t}} = \frac{u_x - v}{1 - \frac{v}{c^2}u_x}$$

$$u'_y = \frac{\mathrm{d}y'}{\mathrm{d}t'} = \frac{\mathrm{d}y}{\gamma\left(\mathrm{d}t - \frac{v}{c^2}\mathrm{d}x\right)} = \frac{\frac{\mathrm{d}y}{\mathrm{d}t}}{\gamma\left(1 - \frac{v}{c^2}\frac{\mathrm{d}x}{\mathrm{d}t}\right)} = \frac{u_y}{\gamma\left(1 - \frac{v}{c^2}u_x\right)}$$

$$u'_z = \frac{\mathrm{d}z'}{\mathrm{d}t'} = \frac{\mathrm{d}z}{\gamma\left(\mathrm{d}t - \frac{v}{c^2}\mathrm{d}x\right)} = \frac{\frac{\mathrm{d}z}{\mathrm{d}t}}{\gamma\left(1 - \frac{v}{c^2}\frac{\mathrm{d}x}{\mathrm{d}t}\right)} = \frac{u_z}{\gamma\left(1 - \frac{v}{c^2}u_x\right)}$$

2. 速度逆变换式

$$u_x = \frac{u'_x + v}{1 + \frac{v}{c^2}u'_x}$$

$$u_y = \frac{u'_y}{\gamma\left(1 + \frac{v}{c^2}u'_x\right)}$$

$$u_z = \frac{u'_z}{\gamma\left(1 + \frac{v}{c^2}u'_x\right)}$$

3. 说明

(1) $u_x \ll c$ 时，洛伦兹速度变换式变成伽利略速度变换式。

(2) $u_x = c$ 时，$u'_x = c$。

(3) 洛伦兹变换本身就包含光速极限的概念。

# 18.3　爱因斯坦的时空观

在相对性原理和光速不变原理这两个基本假设的基础上，爱因斯坦建立起了他独特的时空观。与前人的时空观不同的是，爱因斯坦认为时间和空间都是相对的，彻底抛弃了牛顿力学的绝对时空的概念。下面我们分别从时间和空间的相对性方面来简单介绍一下爱因斯坦的时空观。

## 18.3.1　同时性的相对性

1. 概念

狭义相对论的时空观认为，同时是相对的，即在一个惯性系中不同地点同时发生的两个事件，在另一个惯性系中不一定是同时的。

例如：在地球上不同地方同时出生的两个婴儿，在一个相对地球高速飞行的飞船上来看，他们不一定是同时出生的。

2. 例子：爱因斯坦列车

如图 18-2 所示，列车以 $v$ 匀速直线运动，车厢中央有一闪光灯发出信号，光信号到车厢前壁为事件 1，到后壁为事件 2；地面为 $K$ 系，列车为 $K'$ 系。

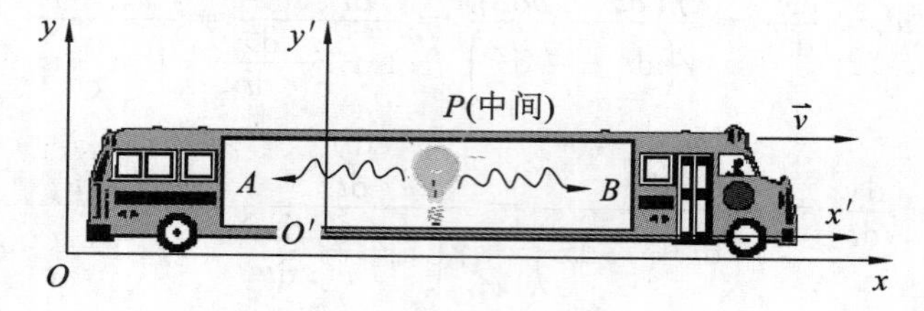


图 18-2　爱因斯坦列车

在 $K'$ 系中，$A$ 以速度 $v$ 向光接近；$B$ 以速度 $v$ 离开光，事件 1 与事件 2 同时发生。

在 $K$ 系中，光信号相对车厢的速度 $v'_1 = c - v$，$v'_2 = c + v$，事件 1 与事件 2 不是同时发生的。即 $K'$ 系中同时发生的两个事件，在 $K$ 系中观察却不是同时发生的。因此，“同时”具有相对性。

3. 解释

在 $K'$ 系中，不同地点 $x'_1$ 与 $x'_2$ 同时发生两件事

$$t'_1 = t'_2,\quad \Delta t' = t'_1 - t'_2 = 0,\quad \Delta x' = x'_1 - x'_2$$

在 $K$ 系中

$$\Delta t = \frac{\Delta t' + \frac{v}{c^2}\Delta x'}{\sqrt{1 - \left(\frac{v}{c}\right)^2}}$$

由于 $\Delta t' = 0, \Delta x' = x_1' - x_2' \neq 0$，故 $\Delta t \neq 0$。可见，两个彼此间做匀速运动的惯性系中测得的时间间隔，一般来说是不相等的。即不同地点发生的两件事，对 $K'$ 来说是同时发生的，而在 $K$ 系中不一定是同时发生的。

若 $\Delta x' = x_1' - x_2' = 0$，则 $\Delta t = 0$，即同一地点同时发生的两件事，在不同的惯性系中也是同时发生的。

4. 进一步说明

若 $t_1' < t_2'$，$K'$ 系中，事件 1 早于事件 2；但是随着 $x_1' - x_2'$ 的取值不同，$t_1 - t_2$ 就可能小于零、大于零或等于零，即事件 1 可能早于事件 2，也可能晚于事件 2，或同时发生，两事件的先后次序在不同的惯性系中可能发生颠倒。

例如，地球上，甲出生于 $x_1, t_1$，乙出生于 $x_2, t_2$，若

$$x_2 - x_1 = 30000\ \text{km}, t_2 - t_1 = 0.06\ \text{s}$$

结论：甲——哥哥，乙——弟弟。

从飞船上看，若 $v = 0.6c, t_2' - t_1' = 0$，甲乙同时出生；若 $v = 0.8c, t_2' - t_1' < 0$，甲——弟弟，乙——哥哥。

* **相对论可以证明，关联事件的时序具有绝对性。**
* **同时性的相对性否定了各个惯性系具有统一时间的可能性，否定了牛顿的绝对时空观。**
* **事件的因果关系不会颠倒，如人出生的先后。**

假设在 $K$ 系中，$t$ 时刻在 $x$ 处的质点经过 $\Delta t$ 时间后到达 $x + \Delta x$ 处，则由

$$t' = \frac{t - x\dfrac{v}{c^2}}{\sqrt{1 - \left(\dfrac{v}{c}\right)^2}}$$

得到

$$\Delta t' = \frac{\Delta t - \Delta x\dfrac{v}{c^2}}{\sqrt{1 - \left(\dfrac{v}{c}\right)^2}} = \frac{\Delta t\left(1 - u\dfrac{v}{c^2}\right)}{\sqrt{1 - \left(\dfrac{v}{c}\right)^2}}$$

因为 $v \ngtr c, u \ngtr c$，所以 $\Delta t'$ 与 $\Delta t$ 同号。即事件的因果关系、相互顺序不会颠倒。

## 18.3.2　长度收缩

如图 18-3 所示，$K', K$ 系，棒 $l$ 相对于 $K'$ 静止于 $O'x'$ 轴，棒长（固有长度）$l' = x_2' - x_1'$，用 $K$ 的坐标表示，则

$$x_1' = \frac{x_1 - v_1 t_1}{\sqrt{1-\beta^2}}, \quad x_2' = \frac{x_2 - v_2 t_2}{\sqrt{1-\beta^2}}$$

同时测量 $t_1 = t_2$，则

$$x_2' - x_1' = \frac{x_2 - x_1}{\sqrt{1-\beta^2}}$$

即

$$l' = \frac{l}{\sqrt{1-\beta^2}}$$

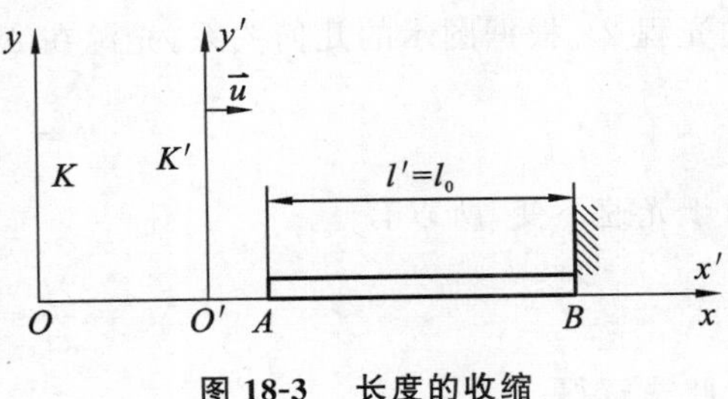


**图 18-3　长度的收缩**

或
$$l = l'\sqrt{1-\beta^2} \tag{18-7}$$

1. 固有长度

观察者与被测物体相对静止时，长度的测量值最大，称为该物体的固有长度(或原长)，用 $l_0$ 表示，即

$$l = l'\sqrt{1-\beta^2} = l_0\sqrt{1-\beta^2}$$

2. 洛伦兹收缩(长度缩短)

观察者与被测物体有相对运动时，长度的测量值等于其原长的 $\sqrt{1-\beta^2}$ 倍，即物体沿运动方向缩短了，这就是洛伦兹收缩(长度缩短)。

结论：

(1) 相对观察者静止，其长度测量值大。

(2) 相对观察者运动，则在运动方向上缩短，只有原长的 $\sqrt{1-\beta^2}$ 倍。

(3) 在与运动垂直的方向上长度不变。

汤普斯金的误解——高速运动的物体变扁，这是不对的，长度收缩效应只能测量出来，是看不出来的。直到 1955 年，James Torrel 等人才开始纠正了这个错误。

长度收缩效应是时空属性，并不是由于物体运动引起物体之间的相互作用而产生的实在的收缩。应该强调的是，狭义相对论中的长度收缩完全是相对的。

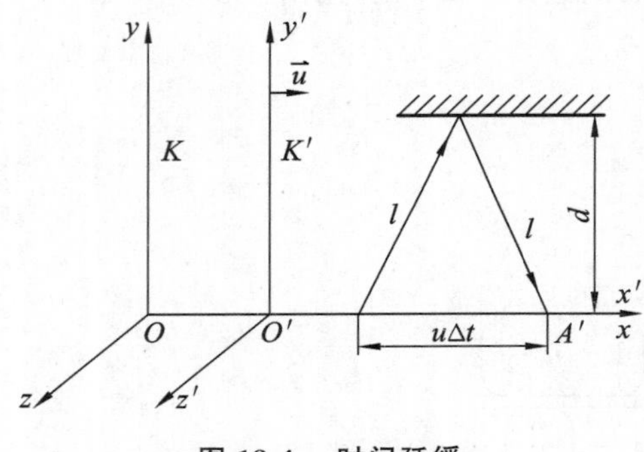

图 18-4　时间延缓

### 18.3.3　时间延缓

设想如下的一个理想实验：取图 18-4 所示的两个参考系 $K$, $K'$，在 $K'$ 系中的一个固定点 $A'$ 点处设置一个光源，其旁设置一个在 $K'$ 系校准的钟，在平行于 $y'$ 轴方向离 $A'$ 距离为 $d$ 处放置一面反射镜，可使由 $A'$ 发出的光脉冲经反射后沿原路返回。对于光脉冲由 $A'$ 发出再经反射回到 $A'$ 这两个事件的时间间隔，在 $K'$ 参考系中测量得

$$\Delta t' = \frac{2d}{c} \tag{18-8}$$

现在在 $K$ 系中观察，由于 $K'$ 系相对 $K$ 系以速度 $\boldsymbol{u}$ 运动，也就是说固定于 $K'$ 系中的 $A'$ 点相对 $K$ 系以速度 $\boldsymbol{u}$ 运动，因此在 $K$ 系中观测同样的这两个事件时所得到的光线路径如图 18-4 所示，此时光线已经不是返回到 $K$ 系中的原来的那个发光点了。此时光线由发出到返回并不沿同一直线进行，而是沿一条折线。为了计算光经过这条折线的时间，需要算出在 $K$ 系中测得的光程 $2l$。根据图示的几何关系，光源在 $\Delta t$ 时间内运动了 $u\Delta t$，因此满足

$$l = \sqrt{d^2 + \left(\frac{u\Delta t}{2}\right)^2}$$

由于光速不变，所以有

$$\Delta t = \frac{2l}{c} = \frac{2}{c}\sqrt{d^2 + \left(\frac{u\Delta t}{2}\right)^2}$$

由此式解得

$$\Delta t = \frac{2d}{c}\frac{1}{\sqrt{1-\frac{u^2}{c^2}}}$$

与式(18-5) 比较可得

$$\Delta t = \frac{\Delta t'}{\sqrt{1-\frac{u^2}{c^2}}} = \frac{\Delta t'}{\sqrt{1-\beta^2}} = \gamma\Delta t' \qquad (18\text{-}9)$$

式中，$\beta = \frac{u}{c}$，$\gamma = \frac{1}{\sqrt{1-\beta^2}}$。

根据 $\gamma$ 的定义可知，$\gamma > 1$，故 $\Delta t > \Delta t'$。因此，**在一个惯性系中，运动的钟比静止的钟走得慢**。这种效应就叫时间延缓(time dilation)。此处的钟慢不是指钟出了什么问题，所有的钟都是标准钟，之所以要这样说，只是说明在运动参考系中时间的节奏变慢了，在其中一切物理、化学过程甚至是观察者的生命过程都变缓了。我们把相对于物体静止的钟所显示的时间间隔 $\Delta\tau$ 称作该物体的**固有时间**(proper time)。例如在式(18-9) 中所出现的 $\Delta t'$ 即为 $K'$ 参考系里的固有时间。由式(18-9) 可以看出，**固有时间最短**。

当然，作为一种新兴理论，相对论必然要“向下兼容”那些千百年来被证实的理论、现象。考虑当 $u \ll c$ 时，此时 $\gamma \approx 1$，则 $\Delta t \approx \Delta t'$。这种情况下，同样的两个事件之间的间隔在各个参考系下测量的结果都是一样的，即时间的测量与参考系是无关的，这就又回到了牛顿的绝对时空观念。因此我们可以看出，牛顿的绝对时空观念实际上是相对论时空观在参考系的相对速度非常小时的一个近似结果。

另外，需要注意的是运动是相对的，因此所谓的时间延缓概念也是相对的。在上例中，用钟变慢来说明的话，就是 $K$ 参考系的人认为 $K'$ 参考系里的钟变慢了，而反过来在 $K'$ 参考系里的人也同样会觉得 $K$ 参考系里的钟变慢了。

**例 18-2**　人们观测了以 $0.9100c$ 高速飞行的粒子经过的直线路径，实验结果得出的平均飞行距离是 17.135 m，实验室测出的该粒子的固有寿命值是 $(2.603 \pm 0.002) \times 10^{-8}$ s。问：实验结果与相对论理论符合程度如何？

**解**　由平均飞行距离可以推算出该粒子在实验室系中的平均寿命

$$\tau = \frac{17.135}{0.9100 \times 2.9979 \times 10^8}\ \text{s} \approx 6.281 \times 10^{-8}\ \text{s}$$

而时间延缓因子

$$\gamma = \frac{1}{\sqrt{1-0.9100^2}} = 2.412$$

因此由式(18-6) 求出的该粒子固有寿命的相对论预言值为

$$\tau_0 = \frac{\tau}{\gamma} = \frac{6.281 \times 10^{-8}}{2.412}\ \text{s} = 2.604 \times 10^{-8}\ \text{s}$$

可见，理论值与实验值相差 $0.001 \times 10^{-8}$ s，且在实验误差范围之内。

**例 18-3**　静止长为 1200 m 的火车，相对车站以匀速 $u$ 直线运动，已知车站站台长 900 m，站台上观察者看到车尾通过站台入口时，车头正好通过站台出口，试问车的速率是多少？车上乘客看车站站台是多长？

**解**　依题意，车的静止长度 $L_0 = 1200$ m 是固有长度，在站台上的观察者看来运动车长将收缩为 $L = 900$ m，根据式(18-7)，存在以下关系

$$L = L_0\sqrt{1-\frac{u^2}{c^2}}$$

代入题设数据，有

$$900 = 1200 \times \sqrt{1-\frac{u^2}{(3\times 10^8)^2}}$$

由此解得

$$u = 2\times 10^8\ \text{m/s}$$

对于车上的观察者而言，车站是运动的，此时车站的长度将由固有长度 $L = 900$ m 收缩为 $L'$，同样根据式(18-7)，有

$$L' = L\sqrt{1-\frac{u^2}{c^2}} = 900\times\sqrt{1-\frac{(2\times 10^8)^2}{(3\times 10^8)^2}}\ \text{m} = 671\ \text{m}$$

以上分别从定性和定量的角度介绍了爱因斯坦的时空观。有别于牛顿的绝对时空观念，爱因斯坦认为时间和空间都是相对的，都会随惯性系的不同而有所差异，有了这个基本的物理模型，再加上一整套严谨、完整的数学推演，就建立起了举世闻名的狭义相对论。

$$\begin{cases} v_x = \dfrac{v'_x + u}{1+\dfrac{uv'_x}{c^2}} \\ v_y = \dfrac{v'_y}{1+\dfrac{uv'_x}{c^2}}\sqrt{1-\dfrac{u^2}{c^2}} \\ v_z = \dfrac{v'_z}{1+\dfrac{uv'_x}{c^2}}\sqrt{1-\dfrac{u^2}{c^2}} \end{cases} \tag{18-10}$$

**例 18-4** 在地面上测得两飞船分别以 $0.9c$ 和 $-0.9c$ 的速度向相反方向运动，求一飞船相对于另一飞船的速度。

**解** 取速度为 $-0.9c$ 的甲飞船为 $K$ 参考系，取地面为 $K'$ 参考系。则 $K'$ 参考系相对 $K$ 参考系的运动速度为 $u = 0.9c$。在 $K'$ 参考系里有一速度为 $0.9c$ 的飞船乙，因此根据式(18-10)，在 $K$ 参考系里，乙飞船的速度为

$$v_x = \frac{v'_x + u}{1+\dfrac{u}{c^2}v'_x} = \frac{0.9c + 0.9c}{1+0.9\times 0.9} = 0.995c$$

## 18.4 相对论动力学

以上介绍的是相对论运动学情形，接下来将要介绍一些相对论动力学的基本内容。在动力学里有一系列概念，如质量、动量、能量等，这些物理量都存在着一个与长度、时间等类似的在相对论形式下的新定义问题。在对这些物理量进行新的定义之前，首先要明确新定义的物理量在 $v \ll c$ 时能够和经典定义的物理量保持一致。另外，物理学家们都笃信守恒的理论，因此，新定义的物理量要尽量使得那些经典的守恒定律在相对论情形下仍然能够继续成立，也就是说要使得这些守恒定律在形式上具有洛伦兹变换的不变性。只有满足这两条原则才能进行新的定义。

### 18.4.1　质量与速率的关系

整个牛顿力学都是建立在牛顿三大运动定律的基础上的，牛顿第二定律是质点动力学的基本方程，其他所有的诸如动量守恒、能量守恒等定律都是由它衍生出来的。因此，在给其他物理量一个新的定义之前，我们首先来看看牛顿第二定律。

牛顿第二定律的表达式为

$$\vec{F} = m\vec{a} \tag{18-11}$$

式中，$m$ 是不随物体运动状态而改变的物理量，称为惯性质量；$\vec{F}$ 为物体所受到的外力；$\vec{a}$ 为物体的加速度。按照这个公式，物体在恒定的外力作用下，必然产生恒定的加速度。那么，就产生了一个问题：如果始终保持外力不变，则物体必然获得恒定的加速度，在不断的加速下，总有那么一个时刻能够使得物体的速度超过光速！这与相对论理论中关于光速是极限速度的理论相矛盾。这说明这种形式的牛顿第二定律是不适应相对论的时空观的。

在经典力学中 $\vec{F}$ 定义为物体动量的变化率，这里我们仍然沿用这个概念。同样的，我们也沿用经典力学中关于动量的定义 $\vec{p} = m\vec{v}$。既然式(18-11)在高速情况下不再合适，也就是说在相对论情况下有

$$\left[\vec{F} = \frac{\mathrm{d}(m\vec{v})}{\mathrm{d}t}\right] \neq \left[m\vec{a} = m\frac{\mathrm{d}\vec{v}}{\mathrm{d}t}\right]$$

按照上式，必然要求质量 $m$ 也随物体的运动状态而变。系统总质量与总动量守恒，由洛伦兹变换式可导出质量与速度的关系式如下

$$m(v) = \frac{m_0}{\sqrt{1 - \frac{v^2}{c^2}}} \tag{18-12}$$

由此可见，质点的质量已经不再是一个与质点运动速率无关的量了，质点的质量将随运动速率的增大而不断增大。当质点运动速率 $v \ll c$ 时，由式(18-12) 可得此时的质量近似等于静止质量，这就回到了牛顿力学所讨论的范畴，即质点的运动质量和静止质量基本相等，其质量已经不随其运动速率变化而变化了；当质点运动速率 $v > c$ 时，此时由式(18-12) 得出的质量是一个虚数，这就失去了实际意义，因此这个公式也同样说明了真空中的光速 $c$ 是一切物体运动速率的极限；最后，对于光和电磁辐射等速率 $v = c$ 时，根据式(18-12) 可知其静止质量为零。

有了质点的运动质量与运动速率的关系之后，我们就能很方便地得到质点的动量与速率之间的关系。根据式(18-12) 有

$$\vec{p} = m\vec{v} = \frac{m_0\vec{v}}{\sqrt{1 - \frac{v^2}{c^2}}} \tag{18-13}$$

与质点的质量相类似，当质点运动速率 $v \ll c$ 时，质点的动量也重新过渡回牛顿力学中关于动量的经典的表述了。

### 18.4.2　相对论动力学方程

牛顿三定律是经典力学的基础，建立狭义相对论的动力学体系，要考虑牛顿三定律是否需要修改，如果需要，应如何进行修改。

(1) 牛顿第一定律：经考察，在狭义相对论中，牛顿第一定律仍然成立。

(2) 牛顿第二定律:经实验验证,在狭义相对论中牛顿第二定律的数学形式是

$$F=\frac{\mathrm{d}p}{\mathrm{d}t}=m\frac{\mathrm{d}v}{\mathrm{d}t}+v\frac{\mathrm{d}m}{\mathrm{d}t}$$

(3) 牛顿第三定律:在狭义相对论中牛顿第三定律不成立。

## 18.5 相对论能量

上节我们详细地讨论了在相对论情形下牛顿第二定律的应用问题,揭示了粒子在高速运动的情况下其所受外力与所产生的加速度不再遵循简单的正比关系,而且不光是数值上力不再等于质量与加速度之积,力和加速度的方向也不再重合。这对我们研究高速粒子的运动提供了很大的帮助。但是,对于描述粒子的运动而言,光知道粒子某一刻的运动速度是不够的,粒子的能量对于粒子的运动而言同样也是非常重要的。因此接下来我们要开始讨论在相对论情形下的粒子能量的问题。

### 18.5.1 相对论动能

假定在相对论中,动能关系仍旧具有牛顿力学中的形式,即物体的动能 $E_k$ 等于外力使它由静止状态到运动状态所做的功

$$\begin{aligned}E_k&=\int_0^l\vec{F}\cdot\mathrm{d}\vec{s}=\int_0^l\frac{\mathrm{d}(m\vec{v})}{\mathrm{d}t}\cdot\mathrm{d}\vec{s}=\int_0^l\mathrm{d}(m\vec{v})\cdot\frac{\mathrm{d}\vec{s}}{\mathrm{d}t}\\&=\int_0^l\mathrm{d}(m\vec{v})\cdot\vec{v}=\int_0^l\vec{v}\cdot\mathrm{d}\left(\frac{m_0\vec{v}}{\sqrt{1-\frac{v^2}{c^2}}}\right)\\&=\left.\frac{m_0\vec{v}\cdot\vec{v}}{\sqrt{1-\frac{v^2}{c^2}}}\right|_0^v-m_0\int_0^v\frac{\vec{v}\cdot\mathrm{d}\vec{v}}{\sqrt{1-\frac{v^2}{c^2}}}\\&=\frac{m_0v^2}{\sqrt{1-\frac{v^2}{c^2}}}+m_0c^2\left.\sqrt{1-\frac{v^2}{c^2}}\right|_0^v\\&=\frac{m_0v^2}{\sqrt{1-\frac{v^2}{c^2}}}+m_0c^2\sqrt{1-\frac{v^2}{c^2}}-m_0c^2\\&=\frac{m_0c^2}{\sqrt{1-\frac{v^2}{c^2}}}-m_0c^2\end{aligned}$$

即

$$E_k=(m-m_0)c^2\tag{18-14}$$

这就是相对论动能公式,其中 $m$ 为相对论质量。它表示粒子的动能等于因运动而引起的质量的增加量与光速的平方的乘积。

有了相对论情形下粒子动能的数学表达式之后,接下来的问题就是该表达式在非相对论情形下是否依然适用。换句话说就是这个新定义的式子是不是具有普适性,能不能和经典理论互相兼容。

当 $v\ll c$ 时,将式(18-14)作泰勒展开,可得

$$E_k = \frac{m_0 c^2}{\sqrt{1-\frac{v^2}{c^2}}} - m_0 c^2 = m_0 c^2 \left[\left(1-\frac{v^2}{c^2}\right)^{-\frac{1}{2}} - 1\right]$$

$$\approx m_0 c^2 \left[\left(1+\frac{v^2}{2c^2}\right) + o\left(\frac{v^4}{c^4}\right) - 1\right]$$

$$= \frac{1}{2} m_0 v^2 \left[1 + o\left(\frac{v^2}{c^2}\right)\right]$$

忽略高次项，就又回到了我们所熟悉的牛顿力学的动能公式。

回过头来再来看式(18-14)，将该式进行一个变换，可以清楚地得到粒子的速率和它的动能之间的关系

$$v^2 = c^2 \left[1 - \left(1 + \frac{E_k}{m_0 c^2}\right)^{-2}\right] \tag{18-15}$$

由式(18-15) 可以看出，随着动能的增大，粒子的速率也同样增大，但是这种增大有一个极限，即粒子的速率不可能超过真空中的光速 $c$，这又一次证明了真空中的光速是一切速率的极限。

### 18.5.2　质量和能量的关系

将式(18-14) 进行一个变换，可以得到

$$mc^2 = E_k + m_0 c^2 \tag{18-16}$$

式(18-16) 表明，外力所做的功使粒子的能量增大，而能量的增加是和惯性质量 $m$ 的增加相联系的。因此可以得到狭义相对论的一个重要推论：惯性质量的大小标志着能量的大小。式(18-16) 中，定义 $m_0 c^2$ 为粒子静止时所具有的能量，简称为**静能**(rest energy)；而 $mc^2$ 表示粒子以速率 $v$ 运动时所具有的能量，等于粒子的静能与动能之和，这个能量是在相对论意义上的总能量，以 $E$ 表示此相对论能量，则

$$E = mc^2 \tag{18-17}$$

这就是著名的爱因斯坦**质能公式**。

质能关系表明，粒子吸收或放出能量时，必然伴随着质量的增加或减少。它揭示了能量和质量之间的联系和相互对应关系，质量已经不再只是惯性、引力的量度，而且是粒子总能量的量度。在经典力学中，质量与能量是两个完全相互独立的物理量，所谓的质量守恒也只涉及粒子的静质量，它与能量守恒是两条完全相互独立的自然规律。而在相对论中，质量和能量不再是完全独立的物理量了，质量守恒定律和能量守恒定律也被完全统一起来。对于一个体系而言，如果考虑体系中多个粒子之间的相互作用，在某一过程中满足能量守恒定律，也就是 $\sum_{i=1}^{n} m_i c^2 =$ 常量，由于光速 $c$ 为常数，所以该体系在此过程中也必然满足质量守恒定律，即此时有 $\sum_{i=1}^{n} m_i =$ 常量，反之亦然。也就是说，对于该体系的内部作用过程，其静质量与动质量可以相互转化，相应的静能与动能之间也能相互转化，而整个系统的总的质量和总的能量是守恒的。这样，质量守恒定律就和能量守恒定律统一成了新的质能守恒定律，简称为能量守恒定律。由此可见，在经典力学中的质量守恒只是相对论质量守恒在粒子能量变化很小时的一个近似。

根据式(18-17) 可知，能量的增加必然引起质量的增加，即有

$$\Delta m = \frac{\Delta E}{c^2}$$

由于上式中等式右边分母非常大,因此能量的增加所引起的质量的增加是非常小的,以至于在爱因斯坦之前人们都没有注意到。随着近代对放射性蜕变、原子核反应以及其他高能粒子的实验研究,该效应也已经得到了证实。在对原子核反应的实验研究中发现,原子核的静质量 $m_0$ 小于组成它的所有核子的静质量之和,其差额称为原子核的**质量亏损**(mass defect)$B$,即有

$$B = \sum_i m_{0i} - m_0 \tag{18-18}$$

与该质量亏损所对应的静能 $Bc^2$ 被称为原子核的**结合能**(binding energy)$E_B$,即

$$E_B = Bc^2 = \left(\sum_i m_{0i} - m_0\right)c^2 \tag{18-19}$$

这个能量是巨大的,我们所熟知的原子弹、氢弹、核电站甚至恒星的能量都来源于核反应。

**例 18-5**　已知质子和中子的静质量分别为 $M_p = 1.007\ 28$ amu,$M_n = 1.008\ 66$ amu,其中 amu 为原子质量单位,1 amu $= 1.660 \times 10^{-27}$ kg,两个质子和两个中子结合成一个氦核,实验测得它的静质量 $M_A = 4.001\ 50$ amu。试计算形成一个氦核所放出的能量。

**解**　两个质子和两个中子的总质量为

$$M = 2M_p + 2M_n = 4.031\ 88 \text{ amu}$$

则形成一个氦核的质量亏损为

$$\Delta M = M - M_A = 0.030\ 38 \text{ amu}$$

则相应的能量改变量为

$$\Delta E = \Delta Mc^2 = 0.030\ 38 \times 1.660 \times 10^{-27} \times (3 \times 10^8)^2 \text{ J} = 0.4539 \times 10^{-11} \text{ J}$$

这就是形成一个氦核所放出的能量。如果是形成 1 mol 氦核(4.002 g),放出的能量为

$$\Delta E = 0.4539 \times 10^{-11} \times 6.022 \times 10^{23} \text{ J} = 2.733 \times 10^{12} \text{ J}$$

这相当于燃烧 100 t 煤时放出的能量。

**例 18-6**　两个静质量都是 $m_0$ 的全同粒子 A,B 分别以速度 $\boldsymbol{v}_A = v\boldsymbol{i}$,$\boldsymbol{v}_B = -v\boldsymbol{i}$ 运动,相撞后合在一起成为一个静质量为 $M_0$ 的粒子,求 $M_0$。

**解**　以 $M$ 表示合成粒子的质量,其速度为 $\boldsymbol{v}$,根据动量守恒定律有

$$m_B\boldsymbol{v}_B + m_A\boldsymbol{v}_A = M\boldsymbol{v}$$

由于 A,B 的静质量一样,速度大小相等、方向相反,所以整个体系的初动量为零,相应的体系的末动量也为零,因此由上式给出的合成粒子的速度为零,即该合成粒子是静止的。因此有

$$M = M_0$$

另外,根据能量守恒有

$$M_0c^2 = m_Ac^2 + m_Bc^2$$

故

$$M_0 = m_A + m_B = \frac{2m_0}{\sqrt{1 - \frac{v^2}{c^2}}}$$

### 18.5.3　能量和动量的关系

在经典力学中,一个质点的动能和动量之间的关系如下

$$E_k = \frac{1}{2}mv^2 = \frac{p^2}{2m}$$

而在相对论中,由质能公式 $E = mc^2$ 和动量公式 $\boldsymbol{p} = m\boldsymbol{v}$,我们可以得到

$$\boldsymbol{v} = \frac{c^2}{E}\boldsymbol{p}$$

将式中所得到的速度的大小代入能量公式 $E = mc^2 = \dfrac{m_0 c^2}{\sqrt{1-\dfrac{v^2}{c^2}}}$ 中，整理可得

$$E^2 = p^2 c^2 + m_0{}^2 c^4 \tag{18-20}$$

这就是相对论中同一质点的动量和能量的关系。很显然，对于光子而言，其静质量为零，因此我们可以很方便地得到光子的动量

$$p = \frac{h\nu}{c} = \frac{h}{\lambda}$$

当粒子的速度 $v \ll c$ 时，也就是回到经典力学的研究范围时，此时考虑一个动能为 $E_k$ 的粒子，其总能量为 $E = E_k + m_0 c^2$，将其代入式(18-20)有

$$E_k{}^2 + 2E_k m_0 c^2 = p^2 c^2$$

在粒子速度远小于光速的时候，相应的该粒子的动能也远小于其静能，因此上式中等号左边的第一项相对第二项来说可以忽略不计，因此上式可以简化为

$$E_k = \frac{p^2}{2m_0}$$

这就又回到了经典力学中的动能表达式。

## 阅读材料十八　广义相对论简介

建立狭义相对论后，爱因斯坦即开始研究关于引力的新理论，并且终于在 1915 年创立了广义相对论。狭义相对论告诉我们，空间和时间不是绝对的，它和参考系的运动有关。广义相对论则告诉我们，在引力物体的近旁，空间和时间被扭曲，行星的轨道运动并不是由于引力的作用，而是由于这种时空的扭曲。引力就是弯曲时空的表现，等效原理是广义相对论的基础，时空的弯曲是广义相对论的出发点，下面我们仅限于介绍广义相对论中的等效原理和时空弯曲。

### 1. 等效原理

关于引力作用的一个重要事实是伽利略首先在比萨斜塔上演示给人们的：在地面上一个范围不大的空间内，一切物体都以同一加速度 $g$ 下落。由这一事实可以导出：一个物体的惯性质量等于其引力质量。因为，由牛顿第二定律和万有引力定律可得，对自由落体运动来说

$$\frac{GMm_g}{r^2} = m_i g$$

从而有

$$\frac{m_i}{m_g} = \frac{GM}{gr^2}$$

式中，$r$ 为物体距地心的距离，$M$ 为地球的质量，$G$ 为引力恒量。一切物体的加速度 $g$ 都相等的事实说明，对一切物体，$m_i/m_g$ 是一个常数。在选取各量的适当单位后，就可以得出 $m_i = m_g$ 的结论。爱因斯坦首先注意到这一结论的重要性，他曾写道“…… 在引力场中一切物体都具有同一加速度。这条定律也可表述为惯性质量和引力质量相等的定律。它当时就使我认识到它的全部重要性。我为它的存在感到极为惊奇，并猜想其中必定有一把可以更加深入地了解惯性和引力的钥匙。”

根据上述事实以及由它得出的 $m_i = m_g$ 的结论，可以设想，如果建造一个可以自由运动的小实验室，并在其中观察物体的运动，则当这个实验室自由下落时，将会看到室内物体处于完全失重的状态，即没有引力作用的状态。实际上，在绕地球的轨道上运行的太空船就是这样的实验室，它也具有加速度 $g$，其中的物体和宇航员都处于完全失重的状态。从宇航员看来，所有

飞船内的物体都好像没有受到引力一样。在飞船这样的参考系内，重力的影响消失了。不受外力作用时，静止的物体将保持静止，运动的物体将保持匀速直线运动，就好像发生在惯性系内一样。一个在引力作用下自由下落的参考系叫局部惯性系，这样一个参考系只能是“局部的”，因为范围一大，其中各处 $g$ 的方向和大小就可能有显著的不同，而通过参考系的运动同时对其中所有物体都消除重力的影响是不可能的。现在灵敏的加速度计甚至能测出飞船两端 $g$ 的不同。但在下面的讨论中我们将忽略这个不同。

局部惯性参考系和真正的惯性系没有本质差别这一点说明：不仅匀速直线运动有相对性，而且加速运动也有相对性——在自由下落的飞船内，宇航员无法通过任何物理实验来查出飞船的加速度。爱因斯坦把这个关于引力的假设叫作等效原理，他写道：“在一个局部惯性系中，重力的效应消失了；在这样一个参考系中，所有的物理定律和一个在太空中远离任何引力物体的真正惯性系中的一样。反过来说，一个在太空中加速的参考系中将会出现表观的引力；在这样的参考系中，物理定律就和该参考系静止于一个引力物体附近一样。”简单来说，就是引力和加速度等效。这个原理是广义相对论的基础。

## 2. 时空的弯曲

从等效原理可以得出的第一个结论是在引力场中各处光的速率应当相等。设想在太阳周围各处有许多太空船，它们都瞬时静止(对太阳)，但是已开始自由下落。在每一个太空船中，引力已消失。等效原理要求在这些太空船中光的速率都和在真正惯性系中的一样，即为 $3\times10^{8}$ m/s。由于这些太空船是对太阳瞬时静止的，所以在它内部测出的光速也等于在太阳引力场中各处的光速，因而它们也都应该相等。

从等效原理得出的另一个结论是光线在引力场中要发生偏折。设想一太空船正向太阳自由下落，由于在船内引力已消失，在太空船中和在惯性系中一样，从太空船的一侧垂直船壁射向另一侧的光将直线前进，如图 18-5(a) 所示。在太阳坐标系中观察，由于太空船加速下落，所以光线将沿曲线传播。根据等效原理，光线将沿引力的方向偏折，如图 18-5(b) 所示。

光线的引力偏折在自然界中应能观察到，例如，从地球上观察某一发光星体，当太阳移近光线时，从星体发出的光将从太阳表面附近经过。太阳引力的作用将使光线发生偏折，从而星体的视位置将偏离它的实际位置，如图 18-6 所示。由于星光比太阳光弱很多，所以要观察这种星体的视位置偏离只可能在日全食时进行。事实上 1919 年日全食时，天文学家的确观察到了这种偏离，之后还进行了多次这种观察。星体位置偏离大致都在 1.5″ 到 2.0″ 之间，和广义相对论的理论预言值 1.75″ 符合得相当好。

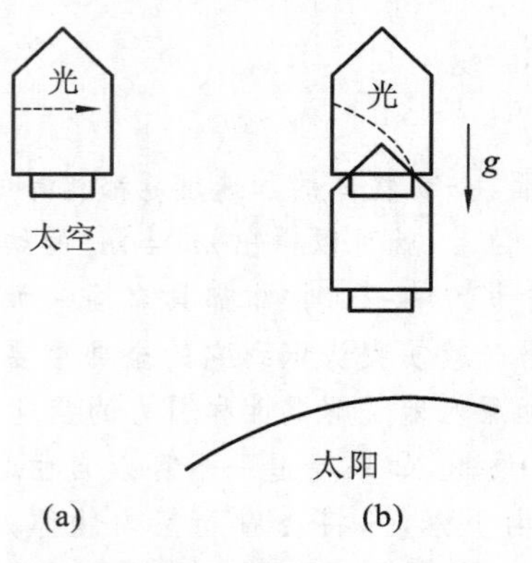


图 18-5　光线在引力场中偏折

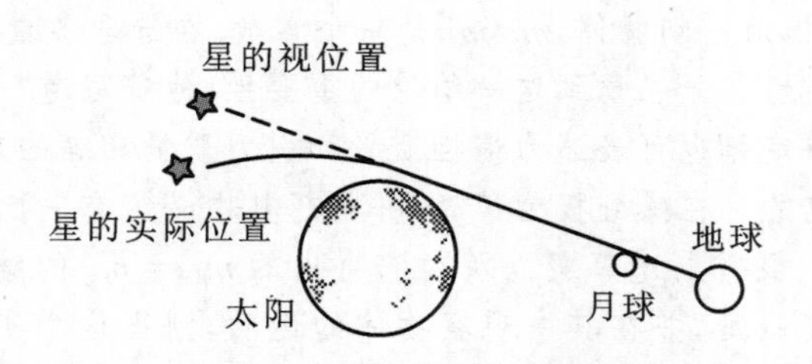


图 18-6　日全食时对星的观察

值得注意的是，光线在太阳附近的偏折意味着光速在太阳附近要减小，为了说明这一点，在图18-7中画出了光波波面传播的情形。波面总是垂直于光线的，正像以横队前进的士兵的排面和队伍前进的方向垂直一样。从图中可明显地看出光线的偏折就意味着波面的转向，而这又意味着波面靠近太阳那一侧的速率要减小，这正如前进中的横队向右转时，排面右部的士兵要减慢前进的速度一样。

光速在太阳附近要减小这一预言已经用雷达波（波长几厘米）直接证实了。人们曾向金星（以及水星、人造天体）发射雷达波并接收其反射波。当太阳行将跨过金星和地球之间时，雷达波在往返的路上都要经过太阳附近。实验测出，在这种情况下，雷达波往返所用的时间比雷达波不经过太阳附近时的确要长些，而且所增加的数值和理论计算也符合得很好，这一现象叫雷达回波延迟。

光速在太阳附近要减小这一事实与光速应不受引力影响的结果是矛盾的。怎样解决这个矛盾呢？答案只能是这样：从地球到金星的距离，当经过太阳附近时，由于引力的作用而变长了，因而光所经过的时间要长些，并不是因为光速变小了，而是因为距离变长了。这是和欧几里得几何学推断不同的，例如，考虑一个由相互垂直的四边组成的正方形，如图18-8所示，靠近太阳那一边$AB$比远离太阳的那一边$CD$要长。欧几里得几何学在此失效了——空间不再是平展的，而是被引力弯曲或扭曲了的。计算表明，对于刚擦过太阳传播的光来说，从金星到地球的距离增加了约30 km（总距离约为$2.6\times10^{8}$ km）。不但空间弯曲，而且有与之相联系的时间“弯曲”。对于图18-8所示的情况，不但四边形靠近太阳那一边的长度比远离太阳那一边的长，而且靠近太阳的地方时间也要长些，或者说，靠近太阳的钟走得要慢一些，这种效应叫引力时间延缓，它也是等效原理的一个推论。

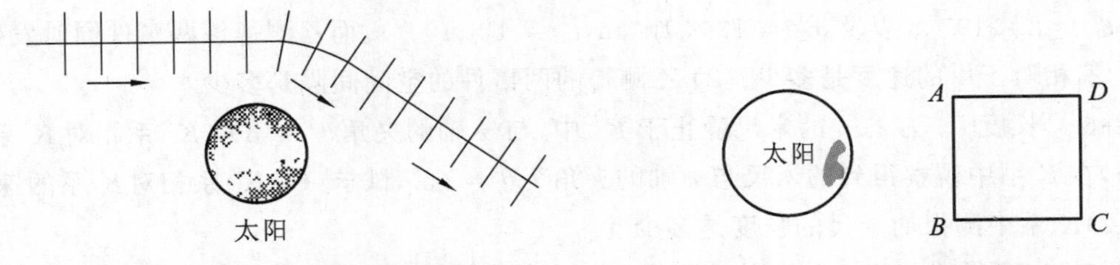


**图18-7　在太阳附近光波波面的转向**　　**图18-8　太阳附近的空间弯曲**

引力时间延缓效应是非常小的，地面上的钟比远高空的钟仅慢$10^{-9}$ s。但用现代非常精密的原子钟，还是能测出这微小的效应的。另外引力时间延缓效应也可以用引力红移现象来说明。原子发出的光频率可以看作一种钟的计时信号，振动一次好比秒针走一格，算作“一秒”。由于引力效应，在太阳表面上的钟慢，即在太阳表面上原子发出的光的频率比远离太阳的地方的同种原子发出的光的频率要低。因此，在地面上接收到的太阳上钾原子发出的光的频率比地面上的钾原子发出的光的频率要低。由于在可见光范围内，从紫到红频率越来越低，所以这种光的频率减小的现象叫红移，又因为这种红移是引力引起的，所以叫引力红移。根据广义相对论，太阳引起的引力红移将使频率减小$2\times10^{-6}$ Hz，对太阳光谱的分析证实了这一预言。

# 习　题

18-1　下列几种说法中,正确的说法是(　　)。

(1) 所有惯性系对物理基本规律都是等价的。

(2) 在真空中光的速度与光的频率、光源的运动无关。

(3) 在任何惯性系中,光在真空中沿任何方向的传播速度都相同。

A. (1)、(2)　　B. (1)、(3)　　C. (2)、(3)　　D. (1)、(2)、(3)

18-2　一光子火箭相对于地球以 $0.96c$ 的速度飞行,火箭长 100 m,一光脉冲从火箭尾部传到头部,地球上的观察者看到光脉冲经过的空间距离是(　　)。

A. 54.88 m　　B. 700 m　　C. 714.3 m　　D. 14.3 m

18-3　一火箭的固有长度为 $L$,相对于地面做匀速直线运动的速度为 $v_1$,火箭上有一个人从火箭的后端向火箭前端上的一个靶子发射一颗相对于火箭的速度为 $v_2$ 的子弹,在火箭上测得子弹从射出到击中靶的时间是(　　)。

A. $\dfrac{L}{v_1+v_2}$　　B. $\dfrac{L}{v_2}$　　C. $\dfrac{L}{v_2-v_1}$　　D. $\dfrac{L}{v_1\sqrt{1-\left(\dfrac{v_1}{c}\right)^2}}$

18-4　根据相对论力学,动能为 1/4 MeV 的电子,其运动速度约等于(　　)($c$ 表示真空中的光速,电子的能量 $m_0c^2=0.5\ \mathrm{MeV}$)。

A. $0.1c$　　B. $0.5c$　　C. $0.75c$　　D. $0.85c$

18-5　甲乙两人分别乘飞船沿 $Ox$ 轴飞行,甲测得两个事件的时空坐标分别为 $x_1=6\times10^4\ \mathrm{m}$,$t_1=2\times10^{-4}\ \mathrm{s}$ 以及 $x_2=12\times10^4\ \mathrm{m}$,$t_2=1\times10^{-4}\ \mathrm{s}$。而乙测得该两事件同时发生。试问:(1) 乙相对于甲的速度是多少?(2) 乙测得的两事件的空间间隔是多少?

18-6　长度 $L_0$ 为 1 m 的米尺静止于 $K'$ 中,与 $x$ 轴的夹角 $\theta'=30°$,$K'$ 系相对 $K$ 系沿 $x$ 轴运动,在 $K$ 系中观察得到的米尺与 $x$ 轴的夹角为 $\theta=45°$,试求:(1)$K'$ 系相对 $K$ 系的速度是多少?(2)$K$ 系中测得的米尺的长度是多少?

18-7　一汽车以 108 km/h 的速度沿一长直的高速公路行驶,已知此汽车停在路旁时,测得其长度为 3 m。试求站在路旁的人观察到的该汽车长度缩短了多少?

18-8　假设一宇宙飞船以速度 $0.8c$ 匀速地飞向一恒星。在地球上测得地球与该恒星相距 $5.1\times10^{16}\ \mathrm{m}$,求飞船中的旅客觉察到的旅程缩短为多少?

18-9　一电子的动能为 3.0 MeV,已知电子的静止质量为 $9.11\times10^{-31}\ \mathrm{kg}$。求该电子的静止能量、总能量和动量的大小以及电子的速率。

18-10　把一个静止质量为 $m_0$ 的粒子由静止加速到 $0.10c$ 所需的功是多少?由速率 $0.89c$ 加速到 $0.99c$ 所需的功又是多少?注意两种情况下速率的增加量都是 $0.10c$。

# 第19章　量子物理基础

量子物理是研究微观粒子(粒子的线度小于 $10^{-10}$ m)的运动规律及物质的微观结构的理论。量子物理最初产生于20世纪初,当时为了解决黑体辐射而由普朗克最早提出了量子假设。其后经过爱因斯坦、玻尔、德布罗意、玻恩、海森堡、薛定谔、狄拉克等许多物理大师的创新努力,到20世纪30年代,就已经建成了一整套完整的量子力学理论。

量子力学在低速、微观的现象范围内具有普遍适用的意义。它是现代物理学的基础之一,是表面物理、半导体物理、凝聚态物理、粒子物理、低温超导物理、天体物理、量子化学乃至分子生物学等学科的理论基础。量子力学的产生和发展标志着人类在认识自然方面实现了从宏观世界向微观世界的飞跃。

本章介绍有关量子力学的一些基础知识,通过对黑体辐射、光电效应、康普顿效应、玻尔氢原子理论等的介绍,详细描述了量子理论产生初期对微观粒子的本性还缺乏全面认识时的理论雏形。通过对不确定关系、波函数、薛定谔方程等量子力学的基本概念的介绍,展示了量子力学的特点。

## 19.1　黑体辐射和普朗克量子假说

### 19.1.1　基尔霍夫定律

任何物体,在任何温度下都要发射各种波长的电磁波,如红外线、可见光、紫外线等。物体向周围辐射的能量通常称为辐射能。室温情况下,辐射能很小,而且大部分处于远红外区,这时人眼已察觉不到物体发出的辐射。随着温度的升高,物体在单位时间发射的辐射能随之增加,频谱中包含的高频成分越来越多。例如,当加热铁块的时候,开始看不出它发光,但是随着加热温度不断升高,铁块的颜色不断变化为暗红、赤红、橙色而最后变成白色。

物体在辐射的同时,也吸收外界入射到它表面的辐射。当辐射和吸收相等时,物体的温度不再变化,称为物体和外界处于热平衡状态。这时辐射称为平衡辐射,简称热辐射。

为了定量描述热辐射的规律,首先定义以下几个物理量。

1. 单色辐出度

在温度为 $T$ 时,单位时间内从物体表面的单位面积上发出的波长在 $\lambda$ 附近单位波长间隔所辐射的能量称为单色辐射出射度(简称单色辐出度),通常用 $M_\lambda(T)$ 表示

$$M_\lambda(T)=\frac{\mathrm{d}M(T)}{\mathrm{d}\lambda} \tag{19-1}$$

2. 辐出度

单位时间内由物体单位面积上所发射的各种波长的电磁波的总辐射能叫物体的辐出度(或发射本领),用 $M(T)$ 表示。它的国际单位制单位为 $\mathrm{W/m^3}$。显然

$$M(T) = \int \mathrm{d}M_\lambda(T) = \int_0^\infty M_\lambda(T)\mathrm{d}\lambda \tag{19-2}$$

当电磁波辐射到物体表面时,入射能量中,一部分被吸收,一部分被反射,如果物体对该电磁波是透明的,还有一部分能透射。被反射的能量与入射能量之比称为反射比,被吸收的能量与入射能量之比称为吸收比,透射能量与入射能量之比称为透射比。它们都与波长和温度有关。对于波长在 $\lambda$ 到 $\lambda + \mathrm{d}\lambda$ 范围内的上述各比值分别称为单色吸收比、单色反射比和单色透射比。显然三者之和等于 1。对于不透明物体,透射比等于零。在任何温度下对任何波长的辐射能吸收比等于 1 的物体称为绝对黑体,简称黑体。

1859 年,基尔霍夫应用热力学理论得出:对每一个物体而言,其单色辐出度 $M_\lambda(T)$ 与单色吸收比 $\alpha_\lambda(T)$ 的比值是一个只与温度和辐射波长有关的函数,与物体本身的性质无关,即

$$\frac{M_\lambda(T)}{\alpha_\lambda(T)} = f(\lambda, T) \tag{19-3}$$

所以,$f(\lambda, T)$ 是一个与物质性质无关的普适函数。这个结论称为基尔霍夫定律,它表明吸收本领大的物体辐射本领也大。

对于黑体而言,由于其对入射的电磁波只吸收而不反射和透射,因此黑体的单色吸收率恒等于 1。由基尔霍夫定律可以得到

$$f(\lambda, T) = M_{\mathrm{B}\lambda}(T)$$

这就是说黑体的单色辐出度只是温度和辐射波长的函数,与黑体的具体材料无关。因此黑体模型的引入,使得材料及其大小、形状以及表面粗糙程度等对热辐射的影响都得到了排除,继而研究材料热辐射的问题就得到了大大的简化。因此对黑体热辐射的研究成为热辐射研究中最重要的课题。

### 19.1.2　黑体和黑体辐射

实验表明,如果一个物体吸收其他物体辐射的本领强时,其向其他物体辐射能量的本领也越强,反之亦然。这表明,好的辐射体也是好的吸收体。但是,在实际情况中,没有哪种物体能全部吸收外界辐射的能量。通常人们认为吸收性最好的煤烟也只能吸收外界辐射的百分之九十几。自然界中的物体都不是绝对黑体,单色吸收比最高也只能达到 98% 左右。为了研究物体的辐射,我们假设存在一种理想物体,它能将外界辐射到其表面的能量完全吸收,这种假想的物体称为**绝对黑体**,简称**黑体**(black body)。我们可以人为地制造一种绝对黑体的模型。用一种不透明的材料制成一个空心容器,器壁上开一个很小的孔。如图 19-1 所示,当入射电磁波通过小孔射入空腔后,在空腔内壁经过多次反射,每反射一次空腔内壁都将吸收一部分能量。当小孔的面积远小于空腔表面的面积时,入射电磁波在腔壁内反射的次数就会很大,以至于入射电磁波能量几乎全部被吸收,因此该空腔物体可以被用来作为黑体的模型。

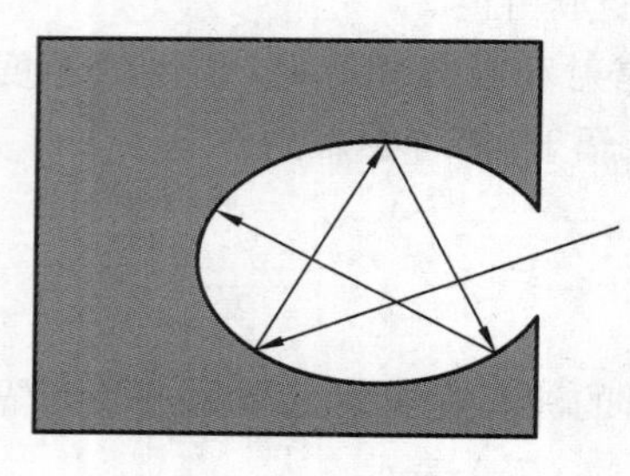

图 19-1　绝对黑体模型

### 19.1.3　黑体辐射的实验定律

在一定温度下,黑体的单色辐出度和波长有一定的关系,而单色辐出度的最大值随着温度的变化而发生变化。19 世纪末期,科学家们对黑体的这一性质进行了深入研究,得出了一系

列的理论，其中以斯特藩-玻尔兹曼定律和维恩位移定律最有代表性。

1. 斯特藩-玻耳兹曼定律(Stefan-Boltzmann law)

1879 年，奥地利物理学家斯特藩通过实验，得出了表征黑体的总辐出度和温度之间关系的曲线，并根据曲线总结出一条定律；1884 年玻尔兹曼也得出了同样的结论，所以叫作**斯特藩-玻尔兹曼定律**，其内容为：**黑体的辐出度 $M_0(T)$ 和黑体的热力学温度 $T$ 的四次方成正比**，即

$$M_0(T) = \int_0^{\infty} M_{0\lambda}(T)\mathrm{d}\lambda = \sigma T^4 \tag{19-4}$$

其中比例常数 $\sigma = 5.670\ 41 \times 10^{-8}\ \mathrm{W/(m^2 \cdot K^4)}$，称为斯特藩常数，$T$ 为绝对温度。本定律只适用于黑体。斯特藩得出了黑体的单色辐出度和波长之间的关系曲线，如图 19-2 所示，曲线下的面积即为黑体在此温度下的总辐出度。

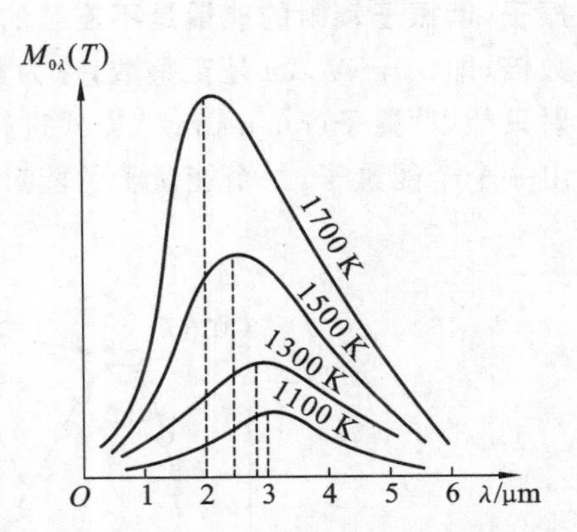

**图 19-2　辐出度随温度和波长变化关系**

2. 维恩位移定律(Wien displacement law)

德国物理学家维恩于 1893 年得出了反映热力学温度 $T$ 和最大单色辐出度所对应的波长 $\lambda_m$ 之间关系的定律，称为**维恩位移定律**。其内容为：**热辐射的峰值波长随着温度的增加而向着短波方向移动**。数学表达式为

$$T\lambda_m = b \tag{19-5}$$

式中，常数 $b = 2.897\ 756 \times 10^{-3}\ \mathrm{m \cdot K}$，称为维恩常量。

这两个定律反映了黑体辐射的一些性质。如温度不太高的物体的辐射能量的波长较长，而温度高的物体辐射能量的波长较短。这一结论被广泛应用在军事、宇航、工业等范围内，比较常见的如夜视仪。另外，了解冶铁过程的读者也能有感性的认识，当温度不太高的时候，火炉的光是接近红色的，当温度升高时，火炉的光则是蓝色的。

以上两条定律虽然都是从图 19-2 中得出的，但是它们都只是研究了该曲线的某些特殊性质。例如斯特藩-玻耳兹曼定律研究的是图中曲线与横轴(波长)所围成的面积与温度的关系，而维恩位移定律则研究的是曲线峰位处对应的波长与温度的关系。但是，这两条定律都不能得出曲线上任一点与温度的关系。换句话说，就是得不出符合实验曲线的函数关系式 $M_{0\lambda}(T) = f(\lambda, T)$。19 世纪末，许多物理学家都致力于这项工作，他们希望在经典物理学的基础上解决这一问题，但是所有这些尝试都遭到了失败，根据经典物理学理论推导出的公式都与实验结果不符合，其中最典型的是维恩在 1896 年从热力学理论出发得出的维恩公式以及瑞利和金斯在 20 世纪初根据经典电动力学和统计物理学理论得出的瑞利-金斯公式。这两个公式都在一定程度上符合实验所测量出的数据，但是前者在长波波段与实验曲线有明显的偏离，而后者则只适用于长波波段。所有这些尝试的失败都暴露出了经典物理学的缺陷，为了解决黑体辐射的问题，必然要求对经典物理学进行革命。

## 19.1.4　普朗克量子假说

为了寻找一个正确的公式来描述黑体辐射的单色辐出度 $M_{0\lambda}(T)$，考虑到维恩公式和瑞利-金斯公式分别适合黑体辐射实验中的短波波段和长波波段，德国物理学家普朗克结合上述两

个公式,提出了一个新的经验公式

$$M_{0\lambda}(T)=\frac{2\pi hc^2}{\lambda^5\left(\mathrm{e}^{\frac{hc}{\lambda kT}}-1\right)} \tag{19-6}$$

该式称为普朗克公式(Planck formula)。式中,$c$ 为真空中光速;$k$ 为玻耳兹曼常数;$h$ 为一待定常数,被称为普朗克常数(Planck constant),由实验测定为

$$h=(6.6256\pm0.0005)\times10^{-34}\ \mathrm{J\cdot s} \tag{19-7}$$

如图 19-3 所示,普朗克公式与实验结果符合得很好。1900 年 12 月 14 日,普朗克自己提出了一种理论解释,他对经典电磁理论进行了修正,提出了以下的假定:**对于振动频率为 $\nu$ 的谐振子,谐振子辐射的能量是不连续的,只能取一些分立值,这些分立值是某一最小能量 $h\nu$ 的整数倍**,即 $\varepsilon_n=nh\nu$($n$ 是正整数,称为**量子数** quantum number)。换言之,物体发射或吸收电磁辐射只能以"**量子**(quantum)"方式进行,物体与周围的辐射场交换能量时,只能整个地吸收或放出一个个**能量子**,每个能量子的能量为

$$\varepsilon=h\nu \tag{19-8}$$

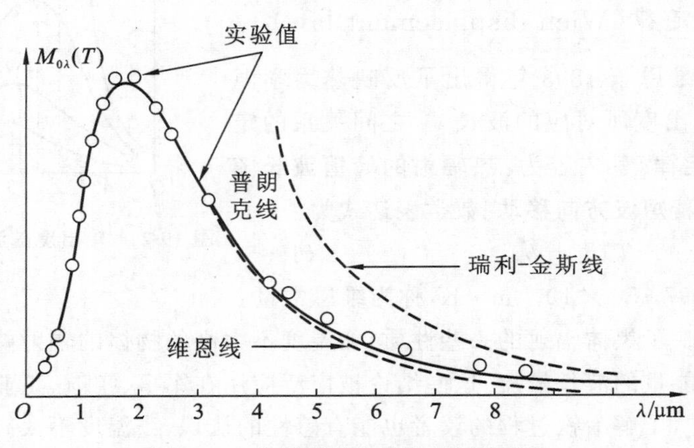


**图 19-3　各种理论和实验结果比较图**

由于普朗克常数 $h$ 是一个非常小的量,因此在宏观世界的尺度上这种能量的不连续性反映不出来,再加上当时人们的经典概念根深蒂固,要一下子摆脱它是一件非常困难的事情。普朗克所提出来的量子假设,突破了经典物理学的观念,第一次提出了微观粒子具有分立的能量值,在物理学发展史上起到了一个划时代的作用。由于对量子理论所做出的卓越贡献,普朗克获得了 1918 年的诺贝尔物理学奖。

**例 19-1**　一个质量 $m=1$ kg 的球,挂在弹性系数 $k=10$ N/m 的弹簧下,做振幅 $A=4\times10^{-2}$ m 的谐振动。(1) 如果该系统的能量是按照普朗克假设量子化的,则该系统的量子数 $n$ 为多少?(2) 如果 $n$ 改变一个单位,则系统能量变化率是多大?

**解**　(1) 该谐振子的振动频率为

$$\nu=\frac{1}{2\pi}\sqrt{\frac{k}{m}}=\frac{1}{2\pi}\sqrt{\frac{10}{1}}\ \mathrm{Hz}=0.503\ \mathrm{Hz}$$

则振子的能量为

$$E=\frac{1}{2}kA^2=\frac{1}{2}\times10\times(4\times10^{-2})^2\ \mathrm{J}=8\times10^{-3}\ \mathrm{J}$$

所以该系统的量子数为

$$n=\frac{E}{\varepsilon}=\frac{E}{h\nu}=\frac{8\times10^{-3}}{6.63\times10^{-34}\times0.503}=2.40\times10^{31}$$

(2) 量子数变化 1，能量变化 $h\nu$，因此能量变化率为

$$\frac{\Delta E}{E}=\frac{h\nu}{nh\nu}=\frac{1}{n}=\frac{1}{2.40\times10^{31}}\approx4.17\times10^{-32}$$

因此，对于宏观谐振子来说，量子数很大，振动能量的分立不可能观察到。只有对于微观振子(分子、原子等)，其能量的能级与能量子的量级可以比拟的时候，量子化的特性才能显现出来。

## 19.2　光的量子性

### 19.2.1　光电效应及其实验规律

1887 年，德国科学家鲁道夫·赫兹在证明麦克斯韦波动理论的实验中发现，当紫外线照射在金属上时，能使金属发射带电粒子。1900 年，勒纳通过对这些带电粒子的荷质比的测定，证明了金属所发射出来的带电粒子是电子。这种金属在电磁辐射的照射下发射电子的现象称为**光电效应**(photoelectric effect)，发射出来的电子称为**光电子**(photoelectron)。图 19-4 所示即为研究光电效应的实验装置示意图，将一个玻璃泡抽成真空后在其内装上金属电极 K(阴极)和 A(阳极) 就制成了一个简单的光电管，当用适当频率的入射光通过石英窗照射到光电管的金属电极(阴极 K) 表面上时，就有电子发射出来，经电极 K 和 A 之间的电场加速后为阳极 A 所收集，形成光电流。当改变加在光电管上的电压后，通过测量所形成的光电流就可以得到光电效应的伏安特性曲线了。图 19-5 所示即为对某种特定材料，当入射光频率一定时，在不同入射光强下，光电流与外加电压之间的关系。大量的实验结果表明，光电效应具有以下几种规律：

(1) 饱和光电流 $I_S$ 与入射光强成正比。由图 19-5 可以看出，光电流 $I$ 开始随加在光电管两极之间的电压 $U$ 的增大而增大，而后就趋于一个饱和值 $I_S$，此后无论怎么增大 $U$，光电流也不再增大，这表明在单位时间内从阴极 K 发射的所有光电子都全部到达阳极 A 了。实验证明，**饱和电流**(saturation current)$I_S$ **值的大小与入射光强成正比**。这也同时说明**在单位时间内从阴极 K 发射的光电子数目与入射光强成正比**。

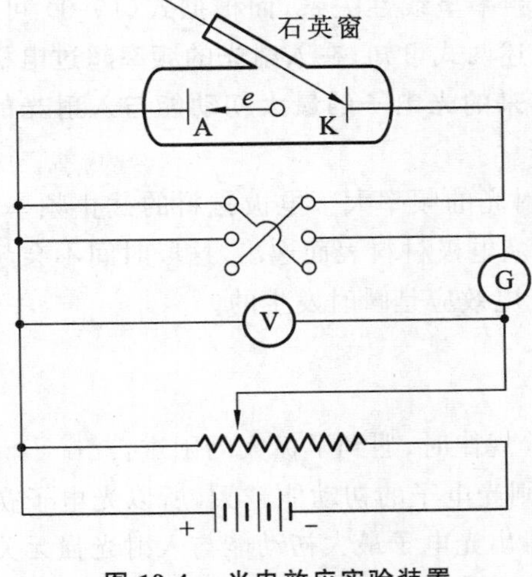


图 19-4　光电效应实验装置

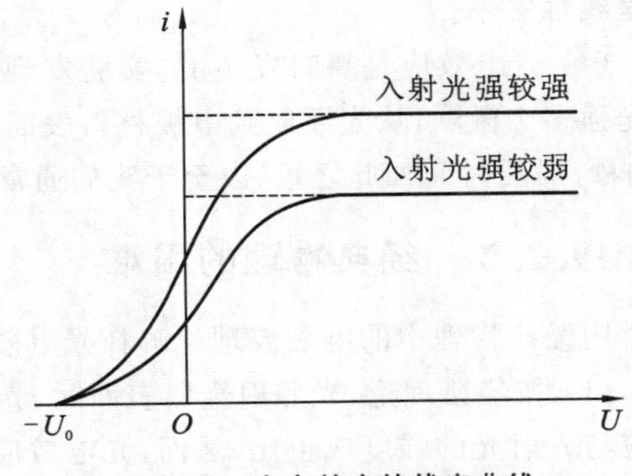


图 19-5　光电效应的伏安曲线

(2) 对于每一种金属材料,只有当入射光的频率大于该材料的截止频率时才会发生光电效应。实验表明,对任意一种金属材料制成的电极,当入射光的频率 $\nu$ 小于某个最小值 $\nu_0$ 时,无论入射光的强度多大、照射时间多长,该电极都不会释放光电子,即没有光电流的产生,这个最小频率 $\nu_0$ 称为该种金属的**截止频率**(cutoff frequency)。这个截止频率只与电极的材料有关,多数金属的截止频率的频率范围都处于紫外区。

(3) 光电子的最大初动能随入射光频率的增加而增加,与入射光强无关。图 19-5 中表明,当光电管所加的电压为负向电压时,回路中还有电流,也就是说此时还能测量到光电流,只有当所加的负向电压超过某一临界值时,光电流才为零。这个临界电压被称为截止电压(cutoff voltage)。这个截止电压的存在是因为当光电子从阴极逸出时必然具有初动能。当光电管所加负向电压较小或为零时,光电子仍然具有足够的能量克服电场力做功从阴极飞到阳极,只有当电压达到截止电压 $U_0$ 的时候,那些具有最大初动能的光电子的能量也不足以克服电场力做功飞到阳极,这时光电流才为零,即此时满足

$$eU_0 = \frac{1}{2}mu_{\max}^2 \tag{19-9}$$

其中 $e$ 和 $m$ 分别代表光电子的电量和静止质量。由图 19-5 可以看出,对于某一种特定的金属材料,当入射光的频率固定时,对应不同的入射光强,其截止电压都相同,因此可以得出:**光电效应中所产生的光电子的最大初动能与入射光的光强无关**。

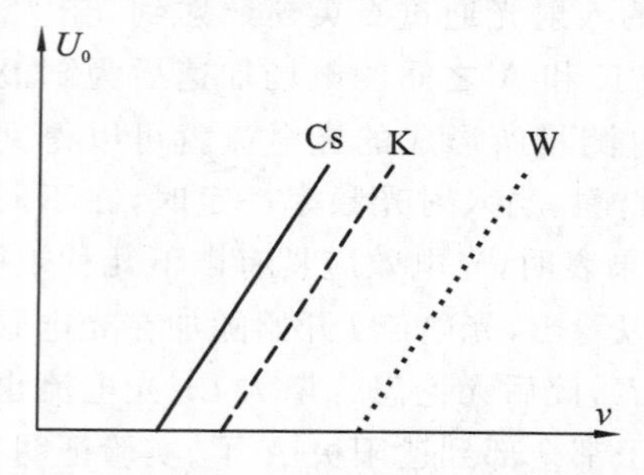

图 19-6　截止电压与入射光频率关系图

既然光电子的最大初动能与光强无关,那么它又与什么有关呢?大量的实验证明,**当入射光的频率逐渐增大时,截止电压也随之线性增加**。图 19-6 给出了几种金属的 $U_0$-$\nu$ 曲线,从这些曲线中可以看出,此时金属的截止电压与入射光的频率之间的关系满足

$$U_0 = K(\nu - \nu_0) \quad (\nu \geqslant \nu_0) \tag{19-10}$$

式中,$K$ 为图 19-6 中曲线的斜率。由图可以看出,对于不同金属,其曲线的斜率是相同的,也就是说 $K$ 是一个与材料性质无关的普适常数。$\nu_0$ 是图中曲线在横轴上的截距,其大小等于该种金属光电效应的截止频率。

由式(19-10) 可知,电极的截止电压与入射光的频率呈线性关系,而根据式(19-9) 可知,截止电压与光电子的最大初动能成正比,因此根据上述两式可知,**在入射光的频率超过电极材料的光电效应的截止频率时,从电极材料中所发射出来的光电子的最大初动能与入射光的频率呈线性关系**。

(4) 光电效应是瞬时发生的。实验发现,只要入射光的频率大于电极材料的截止频率,无论光强多么微弱,从光照射到电极材料表面到光电子从电极材料表面逸出,这段时间不会超过 1 纳秒。滞后时间如此之短,以至于我们通常都认为光电效应是瞬时发生的。

### 19.2.2　经典物理的困难

用经典物理中的电磁波理论解释光电效应的实验规律时,遇到了极大的困难:

(1) 按经典理论,光照射金属表面时,光强越大,则光电子的初动能越大,所以光电子初动能应与入射光的强度成正比。然而,光电效应实验却得出光电子最大初动能与入射光强无关。

(2) 按经典理论,不管入射光频率如何,只要光强足够大,电子就可以获得足够的能量而

逸出金属表面，即不应该存在截止频率。然而，光电效应实验得出，只有入射光的频率大于截止频率时才可能产生光电效应。

（3）按经典理论，当入射光的强度很弱时，电子需要经一定的时间积累能量，因此，光照射到表面上后，应隔一段时间才有光电子逸出，然而，光电效应实验得出，只要入射光的频率大于金属的截止频率，光的照射和光电子释放几乎是同时的。

这些困难阻碍了人们对光电效应的认识和理解。另外光电效应的研究不光具有重要的理论意义，而且其应用也非常广泛。例如，在军事上用于夜视的红外显像管就可以把不可见的红外辐射图像转换成可见光图像；又如根据光电效应制成的光电倍增管，由于其极高的灵敏度而被广泛应用于弱光探测等方面。因此，无论是从理论上还是从生产实践中都迫切需要一种新的理论来对光电效应加以诠释。

### 19.2.3　爱因斯坦光子假说

光电效应被发现后，当时的科学家们试图用经典物理中光的波动说来解释它，但是都以失败而告终。因为，按照光的波动说，光电子的初动能应决定于入射光的光强，即决定于光的振幅而不决定于光的频率，只要光的强度足够大，就会有足够的光电子逸出金属表面；而实际情况是，如果入射光的频率小于截止频率，无论其强度多大，都不会产生光电效应。另外，按照经典物理中波动光学的理论，电子需要积累足够的能量后才能从金属表面逸出，这就需要一个时间，但是实验表明，从光的入射到光电子的逸出，中间的时间间隔极短，几乎是同时发生的。这些问题横亘在大家面前，成为经典物理无法穿越的鸿沟。

此时，伟大的爱因斯坦在普朗克能量子理论的基础上赋予了光新的内容，提出了光量子的假设：**光在空间传播时，也具有粒子性。一束光是一束以光速 $c$ 运动的粒子流，这些粒子称为光量子，简称为光子，每一光子的能量为**

$$\varepsilon = h\nu \tag{19-11}$$

式中，$h$ 为普朗克常数。因此作为电磁波的光在空间中传播时，不光具有波动性，也具有粒子性。一束光就是一束以光速运动的粒子流，这些粒子就是所谓的光子。对于光子而言，它不能被再分割，而只能整个地被吸收或产生出来。这就是爱因斯坦的光子假说。按照他的观点，当光入射到电极表面时，光子被电子吸收，电子获得了 $h\nu$ 的能量。由于电极表面的电子还要受到电极表面的束缚，因此电子如果要脱离电极表面必须要克服表面对它的吸引。我们定义电极材料的逸出功 $A$(work function) 为电子脱离电极材料表面时为克服表面束缚所需做的功，因此只有当入射光子的能量大于电极材料的逸出功时才会有电子从电极表面发射出来。当电子所吸收的光子能量足够大时，该能量将分成两个部分，一部分用来克服电极材料的逸出功，另一部分则用来作为逸出电子的初动能，即此时有

$$h\nu = A + \frac{1}{2}mu_{\max}^{2} \tag{19-12}$$

式(19-12) 被称为爱因斯坦光电效应方程。由式(19-12) 可以看出，当入射光的频率 $\nu < \nu_0 = A/h$ 时，电子所吸收光子的能量不足以克服电极表面束缚而从电极中逸出，此时就不会有光电效应的产生。另外，当光照射到电极表面上时，一个光子的能量立即整个地被电子所吸收，因而光电子的发射是瞬时的。最后，从式(19-12) 还可以看出，逸出的光电子的最大初动能只与入射光的频率有关，而不依赖于入射光的强度。入射光的强度只决定了单位时间内单位面积上入射的光子数，它只能影响饱和光电流的大小。因为饱和光电流可以表示为 $i = Ne$，其中 $N$ 为单

位时间内通过单位面积的光电子数，而按照光子假说，入射光的强度可以表示为 $I = Nh\nu$，这里的 $N$ 是单位时间内通过单位面积的光子数。当采用光子假说时，一个光子使一个电子逸出金属表面，因此上面两个 $N$ 的数值应该相等。在入射光频率一定的情况下，饱和光电流与入射光强度应该成正比，即 $i \propto I$；而当入射光的强度一定时，由于入射光频率 $\nu$ 越大，入射的光子数密度 $N$ 越小，从而导致饱和光电流也越小。综上所述，当采用光子假说时，根据光电效应方程可以全面地说明光电效应的实验规律。

结合式(19-9) 和式(19-12)，也就是在光电效应方程中用截止电压与电子电量的乘积来代替电子的最大初动能，可以得出以下关系式

$$U_0 = \frac{h}{e}\nu - \frac{A}{e} \tag{19-13}$$

比较由实验出发得出的经验公式(19-10) 和由光电效应推导出来的理论公式(19-13)，可以得出几个参数之间的关系

$$\begin{cases} h = eK \\ A = eK\nu_0 \end{cases} \tag{19-14}$$

因此可以通过实验精确测量出 $K$ 和 $\nu_0$ 的值，然后再根据式(19-14) 推算出普朗克常数 $h$ 和逸出功 $A$ 的大小。1916 年，美国物理学家密立根经过对光电效应的精确测量，采用上述方法成功测量出了普朗克常数的值，该结果与用其他方法得到的测量值符合得很好，因而从实验上直接验证了光子假说和光电效应方程的正确性。由于光子假说的提出以及光电效应方程的发现，爱因斯坦获得了 1921 年的诺贝尔物理学奖。

光子假说揭示的是光的粒子性，与此同时，通过光的干涉、衍射等实验，人们已经认识到光作为一种电磁波又具有波动性，因此综合起来，关于光的本性的全面认识是：**光既具有波动性，又具有粒子性**。在某些情况下，光突出地显示其波动性，而在另一些情况下，光又突出地表现其粒子性。光的这种本性被称为**波粒二象性**(wave-particle dualism)。光既不是经典意义上的"单纯"的波，也不是经典意义上"单纯"的粒子。

既然光既具有波动性，又具有粒子性，那么这二者之间有没有什么联系呢?光的波动性是用光波的波长 $\lambda$ 和频率 $\nu$ 来描述的，而光的粒子性则是用光子的质量、能量和动量来描述的，因此我们所要寻求的就是这些量之间的内在联系。

由式(19-11) 可知，一个光子的能量是 $h\nu$，根据相对论的质能关系 $E = mc^2$，因此可以得出光子的质量为

$$m = \frac{h\nu}{c^2} = \frac{h}{c\lambda} \tag{19-15}$$

我们知道，一个粒子的质量与速度之间满足

$$m = \frac{m_0}{\sqrt{1 - \left(\frac{u}{c}\right)^2}} \tag{19-16}$$

由于光子是以光速运动的粒子，因此代入式(19-16) 可知，光子的静止质量为零。但是，由于光速的不变性，因此在任何参考系中光子都不会是静止的，所以在任何的参考系中光子的质量都不会是零。

根据相对论的能量-动量关系式，对于光子而言，其静质量为零，因此有

$$E^2 = p^2c^2 + m_0^2c^4 = p^2c^2$$

结合式(19-11)，所以光子的动量为

$$p = \frac{E}{c} = \frac{h\nu}{c} = \frac{h}{\lambda} \tag{19-17}$$

式(19-11) 和式(19-17) 都是描述光的性质的基本关系式，式中等号左侧的物理量描述的是光的粒子性，而等号右侧的物理量描述的是光的波动性，整个等式描述的是光的粒子性和波动性之间的内在关系，而且这种内在关系从数值上是通过普朗克常数联系在一起的，因此通常把式(19-11) 和式(19-17) 联合起来称为**普朗克-爱因斯坦关系式**(Planck-Einstein relation)。

**例 19-2**　波长 $\lambda = 450\ \text{nm}$ 的单色光入射到逸出功 $A = 3.7 \times 10^{-19}\ \text{J}$ 的电极表面，求：(1) 入射光子的能量；(2) 逸出电子的最大初动能；(3) 电极材料的截止频率；(4) 入射光的动量。

**解**　(1) 入射光子的能量为

$$\varepsilon = h\nu = \frac{hc}{\lambda} = \frac{6.63 \times 10^{-34} \times 3 \times 10^{8}}{450 \times 10^{-9}}\ \text{J} = 4.4 \times 10^{-19}\ \text{J}$$

(2) 逸出电子的最大初动能为

$$E_{\text{k}} = h\nu - A = (4.4 \times 10^{-19} - 3.7 \times 10^{-19})\ \text{J} = 0.7 \times 10^{-19}\ \text{J}$$

(3) 电极材料的截止频率为

$$\nu_0 = \frac{A}{h} = \frac{3.7 \times 10^{-19}}{6.63 \times 10^{-34}}\ \text{Hz} = 5.6 \times 10^{14}\ \text{Hz}$$

(4) 入射光子的动量为

$$p = \frac{h}{\lambda} = \frac{6.63 \times 10^{-34}}{450 \times 10^{-9}}\ \text{kg} \cdot \text{m/s} = 1.5 \times 10^{-27}\ \text{kg} \cdot \text{m/s}$$

### 19.2.4　光电效应的应用

光电效应的应用非常广泛。根据光电效应可制成光电管，用于记录和测量光的强度，也用于电影、电视和自动控制等装置。当光照很弱时，光电流也很弱，常用光电倍增管使光电流放大，产生较强的电流。光电效应在科学研究、工程技术等方面都有重要的用途。若在光照某种物质时，其内部原子释放电子，但这些电子并未跑出表面，而是使物体的导电性增加，这种光电效应叫内光电效应，内光电效应也有广泛的应用。另外，利用硒、锡等制成的光电装置，不需外加电源，即可把光能转化为电能，这就是光电池。光电计数、光电跟踪、光电保持、光敏电阻、红外线显像管等在生产、科研、国防、天文学中都有广泛的用途。

## 19.3　康普顿效应

### 19.3.1　康普顿效应

图 19-7 所示为康普顿散射的实验装置示意图，由 X 光管发射出一束 X 射线，经过光阑后投射到散射物质上(散射物质一般是石墨)，用 X 光检测器可以探测到不同散射角所对应的 X 射线的波长和相对强度。

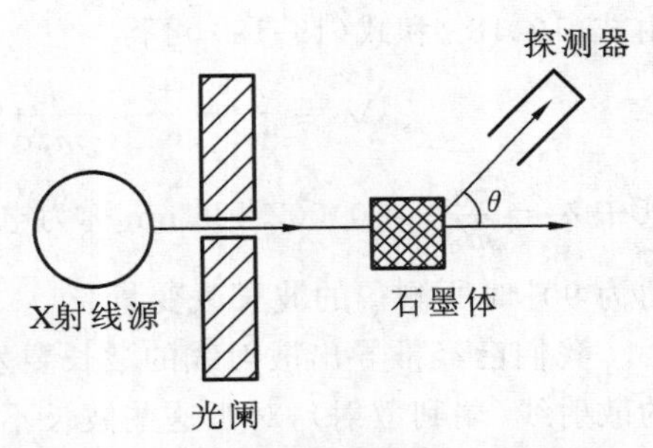

图 19-7　康普顿散射实验装置示意图

1923 年，美国物理学家康普顿在研究波长为 $\lambda_0$ 的 X 射线通过实物发生散射的实验时，发现了一个新的现象，即散射光中除了有原波长为 $\lambda_0$ 的 X 射线外，还产生了波长为 $\lambda > \lambda_0$ 的 X 射线，这种现象称为**康普顿效应**

(Compton effect)。我国物理学家吴有训也曾为康普顿散射实验做出了杰出的贡献。

实验结果表明:对于任意一个散射角都能测量到两种波长 $\lambda_0$ 和 $\lambda$ 的散射线,且两种波长的差值随散射角的增大而增大,而与 $\lambda_0$ 及散射物质无关。另外,实验还表明对轻元素,波长变长的散射线强度相对较强,而对重元素则刚好相反,波长变长的散射线强度相对较弱。

按照经典电磁理论,当一定频率电磁波照射物质时,物质中带电粒子将从入射电磁波中吸收能量,做同频率的受迫振动。振动的带电粒子又向各方向发射同一频率的电磁波,这就是散射线。显然,经典理论只能说明波长不变的散射现象(通常称为瑞利散射),但是不能说明散射光波长发生改变的康普顿散射。那么康普顿散射的机理又是什么呢?

在吸取了爱因斯坦光子假说的成功经验之后,考虑到X射线也是电磁波的一种,光子理论也同样适合于X射线,因此康普顿提出这种特殊的散射效应是由于X射线中的光子与物质中弱束缚电子相互作用的结果。按照光子理论,电磁辐射是一种光子流,每一个光子都具有确定的能量和动量,由于X射线光子的能量很高,那些散射物质中受原子核束缚较弱的电子的热运动动能比X射线光子能量小得多,因此光子与这些电子的相互作用过程可以看成是光子与静止的自由电子发生弹性碰撞的过程,在整个碰撞过程中能量与动量是守恒的,由于反冲,电子带走了一部分能量与动量,因而散射出去的光子的能量与动量都要相应地减小,根据式(19-11)和式(19-17)可以得出,散射线的频率会变小而波长会变长。

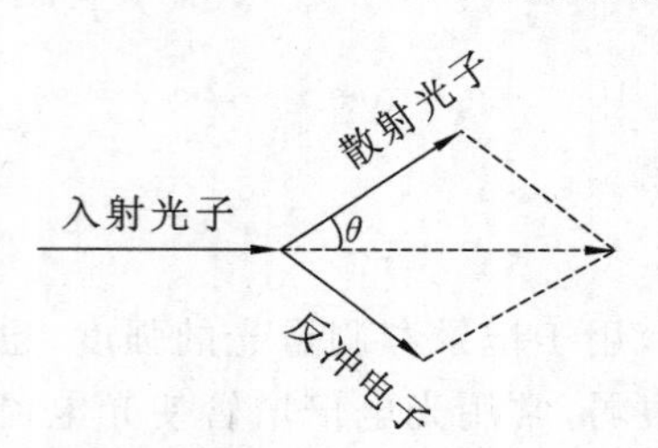


图 19-8　光子与静止电子碰撞示意图

以上是定性地解释康普顿散射波长变长的成因,接下来从理论上定量地推导出康普顿散射后波长的改变量。如图 19-8 所示,设入射光的频率为 $\nu_0$,则一个光子的能量为 $h\nu_0$,而动量为 $\frac{h\nu_0}{c}\boldsymbol{n}_0$,自由电子的能量为 $m_0c^2$,动量为零。碰撞后,考虑散射角为 $\theta$ 的光子,此时其频率变为 $\nu$,能量为 $h\nu$,动量为 $\frac{h\nu}{c}\boldsymbol{n}$,而反冲电子的速度为 $\boldsymbol{u}$,质量变为 $m=\frac{m_0}{\sqrt{1-\left(\frac{u}{c}\right)^2}}$,能量为 $mc^2$,动量为 $m\boldsymbol{u}$。由动量守恒和能量守恒可以得到

$$\begin{cases} h\nu_0+m_0c^2=h\nu+mc^2 \\ \frac{h\nu_0}{c}\boldsymbol{n}_0=\frac{h\nu}{c}\boldsymbol{n}+m\boldsymbol{u} \end{cases} \tag{19-18}$$

利用余弦定理,有

$$(mu)^2=\left(\frac{h\nu_0}{c}\right)^2+\left(\frac{h\nu}{c}\right)^2-2\left(\frac{h\nu_0}{c}\right)\left(\frac{h\nu}{c}\right)\cos\theta \tag{19-19}$$

由式(19-18)和式(19-19)可得

$$\Delta\lambda=\frac{c}{\nu}-\frac{c}{\nu_0}=\frac{h}{m_0c}(1-\cos\theta)=\lambda_c(1-\cos\theta)=2\lambda_c\sin^2\frac{\theta}{2} \tag{19-20}$$

其中 $\lambda_c=\frac{h}{m_0c}=0.002\ 426\ \text{nm}$ 称为电子的**康普顿波长**(Compton wavelength),其值等于散射角为 90° 时所测得的波长改变量。

我们已经推导出散射线的波长要发生变化,但在实验中我们还观测到波长没有发生改变的散射线(瑞利散射),对于这些波长不变的散射线其散射机制又是什么呢?之所以会有这种情况发生,是因为此时光子不是和物质中的弱束缚电子发生相互作用,此时光子是和原子的内层

电子发生相互作用。在康普顿散射线中，由于光子是和弱束缚电子相作用，此时可以假定这些电子是自由的；而在瑞利散射线中，由于光子是和原子的内层电子发生作用，此时内层电子被原子紧紧束缚着，因此光子和这种电子碰撞就相当于和整个原子发生碰撞，因此在应用康普顿公式(19-20)计算波长时，$m_0$ 应为整个原子的质量而不是单个电子的质量，所以计算出来的波长改变量极其微小，可以近似认为波长没有发生改变。这就是散射线中有两种成分的原因。对于轻物质而言，原子核所形成的库仑电场较弱，此时几乎所有的电子都处于弱束缚状态，因此发生康普顿散射的几率远大于发生瑞利散射的情况，所以在所有的散射线中波长变长的散射线强度相对较强；而对于重物质而言，原子中大多数内层电子受到原子核的强烈束缚，此时发生瑞利散射的几率要大于发生康普顿散射的情形，所以在重物质的散射线中波长变长的散射线强度相对较弱，也就是说，此时的康普顿效应不显著。值得注意的是，此时康普顿效应不显著只是指此时波长变长的散射线部分相对波长没有改变的部分强度很弱，而不是指散射线波长的变化值变小，散射线波长的变化值和散射物质无关，只与散射角有关。这样我们对康普顿散射实验中所有的实验规律都做出了圆满的解释。

根据光的量子理论和动量、能量守恒定律推导出来的式(19-20)与康普顿散射实验完全相符，这不仅有力地证明了光子理论的正确性，而且由于在推导过程中引用了动量守恒和能量守恒定律，从而还证明了光子和微观粒子的相互作用过程也是严格地遵守这两条基本定律的。由于发现康普顿效应并能够正确地加以解释，康普顿获得了 1927 年的诺贝尔物理学奖。

应当指出的是，康普顿散射只有在入射波的波长与电子的康普顿波长可以相比较时才显著。因为此时虽然对于某一散射角而言散射波长的改变量 $\Delta\lambda$ 没变，例如对于散射角为 $\pi$ 时 $\Delta\lambda$ 为两倍的电子的康普顿波长，但是由于入射波长小到可以与康普顿波长相比拟，所以此时 $\Delta\lambda/\lambda$ 的值显著增大，此时康普顿散射效应就比较显著，这也就是为什么采用 X 射线来观察康普顿散射的原因了。

最后，要澄清一个概念问题。在讨论康普顿散射中，我们曾说过光子和自由电子相碰撞，碰撞中光子把一部分能量传给了电子，这就意味着在整个碰撞过程中光子发生了分裂，这似乎与上节中所讲的光子永不分裂相矛盾。其实，康普顿散射并不是一步完成的，它是自由电子先整体吸收一个光子然后再释放出一个散射光子，或是自由电子先释放出一个散射光子再吸收入射光子，无论是采取哪种方式，光子都是完整地被吸收或释放的，入射光子和散射光子并不是同一个光子。

**例 19-3**　波长 $\lambda_0 = 22$ pm 的 X 射线与可以认为静止的自由电子碰撞，在散射角为 85° 处观测，试求：(1) 康普顿散射线的波长；(2) 入射光子能量向电子转移的百分比。

**解**　(1) 根据式(19-20)有

$$\Delta\lambda = \frac{h}{m_0 c}(1-\cos\theta) = \frac{6.63\times10^{-34}\times(1-\cos85^\circ)}{9.11\times10^{-31}\times3\times10^{8}}\ \text{m} = 2.21\times10^{-12}\ \text{m} = 2.21\ \text{pm}$$

$$\lambda = \lambda_0 + \Delta\lambda = (22+2.21)\ \text{pm} = 24.21\ \text{pm}$$

(2) 入射光子向电子转移的能量即为入射光子与散射光子的能量差，因此入射光子能量向电子转移的百分比为

$$\eta = \frac{h\nu_0 - h\nu}{h\nu_0} = 1-\frac{\nu}{\nu_0} = 1-\frac{\lambda_0}{\lambda} = \frac{\Delta\lambda}{\lambda} = \frac{2.21}{24.21}\times100\% = 9.1\%$$

### 19.3.2 光的波粒二象性

光具有干涉、衍射和偏振现象,说明光具有波动性,光是电磁波。康普顿散射实验证明了光子具有能量、质量和动量,并作为一个整体与原子中的电子发生相互作用。所以,近代关于光的本性的认识是:光既具有波动性又具有粒子性,即光具有波粒二象性。光的波动性和粒子性是同一物质在运动中的两种表现,是对立统一的,它们之间存在着内在联系。描述光的粒子性的物理量(如 $m,\varepsilon,p$)与描述光的波动性的物理量(如 $\nu,\lambda$)之间有如下关系:

$$\varepsilon = mc^2 = h\nu \tag{19-21}$$

$$m = \frac{\varepsilon}{c^2} = \frac{h\nu}{c^2} \tag{19-22}$$

$$p = mc = \frac{h\nu}{c} = \frac{h}{\lambda} \tag{19-23}$$

## 19.4 玻尔的氢原子理论

### 19.4.1 氢原子光谱的规律

由于原子体积太小,因此不能直接观测其结构。然而,人们发现,每种原子的辐射都具有由一定的频率成分构成的特征光谱,它们是一条条离散的谱线,称为线状谱。这种光谱只决定于原子本身,而与温度和压力等外界条件无关,因此,它成为研究原子结构的一种重要途径。

氢原子光谱可以通过氢气放电管获得,其实验规律可归纳如下:

(1) 氢原子光谱是彼此分立的线状光谱,每一条谱线都具有确定的波长。

(2) 对于每一条光谱线,定义波数 $\bar{\nu}$ 为单位长度内所包含的完整波长的数目,则每条光谱线的波数满足如下关系

$$\bar{\nu} = \frac{1}{\lambda} = T(k) - T(n) = R_{\mathrm{H}}\left(\frac{1}{k^2} - \frac{1}{n^2}\right) \tag{19-24}$$

式中,$k$ 和 $n$ 都是正整数,且 $k < n$;$R_{\mathrm{H}} = 1.097 \times 10^7\ \mathrm{m^{-1}}$,称为里德伯常数。式(19-24)也被称为广义巴耳末公式。$T(n) = \frac{R_{\mathrm{H}}}{n^2}$ 称为氢的**光谱项**(spectral term),可见氢原子光谱的任一条光谱线的波数都可以用两个光谱项之差来表示,因此式(19-24)又被称为**里兹组合原理**(Ritz combination principle)。

(3) 当整数 $k$ 取一定值时,$n$ 取大于 $k$ 的各个整数所对应的各条谱线构成一谱线系,由式(19-24)可知,对于每一个谱线系,当 $n \to \infty$ 时该谱线系的波数都将得到一个极限值,该值称为线系限。下面列出对应于不同 $k$ 值的线系。

赖曼系: $\bar{\nu} = R_{\mathrm{H}}\left(\frac{1}{1^2} - \frac{1}{n^2}\right)$ $n = 2,3,4\cdots$ 在紫外区

巴耳末系: $\bar{\nu} = R_{\mathrm{H}}\left(\frac{1}{2^2} - \frac{1}{n^2}\right)$ $n = 3,4,5\cdots$ 在可见光区

帕邢系: $\bar{\nu} = R_{\mathrm{H}}\left(\frac{1}{3^2} - \frac{1}{n^2}\right)$ $n = 4,5,6\cdots$ 在近红外区

布喇开系: $\bar{\nu} = R_{\mathrm{H}}\left(\frac{1}{4^2} - \frac{1}{n^2}\right)$ $n = 5,6,7\cdots$ 在红外区

普芳德系：$$\bar{\nu}=R_{\mathrm{H}}\left(\frac{1}{5^2}-\frac{1}{n^2}\right)\quad n=6,7,8\cdots\quad \text{在红外区}$$

### 19.4.2　原子的核式结构

1. 汤姆逊模型

1897年，汤姆逊在原子中发现了带负电的电子的存在。由于通常情况下原子总是呈电中性的，因此在原子内部，一定还含有带正电的组成部分。后来经过密立根通过油滴实验对电子的荷质比进行精确的测量，发现电子的质量比整个原子的质量小得多，因此汤姆逊于1903年提出了一个原子结构模型。他认为整个原子是一个质量均匀分布的具有弹性的胶状球，正电荷均匀分布于这个球内，电子则镶嵌在球内或是球面上，每个电子都在它的平衡位置处做简谐振动而发射同频率的电磁波。这样的原子模型能够很好地解释当时的一些诸如原子发光、散射等实验现象。

2. 卢瑟福的核式模型

由于光子的质量与原子的质量相比过小，因此当用光子入射到原子上并与原子发生作用时，能够引起光子波长发生改变的康普顿散射只能发生在那些原子的弱束缚电子上，也就是说只能了解原子最外层电子的信息，因此为了了解内层电子与原子的正电部分的结合情况，势必要改变入射粒子。1909年，卢瑟福等采用α粒子来进行一系列的散射实验。α粒子是放射性物质中发出的快速粒子，它带有两个单位的正电荷，质量为氢原子的4倍，用它来作为入射粒子进行散射实验时，发现绝大多数散射线的偏转角都不大，只有少数散射线的偏转角大于90°，而且约有总数的数万分之一被向后散射。对于这种情况，汤姆逊的原子结构模型无法解释，为此卢瑟福于1911年提出了一种新的模型。他认为原子中带正电的部分集中了原子的绝大部分质量，而且分布在一个极小的区域内，其线度不超过$10^{-15}$ m，而电子则围绕着它运动。这一模型也称为核式模型。该模型不但能解释α粒子散射问题，而且同样也能解释汤姆逊模型所能解释的那些原子发光或散射的问题，因此该模型逐渐为大家所接受。

但是，这个模型与经典的电磁理论仍然存在矛盾。按照经典的电磁理论，电子绕核做旋转运动，由于做曲线运动的电子都具有加速度，电子将不断地向外发射电磁波，势必造成电子的能量越来越小，相应的电子的运动轨道尺度也随之减小，最后电子将落到原子核上。但是事实并非如此。一般情况下，原子是一个非常稳定的系统，没有发现电子会陷入原子核内，另外原子发射电磁波的频率也不是连续的，而是分立的。由于核式模型已经被实验所证实，那么只能说经典的电磁理论不能用于原子系统，那么原子又是如何发射电磁波的呢?原子核周围的电子又是如何运动的呢?

### 19.4.3　玻尔理论的基本假设

氢原子光谱的实验规律已经非常清楚，现在剩下的就是如何从这些规律中发掘出氢原子的结构信息，换句话说就是通过探讨这些谱线的产生机制从而得出电子在原子中是如何运动的。

1913年玻尔在卢瑟福的核式模型的基础上，把普朗克的能量子理论以及爱因斯坦的光子的概念运用到原子系统中，再加上从氢原子光谱实验中总结出来的巴耳末公式，创建了氢原子结构的半经典量子理论。他提出了三大基本假设：

1. 定态(stationary state)假设

原子系统存在一系列不连续的能量状态,处于这些状态的原子中的电子只能在一定的轨道上绕核做圆周运动,但是不辐射能量。这些状态是原子系统的稳定状态,简称定态。原子能够而且只能够稳定地存在于这些不连续的状态中。

2. 频率假设

原子能量的任何变化,包括发射或吸收电磁辐射,都只能在两个定态之间以**跃迁**(transition)的方式进行,当原子从一个较大的能量 $E_n$ 的定态跃迁到另一个能量较低的定态 $E_k$ 时,原子将辐射出一个光子,根据爱因斯坦光子假设,该光子的能量应该为 $h\nu$,而这个能量应由两个定态之间的能量差决定,即该光子的频率由下式决定

$$h\nu = E_n - E_k \tag{19-25}$$

式中,$h$ 为普朗克常数。同样的,当原子从定态 $E_k$ 跃迁到定态 $E_n$ 时,原子将吸收一个光子,其频率也由式(19-25)决定。发射(或吸收)光子的能量由两个定态之间的能量差来决定是玻尔理论的一个关键,因为它背弃了经典理论中关于辐射的光子频率必须与带电粒子的振动频率相同的观点。另外,由于每个定态的能量都是不连续的,因此相应的两个定态之间的能量差也是不连续的,所以根据式(19-25),原子所辐射出的光子的频率也就是分立的,这就说明了为什么原子光谱是一个线状光谱而不是一个连续谱。

3. 轨道角动量量子化假设

为了简单起见,电子绕核运动的轨道选择为一些圆形轨道。但是原子中的电子在绕核做稳定的圆周运动时,其轨道角动量必须是 $\frac{h}{2\pi}$ 的整数倍,即此时角动量必须满足下式

$$L = mvr = n\frac{h}{2\pi} = n\hbar \quad (n = 1,2,3,\cdots) \tag{19-26}$$

式中,$\hbar = \frac{h}{2\pi} = 1.0546\times10^{-34}\ \mathrm{J\cdot s}$,称为约化普朗克常数;$n$ 只能取不为零的正整数,称为量子数。式(19-26)也称为轨道角动量量子化条件。

### 19.4.4　玻尔理论的基本结论

玻尔根据上述假设计算了氢原子在稳定态的轨道半径和能量。他认为在原子中,原子核可近似认为不动,而电子以核为中心做半径为 $r$ 的圆周运动。此时使电子做圆周运动的向心力为电子所受到的库仑引力,因此根据牛顿第二定律有

$$m\frac{v^2}{r} = \frac{e^2}{4\pi\varepsilon_0 r^2}$$

结合玻尔的角动量量子化假设,即式(19-26),可以得到电子轨道半径的表达式

$$r_n = n^2\left(\frac{\varepsilon_0 h^2}{\pi m e^2}\right) = n^2 r_1 \tag{19-27}$$

式中,$m$ 为电子的质量;$e$ 为电子的电量;$r_1 = \frac{\varepsilon_0 h^2}{\pi m e^2} = 5.29\times10^{-11}\ \mathrm{m}$,为氢原子中电子的最小轨道半径,称为玻尔半径;$r_n$ 表示原子处于第 $n$ 个定态时电子的轨道半径。$n=1$ 的定态称为基态,$n$ 取其他值的定态均称为激发态。式(19-27)表明,由于轨道角动量不能连续变化,相应的

电子轨道半径也不能连续变化。

玻尔还认为原子系统的能量应等于电子的动能与电子和核的势能之和，即

$$E=\frac{1}{2}mv^2-\frac{e^2}{4\pi\varepsilon_0 r}=-\frac{e^2}{8\pi\varepsilon_0 r}$$

由上式可以看出，原子系统的总能量与电子所处的轨道的半径成反比，因此根据已经得到的电子轨道半径的表达式，对于量子数为 $n$ 的定态，其能量为

$$E_n=-\frac{e^2}{8\pi\varepsilon_0 r_n}=-\frac{1}{n^2}\left(\frac{me^4}{8\varepsilon_0^2 h^2}\right)\quad(n=1,2,3,\cdots)\tag{19-28}$$

由此可见，由于电子轨道角动量不能连续变化，氢原子的能量也只能取一系列不连续的值，这称为能量量子化，这种量子化的能量值称为能级。在式(19-28)中，令 $n=1$，即可得到氢原子基态能级的能量

$$E_1=-\frac{me^4}{8\varepsilon_0^2 h^2}=-13.6\ \text{eV}\tag{19-29}$$

基态能级能量最低，此时原子最稳定。随着量子数 $n$ 的增大，能量 $E_n$ 也增大，相邻能级之间的能量间隔减小。当 $n\to\infty$ 时，$r_n\to\infty$，$E_n\to 0$，此时电子已经脱离原子核成为自由电子。由于基态和各激发态中的电子都没有脱离原子核的束缚，因此这些定态也统称为束缚态。能量在 $E_\infty=0$ 以上时，此时电子脱离了原子，这种原子所对应的状态称为电离态，此时电子的能量是连续的，不受量子化条件限制。电子从基态到电离态所需要的能量称为**电离能**(ionization energy)。显然，按照玻尔理论计算出的氢原子的电离能即为13.6 eV，这与实验测得的结果相符。

再来看玻尔理论是否能解释氢原子光谱的实验规律。根据玻尔的频率假设，当原子从较高能态 $E_n$ 向较低能态 $E_k(n>k)$ 跃迁时，原子将发射一个光子，其频率为

$$\nu_{nk}=\frac{E_n-E_k}{h}=\frac{me^4}{8\varepsilon_0^2 h^3}\left(\frac{1}{k^2}-\frac{1}{n^2}\right)$$

用波数表示，则

$$\bar{\nu}_{nk}=\frac{1}{\lambda_{nk}}=\frac{\nu_{nk}}{c}=\frac{me^4}{8\varepsilon_0^2 h^3 c}\left(\frac{1}{k^2}-\frac{1}{n^2}\right)\quad(n>k)\tag{19-30}$$

与式(19-24)比较，显然这两个式子是一致的，因此我们可以得到里德伯常数的理论值为

$$R_{\text{H理论}}=\frac{me^4}{8\varepsilon_0^2 h^3 c}=1.097\times10^7\ \text{m}^{-1}$$

这个值与实验值符合得很好。由式(19-30)可知，当 $k=1$ 时，即此时原子由 $n>1$ 的能级向 $n=1$ 的能级跃迁时，将产生赖曼系各谱线；从 $n>2$ 的能级向 $n=2$ 的能级跃迁时，将产生巴耳末系各谱线；从 $n>3$ 的能级向 $n=3$ 的能级跃迁时，将产生帕邢系各谱线；其余线系依此类推。

玻尔理论假设氢原子中的电子绕原子核做圆周运动，虽然数学处理上方便了不少，但是这样处理过于简单，电子受到有心力场的作用，而且该力与距离的平方成反比，按照经典力学理论，此时电子绕核运动的轨道应采取类似于太阳系中九大行星围绕太阳运动所采取的椭圆轨道，原子核位于椭圆的一个焦点上，而玻尔所假设的圆周运动仅仅是椭圆运动的一种特殊情况。1916年，德国物理学家索末菲提出了椭圆轨道理论。在此理论中，他提出要用两个量子数来确定电子的一个稳定的运动轨道，并给出了下面两个量子化条件。

(1) 原子的能量是正整数 $n$ 的函数，$E=E(n)$，$n$ 称为主量子数。实际上，由索末菲根据他的椭圆轨道理论推导出的氢原子能量公式与玻尔的完全相同。

(2) 电子轨道角动量 $L$ 等于$\hbar$的整数倍,即

$$L = l\hbar \quad (l = 1,2,3,\cdots,n)$$

式中,$l$ 称为角量子数。对于给定的主量子数 $n$,角量子数 $l$ 可取 $n$ 个不同的值,对应于 $n$ 个不同的角动量状态。推广后的量子化条件适用于多自由度的情形,这样可以对类氢离子(核外只有一个电子的原子体系,如 $He^+$,$Li^{2+}$,$Be^{3+}$ 等)的光谱做出很好的解释。

玻尔的氢原子理论是原子结构理论发展的一个重要阶段,他首先提出经典物理学对原子内部现象不适用,提出了原子能量量子化和角动量量子化的概念,并于 1914 年由弗兰克和赫兹在电子和汞原子的碰撞实验中直接得到了证实。另外,他在处理氢原子(及类氢离子)的光谱问题上取得了成功,第一次使光谱实验得到了理论上的说明。玻尔还创造性地提出了定态假设和能级跃迁决定谱线频率的假设,这些假设在现代量子力学理论中仍然是非常重要的基本概念。当然,玻尔理论也有很大的局限性,它只能计算氢原子谱线的频率,无法计算谱线的强度、宽度及偏振性等问题,而且对于稍复杂一些的原子,玻尔量子论不但从定量上无法处理,甚至在原则上就有问题。从理论体系上来讲,这个理论的根本问题在于它以经典理论为基础,但又生硬地加上与经典理论不相容的若干重要假设,如定态不辐射和量子化条件等,缺乏完整一致的理论体系。它还没有抓到微观粒子的本质特征,没有从根本上揭示出不连续性的本质,因此玻尔理论还远不是一个完善的理论。量子力学就是在克服这些困难和局限性的过程中发展起来的。

**例 19-4**　求赖曼系中波长最长的谱线波长。

**解**　赖曼系的谱线对应于原子从激发态到基态的跃迁。由于波长最长,所以相应的频率最低,也就是说能量最低,因此,最长波长的跃迁应当是从第一激发态到基态的跃迁,所以有

$$\lambda = \frac{hc}{E_2 - E_1} = \frac{6.63\times10^{-34}\times3\times10^{8}}{(-3.4+13.6)\times1.6\times10^{-19}}\ \mathrm{m} = 1.22\times10^{-7}\ \mathrm{m}$$

**例 19-5**　以动能为 12.5 eV 的电子通过碰撞使基态氢原子激发时,最高能激发到哪一能级?当回到基态时能产生哪些谱线?分别属于什么线系?

**解**　设氢原子全部吸收 12.5 eV 的能量后最高能激发到第 $n$ 个能级,由式(19-28)可得

$$E_n - E_1 = E_1\left(\frac{1}{n^2} - 1\right) = 13.6\left(1 - \frac{1}{n^2}\right) = 12.5\ \mathrm{eV}$$

由于 $n$ 只能取整数,所以由上式可得 $n = 3$,所以氢原子最高能激发到 $n = 3$ 的能级,于是将产生三条谱线。

当 $n$ 从 $3 \to 1$:　$\bar{\nu}_1 = R_{\mathrm{H}}\left(\frac{1}{1^2} - \frac{1}{3^2}\right) = \frac{8}{9}R_{\mathrm{H}},\lambda_1 = \frac{9}{8R_{\mathrm{H}}} = 102.6\ \mathrm{nm}$

当 $n$ 从 $2 \to 1$:　$\bar{\nu}_2 = R_{\mathrm{H}}\left(\frac{1}{1^2} - \frac{1}{2^2}\right) = \frac{3}{4}R_{\mathrm{H}},\lambda_2 = \frac{4}{3R_{\mathrm{H}}} = 121.6\ \mathrm{nm}$

当 $n$ 从 $3 \to 2$:　$\bar{\nu}_3 = R_{\mathrm{H}}\left(\frac{1}{2^2} - \frac{1}{3^2}\right) = \frac{5}{36}R_{\mathrm{H}},\lambda_3 = \frac{36}{5R_{\mathrm{H}}} = 656.3\ \mathrm{nm}$

$\lambda_1$,$\lambda_2$ 属于赖曼系,$\lambda_3$ 属于巴耳末系。对于单个原子来说一次跃迁只能发出一种波长,实际观测的是大量氢原子发光,所以三种波长同时存在。

# 19.5　实物粒子的波粒二象性

## 19.5.1　德布罗意假设

在受到光的波粒二象性的启发之下，法国物理学家德布罗意大胆地提出假设：**不仅光具有波粒二象性，一切实物粒子如电子、原子、分子等也都具有波粒二象性**。类似于爱因斯坦对光的处理，他也把表征实物粒子波动特性的物理量波长 $\lambda$、频率 $\nu$ 与表征其粒子特性的物理量质量 $m$、动量 $p$ 和能量 $E$ 用下式联系起来：

$$\begin{cases} E = mc^2 = h\nu \\ p = mv = \dfrac{h}{\lambda} \end{cases} \tag{19-31}$$

式(19-31)被称为**德布罗意公式**(de Broglie relation)。这种与实物粒子相联系的波称为**德布罗意波**(de Broglie wave)或**物质波**(matter wave)。

德布罗意用物质波概念分析了玻尔量子化条件的物理基础。玻尔理论假设原子中的电子都在定态中运动，电子虽然做变加速运动但没有辐射发生。德布罗意用电子的物质波沿轨道传播来解释这个假设。既然电子在轨道中运动时，没有电磁波的辐射，也就是说此时没有能量的耗散，因此电子的物质波在沿轨道传播时必然要形成驻波，只有这样才能保证能量不会耗散出去。所以电子所运动的那个稳定的圆形轨道的周长一定要等于电子的物质波的波长的整数倍，这样才能满足驻波条件，即此时满足

$$2\pi r = n\lambda \quad (n = 1,2,3,\cdots) \tag{19-32}$$

式中，$r$ 为电子稳定圆轨道的半径。将德布罗意公式(19-31)代入，可得

$$mvr = \frac{h}{\lambda}r = \frac{h}{\lambda}\frac{n\lambda}{2\pi} = n\frac{h}{2\pi} = n\hbar$$

这就是玻尔理论中的角动量量子化条件。于是，从物质波驻波条件，很容易就能推出玻尔的量子化条件，从而也就说明了能量的离散性。

当然，对于物质波而言，从宏观角度来看，由于 $h$ 是一个非常小的量，因此实物粒子的波长通常来说都是非常短的，因此一般的情况下波动性都显现不出来，只有到了原子尺度，实物粒子的波动性才会表现出来。我们不妨估算一下电子的德布罗意波长。假设电子的动能为 $E_k$，静止质量为 $m_0$，根据相对论原理，它的总能量为

$$E = E_k + m_0 c^2$$

它的动量大小为

$$p = \frac{m_0 v}{\sqrt{1 - \dfrac{v^2}{c^2}}}$$

因此由德布罗意公式可得电子的德布罗意波长为

$$\lambda = \frac{h}{\sqrt{\left(\dfrac{E_k}{c}\right)^2 + 2m_0 E_k}}$$

由上式可知，静止质量和动能越大，德布罗意波长就越短。当电子的速度远小于光速时，上式可以简化为

$$\lambda = \frac{h}{\sqrt{2m_0 E_k}} \tag{19-33}$$

因此,对于一个具有1 eV动能的电子,按上式可计算出其物质波长约为1.2 nm。该波长已经可以和X射线相比较。如果一个50 g的子弹以10 m/s的速度运动时,其德布罗意波长按式(19-33)计算约为$6.63\times10^{-34}$ m,这么短的波长已经小到实验难以测量的程度,这使得该宏观物体只能表现出粒子性。由此可见,只有在原子尺度里,实物粒子的波动性才能表现出来。

德布罗意的理论一经提出,立刻引起了轩然大波。"假如说当时全世界只有一个人支持德布罗意的话,他就是爱因斯坦。德布罗意的导师朗之万对自己弟子的大胆见解无可奈何,出于'挽救失足青年'的良好愿望,他把论文交给爱因斯坦点评。但是爱因斯坦马上予以了高度评价,称德布罗意'揭开了大幕的一角'。整个物理学界在听到爱因斯坦的评论后大吃一惊,这才开始全面关注德布罗意的工作。"事实才是检验真理的唯一标准,没有让大家等待太久,实验很快证实了德布罗意理论的正确性。

1927年,美国纽约的贝尔电话实验室,戴维逊(C. J. Davisson)和革末(L. H. Germer)做了一个有关电子的实验——用一束电子流轰击一块金属镍。实验要求金属的表面绝对纯净,但不幸的是,由于某种原因实验发生了爆炸,致使镍的表面被空气迅速氧化。戴维逊和革末只能决定,重新净化金属表面,将实验从头来做。当时,去除氧化层最好的办法就是对金属进行高热加温,但是在加热之后,原本由许多块小晶体组成的镍融合成了一块大晶体。当实验重新进行,电子通过镍块后,戴维逊和革末却看到了X射线衍射图案的景象!然而现场只有电子,并没有X射线。人们终于发现,在某种情况下,电子可以表现出如X射线般的纯粹波动性质来。即电子具有波动性,从而也证实了德布罗意公式的正确性。

戴维逊-革末实验装置类似于康普顿散射实验中的装置,如图19-9所示,电子枪发射的一束电子经过加速电压的加速后,垂直到达镍晶体的光滑表面上,电子束在晶面上被散射,之后进入电子探测器,电流可由电流计测得。实验中加速电压为$U = 54$ V,当散射角$\theta = 50°$时,电子束电流的强度出现了一个极大值,如图19-10所示。显然其具有衍射特征,属于波动的范畴,而不能用粒子学说来加以解释。

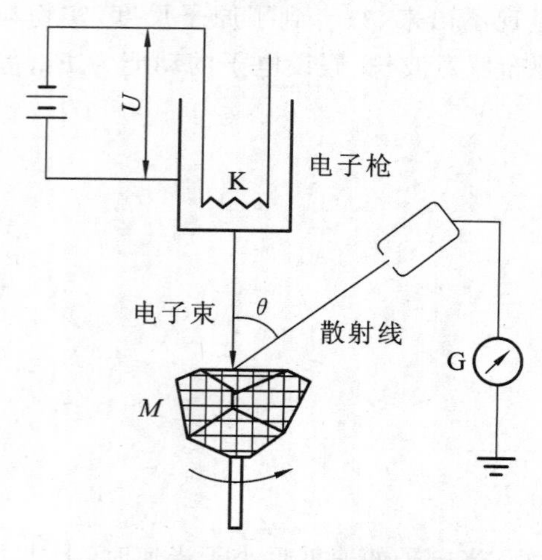


**图19-9　戴维逊-革末实验装置图**

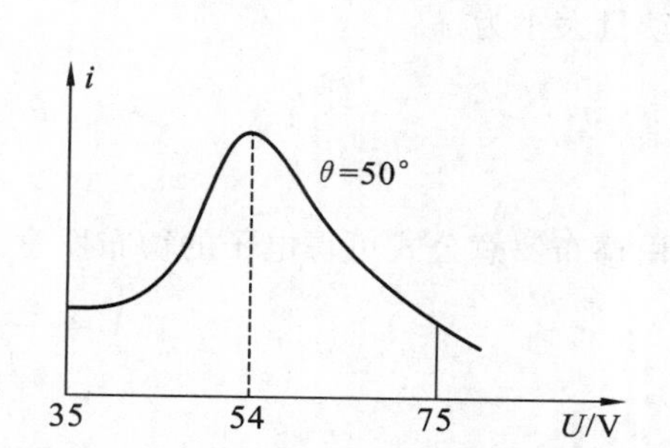


**图19-10　当散射角$\theta = 50°$时的电流与加速电压曲线**

下面用衍射的观点来解释一下。如图19-11所示，设晶体中原子排列规则，晶格常数为$d$，$\lambda$为电子的德布罗意波长，则相邻晶面间散射线的波程差满足干涉加强的条件为$2d\sin\dfrac{\theta}{2}\cos\dfrac{\theta}{2}=k\lambda$，即$d\sin\theta=k\lambda$。

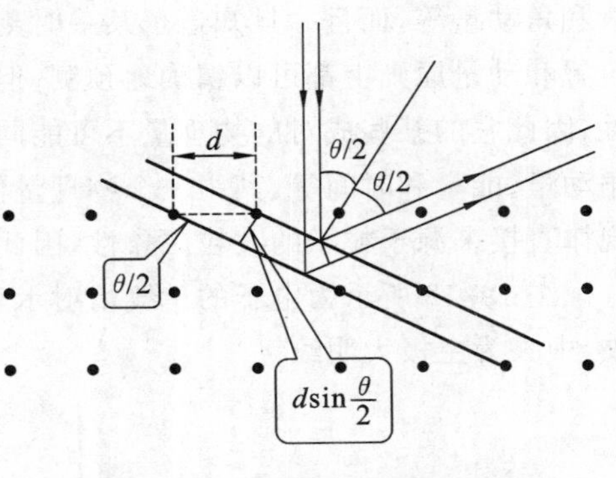


图19-11　电子束干涉加强示意图

在速度不太大时，按照德布罗意公式$\lambda=\dfrac{h}{mv}$，以及电子加速公式，可得

$$d\sin\theta=kh\sqrt{\frac{1}{2emU}}$$

因为镍晶体的晶格常数为$d=2.15\times10^{-10}$ m，现将其以及$e,m,h,U$的数值代入上式，可得

$$\sin\theta=0.777k$$

因为$k$只能取整数，所以$k$只能取1，此时出现极大，$\theta\approx51^\circ$，与实验中$\theta\approx50^\circ$出入很小。

戴维逊-革末实验第一次证实了德布罗意公式的正确性。更多的证据也接踵而来。同年，G. P. 汤姆逊也通过实验进一步证明了电子的波动性。他利用实验数据算出的电子行为，和德布罗意所预言的吻合得天衣无缝。

戴维逊和G. P. 汤姆逊也因此分享了1937年诺贝尔物理学奖，而“物质波”概念的创始人德布罗意也因为其贡献而获得1929年的诺贝尔物理学奖。值得一提的是，G. P. 汤姆逊是J. J. 汤姆逊的儿子，J. J. 汤姆逊由于发现了电子而获得1906年的诺贝尔物理学奖。

**例19-6**　计算经过电势差$U=150$ V和$U=10^4$ V加速的电子的德布罗意波长（在$U$不大于$10^4$ V时，可不考虑相对论效应）。

**解**　经过电势差$U$加速后，电子获得的动能为

$$\frac{1}{2}m_0v^2=eU$$

故

$$v=\sqrt{\frac{2eU}{m_0}}$$

式中，$m_0$为电子的静止质量。将上式代入德布罗意公式(19-31)，可得该加速电子的德布罗意波长

$$\lambda=\frac{h}{m_0v}=\frac{h}{\sqrt{2m_0eU}}$$

所以当加速电压为150 V时，其德布罗意波长为

$$\lambda_1=\frac{h}{\sqrt{2m_0eU}}=\frac{6.63\times10^{-34}}{\sqrt{2\times9.11\times10^{-31}\times1.60\times10^{-19}\times150}}\ \text{m}=0.1\ \text{nm}$$

当加速电压为$10^4$ V时，其德布罗意波长为

$$\lambda_2=\frac{h}{\sqrt{2m_0eU}}=\frac{6.63\times10^{-34}}{\sqrt{2\times9.11\times10^{-31}\times1.60\times10^{-19}\times10^4}}\ \text{m}=0.012\ \text{nm}$$

### 19.5.2　不确定关系

在经典力学中，一个质点（宏观物体或粒子）在任何时刻都具有完全确定的位置、动量、能

量和角动量等,而且一旦知道了某一时刻的位置和动量,则在一般情况下,任意时刻该质点的位置和动量原则上都可以精确地预测。但是对于微观粒子而言,由于微观粒子都具有波粒二象性,因此它的某些成对的物理量不可能同时具有确定的量值,例如位置坐标和动量、角坐标和角动量、能量和时间等,其中一个物理量值确定得越准确,另一个量的不确定程度就越大。这一规律直接来源于粒子的波粒二象性,因此我们借助电子的单缝衍射实验来加以说明。

图 19-12 所示为电子的单缝衍射示意图,电子通过单缝衍射后在屏上形成明暗相间的条纹,中央为主极大明纹。

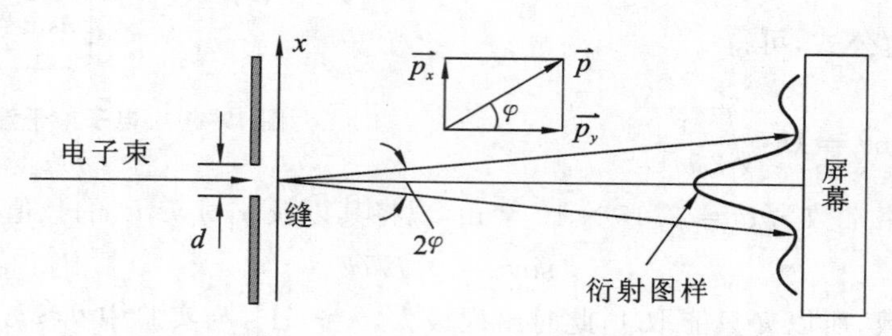


**图 19-12　电子单缝衍射说明不确定度关系**

问题随之而来,问题一:当单个电子通过单缝时,电子究竟是从宽度为 $d$ 的单缝上的哪一点通过的呢?这个问题我们无法准确回答,只能说电子确实通过了单缝,但电子通过单缝时的准确坐标 $x$ 是不能明确知道的。电子通过缝时,在缝上任意一点通过的可能性都有。如果用 $\Delta x$ 表示电子通过缝时其坐标可能出现的范围,则有 $\Delta x = b$,称其坐标的不确定度范围为 $b$。

问题二:电子通过单缝时,动量是确定的吗?从图 19-12 可以看出,从衍射角 $-\varphi$ 到 $+\varphi$ 范围内都可能有电子的分布,即电子速度的方向将发生改变。电子的动量大小虽然没发生变化,但是方向却发生了变化,不再是确定的,而是限制在某衍射角的范围内,若只考虑一级衍射图样,则有 $b\sin\varphi = \lambda$,电子的动量沿 $x$ 方向分量的不确定度范围为

$$\Delta p_x = p\sin\varphi = p\,\frac{\lambda}{b}$$

将德布罗意公式 $\lambda = \dfrac{h}{p}$ 代入上式,可得

$$\Delta p_x = \frac{h}{b}$$

即 $b\Delta p_x = h$,考虑到坐标的不确定度关系 $\Delta x = b$,则有

$$\Delta x \Delta p_x = h$$

考虑到电子除了一级衍射之外还有其他衍射级次,所以上式应该改写为

$$\Delta x \Delta p_x \geqslant h \tag{19-34}$$

式(19-34) 就是动量和坐标的不确定度关系式(或测不准关系),它是粗略估算的结果。德国物理学家海森伯根据量子力学推导出,对于一个粒子的位置坐标的不确定量 $\Delta x$ 和同一时刻下该粒子的动量在同一方向下的不确定量 $\Delta p_x$,这两个量的乘积满足

$$\Delta x \Delta p_x \geqslant \frac{\hbar}{2} \tag{19-35}$$

式(19-35) 称为**海森伯的不确定关系**(uncertainty relation),习惯上也被称为**测不准关系**。类似的,对于其他方向的分量,有

$$\Delta y \Delta p_y \geqslant \frac{\hbar}{2} \tag{19-36}$$

$$\Delta z \Delta p_z \geqslant \frac{\hbar}{2} \tag{19-37}$$

不确定关系说明微观粒子的位置坐标和同一方向的动量不可能同时进行准确的测量。如果要用坐标和动量这些概念来同时描述微观粒子，那只能是一定范围内的近似。因此，对于具有波粒二象性的微观粒子，不可能用某一时刻的位置和动量来描述其运动状态，轨道的概念已经失去了意义，经典力学的规律也已经不再适用。如果在所讨论的具体问题中，粒子坐标和动量的不确定量相对很小，说明此时粒子的波动性不显著，或者说实际上观测不到，这种情况下经典力学的规律仍然适用。不确定关系反映了微观粒子运动的基本规律，在处理微观世界中的现象时，无论是做定性分析或者是做粗略的估计，该不确定关系都非常有用。

不确定关系也存在于能量和时间之间，一个体系处于某一状态时，在一段时间 $\Delta t$ 内该粒子的动量为 $p$，能量为 $E$，根据相对论，此时有

$$p^2 c^2 = E^2 - m_0^2 c^4$$

即此时动量的大小满足

$$p = \frac{1}{c} \sqrt{E^2 - m_0^2 c^4}$$

而其动量的不确定量为

$$\Delta p = \Delta\left(\frac{1}{c} \sqrt{E^2 - m_0^2 c^4}\right) = \frac{E}{c^2 p} \Delta E$$

在 $\Delta t$ 时间内，粒子可能发生的位移为 $v\Delta t = p\Delta t / m$。该位移就是在这段时间内粒子的位置坐标的不确定量，即

$$\Delta x = \frac{p}{m} \Delta t$$

将上两式相乘，再对照不确定关系有

$$\Delta x \Delta p = \frac{E}{mc^2} \Delta E \Delta t = \Delta E \Delta t \geqslant \frac{\hbar}{2}$$

即此时类似于式(19-34)，在同一时刻下，该体系的时间的不确定量和能量的不确定量的乘积满足

$$\Delta E \Delta t \geqslant \frac{\hbar}{2} \tag{19-38}$$

式(19-38)被称为能量和时间的不确定关系。将其应用于原子系统可以讨论原子各激发态能级宽度 $\Delta E$ 和该能级平均寿命 $\Delta t$ 之间的关系。原子处于某激发能级的平均时间 $\Delta t$ 称为平均寿命(mean lifetime)，根据能量和时间的不确定关系，在该 $\Delta t$ 时间内，原子的能量状态并非完全确定，它有一个弥散 $\Delta E \geqslant \frac{\hbar}{2\Delta t}$，称为该原子的能级宽度(width of energy level)。显然平均寿命越长的能级越稳定，能级宽度 $\Delta E$ 越小，能量也就越确定。只有当平均寿命 $\Delta t$ 为无限长时，该原子的能量状态才是完全确定的，即只有当 $\Delta t \to \infty$ 时，才有 $\Delta E = 0$。由于能级有一定的宽度，因此两个能级间跃迁所产生的光谱线也就具有一定的宽度。对于某一激发态而言，当其平均寿命越长时，能级宽度越小，跃迁到基态所发射的光谱线的单色性也就越好。

**例 19-7**　设子弹的质量为 10 g，枪口的直径为 5 mm，试用不确定关系计算子弹射出枪口时的横向速度。

**解** 枪口直径可以当作子弹射出枪口时的位置不确定量 $\Delta x$,所以由式(14-34)可得

$$\Delta x m \Delta v_x \geqslant \frac{\hbar}{2}$$

取等号计算,可得

$$\Delta v_x = \frac{\hbar}{2m\Delta x} = \frac{1.05 \times 10^{-34}}{2 \times 0.01 \times 0.005}\ \mathrm{m/s} = 1.1 \times 10^{-30}\ \mathrm{m/s}$$

此即子弹的横向速度。相对于子弹每秒几百米的飞行速度而言,该速度引起的运动方向的偏转是微不足道的。因此,对于子弹这种宏观粒子,其波动性很不显著,对于射击时的瞄准也不会带来任何实际的影响。

**例 19-8** 假定原子中的电子在某激发态的平均寿命 $\tau = 10^{-8}$ s,该激发态的能级宽度是多少?

**解** 根据能量和时间的不确定关系式(19-38)有

$$\Delta E \geqslant \frac{\hbar}{2\tau} = \frac{1.05 \times 10^{-34}}{2 \times 10^{-8}}\ \mathrm{J} = 5.3 \times 10^{-27}\ \mathrm{J}$$

### 19.5.3 波函数及其概率解释

对于宏观物体来说,描述其运动状态只考虑其粒子性就足够了,但是对于微观粒子来说,由于具有波粒二象性,所以仅仅考虑其粒子性是远远不够的,还必须考虑其波动性。

1. 概率波

对于微观粒子,在表现粒子性的同时,也表现出波动性。在描述微观粒子的运动状态方面,牛顿方程已不再适用,因此必须研究微观粒子的波动性。下面首先介绍一种最简单的波函数——自由粒子的波函数。所谓的自由粒子指的是不受任何外场作用,动量和能量的大小保持为常量的这一类粒子。按照德布罗意公式,该自由粒子的频率和波长也是确定的,因此是一个单色的平面简谐波。我们已经知道一列沿 $x$ 轴正方向传播的角频率为 $\omega$、波长为 $\lambda$ 的平面简谐波的波动方程为

$$y(x,t) = A\cos\left(\omega t - \frac{x}{\lambda}\right)$$

令虚数 $\mathrm{i} = \sqrt{-1}$,则上式可用复数形式表示为

$$y(x,t) = A\mathrm{e}^{-\mathrm{i}2\pi\left(\omega t - \frac{x}{\lambda}\right)}$$

取其实部即为可观测的波动方程。

根据德布罗意公式,把频率和波长用能量和动量表示出来,并用 $\Psi$ 表示,可得

$$\Psi(x,t) = \Psi_0 \mathrm{e}^{-\mathrm{i}\frac{2\pi}{h}(Et - px)} = \Psi_0 \mathrm{e}^{-\frac{\mathrm{i}}{\hbar}(Et - px)} \tag{19-39}$$

这就是描述一维空间能量为 $E$、动量为 $p$ 的自由粒子的波函数。当我们研究的系统能量为确定值而不随时间变化时,该波函数可写成

$$\Psi(x,t) = \psi(x)\mathrm{e}^{-\frac{\mathrm{i}}{\hbar}Et}$$

其中

$$\psi(x) = \Psi_0 \mathrm{e}^{\frac{\mathrm{i}}{\hbar}px} \tag{19-40}$$

$\psi(x)$ 只与坐标有关而与时间无关,称为振幅函数,通常也称为波函数。量子力学中的波函数一

般都用复数表示，这是因为实数形式的波函数不能满足后面将要介绍到的薛定谔方程。

我们把用来描述实物粒子德布罗意波的数学表达式称为波函数，并用 $\Psi$ 表示。一般来说，波函数是空间和时间的函数，即

$$\Psi = \Psi(x,y,z,t) \tag{19-41}$$

在电子衍射实验中，从波动性看，照相底板上每一个点的"亮度"都代表了该点处的德布罗意波的强度 $|\Psi|^2 = \Psi\Psi^*$ 的大小；而根据粒子性的观点，每一点的"亮度"与该点附近出现的电子数成正比，因此可以得出波函数在某一点的强度 $|\Psi|^2$ 和在该点找到电子的概率成正比的结论。推广到其他实物粒子的情况，因此玻恩假定 $|\Psi|^2 = \Psi\Psi^*$ 就是实物粒子的**概率密度**(probability density)，即在时刻 $t$，在空间中的点 $(x,y,z)$ 附近单位体积内发现粒子的概率，其中 $\Psi^*$ 是波函数 $\Psi$ 的共轭复数。波函数 $\Psi$ 因此称为**概率波幅**或**概率幅**(probability amplitude)。由此可见，波函数不是一个物理量，而是用来计算测量概率的数学量。由于实物粒子必然要在空间的某一点出现，因此空间各点出现的总概率为 1。由此可以得出波函数的**归一化条件**(normalizing condition)

$$\iiint_{-\infty}^{+\infty} |\Psi|^2 \mathrm{d}x\mathrm{d}y\mathrm{d}z = 1 \tag{19-42}$$

如果某波函数尚未归一化，即此时有

$$\iiint_{-\infty}^{+\infty} |\Psi_A|^2 \mathrm{d}x\mathrm{d}y\mathrm{d}z = A(>0)$$

则有

$$\iiint_{-\infty}^{+\infty} \left|\frac{1}{\sqrt{A}}\Psi_A\right|^2 \mathrm{d}x\mathrm{d}y\mathrm{d}z = 1 \tag{19-43}$$

式中 $\frac{1}{\sqrt{A}}$ 称为**归一化因子**(normalizing factor)。波函数归一化后，仍然有一个模为 1 的因子不确定，因为任何归一化的波函数乘上 $\mathrm{e}^{\mathrm{i}\delta}$（$\delta$ 为常数）后，并不改变归一化的性质，新的波函数描述的仍然是同一个概率波。应该强调的是，由于波函数只描述所测到粒子的概率分布，所以有意义的是空间各点的相对取值。也就是说对于概率分布而言，重要的是相对概率分布。因此，当把波函数 $\Psi$ 乘以任何常数 $C$（可以是复数）后，新的波函数并不反映新的物理状态。这就是说，$\Psi$ 与 $C\Psi$ 这两个波函数所描述的是同一个概率波。因此，波函数有一个常数因子的不确定性。在这一点上，概率波与经典波有着本质的区别。对于经典波而言，如果它的振幅增大一倍，相应地，其能量也要变为原来的四倍，因而代表了新的波动状态；而且对于经典波而言，完全没有归一化的问题，而概率波则需要进行归一化。

由于波函数是概率波，它描述的是粒子在空间各点出现的概率，因此它有确切的物理含义。反过来，作为有确切物理含义的波函数，它也必须满足以下几个条件：

(1) 在一定时刻下，在空间的任一给定点上，粒子出现的概率应该是唯一的，所以波函数在空间各点都应该是单值的。

(2) 由于粒子必然在空间的某一点出现，因此空间各点的总概率之和必然为 1，这就要求在空间任何有限体积元中找到粒子的概率为有限值，即波函数必须有界。

(3) 由于概率的空间分布不能发生突变，所以要求波函数处处连续。

上述单值、有界、连续三个条件被称为波函数的标准条件。

2. 态叠加原理

根据上一节中介绍的海森伯的不确定关系可知,微观粒子由于其波粒二象性的固有特点,其位置和动量是不可以同时确定的。因此,对于微观粒子的描述再照搬经典力学的那一套已经完全不现实了。量子力学是通过上面所说的波函数来描述粒子的状态的,由于波函数描述的是粒子在空间分布的概率,因此当给定某一状态的波函数时,则粒子在此状态下的一切力学量的测量值的概率分布就确定了,也就是说一切力学量的平均值也就随之确定下来了。从这个意义上来说,波函数完全描述了三维空间的一个粒子的量子态(quantum state),因此波函数又被称为**态函数**(state function)。

粒子的波动性源于波函数的叠加性质,而波函数就代表了粒子的状态,因此由波的叠加性就可以得到**态叠加原理**(principle of superposition of states):如果 $\Psi_1,\Psi_2,\Psi_3,\cdots,\Psi_n$ 都是体系的可能状态,那么,它们的线性叠加态 $\Psi$ 也是这个体系的一个可能状态。用数学表达式表示出来,即为

$$\Psi = C_1\Psi_1 + C_2\Psi_2 + \cdots + C_n\Psi_n$$

式中,$C_1,C_2,\cdots,C_n$ 是复数。从态叠加原理的表述可以看出,这一原理是"波函数可以完全描述一个体系的量子态"和"波的叠加性"这两个概念的概括。

为了理解态叠加原理的深刻含义,可以用电子的双缝干涉实验的结果来进行分析。对于狭缝1和狭缝2,设 $\Psi_1$ 和 $\Psi_2$ 分别表示电子穿过狭缝(此时另外一条狭缝关闭)到达照相底板的状态,$\Psi$ 则表示电子同时穿过两个狭缝到达底板的状态。根据态叠加原理,显然有下式成立

$$\Psi = C_1\Psi_1 + C_2\Psi_2$$

式中,$C_1,C_2$ 是复数。因此可以得出电子在底板上任一点出现的概率密度为

$$\begin{aligned}|\Psi|^2 &= |C_1\Psi_1 + C_2\Psi_2|^2 = (C_1^*\Psi_1^* + C_2^*\Psi_2^*)(C_1\Psi_1 + C_2\Psi_2)\\ &= |C_1\Psi_1|^2 + |C_2\Psi_2|^2 + C_1^*C_2\Psi_1^*\Psi_2 + C_2^*C_1\Psi_2^*\Psi_1\end{aligned}$$

上式表明,电子穿过双缝后在底板上任一点出现的概率密度 $|\Psi|^2$ 一般来说并不等于电子分别只从狭缝1或狭缝2通过到达底板上的概率密度 $|C_1\Psi_1|^2$ 与 $|C_2\Psi_2|^2$ 之和,而是等于它们两者之和再加上干涉项。这与实验结果非常吻合,实验得到的干涉图样也不仅仅等于两套单缝衍射图样的简单叠加,而是存在干涉项。

需要注意的是,态叠加原理中各种状态 $\Psi_n$ 指的都是同一个体系自身的可能存在的不同的状态,这里必须强调的是这些状态都属于同一个体系。如果对于不同体系,也就是说对于复合体系而言,这时候情况就不同了。例如粒子1处于 $\Psi_1$ 态,粒子2处于 $\Psi_2$ 态,那么由粒子1和粒子2所组成的体系的态是否是 $\Psi_1+\Psi_2$ 呢?我们说此时由粒子1和粒子2组成的体系1+2的态不是 $\Psi_1+\Psi_2$,该体系最简单的态是 $\Psi_1$ 和 $\Psi_2$ 二者的乘积,即

$$\Psi(r_1,r_2) = \Psi_1(r_1)\Psi_2(r_2)$$

概率幅叠加这样的奇特规律,被费曼在他的著名的《物理学讲义》中称为"量子力学的第一原理"。他在书中写道:"如果一个事件可能以几种方式实现,则该事件的概率幅就是各种方式单独实现时的概率幅之和。于是出现了干涉。"

在物理理论中引入概率概念在哲学上有重要的意义。由于量子力学预言的结果和实验异常精确地相符,所以它是一个很成功的理论,但是关于量子力学的哲学基础仍然有很大的争

论。以哥本哈根学派，包括玻恩、海森伯等人为首的一些物理大师们坚持波函数的概率或统计解释，而以爱因斯坦、德布罗意等人为首的另外一些物理学家们则反对这样的结论。无论如何，概率概念的引入在人们了解自然的过程中都是一个非常大的转变，都具有非常重要的意义。

## 19.6　薛定谔方程

### 19.6.1　薛定谔方程的建立

在经典力学中，如果某时刻质点的运动状态已知，那么以后各个时刻的状态都可由牛顿三大定律及其派生出来的其他运动方程来求解。相应的，在量子力学领域里，既然一个微观粒子的状态是由一个波函数来描述的，当波函数确定以后，粒子的一切力学量的平均值以及各种可能取值的概率都相应地确定下来，那么为了了解粒子的运动规律，除了要在各种具体情况下找出描述体系状态的各种可能的波函数之外，还必然需要找出波函数随时间演化所遵从的规律，即要找到波函数的运动方程。1926年，薛定谔提出的波动方程成功地解决了这个问题。

**薛定谔方程**(Schrödinger equation) 是量子力学中最基本的一个方程。它在量子力学中的地位和作用就相当于牛顿运动方程在经典力学中的地位和作用。它是一个适用于低速情况的(也就是非相对论情况)、描述微观粒子在外力场中运动的微分方程，也就是物质波波函数所满足的方程。由于波函数本身是一个不可观测量，因此该方程不可能直接从实验事实中总结出来，再加上该方程又不能从现有的经典规律推导出来，因此它只是量子力学的一个基本假定，它的正确与否只能通过根据该方程所得出的结论应用于微观粒子上时是否与实验结果相符合来验证。

下面，我们沿着伟人的足迹，看一下薛定谔方程的产生。设有一自由粒子，其质量为 $m$，动量为 $p$，能量为 $E = E_{\mathrm{k}} = \frac{1}{2}mv_x^2 = \frac{1}{2m}p^2$，沿着 $x$ 轴运动，则其波函数为

$$\Psi(x,t) = \Psi_0 \mathrm{e}^{-\mathrm{i}\frac{2\pi}{h}(Et-px)}$$

将上式对 $x$ 取二阶偏导，对 $t$ 取一阶偏导后，得到

$$\frac{\partial \Psi}{\partial t} = -\frac{\mathrm{i}}{\hbar}E\Psi$$

$$\frac{\partial^2 \Psi}{\partial x^2} = -\frac{p^2}{\hbar^2}\Psi$$

将以上两式代入能量和动量的关系式可得

$$\mathrm{i}\hbar\frac{\partial \Psi}{\partial t} = -\frac{\hbar^2}{2m}\frac{\partial^2 \Psi}{\partial x^2} \tag{19-44}$$

这就是一维自由粒子波函数所遵从的微分方程，其解便是一维自由粒子的波函数。

现在将问题假设得再复杂一点。如果粒子不再是自由粒子而是在外力场中运动，此时先假定外力场是一个保守力场，也就是说粒子在该外力场中运动时具有势能 $V$，此时粒子的总能量就为动能和势能之和，即为

$$E = \frac{p^2}{2m} + V$$

做类似上述的微分运算可得

$$\mathrm{i}\hbar\frac{\partial \Psi}{\partial t}=-\frac{\hbar^2}{2m}\frac{\partial^2 \Psi}{\partial x^2}+V\Psi \tag{19-45}$$

当粒子在三维空间中运动时,上式可以推广为

$$\mathrm{i}\hbar\frac{\partial \Psi}{\partial t}=-\frac{\hbar^2}{2m}\nabla^2\Psi+V\Psi \tag{19-46}$$

式中,$\nabla^2$ 称为拉普拉斯算符,在直角坐标系内可表示为

$$\nabla^2=\frac{\partial^2}{\partial x^2}+\frac{\partial^2}{\partial y^2}+\frac{\partial^2}{\partial z^2}$$

定义哈密顿算符 $\hat{H}=-\frac{\hbar^2}{2m}\nabla^2+V$,则式(19-46)可表示为

$$\mathrm{i}\hbar\frac{\partial \Psi}{\partial t}=\hat{H}\Psi \tag{19-47}$$

式(19-45)或式(19-46)称为薛定谔方程。对于复杂体系的薛定谔方程的具体数学表达式,关键在于写出该复杂体系的哈密顿算符的具体表达式。不同的薛定谔方程,区别仅仅在于势能函数的形式不同。方程中出现虚数 i,这就要求波函数必须是复数,这也就是我们在推演薛定谔方程时从平面波的复数形式出发而不是从实数形式出发的原因。不过这并不破坏它的统计解释,因为只有波函数的模的平方 $|\Psi|^2=\Psi\Psi^*$ 才给出粒子出现的概率密度,而 $|\Psi|^2$ 总是实数。由于方程是二阶偏微分方程,因此要得到波函数的解还必须知道初值和边界条件。另外,方程对 $\Psi$ 是线性齐次方程,即若 $\Psi_1$ 和 $\Psi_2$ 分别是方程的两个解(体系的两个可能的状态),则它们的线性组合 $C_1\Psi_1+C_2\Psi_2$($C_1$ 和 $C_2$ 是两个常数)也是该方程的解(也是体系的一种可能的状态),这正是态叠加原理的要求。总之,薛定谔方程揭示出了微观世界中物质运动的基本规律。

上面的讨论是针对单个粒子的情况,现在将其推广到多粒子的体系中。如果某个微观体系中含有 $N$ 个粒子,质量分别为 $m_1,m_2,\cdots,m_N$,粒子间的相互作用势能为 $V(r_1,r_2,\cdots,r_N)$,其中 $r_1,r_2,\cdots,r_N$ 表示这 $N$ 个粒子的位置,体系的能量为

$$E=\sum_{i=1}^{N}\frac{p_i^2}{2m_i}+V(r_1,r_2,\cdots,r_N)$$

式中,$p_i$ 是第 $i$ 个粒子的动量。采用类似单个粒子体系的处理方法可得

$$\mathrm{i}\hbar\frac{\partial \Psi}{\partial t}=-\sum_{i=1}^{N}\frac{\hbar^2}{2m_i}\nabla_i^2\Psi+V\Psi \tag{19-48}$$

这就是多粒子体系的薛定谔方程。

### 19.6.2 定态薛定谔方程

在玻尔理论中曾经提到过定态,它是能量不随时间变化的状态。下面从薛定谔方程式(19-46)出发讨论这种状态。设方程中的势能函数 $V$ 只是空间坐标的函数,而与时间无关,即 $V=V(x,y,z)$。此时,薛定谔方程的解可以通过**分离变量法**(method of separation variables)来得到。分离变量法是求解偏微分方程的一种常用的方法,它的实质就是探寻能否将方程的解表示成一些函数的乘积,其中每一个函数都只包含一个变量,如果可行,则可通过分离变量法将偏微分方程化简成一组常微分方程来进行求解。因此,令方程解的形式为

$$\Psi(x,y,z,t)=\psi(x,y,z)f(t)$$

将其代入式(19-46),并进行适当的整理可得

$$\frac{\mathrm{i}\hbar}{f}\frac{\mathrm{d}f}{\mathrm{d}t}=\frac{1}{\psi}\left[-\frac{\hbar^2}{2m}\nabla^2\psi+V\psi\right] \tag{19-49}$$

此式等号左边仅仅是时间的函数，而等号的右边是空间坐标的函数，而时间 $t$ 和空间坐标 $(x,y,z)$ 是两组独立的变量，因此，若要使等式恒成立，必须两边都等于与坐标和时间无关的常数。不妨记该常数为 $E$，则有

$$\frac{\mathrm{i}\hbar}{f}\frac{\mathrm{d}f}{\mathrm{d}t}=E$$

这个方程的解是

$$f(t)=k\mathrm{e}^{-\frac{\mathrm{i}}{\hbar}Et}$$

上式中 $k$ 为积分常数，因此薛定谔方程的解为

$$\Psi(x,y,z,t)=\psi(x,y,z)\mathrm{e}^{-\frac{\mathrm{i}}{\hbar}Et} \tag{19-50}$$

积分常数 $k$ 由于仅仅是一个常数，因此将其置于 $\psi(x,y,z)$ 的表达式中。同自由粒子的波函数表达式比较可知 $E$ 即为能量。由于式(19-50) 中等号右边的 e 指数部分为一个纯虚数，也就是该部分的模为 1，这必然导致 $|\Psi|^2=\Psi\Psi^*=\psi\psi^*=|\psi|^2$，此式表明在这种状态下在空间各点测到粒子的概率密度与时间无关，而且此时体系的能量 $E$ 也是一个与时间无关的常数，所以这种状态被称为定态，相应的波函数称为定态波函数。

令式(19-49) 中等号右边也等于同一常数 $E$ 可得

$$-\frac{\hbar^2}{2m}\nabla^2\psi+V\psi=E\psi \tag{19-51}$$

其中 $\psi$ 只是空间坐标的函数。由于上式不显含时间 $t$，因此被称为**定态薛定谔方程**(stationary Schrödinger equation)。它的解 $\psi$ 通常也被称为定态波函数。通过求解定态薛定谔方程可得到体系的各种可能的定态。式(19-51) 是定态薛定谔方程在直角坐标系下的数学表达式，而通常我们也经常用到该方程相应的球坐标形式

$$-\frac{\hbar^2}{2m}\left[\frac{\partial^2\psi}{\partial r^2}+\frac{2}{r}\frac{\partial\psi}{\partial r}+\frac{1}{r^2\sin\theta}\frac{\partial}{\partial\theta}\left(\sin\theta\frac{\partial\psi}{\partial\theta}\right)+\frac{1}{r^2\sin^2\theta}\frac{\partial^2\psi}{\partial\varphi^2}\right]+V\psi=E\psi \tag{19-52}$$

式中，$r$ 为粒子的径矢的大小，$\theta$ 为极角，$\varphi$ 为方位角。如果只考虑粒子在一维势场中运动，则该方程变为

$$\frac{\mathrm{d}^2\psi(x)}{\mathrm{d}x^2}+\frac{2m}{\hbar^2}(E-V)\psi(x)=0 \tag{19-53}$$

对于自由粒子，此时势能 $V=0$，在一维情况下，由于是非相对论的低速情况，即 $E=\dfrac{p^2}{2m}$，此时可得该方程的一个解为

$$\psi(x)=\Psi_0\mathrm{e}^{\frac{\mathrm{i}}{\hbar}px}$$

这是一个空间波函数，代入式(19-50) 便可得到沿 $x$ 轴正向传播的平面简谐波的波函数。

从数学上讲，对于任何 $E$ 值，式(19-51) 都有解。但是并非对于一切 $E$ 值所得出的波函数的解都能满足物理上的要求。如前所述，波函数都必须满足单值、有界、连续这三个条件，因此只有某些特定的 $E$ 值所对应的解才是物理上可以接受的解，这些 $E$ 值称为体系的**能量本征值**(energy eigenvalue)，而相应于每个 $E$ 值的解 $\psi$ 被称为**能量本征函数**(energy eigenfunction)。

**例 19-9**　一质量为 $m$ 的粒子在自由空间绕一定点做圆周运动，圆半径为 $r$。求粒子的波函

数并确定其可能的能量值和角动量值。

**解** 取定点为坐标原点建立球坐标系，取粒子做圆周运动的平面为方位角 $\varphi$ 所在平面，显然此时 $\theta=\pi/2$ 为一常数，$r$ 也为常数，所以波函数 $\psi$ 只是方位角 $\varphi$ 的函数。因为粒子为自由粒子，所以粒子不受外力场作用，势能为零。令 $\psi=\Phi(\varphi)$，所以该粒子的定态薛定谔方程为

$$\frac{\mathrm{d}^2\Phi}{\mathrm{d}\varphi^2}+\frac{2mr^2E}{\hbar^2}\Phi=0$$

这一方程类似于简谐运动的运动方程，其解为

$$\Phi=A\mathrm{e}^{\mathrm{i}m_l\varphi}$$

其中

$$m_l=\pm\sqrt{\frac{2mr^2E}{\hbar^2}} \tag{19-54}$$

由于波函数要满足单值的标准条件，而方位角的特殊性使得 $\Phi(\varphi)$ 与 $\Phi(\varphi+2\pi)$ 描述的是粒子在同一个地方出现的概率，因此必然有 $\Phi(\varphi)=\Phi(\varphi+2\pi)$，即

$$\mathrm{e}^{\mathrm{i}m_l\varphi}=\mathrm{e}^{\mathrm{i}m_l(\varphi+2\pi)}$$

所以有

$$m_l=\pm1,\pm2,\cdots$$

再由归一化条件可得

$$1=\int_0^{\infty}|\Phi|^2\mathrm{d}\varphi=\int_0^{2\pi}|\Phi|^2\mathrm{d}\varphi=2\pi A^2$$

于是有

$$A=\frac{1}{\sqrt{2\pi}}$$

因此与 $m_l$ 对应的定态波函数为

$$\Phi_{m_l}=\frac{1}{\sqrt{2\pi}}\mathrm{e}^{\mathrm{i}m_l\varphi}$$

最后可得粒子的波函数为

$$\Psi_{m_l}=\Phi_{m_l}\mathrm{e}^{-\frac{\mathrm{i}Et}{\hbar}}=\frac{1}{\sqrt{2\pi}}\mathrm{e}^{\mathrm{i}\left(m_l\varphi-\frac{Et}{\hbar}\right)}$$

由式(19-53)可得

$$E=\frac{\hbar^2}{2mr^2}m_l^2$$

此式表明，由于 $m_l$ 是整数，所以粒子的能量只能取离散的值。这就是说，这个做圆周运动的粒子的能量“量子化”了。在这里，能量量子化这一微观粒子的重要特征很自然地从薛定谔方程和波函数的标准条件得出。

由于该粒子的能量只有动能，根据动能和动量之间的关系式可得粒子的角动量为

$$L=rp=r\sqrt{2mE_{\mathrm{k}}}=r\sqrt{2mE}=m_l\hbar$$

由此式可以看出，角动量也已经量子化了。

### 19.6.3 力学量用算符表示

由前面所述，$\mathrm{i}\hbar\frac{\partial}{\partial t}$，$-\mathrm{i}\hbar\frac{\partial}{\partial x}$ 和 $-\frac{\hbar^2}{2m}\frac{\partial^2}{\partial x^2}$ 分别是总能量、动量的 $x$ 分量和动能算符，容易想

到动量算符应是

$$\hat{p} = -\mathrm{i}\hbar\left(\boldsymbol{i}\frac{\partial}{\partial x} + \boldsymbol{j}\frac{\partial}{\partial y} + \boldsymbol{k}\frac{\partial}{\partial z}\right) = -\mathrm{i}\hbar\nabla \tag{19-55}$$

实际上，力学量用算符表示，这是量子力学的又一个基本假设。位置矢量的算符就是位置矢量 $r$ 本身，角动量算符

$$\hat{L} = \hat{r}\times\hat{p} \tag{19-56}$$

系统的总能量$\dfrac{p^2}{2m}+U(r)$ 称为哈密顿函数，它对应的算符称为哈密顿算符，即

$$\hat{H} = -\frac{\hbar^2}{2m}\nabla^2 + U(r) \tag{19-57}$$

定态($U(r)$ 与时间 $t$ 无关) 薛定谔方程可以写成

$$\hat{H}\psi(r) = E\psi(r) \tag{19-58}$$

即哈密顿算符作用于定态波函数 $\psi(r)$ 上等于数值乘以波函数 $\psi(r)$，在量子力学中上述方程称为 $\hat{H}$ 的本征方程，$E$ 称为算符 $\hat{H}$ 的本征值，$\psi(r)$ 称为 $\hat{H}$ 的本征波函数，由 $\hat{H}$ 的本征波函数描述的量子态称为能量本征态，简称定态。

一般情况下，如果力学量算符 $\hat{A}$ 作用于 $\psi(r)$ 上，等于一个数值乘以 $\psi(r)$，即

$$\hat{A}\psi(r) = A\psi(r) \tag{19-59}$$

上述方程称为算符 $\hat{A}$ 的本征方程，解这个本征方程可以得到 $\hat{A}$ 的一套本征值和本征波函数。

在量子态 $\psi(r)$ 中力学量 $A$ 的平均值为

$$\bar{A} = \int\psi^*(r)\hat{A}\psi(r)\mathrm{d}\tau \tag{19-60}$$

式中，$\mathrm{d}\tau = \mathrm{d}x\mathrm{d}y\mathrm{d}z$，积分遍及整个 $\psi(r)$ 不为零的空间。

### 19.6.4　薛定谔方程的简单应用

1. 一维无限深方势阱

在金属和原子中的电子等许多情况下，粒子的运动都被限制在一定的空间范围内。此时，在无限远处波函数的值趋于零，这种状态我们称之为**束缚态**(bound state)。为了分析处于束缚态的粒子的共同特点，我们先从一个最简单的理想化的模型入手。假设粒子处在一维无限深方**势阱**(potential well) 中运动，它的势能函数为

$$V(x) = \begin{cases} 0 & 0\leqslant x\leqslant a \\ \infty & x<0 \text{ 或 } x>a \end{cases} \tag{19-61}$$

因为在 $x$ 不同的区间，$V(x)$ 不同，我们分“势阱内”和“势阱外”两类区域来讨论。在势阱内，由于势能是常数，所以粒子不受力而做自由运动，在边界处，势能突然增至无限大，所以粒子会受到无限大的指向势阱内的力使粒子的位置被局限在势阱内。

在势阱外时，由于在势阱外的势能为无穷大，也就是说势阱的“壁”无限高，从物理上考虑，粒子不可能穿透无限高的势阱壁，因此势阱外波函数为零。

在势阱内时，由于 $V = 0$，代入式(19-53)，可得此时的定态薛定谔方程

$$\frac{d^2\psi(x)}{dx^2}+\frac{2mE}{\hbar^2}\psi(x)=0$$

令 $k^2=2mE/\hbar^2$,则上式变为

$$\frac{d^2\psi(x)}{dx^2}+k^2\psi(x)=0$$

此式的通解为

$$\psi(x)=A\sin(kx+\varphi) \tag{19-62}$$

式中,$A$ 和 $\varphi$ 是待定常数。由于势阱外波函数为零。根据波函数的标准条件,在势阱壁上的波函数必须要满足连续性,因此可得边界条件

$$\psi(0)=\psi(a)=0$$

将边界条件代入式(19-62)可得

$$\begin{cases}\varphi=0\\ ka=n\pi\quad(n=1,2,3\cdots)\end{cases}$$

之所以舍去 $n=0$ 的解,是因为当 $n=0$ 时,波函数恒为零,即粒子将不在任何地方出现,没有物理意义。得出 $k$ 的值后,回过头来我们可以根据 $k^2=\frac{2mE}{\hbar^2}$,从而能够立刻得到能量 $E$ 为

$$E=E_n=\frac{\hbar^2\pi^2n^2}{2ma^2}\quad(n=1,2,3,\cdots) \tag{19-63}$$

式中,$E_n$ 称为能量本征值,整数 $n$ 称为粒子能量的量子数。由于 $n$ 只能从 1 开始取值,因此我们可以得到能量的最小值

$$E_1=\frac{\hbar^2\pi^2}{2ma^2}$$

该能量被称作**零点能**(zero point energy)。粒子的最低能量不为零,这与经典概念似乎有所不同,不过这在量子力学中是完全可以理解的。因为如果处于势阱中的粒子的能量为零,直接导致粒子的动量也为零,于是动量的不确定度也为零。根据海森伯的不确定关系可知,动量的不确定度与位置的不确定度的乘积不能小于$\frac{1}{2}\hbar$,即满足式(19-35),这就要求位置的不确定度必须要趋近于无穷大才有可能。实际上粒子由于处于势阱中,因此粒子的位置的不确定度由势阱宽度所限制,必须是一个有限值,这以上种种因素导致粒子在势阱中的能量一定不能为零。

同样的,在得到 $k$ 值以后,我们也可以将其代入式(19-62),从而得到与能量本征值 $E_n$ 所对应的能量本征函数

$$\psi_n(x)=A\sin\frac{n\pi x}{a}\quad(0<x<a)$$

由归一化条件可得

$$\int_0^a|\psi_n(x)|^2dx=\int_0^a\left|A\sin\frac{n\pi x}{a}\right|^2dx=1$$

因此

$$|A|=\sqrt{\frac{2}{a}}$$

不妨取 $A$ 为实数,因此粒子的归一化波函数可以表示为

$$\psi_n(x)=\begin{cases}\sqrt{\dfrac{2}{a}}\sin\dfrac{n\pi x}{a} & 0<x<a\\ 0 & x\geqslant a \text{ 或 } x\leqslant 0\end{cases} \tag{19-64}$$

将此解再乘上时间因子 $e^{-\frac{i}{\hbar}Et}$，就可得到该粒子的波函数为

$$\Psi_n(x)=\begin{cases}\sqrt{\dfrac{2}{a}}\sin\dfrac{n\pi x}{a}e^{-\frac{i}{\hbar}Et} & 0<x<a\\ 0 & x\geqslant a \text{ 或 } x\leqslant 0\end{cases}$$

与量子数 $n=1,2,3,4$ 相应的波函数及概率密度分别示于图 19-13 中。由图可见除端点 $x=0$ 和 $x=a$ 外，基态（$n=1$，能量最低的状态）波函数无节点，而随着 $n$ 的数值的增大，每个激发态都比下一级增加一个节点，即量子数为 $n$ 的激发态其波函数有 $n-1$ 个节点。由于波函数具有驻波的形式，因此若把该体系看成是由传播方向相反的两列相干波叠加而成的驻波时，则很容易理解这一结果。因为节点越多，说明该驻波的波长越短，从而导致频率越高，能量也就越大。要在阱内形成稳定的驻波，阱宽必须是半波长的整数倍，因此还可以求出对应不同量子数 $n$ 的驻波的波长 $\lambda_n$ 的表达式

$$\lambda_n=\frac{2a}{n}\quad n=1,2,3,\cdots$$

将上式代入德布罗意公式就可得粒子的能量

$$E=\frac{p^2}{2m}=\frac{h^2}{2m\lambda^2}=\frac{4\pi^2\hbar^2}{2m}\frac{n^2}{4a^2}=\frac{\pi^2\hbar^2n^2}{2ma^2}$$

这与式(19-63) 所得结果完全一致。而且这一结论和前面讲过的德布罗意关于粒子定态对应于驻波的概念是一致的。

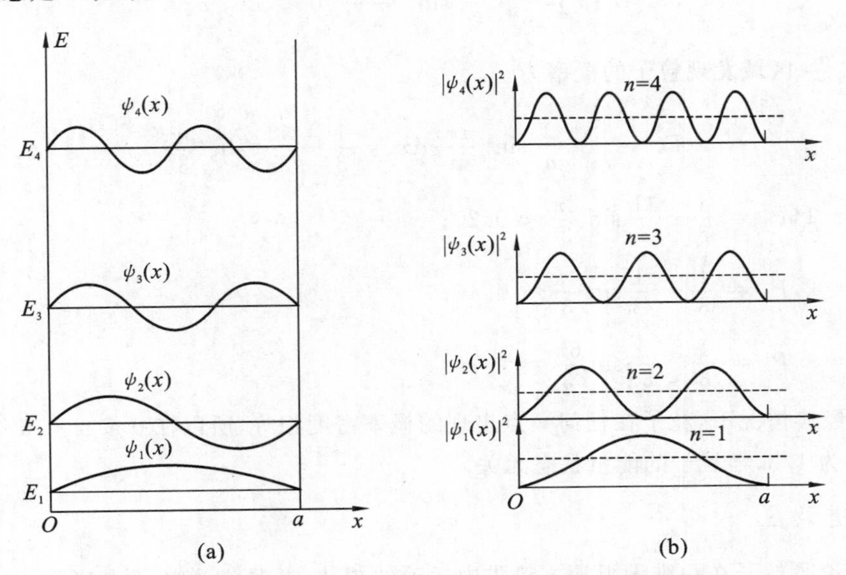


**图 19-13　一维无限深方势阱中粒子的波函数和概率密度**

由图 19-13 还可以看出，粒子在势阱中的概率密度随 $x$ 坐标和量子数 $n$ 而改变，这与经典力学不同。按照经典力学，粒子在势阱内是自由的，各点出现的概率应该相等。

对于不同能级的波函数 $\psi_m$ 和 $\psi_n$，由式(19-64) 可得

$$\int_{-\infty}^{+\infty}\psi_m^*\psi_n\mathrm{d}x=\frac{2}{a}\int_0^a\sin\frac{m\pi x}{a}\sin\frac{n\pi x}{a}\mathrm{d}x$$
$$=\frac{1}{a}\int_0^a\left[\cos\frac{(m-n)\pi x}{a}-\cos\frac{(m+n)\pi x}{a}\right]\mathrm{d}x$$

此时可以得出

$$\int_{-\infty}^{+\infty}\psi_m^*\psi_n\mathrm{d}x=0\quad(m\neq n)$$

我们称满足上述关系的波函数 $\psi_m$ 和 $\psi_n$ 是互相正交的。

引入克罗内克符号 $\delta_{mn}$，它定义为

$$\delta_{mn}=\begin{cases}1 & m=n\\0 & m\neq n\end{cases}$$

因此一维无限深方势阱中粒子波函数的**正交归一性**(orthonormality) 可以表述为

$$\int_{-\infty}^{+\infty}\psi_m^*\psi_n\mathrm{d}x=\delta_{mn}\tag{19-65}$$

上述积分遍及粒子所能达到的空间。

**例 19-10**　一粒子被限定在两刚体壁之间运动，壁间距离为 $a$。试求在下列情况下，离一壁为 $a/3$ 的区域内发现粒子的概率多大：(1)$n=1$；(2)$n=2$；(3)$n=3$；(4) 经典情况下。

**解**　粒子限定在 $0<x<a$ 之间运动，其定态归一化波函数为

$$\psi_n(x)=\sqrt{\frac{2}{a}}\sin\frac{n\pi x}{a}\quad 0<x<a$$

概率密度为

$$|\psi_n(x)|^2=\frac{2}{a}\sin^2\frac{n\pi x}{a}\quad 0<x<a$$

在 $0<x<\frac{a}{3}$ 区域发现粒子的概率为

$$P_n=\int_0^{a/3}\frac{2}{a}\sin^2\frac{n\pi x}{a}\mathrm{d}x=\frac{1}{3}-\frac{1}{2n\pi}\sin\frac{2n\pi}{3}$$

(1) $n=1, P_1=\frac{1}{3}-\frac{1}{2\pi}\sin\frac{2\pi}{3}\approx 0.20$；

(2) $n=2, P_2=\frac{1}{3}-\frac{1}{4\pi}\sin\frac{4\pi}{3}\approx 0.40$；

(3) $n=3, P_3=\frac{1}{3}-\frac{1}{6\pi}\sin\frac{6\pi}{3}=\frac{1}{3}$；

(4) 在经典情况下，粒子在任何一点出现的概率密度相等，所以在 $0<x<a/3$ 区域发现粒子的概率为 1/3，与粒子的能量状态无关。

2. 隧道效应

上面讨论了粒子在一维无限深方势阱内运动的规律，并且知道粒子在势阱内的能量是量子化的，那么对于自由粒子在遇到**势垒**(potential barrier) 时又将是怎样的情况呢？这是一个在各种粒子的散射实验中都必须要面对的问题。显然，上面所讨论的束缚态的粒子的运动规律在这里不能照搬，毕竟此时的粒子可以从无穷远处来，再到无穷远处去，因而波函数在无穷远处已经不为零了。也就是说此时波函数的边界条件已经完全改变了，因此需要通过其他手段来

获得薛定谔方程的解。

为了简化问题，我们只考虑一个一维方势垒的情况。如图 19-14 所示，设该势场可以表示为

$$V(x)=\begin{cases}V_0 & 0\leqslant x\leqslant a\\ 0 & x<0\text{或}x>a\end{cases}$$

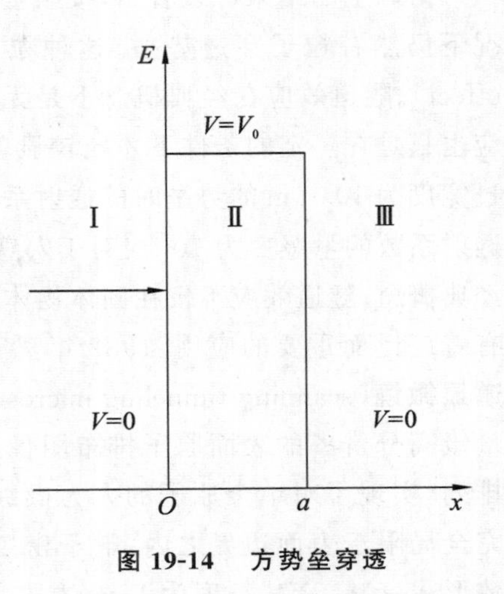

图 19-14　方势垒穿透

此时该势场被分为三个区，其中Ⅰ区和Ⅲ区的势能为零，而Ⅱ区的势能为 $V_0$。当入射粒子的能量 $E$ 低于 $V_0$ 时，按照经典力学的观点，粒子将不能进入势垒而完全被弹回，只有能量 $E$ 大于 $V_0$ 的粒子才能越过势垒到达 $x>a$ 的区域。但从量子力学的观点来看，考虑到粒子的波动性，无论粒子的能量是大于 $V_0$ 还是小于 $V_0$，都有一定的概率穿透势垒，也有一定的概率被反射。我们只具体计算 $E<V_0$ 时的情况。

首先我们来看势垒外部的定态薛定谔方程的求解。在势垒外时，由于此时势能为零，同样令 $k_1^2=\dfrac{2mE}{\hbar^2}$，因此此时的薛定谔方程为

$$\frac{\mathrm{d}^2}{\mathrm{d}x^2}\psi(x)=-\frac{2mE}{\hbar^2}\psi(x)=-k_1^2\psi(x)$$

因此对于Ⅰ区和Ⅲ区，该方程的解分别为

$$\psi_1(x)=A\sin(k_1x+\varphi_1)$$
$$\psi_3(x)=B\sin(k_1x+\varphi_2)$$

而对于势垒内部，由于有外势场作用，令 $k_2^2=\dfrac{2m(V_0-E)}{\hbar^2}$，此时的薛定谔方程为

$$\frac{\mathrm{d}^2}{\mathrm{d}x^2}\psi(x)=-\frac{2m(V_0-E)}{\hbar^2}\psi(x)=-k_2^2\psi(x)$$

方程的解为

$$\psi_2(x)=C\mathrm{e}^{-k_2x}$$

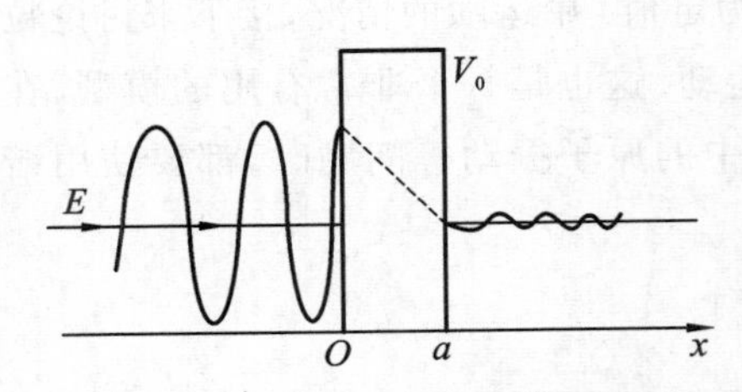

图 19-15　势垒穿透过程的波动图像

现在三个波函数已经在各自的区域内满足单值、连续、有界的条件了，再根据方势垒边界上波函数及其导数的连续性条件以及波函数的归一化条件来确定各区域的波函数的各项常数。对于Ⅲ区而言，其波函数不为零，这说明原处于Ⅰ区的粒子有通过势垒区而进入Ⅲ区的可能。图 19-15 表明了势垒穿透过程的波动图像。

既然Ⅰ区的粒子有通过势垒区而进入Ⅲ区的可能，现在我们就来计算发生该事件的概率。我们用Ⅲ区的波函数在 $x=a$ 边界处的概率密度与Ⅰ区的波函数在 $x=0$ 边界处的概率密度之比来表示粒子穿透势垒的概率 $P$，因此有

$$P=\frac{|\psi_3|_a^2}{|\psi_1|_0^2}=\frac{|\psi_2|_a^2}{|\psi_2|_0^2}=\frac{C^2\mathrm{e}^{-2k_2a}}{C^2}=\mathrm{e}^{-2k_2a}=\mathrm{e}^{-\frac{2a}{\hbar}\sqrt{2m(V_0-E)}}\tag{19-66}$$

由上式可以看出，势垒高度 $V_0$ 超过粒子的能量 $E$ 越大，粒子穿透的几率越小；势垒的宽度 $a$ 越大，粒子通过的几率也越小。

由以上的结果可以看出,按照量子力学,即使粒子的能量 $E$ 小于势垒的高度 $V_0$,在一般情况下仍然有粒子穿透势垒。这种粒子穿透比动能更高的势垒的现象称为**隧道效应**(tunnel effect)。隧道效应在经典概念下是无法理解的,它是微观粒子具有波动性的表现。当然隧道效应也只是在一定的条件下才比较显著。例如,当势垒高度比粒子的能量高 1 MeV 时,$\alpha$ 粒子穿过宽度为 $10^{-14}$ m 的势垒时的透射系数的量级为 $10^{-4}$,而当势垒的宽度变为 $10^{-13}$ m 时,此时的透射系数的量级变为 $10^{-38}$!对于宏观物体,隧道效应实际上已经没有意义,量子概念过渡到了经典概念。隧道效应不仅在固体物体、放射性衰变等方面有重要应用,而且还在高新技术领域有着广泛而重要的应用。1982 年宾宁和罗雷尔等人利用电子的隧道效应研制成功了**扫描隧道显微镜**(scanning tunneling microscopy,简称 STM),利用这种显微镜不仅能够得到 0.1 nm 量级高分辨率的表面原子排布图像,而且还可以用来搬动单个原子,按人们的需要来进行排列,实现了对单个原子的人为操纵。我们知道,由于电子的隧道效应,金属中的电子并不完全局限于表面边界之内,电子密度也并不在表面边界处突变为零,而是在表面以外呈指数形式衰减,衰减长度为 1 nm 左右。因此,只要将原子线度的极细探针以及被研究的材料表面作为两个电极,当样品与针尖的距离非常接近时(1 nm 左右),它们的表面电子云就可能发生重叠。若在针尖与样品之间加一微小的电压,电子就会穿越两电极间的空气或液体间隙(即势垒)从而产生隧道电流。实验发现,该隧道电流的大小对针尖与样品表面原子间的间隙的变化十分敏感(间隙距离减小 0.1 nm,隧道电流就会增加一个数量级)。实验时使针尖在样品上进行水平横向电控扫描,利用电子反馈线路来控制隧道电流的恒定,利用压电陶瓷材料来控制针尖在样品表面上的扫描,则探针在垂直于样品方向上的高低变化,就反映出了样品表面的起伏。对于表面起伏不大的样品,也可以通过控制针尖高度守恒扫描,由记录到的隧道电流的变化来得到表面态密度的分布。STM 的发明对表面科学、材料科学乃至生命科学等领域都具有十分重大的意义。因研制扫描隧道显微镜,宾宁和罗雷尔获得了 1986 年的诺贝尔物理学奖。

### 3. 一维谐振子

上面我们讨论了粒子在非常简单的势场($V=\infty$ 或为定值)中运动的情况,接下来讨论粒子在略为复杂的势场中做一维运动的情形,即谐振子的运动。这也是一个非常有用的模型,在研究电磁振荡、固体中原子在平衡位置附近的振动、分子中的原子振动等问题时,都要使用谐振子模型。

设质量为 $m$ 的谐振子的势能函数为

$$V=\frac{1}{2}kx^2=\frac{1}{2}m\omega^2x^2$$

式中,$\omega=\sqrt{\frac{k}{m}}$ 是谐振子的固有角频率,$m$ 是谐振子的质量,$k$ 是谐振子的等效劲度系数,$x$ 是谐振子离开平衡位置的位移。可以得到此时的薛定谔方程为

$$\frac{\mathrm{d}^2\psi(x)}{\mathrm{d}x^2}+\frac{2m}{\hbar^2}\left(E-\frac{1}{2}m\omega^2x^2\right)\psi(x)=0 \tag{19-67}$$

因为势能 $V$ 是 $x$ 的函数,所以这是一个变系数的常微分方程,求解较为复杂,这里不做进一步研究。因此将不再给出波函数的解析式,只是着重指出,为了使波函数满足单值、有界和连续的

标准条件，谐振子的能量 $E$ 必须满足

$$E_n = \left(n+\frac{1}{2}\right)\hbar\omega = \left(n+\frac{1}{2}\right)h\nu \quad (n=0,1,2,\cdots) \tag{19-68}$$

这说明，谐振子的能量也只能取离散的值，它也是量子化的，$n$ 就是相应的量子数。另外，与无限深方势阱中的粒子的能级不同的是，谐振子的能级是等间距的，间距都是 $h\nu$。这与普朗克在解释黑体辐射时的能量子假设是一致的。但是量子力学表明谐振子的最小能量是 $h\nu/2$，称为零点能，不存在静止的谐振子，这是微观粒子波动性的表现，它满足不确定关系的要求。因为谐振子的能量可以写成

$$E = \frac{\overline{p^2}}{2m} + \frac{1}{2}m\omega^2\,\overline{x^2}$$

式中，$\overline{p^2}$ 和 $\overline{x^2}$ 为两个平均值。由于势能函数 $V(x)$ 关于坐标原点对称，即有 $\bar{p}=0$，$\bar{x}=0$。于是坐标和动量的不确定量 $\Delta x$ 和 $\Delta p$ 分别为

$$(\Delta x)^2 = \overline{(x-\bar{x})^2} = \overline{x^2}$$

$$(\Delta p)^2 = \overline{(p-\bar{p})^2} = \overline{p^2}$$

再加上坐标和动量之间的不确定关系，从而谐振子的能量为

$$E = \frac{(\Delta p)^2}{2m} + \frac{1}{2}m\omega^2(\Delta x)^2 = \left(\frac{\Delta p}{\sqrt{2m}} - \sqrt{\frac{m}{2}}\omega\Delta x\right)^2 + \omega\Delta x\Delta p \geqslant \frac{1}{2}\hbar\omega = \frac{1}{2}h\nu$$

此式表明，由于不确定关系，导致了粒子的最低能量为 $h\nu/2$。谐振子零点能的存在也已经被实验所证实。光被晶格散射是由于原子的振动，按经典理论，当温度趋向于绝对零度时，原子能量也趋向于零，此时的原子应该保持静止，从而将不会引起任何的光散射。但是实验表明，在温度趋于绝对零度时，散射光的强度并没有趋向于零，而是趋向于一个不为零的极限值。这就表明，即使是在绝对零度，原子也不是静止的而是有振动的，存在零点能。

图 19-16 中画出了谐振子的势能、能级以及概率密度与坐标 $x$ 的关系曲线。由图中可以看出，在任一能级上，在势能曲线以外，概率密度并不为零。这个现象与隧道效应一样也表明了微观粒子运动的这一特点，即粒子在运动中有可能进入势能大于其总能量的区域，这在经典理论看来是不可能出现的。

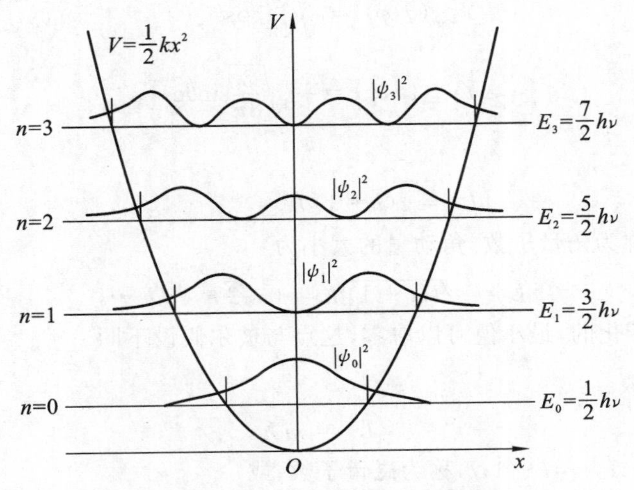


**图 19-16　一维谐振子的能级和概率密度图**

# 19.7 氢原子量子理论

氢原子中的电子在中心力场中运动,势能为 $U(r)=-\frac{e^2}{4\pi\varepsilon_0 r}$,哈密顿量为 $\hat{H}=-\frac{\hbar^2}{2m}\nabla^2+U$。在球坐标系中上式变为

$$\hat{H}=-\frac{\hbar^2}{2m}\frac{1}{r^2}\frac{\partial}{\partial r}\left(r^2\frac{\partial}{\partial r}\right)+\frac{\hat{L}^2}{2mr^2}+U(r) \tag{19-69}$$

式中,$\hat{L}^2$ 为电子绕核的轨道角动量平方算符,且有

$$\hat{L}^2=-\frac{\hbar^2}{\sin\theta}\frac{\partial}{\partial\theta}\left(\sin\theta\frac{\partial}{\partial\theta}\right)+\frac{\hat{L}_z^2}{\sin^2\theta} \tag{19-70}$$

式中,$\hat{L}_z$ 为轨道角动量的 $z$ 分量算符,且有

$$\hat{L}_z=-\mathrm{i}\hbar\frac{\partial}{\partial\varphi} \tag{19-71}$$

## 19.7.1 角动量算符的本征值问题

1. 角动量的量子化

通过求解 $\hat{L}^2$ 和 $\hat{L}_z$ 的本征方程,可以得到相应的本征函数和本征值,具体过程此处忽略,我们只给出主要结论。

算符 $\hat{L}^2$ 和 $\hat{L}_z$ 的共同本征函数为 $Y_{l,m}(\theta,\varphi)$,称为球谐函数,且有如下本征值方程

$$\hat{L}^2Y_{l,m}(\theta,\varphi)=l(l+1)\hbar^2Y_{l,m}(\theta,\varphi)$$

式中,$l=0,1,2\cdots$ 为整数,当 $l$ 取定后,$m=0,\pm1,\pm2,\cdots,\pm l$。以下给出前几个球谐函数

$$Y_{0,0}(\theta,\varphi)=\frac{1}{\sqrt{4\pi}}$$

$$Y_{1,0}(\theta,\varphi)=\sqrt{\frac{3}{4\pi}}\cos\theta$$

$$Y_{1,\pm1}(\theta,\varphi)=\mp\sqrt{\frac{3}{8\pi}}\sin\theta\mathrm{e}^{\pm\mathrm{i}\varphi},$$

$\hat{L}^2$ 的本征值为

$$L^2=l(l+1)\hbar^2$$

式中,$l=0,1,2\cdots$ 称为角量子数。角动量的大小为

$$L=\sqrt{l(l+1)}\hbar=0,\sqrt{2}\hbar,\sqrt{6}\hbar\cdots \tag{19-72}$$

角动量的取值是量子化的,最小值可以取零,这点与玻尔假设不同。

$\hat{L}_z$ 的本征值可取

$$L_z=m\hbar \tag{19-73}$$

式中,$m=-l,-l+1,\cdots,l-1,l$,称为磁量子数;或

$$L_z=0,\pm\hbar,\pm2\hbar,\cdots,\pm l\hbar \tag{19-74}$$

对于一定的角量子数 $l$，角动量的大小确定，但角动量的分量还不确定，磁量子数 $m$ 可取 $2l+1$ 个值，角动量在空间 $z$ 方向的投影有 $2l+1$ 种可能，角动量在空间的取向也是量子化的。

2. 塞曼效应

在没有外磁场时，氢原子从第一激发态（$l=1$）跃迁到基态（$l=0$）时，发射光谱只有一条谱线。但在外磁场中发现，该条谱线分裂为三条，称光谱的这种分裂现象为塞曼效应。这一效应证明了角动量空间取向是量子化的。

电子绕原子核运动时，会形成电流，从而有磁矩，很容易证明，轨道角动量和轨道磁矩之间有关系

$$\vec{\mu}_l = -\frac{e}{2m_0}\vec{L} \tag{19-75}$$

若加上外磁场，由于电子有轨道磁矩，在外磁场中的附加磁能为磁矩 $\vec{u}_l$ 在外磁场中的势能，即

$$\Delta E = -\vec{u}_l\vec{B} = \frac{e}{2m_0}\vec{L}\vec{B} = \frac{e}{2m_0}L_zB = m\left(\frac{e\hbar}{2m_0}\right)B$$

由于磁量子数 $m$ 可以取3个不同值，导致第一激发态分裂为3个能级

$$\Delta E = \begin{cases} -\dfrac{e\hbar B}{2m_0} & m=-1 \\ 0 & m=0 \\ \dfrac{e\hbar B}{2m_0} & m=1 \end{cases}$$

所以氢原子从第一激发态的三个能级跃迁到基态时，谱线会分裂为三条。

### 19.7.2　氢原子的能量和电子几率密度

定态薛定谔方程为

$$\left(-\frac{\hbar^2}{2m}\nabla^2 - \frac{e^2}{4\pi\varepsilon_0 r}\right)\Phi(r,\theta,\varphi) = E\Phi(r,\theta,\varphi)$$

利用分离变量法可将电子的波函数表示为

$$\Phi(r,\theta,\varphi) = R(r)Y(\theta,\varphi) = \frac{u(r)}{r}Y(\theta,\varphi)$$

式中，$Y(\theta,\varphi)$ 为球谐函数，$R(r)$ 称为径向波函数。

下面将略去具体求解过程，而直接给出主要结论：

(1) 电子的能量本征值为分立的

$$E_n = -\frac{me^4}{2\hbar^2(4\pi\varepsilon_0)^2}\frac{1}{n^2} = -13.6\frac{1}{n^2}$$

式中，$n=1,2,3\cdots$ 为整数，称为主量子数。

(2) 电子轨道角动量量子数只能取

$$l = 0,1,2,\cdots,n-1$$

例如：若电子处在基态，$n=1$，角量子数只能取 $l=0$；若电子处在第一激发态，$n=2$，角量子数可取 $l=0,1$ 两个值；若电子处在第二激发态，$n=3$，角量子数可取 $l=0,1,2$ 三个可能值。

(3) 在空间点 $(r,\theta,\varphi)$ 处，小体积元 $\mathrm{d}V$ 中电子出现的概率为

$$|\Phi_{nlm}(r,\theta,\varphi)|^2 r^2\sin\theta\mathrm{d}r\mathrm{d}\theta\mathrm{d}\varphi = |u_{nl}(r)|^2\,|Y_{lm}(\theta,\varphi)|^2\sin\theta\mathrm{d}r\mathrm{d}\theta\mathrm{d}\varphi$$

一般与$r,\theta,\varphi$有关。上式对方向积分后给出电子处在$r\to r+\mathrm{d}r$球壳的几率(描述电子径向几率分布),即

$$W_{nl}(r)\mathrm{d}r=\left[\int|Y_{lm}(\theta,\varphi)|^2\mathrm{d}\Omega\right]R_{nl}^2(r)r^2\mathrm{d}r$$

由于球谐函数是归一的,$\int|Y_{lm}(\theta,\varphi)|^2\mathrm{d}\Omega=1$,所以

$$W_{nl}(r)\mathrm{d}r=R_{nl}^2(r)r^2\mathrm{d}r=u_{nl}^2(r)\mathrm{d}r$$

式中,$u_{nl}^2(r)=r^2R_{nl}^2(r)$ 称为电子的径向几率密度。电子径向函数的前几个为

$$R_{1,0}=\sqrt{\frac{1}{a_0^3}}2\exp\left(-\frac{r}{a_0}\right)$$

$$R_{2,0}=\frac{1}{\sqrt{(2a_0)^3}}\left(2-\frac{r}{a_0}\right)\exp\left(-\frac{r}{2a_0}\right)$$

$$R_{2,1}=\frac{1}{\sqrt{(2a_0)^3}}\frac{r}{a_0\sqrt{3}}\exp\left(-\frac{r}{2a_0}\right)$$

$$\vdots$$

式中,$a_0=\dfrac{\varepsilon_0h^2}{\pi me^2}$为玻尔半径。不同于经典的轨道概念,电子沿径向的几率分布是连续的。在基态,电子在$r=a_0$处出现的几率最大,与经典轨道对应。可以证明,电子径向几率分布的极大位置满足关系$r_n=n^2a_0$。

(4) 电子在$(\theta,\varphi)$附近的立体角$\mathrm{d}\Omega=\sin\theta\mathrm{d}\theta\mathrm{d}\varphi$内的几率为

$$W_{nl}(\theta,\varphi)\mathrm{d}\Omega=\left[\int_0^\infty R_{nl}^2(r)r^2\mathrm{d}r\right]|Y_{lm}(\theta,\varphi)|^2\mathrm{d}\Omega=|Y_{lm}(\theta,\varphi)|^2\mathrm{d}\Omega$$

## 19.8　电子的自旋　泡利不相容原理

### 19.8.1　斯特恩-盖拉赫实验

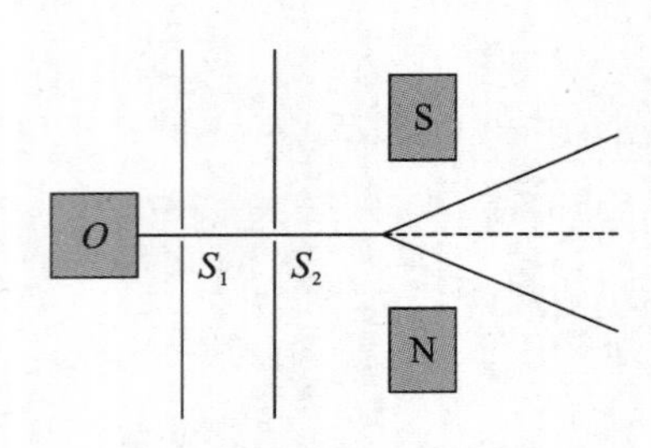


图 19-17　斯特恩-盖拉赫实验

1922年,斯特恩和盖拉赫在德国汉堡大学做了一个实验,最初的目的是验证索末菲空间量子化假设。实验装置如图19-17所示。$O$是银原子射线源,通过电炉加热使得银蒸发出来,产生的银原子束通过狭缝$S_1$和$S_2$准直后进入不均匀的磁场区域,然后打在照相底板上。整个装置放在真空容器中以减少外来的影响。

实验发现,在不加磁场时,底板上呈现一条正对狭缝的银原子沉积;加上磁场后呈现上下两条沉积。这说明原子束在经过非均匀磁场区时分为两束。这一现象证实了原子具有磁矩,且磁矩在外磁场中只有两种可能取向,也就是说空间取向是量子化的。

我们知道,电子在绕核运动时类似于闭合线圈的电流,所以原子也有磁矩。由磁矩$\mu$的定义可知其大小为$\mu=IA$,其中$I$是电流强度,而$A$是回路所包含的面积。磁矩的方向与电流的

绕行方向成右手螺旋关系。设电子绕核做椭圆运动的周期为 $T$，则电流 $I$ 为

$$I=\frac{e}{T}$$

电流的方向和电子的运动方向相反。电子绕核一周所扫过的面积为

$$A=\int_0^{2\pi}\frac{1}{2}r^2\mathrm{d}\varphi=\int_0^T\frac{1}{2}r^2\frac{\mathrm{d}\varphi}{\mathrm{d}t}\mathrm{d}t=\int_0^T\frac{L}{2m}\mathrm{d}t=\frac{L}{2m}T \tag{19-76}$$

式中，$L$ 为电子的轨道角动量，由于电子只受核的库仑力作用，也就是说电子在有心力场中运动，角动量守恒，所以 $L$ 为常量，可以提出积分号。因此，电子的轨道运动产生的磁矩为

$$\mu=IA=\frac{eL}{2m}$$

将上式写成矢量形式，则有

$$\boldsymbol{\mu}=-\frac{e}{2m}\boldsymbol{L} \tag{19-77}$$

在量子力学中，$L^2=l(l+1)\hbar^2$，$l$ 是角量子数。对于外磁场中的角动量，取外磁场 $\boldsymbol{B}$ 的方向为 $z$ 轴方向，则角动量在 $\boldsymbol{B}$ 方向的投影 $L_z$ 为

$$L_z=m_l\hbar$$

相应地，磁矩在 $z$ 轴的投影为

$$\mu_z=-\frac{e}{2m}L_z=-\frac{e}{2m}m_l\hbar=-m_l\mu_{\mathrm{B}} \tag{19-78}$$

式中，$\mu_{\mathrm{B}}=\dfrac{e\hbar}{2m}=9.27\times10^{-24}\ \mathrm{A\cdot m^2}$，称为玻尔磁子。由于磁量子数 $m_l$ 可取 $2l+1$ 个数值，所以相应地 $\mu_z$ 也有 $2l+1$ 个数值。

我们在电磁学中已经知道，在磁感应强度为 $\boldsymbol{B}$ 的磁场中的一个磁矩为 $\boldsymbol{\mu}$ 的载流线圈所受到的磁力矩为

$$\boldsymbol{M}=\boldsymbol{\mu}\times\boldsymbol{B}$$

令线圈与磁场垂直时二者的相互作用势能为零，而将磁矩由垂直于磁场方向转到与磁场成 $\theta$ 角的方向时的势能为 $U$，则由线圈所受的磁力矩所造成的势能 $U$ 的大小为

$$U=-W=\int_{\frac{\pi}{2}}^{\theta}M\mathrm{d}\theta=\int_{\frac{\pi}{2}}^{\theta}\mu B\sin\theta\mathrm{d}\theta=-\mu B\cos\theta=-\boldsymbol{\mu}\boldsymbol{B}=-\mu_z B \tag{19-79}$$

式中，磁场的方向即为 $z$ 轴方向。如果磁场在 $z$ 轴方向不均匀，则载流线圈在 $z$ 轴方向的受力为

$$f_z=-\frac{\partial U}{\partial z}=\mu_z\frac{\partial B}{\partial z}$$

显然，电子绕核运动也可作类似处理。有了电子的受力情况，就能够很方便地得到电子束在磁场作用下的偏移量。

当质量为 $M$ 的原子以速度 $v$ 经过长度为 $L$ 的不均匀磁场区域时，其通过时间为 $t=L/v$，于是原子束由于磁场作用而引起的在磁场方向的偏移量为

$$s=\frac{1}{2}at^2=\frac{1}{2}\frac{f_z}{M}t^2=\frac{1}{2M}\frac{\partial B}{\partial z}\left(\frac{L}{v}\right)^2\mu_z$$

显然，当 $\mu_z$ 为正值时原子向上偏转，当 $\mu_z$ 为负值时原子向下偏转。由于 $\mu_z$ 不能任意取值，而只能取几个离散的值，也就是说它不能从正到负连续变化，因此在照相底板上将得到几条清晰的而不是满满一片的黑斑。所以说该实验证实了原子具有磁矩这一结论。

由于 $\mu_z$ 能取 $2l+1$ 个数值,因此在照相底板上必然要出现 $2l+1$ 条黑斑,这一点在用 Zn、Hg、O 等原子进行实验时得到了验证。但是,值得注意的是,对于 Li、Na、Ag 等原子,在同样的实验情况下,在照相底板上却只得到了两条黑斑。由于角量子数的取值只能为整数,因此 $2l+1$ 不可能等于 2。显然,这里就需要新的理论来加以解释。

### 19.8.2　电子的自旋

为了能够说明上述实验结果,1925 年,荷兰物理学家乌伦贝克和古兹密特在分析原子光谱的一些实验结果的基础上,提出电子具有自旋运动的假设,并且根据实验结果指出,电子自旋角动量和自旋磁矩在外磁场中只有两种可能取向。电子在原子中不光由于绕原子核旋转而具有轨道角动量,而且自身还要自旋运动而具有自旋角动量。这一现象的经典模型就是太阳系中的地球的运动。地球不但绕太阳运动而具有轨道角动量,而且由于围绕自己的轴旋转而具有自旋角动量。当然,我们不能把经典的地球的模型硬套在电子的自旋上,就好像我们不能用轨道概念来描述电子在原子核周围的运动一样。电子的自旋和电子的电量及质量一样,是一种内在的属性。通常将电子的自旋角动量和自旋磁矩称为**内禀角动量**(intrinsic angular momentum)和**内禀磁矩**(intrinsic magnetic moment)。1928 年狄拉克创立了相对论量子力学,按照他所提出的电子的相对论性波动方程,由波函数在无穷小转动下的变换性质直接得出了电子有自旋运动和磁矩的结论。

电子的自旋也是量子化的,对应的**自旋量子数**(spin quantum number)用 $s$ 表示。和轨道角动量不同的是,$s$ 只能取 $\frac{1}{2}$ 这个值。电子自旋角动量的大小为

$$S=\sqrt{s(s+1)}\,\hbar=\frac{\sqrt{3}}{2}\hbar \tag{19-80}$$

根据角动量的一般理论,自旋角动量的空间取向也应该是量子化的,类似于对轨道角动量的处理,自旋角动量在外磁场方向的投影 $S_z$ 为

$$S_z=m_s\hbar \tag{19-81}$$

$m_s$ 称为**自旋磁量子数**(spin magnetic quantum number),它只能取两个值,即

$$m_s=\frac{1}{2},-\frac{1}{2}$$

自旋磁矩为

$$\boldsymbol{\mu}_s=-\frac{e}{m}\boldsymbol{S} \tag{19-82}$$

负号是因为电子带负电,导致自旋磁矩与自旋角动量反向,它在外磁场方向的投影为

$$\mu_{s,z}=-\frac{e}{m}S_z=\mp\frac{e\hbar}{2m}=\pm\mu_{\mathrm{B}} \tag{19-83}$$

值得注意的是,由式(19-82)可知自旋磁矩与自旋角动量之比为 $-\frac{e}{m}$,而由式(19-77)则得到轨道磁矩与轨道角动量之比为 $-\frac{e}{2m}$,二者相差一倍,这是两种运动的重要区别。另外,电子的自旋也不能等同于宏观物体的自转。按照机械自旋的观点,电子如果要达到一个玻尔磁子的磁矩,则电子表面的自转速度将超过光速,这是不可能的。现代物理实验表明,电子自旋与电子的

内部结构有关，而电子的内部结构至今尚不清楚，我们只能说电子的自旋是电子的一种内禀运动。

电子的自旋是电子的内在属性，它的存在使对电子状态的描述又增加了一个新的量子数——自旋磁量子数 $m_s$，再加上以前提到的 $n,l,m_l$ 等量子数，总共有四个量子数来描述电子的状态。自旋并不是电子所特有的，质子、中子和光子也都有自旋存在，而且它们的自旋量子数并非都是 $\frac{1}{2}$。人们对自旋现象的发现是人类对微观粒子认识的一大进步。

一个电子绕核运动时，既有轨道角动量 $\boldsymbol{L}$，又有自旋角动量 $\boldsymbol{S}$，这时电子的状态和总的角动量 $\boldsymbol{J}$ 有关，总角动量为前两者的矢量和，即

$$\boldsymbol{J} = \boldsymbol{L} + \boldsymbol{S} \tag{19-84}$$

这一角动量的合成叫**自旋轨道耦合**(spin-orbit coupling)。由于轨道角动量 $\boldsymbol{L}$ 与自旋角动量 $\boldsymbol{S}$ 都是量子化的，因此总角动量 $\boldsymbol{J}$ 也是量子化的。相应的总角动量量子数用 $j$ 表示。此时总角动量的大小为

$$J = \sqrt{j(j+1)}\,\hbar \tag{19-85}$$

式中，$j$ 的取值取决于 $l$ 和 $s$ 的值，当 $l=0$ 时，显然有 $\boldsymbol{J}=\boldsymbol{S}$，此时有 $j=s=\frac{1}{2}$。当 $l$ 不为零时，则 $j=l+s=l+\frac{1}{2}$ 或 $j=l-s=l-\frac{1}{2}$。$j=l+\frac{1}{2}$ 的情况称为自旋和轨道角动量平行；$j=l-\frac{1}{2}$ 的情况则对应于自旋和轨道角动量反平行。举例来说，当 $l=1$ 时，此时 $j=\frac{3}{2}$ 或 $j=\frac{1}{2}$，相应的 $J=\frac{\sqrt{15}}{2}\hbar$ 或 $J=\frac{\sqrt{3}}{2}\hbar$。因此，对于孤立的原子来说，电子在某一主量子数 $n$ 和轨道量子数 $l$ 所决定的状态内，还可能有自旋向上$\left(m_s=\frac{1}{2}\right)$和自旋向下$\left(m_s=-\frac{1}{2}\right)$两个状态，其能量应为轨道能量 $E_{n,l}$ 和自旋轨道耦合能 $E_s$ 之和。由式(19-83)和式(19-79)可知，由于自旋轨道耦合所引入的电子自旋磁矩在外场中的势能 $E_s$ 的大小等于 $\mu_B B$，因此此时有

$$E_{n,l,s} = E_{n,l} + E_s = E_{n,l} \pm \mu_B B$$

因此，自旋轨道耦合使得电子在 $l$ 为某一值($l=0$ 除外)时，其能量由单一的 $E_{n,l}$ 分裂为两个值，即同一个 $l$ 能级分裂为 $j=l+\frac{1}{2}$ 和 $j=l-\frac{1}{2}$ 两个能级。显然自旋向上的能级较高，而自旋向下的能级较低。

有了关于电子自旋的理论，我们再回过头来解释斯特恩-盖拉赫实验。对于只产生两条条纹的 Li、Na、K 等原子，我们认为这些原子的磁矩取决于该原子的价电子，由于价电子的轨道磁矩为零，因此原子的磁矩由电子的自旋磁矩决定。自旋磁矩 $\mu_{s,z}$ 在 $z$ 方向的投影只能取两个数值，从而导致在照相底板上只能得到两条斑纹。根据测出的两条斑纹的距离就可以计算出 $\mu_{s,z}$ 的大小来，而计算结果正好为一个玻尔磁子。这不但证实了电子自旋的正确性，同时也证明了自旋磁矩与自旋角动量关系的正确性。

考虑到电子的自旋轨道耦合，我们也常将原子的状态用主量子数 $n$、角量子数 $l$ 和总角动量量子数 $j$ 来表示。如 $l=0$ 的状态记作 $nS_{\frac{1}{2}}$；$l=1$ 的两个可能状态分别记作 $nP_{\frac{3}{2}}$ 和 $nP_{\frac{1}{2}}$；$l=2$ 的两个可能状态分别记作 $nD_{\frac{5}{2}}$ 和 $nD_{\frac{3}{2}}$ 等。

### 19.8.3 原子中电子的壳层结构

除了氢原子和类氢离子以外,其他元素的原子都有两个或两个以上的电子。对于这些多电子原子中的电子,每个电子除受到原子核的作用外,电子之间还有电磁相互作用,自旋与轨道运动间也有相互作用,量子力学无法得到严格服从动力学方程的波函数。那么这些电子在原子中各处于怎样的运动状态呢?分布规律又如何呢?了解这一问题也就了解了元素周期表中各元素排列、分类的规律性。

1. 泡利不相容原理

玻尔在提出氢原子的量子理论之后,就致力于元素周期表的解释。他按照周期性的经验规律及光谱性质,已经意识到:当原子处于基态时,不是所有的电子都能处于最内层的轨道,而且在每一轨道上都只能放有限数目的电子。1925 年,瑞士籍奥地利理论物理学家泡利等在分析了大量原子能级数据的基础上,为解释化学元素的周期性,提出了如下规律:**在同一个原子中,不可能有两个或两个以上的电子处在完全相同的量子态。也就是说,一个原子中任何两个电子都不可能具有一组完全相同的量子数**$(n,l,m_l,m_s)$。这就是**泡利不相容原理**(Pauli exclusion principle)。泡利不相容原理(也称泡利原理)是一个极为重要的自然规律,是理解原子结构和元素周期表的必不可少的理论基础。

泡利不相容原理是微观粒子运动的基本规律之一,它并不局限于原子体系,而是量子力学的一条基本原理。下面我们简单地举两个例子来看看该原理的应用。

首先我们来看看原子的大小。从各种元素的原子的尺度数据我们可以看出,所有的原子大小差别不大,而这一点用经典物理和旧量子论都不能给以解释,现在用泡利原理就可以圆满地加以解释。按照玻尔的观点,随着原子序数 $Z$ 的增大,核外电子受到原子核正电荷 $+Ze$ 的吸引力增大,电子离核的距离应该减小;又每个核外电子都要占据能量最低的轨道,从而受到的吸引力相等。因而随着 $Z$ 增大,原子的半径越来越小。而按照泡利原理,虽然第一层的轨道半径小了,但是由于电子不能都占据同一轨道,因而排列的轨道层次增加了,故最终使原子的大小随 $Z$ 的变化很小。

其次我们来看看金属中的电子。金属有一个特征:在加热的过程中,原子核与核外电子得到的能量不是均匀分摊的,而是几乎全部由原子核得到。按照泡利不相容原理,原子中的每一轨道占据的电子数目有限,而所有的电子都要尽可能占据能量最低的轨道(只有这样整个体系才能稳定),因此对于能量最底层的电子而言,由于它附近的能态都已被占满,因此除非吸收很大的能量才能被激发,我们知道,给金属材料加热一万度才相当于给电子约 1 eV 的能量(氢原子基态能量为 $-13.6$ eV),而在达到此温度之前,金属中的晶格早就遭到了破坏,具体的宏观表现为金属发生了熔化。这就是说,为了保持金属中的晶格稳定而所能承受的最大热能不能使底层的电子电离,从而使得金属中的电子几乎不能从加热中得到能量,能够得到能量的只是最外层的几个电子。

从上面所举的例子可以看出泡利不相容原理的客观性和重要性。可以想象,如果没有泡利不相容原理,那么一切原子的基态都是相似的,原子中的电子将全部集中在最低能量的量子态上,一切原子在本质上都将显示出相同的性质。今日自然界所呈现的多元化、多样性很大程度上都是归功于泡利不相容原理。

## 2. 原子的壳层结构

1869年,门捷列夫首先提出了元素周期表(periodic table of elements),当时的周期表是按元素的原子量的大小的次序来排列的。虽然粗糙,但是仍然能够反映元素性质的周期变化特性。1913年,莫塞莱认为元素的原子序数应该是该元素原子核的电荷数,从而纠正了元素周期表中某些元素的位置。第一个对周期表给出物理解释的是玻尔,他凭借他的物理"直觉",认为元素性质呈周期性变化源于原子内的电子在各个轨道上排布的规律,并据此在1921年正确地预言了当时尚未发现的第72号元素的性质。当时,按照老的周期表,人们认为它应该属于稀土元素,但是按照玻尔的排列方法,它应该类似于锆,该结论于1922年得到了证实。这里,玻尔依靠的是直觉。只是在1925年泡利提出了他的不相容原理之后,人们才真正比较深刻地认识到元素的周期性是电子组态的周期性的反映,而电子组态的周期性则与特定轨道可容纳电子的数目有关;或者说,这种周期性的变化的本质在于原子的**电子壳层结构**(electron shell structure)。

随着元素的原子核所含电荷数的增加,元素的物理性质和化学性质存在着周期性变化的特点,因此,在1916年,柯塞尔提出了形象化的壳层分布模型。他提出:由于电子的能量主要决定于主量子数 $n$,因此对于能量相同的电子可以认为它们处于同一层上,即主量子数 $n$ 相同的电子组成一个主壳层,简称**壳层**(shell)。对应于主量子数 $n=1,2,3,4\cdots$ 的壳层分别用大写字母K,L,M,N…来命名。在一个壳层内,又按角量子数 $l$ 的不同而分为若干个**支壳层**(subshell)。显然主量子数为 $n$ 的壳层中包含有 $n$ 个支壳层,类似地我们采用小写字母s,p,d,f等来分别表示 $l=0,1,2,3\cdots$ 的支壳层。由量子数 $n$ 和 $l$ 确定的支壳层,通常用并排写出的数字(代表 $n$ 值)和字母(代表 $l$ 值)来表示,例如1s,2p,3d,4f…一般地,当一个原子中的每一个电子的量子数 $n$ 和 $l$ 都确定下来以后,则称该原子具有某一确定的**电子组态**(electron configuration)。例如,Ca的电子排布方式为

$$1s^2 2s^2 2p^6 3s^2 3p^6 4s^2$$

此即Ca的电子组态。为了简单起见,一般只写出价电子,如Ca的电子组态可简写为 $4s^2$。

泡利不相容原理告诉我们,不能有两个电子处在同一个量子态,也就是说,不能有两个电子具有完全相同的四个量子数。因此,根据泡利不相容原理我们来看看每一个壳层或支壳层都分别能容纳多少个电子。

先讨论每一个支壳层中可以容纳的最多电子数。对于每一个支壳层中的电子,其主量子数 $n$ 和角量子数 $l$ 都已经确定下来,而没有确定下来的只剩下磁量子数 $m_l$ 和自旋磁量子数 $m_s$。对于每一个角量子数 $l$,磁量子数 $m_l$ 可以取 $2l+1$ 个值;而对于每一个 $m_l$,又可以有两个 $m_s$,即 $m_s=\frac{1}{2}$ 和 $-\frac{1}{2}$。由此可知,对于每一个 $l$,可以有 $2(2l+1)$ 个不同的状态,即每一个支壳层中可以容纳的最多电子数为

$$N_l = 2(2l+1) \tag{19-86}$$

再看每一个壳层可以容纳的最多电子数。由于壳层是以 $n$ 的值来划分的,当 $n$ 一定时,此时尚未确定下来的量子数有 $l$,$m_l$ 和 $m_s$。当 $n$ 确定时,$l$ 可以取 $n$ 个数值,而上面我们已经推算出对于每一个 $l$ 所包含的状态数为 $2(2l+1)$ 个,因此,对每一个 $n$ 来说,可以有的状态数,也就是可以容纳的最多电子数为

$$N_n = \sum_{l=0}^{n-1} 2(2l+1) = 2n^2 \tag{19-87}$$

知道了每一个壳层(或支壳层)中所能容纳的最多的电子数后,接下来的问题就是电子以什么样的顺序填充这些壳层呢?此时电子的排布应当遵循**能量最低原理**和**洪特定则**(Hund rule),接下来我们将分别加以介绍。

所谓的能量最低原理指的是当原子系统处于正常态时,每个电子总是尽可能先占据能量最低的能级,因为这样可以使得整个原子最稳定。由于能量首先决定于主量子数,因此总的趋势是先从主量子数小的壳层填起。但是需要特别注意的是,由于原子轨道的能量随其本身以及其他的轨道的电子占据情况而变化,因此不同的原子或离子的原子轨道的能级顺序不尽相同,不存在一个普遍适用的能级顺序。由于能级高低与$n$和$l$有关,所以从$n=4$起就有先填$n$较大$l$较小的支壳层,后填$n$较小而$l$较大的支壳层的反常情况出现。我国的科学工作者根据大量的实验事实总结出了一条经验规律:对于原子的外层电子,能量高低可以用$n+0.7l$值的大小来衡量。该值越大,则能级越高。例如5s和4d,对于5s,该值的大小为$5+0.7\times0=5$;而对于4d,该值的大小为$4+0.7\times2=5.4$,显然电子要先填4d而后填5s。另外,分析表明,当支壳层完全填满时,元素的原子特别稳定。这是因为此时支壳层的电子都已成对,即对于该支壳层中的每一个电子而言,都有另外一个电子符合只有自旋磁量子数的数值相反外,其他所有的量子数都相同的情况,所以该支壳层总的自旋角动量为零。相应地,由于磁量子数$m_l$的取值范围是从$l$到$-l$,所以该支壳层中的电子的轨道角动量在$z$方向的投影之和为零,再加上$x$和$y$方向的轨道角动量的时间平均值为零,此时总轨道角动量也为零。这就使得该原子很难和其他原子结合而显得特别稳定。

洪特定则指的是对于同一支壳层中的电子,这些电子在排布时将尽可能抢占不同的轨道,并保持自旋方向平行。该定则表明,在支壳层半充满时,元素的原子也是比较稳定的。由此可以解释Cr的电子组态是$4s^1 3d^5$而不是$4s^2 3d^4$以及Gd的电子组态是$4f^7 5d6s^2$而不是$4f^8 6s^2$等。

总之,按照泡利不相容原理、能量最低原理以及洪特定则,从能量最低的1s态开始把电子逐渐填充上去,把外层轨道属于同一能级组的元素排在同一周期,把电子组态类似的元素排在同一族,就得到了元素周期表。

## 阅读材料十九　纳米物理与纳米技术

20世纪90年代兴起了一门全新的纳米科学技术。它的出现对生产力的进步和发展将产生极其深远的影响。所谓纳米科学技术是指在1～100 nm尺度上研究和应用原子、分子现象,并由此发展起来的多学科的基础研究与应用研究紧密联系的新的科学技术。

纳米概念是人们认识世界的一种新的思考方式,即生产过程要越来越精细,以致最后在纳米尺度上直接操纵单个原子和分子或原子团和分子团,制造具有特定功能的材料和产品。纳米科学技术的诞生,标志着人类开始对纳米尺度上各种现象的系统研究。这样的尺度(纳米子)具有一系列奇异的物理特性:

(1) 小尺度效应:当粒子的尺寸与传导电子的德布罗意波长相当时,其对光的吸收将显著增加,由磁有序向磁无序态转变。

(2) 表面效应:由于纳米尺寸小,表面积大,表面原子数增加,因而可大大增强纳米子的活性，致使金属纳米子会在空气中燃烧，无机材料纳米子会直接与气体进行化学反应。

（3）量子尺寸效应：当粒子尺寸降到极限时，电子能级将由准连续变成离散能级，且具有贯穿势垒的能力，即会发生隧道效应。

任何一种物质，一旦被制成纳米材料后，它的光学性质、力学性质、磁学性质和催化性质等都得到奇异的改变。因此，我们在思考方式上，必须放弃在常规尺度上建立起来的宏观概念，而要用建立在纳米尺度上的新概念。一些与传统科学技术不同的新现象、新规律将从这里产生，新的科学技术也会从这里孕育。

纳米技术具有诱人的应用前景。五颜六色的金属，包括黄金和白金，它们是那样光芒夺目，但当它们被切割成纳米微粒后，就成了“黑”金，它们能吸收可见光而成为太阳黑体，这类材料用来做隐形飞机再好不过了。纳米微晶金属可以显著地提高力学强度而成为超级金属。

普通陶瓷坚硬、易碎，而当我们把烧制陶瓷的原料粉碎成纳米尺度的微粒，再压制成纳米微晶陶瓷的新型陶瓷后，我们再也不用担心它掉到地上，因为它像金属一样可以弯曲、变形了；有的微晶陶瓷还可以做成陶瓷弹簧，做成永不生锈、锋利无比的陶瓷刀具，用这种陶瓷刀具能轻松地裁剪铁皮、切削钢铁。纳米陶瓷材料做成的发动机，既耐高温，又耐磨，它将应用于未来的高速列车中。化妆品中添加 $ZnO$、$TiO_2$ 等纳米微粒后可以吸收紫外线，有效地防止皮肤癌变。半导体的硅是不发光的，但是纳米材料做成的多孔硅、氮化硅、碳化硅都可以发出耀眼的蓝光，光电子学的领域由此得到了开拓。

纳米磁性材料内涵丰富多彩，其中稀土永磁已成为当今“磁王”，纳米金属微晶软磁锋芒毕露；纳米磁性微粒所制成的磁性液体有应用于真空旋转密封等多种用途；利用纳米磁性材料的巨磁电阻效应，可使现在我们使用的磁盘容量增加20倍，每平方英寸能存储50亿个信息，相当于2500部《红楼梦》。可以说，纳米技术叩开了磁电子学的新大门。在严寒的冬天，我们只穿一件很薄的“纳米”毛衣，一点也不会觉得冷。空调、冰箱，采用纳米材料磁制冷，没有噪声，也没有环境污染，可以不再使用破坏臭氧层的氟利昂。

目前，微电子技术已经走到了极限，无法再微小下去了，经典电路的极限尺寸大约在 0.25 μm，到了纳米尺度后必须考虑量子效应。发光二极管的诞生，意味着量子半导体器件已登上了历史的舞台，而纳米材料做成的机器人因为能够操纵单个的分子、原子而使微电子技术获得超越，它可以进入人的血管，对人进行全身检查和治疗。航天飞机和火箭的燃料中因为加入了纳米材料，燃料效率将成倍增长。

总之，世界上所有的东西，通过物理、化学甚至生物方法变成纳米材料后，就将彻底改头换面，成为一种具有特殊性能的新型材料。细心的人或许还记得，20世纪50年代，著名物理学家、诺贝尔物理学奖获得者费曼(R. P. Feynman)曾说过，如果有一天，可以按人的意志安排一个个原子，那将产生怎样的奇迹呢？可以这样说，纳米材料就是具有这种能力的天才，它将使我们实现这个美丽的梦想。

## 习　题

19-1　光电效应和康普顿效应都包含电子与光子的相互作用，仅就光子和电子的相互作用而言，下列说法正确的是(　　)。

A. 两种效应都属于光子和电子的弹性碰撞过程

B. 光电效应是由于金属电子吸收光子而形成光电子,康普顿效应是由于光子和自由电子弹性碰撞而形成散射光子和反冲电子

C. 康普顿效应同时遵从动量守恒定律和能量守恒定律,光电效应只遵从能量守恒定律

D. 两种效应都遵从动量守恒定律和能量守恒定律

19-2　如果两种不同质量的粒子,其德布罗意波长相同,则这两种粒子的(　　)。

A. 动量相同　　B. 能量相同　　C. 速度相同　　D. 动能相同

19-3　若外来单色光把氢原子激发至第三激发态,则当氢原子跃迁回低能态时,可发出的可见光光谱线的条数是(　　)条。

A. 1　　B. 2　　C. 3　　D. 6

19-4　关于不确定关系 $\Delta x \Delta p_x \geqslant \frac{\hbar}{2}$ 有以下几种理解,正确的是(　　)。

(1) 粒子的动量不可能确定;(2) 粒子的坐标不可能确定;(3) 粒子的动量和坐标不可能同时确定;(4) 不确定关系不仅适用于电子和光子,也适用于其他粒子。

A. (1)、(2)　　B. (2)、(4)　　C. (3)、(4)　　D. (1)、(4)

19-5　将波函数在空间各点的振幅同时增大 $D$ 倍,则粒子在空间的分布几率将(　　)。

A. 增大 $D^2$ 倍　　B. 增大 $2D$ 倍　　C. 增大 $D$ 倍　　D. 不变

19-6　太阳在单位时间内垂直照射在地球表面单位面积上的能量称为太阳常数,其值为 $c = 1.94\ \text{cal/(cm}^2 \cdot \text{min)}$。日地距离约为 $R_1 = 1.5 \times 10^8\ \text{km}$,太阳半径约为 $R_2 = 6.95 \times 10^3\ \text{km}$,用这些数据估算一下太阳的温度。

19-7　已知一单色光源的功率 $P = 1\ \text{W}$,光波波长为589 nm。在离光源距离为 $R = 3\ \text{m}$ 处放一金属板,求单位时间内打到金属板单位面积上的光子数。

19-8　钾的光电效应红限波长是550 nm,求:(1) 钾电子的逸出功;(2) 当用波长 $\lambda = 300\ \text{nm}$ 的紫外光照射时,钾的遏止电压 $U$。

19-9　波长为200 nm的紫外光照射到铝表面,铝的逸出功为4.2 eV。试求:(1) 出射的最快光电子的能量;(2) 截止电压;(3) 铝的截止波长;(4) 如果入射光强度为 $2.0\ \text{W/m}^2$,单位时间内打到单位面积上的平均光子数。

19-10　用波长为 $\lambda$ 的单色光照射某一金属表面时,释放的光电子最大初动能为30 eV,用波长为 $2\lambda$ 的单色光照射同一表面时,释放的光电子的最大初动能为10 eV。求能引起这种金属表面释放电子的入射光的最大波长为多少?

19-11　在康普顿散射中,入射光子的波长为0.003 nm,反冲电子的速度为 $0.6c$,$c$ 为真空中的光速。求散射光子的波长及散射角。

19-12　氢与其同位素氘(质量数为2)混在同一放电管中,摄下两种原子的光谱线,试问其巴耳末线系的第一条($H_\alpha$)光谱线之间的波长差 $\Delta\lambda$ 有多大?已知氢的里德伯常数 $R_H = 1.096\,775\,8 \times 10^7\ \text{m}^{-1}$,氘的里德伯常数 $R_D = 1.097\,074\,2 \times 10^7\ \text{m}^{-1}$。

19-13　试求:(1) 氢原子光谱巴耳末线系辐射的、能量最小的光子的波长;(2) 巴耳末线系的线系极限波长。

# 习题答案

## 第 11 章

11-1　D；　11-2　A；　11-3　C；　11-4　A；　11-5　B；　11-6　C。

11-7　1.30 $kg/m^3$。

11-8　9.5 天。

11-9　(1) 0，623 J，623 J；　(2) 1039 J，623 J，416 J。

11-10　(1) $1.46\times10^{-2}$ $m^3$；　(2) $1.132\times10^{5}$ Pa。

11-11　(1) 内能；　(2) 500 J；　(3) 297.1 K。

11-12　(1) 93 K；　(2) 46 K。

11-13　15%。

11-14　$3.31\times10^{6}$ J/s。

11-15　$2.89\times10^{7}$ J。

11-16　184 J/K，增加。

## 第 12 章

12-1　C；　12-2　D；　12-3　A；　12-4　A；　12-5　B；　12-6　A。

12-7　(1) $6.21\times10^{-21}$ J，300 K；　(2) $3.95\times10^{2}$ m/s。

12-8　(1) $2.44\times10^{25}$ $m^{-3}$；　(2) 1.30 $kg/m^3$；　(3) $6.21\times10^{-21}$ J；　(4) $3.45\times10^{-9}$ m。

12-9　4368 K。

12-10　$1.01\times10^{4}$ K。

12-11　$2\times10^{3}$ m。

12-12　$1.16\times10^{7}$ K。

12-13　$1.28\times10^{-7}$ K。

12-14　(1) $5.65\times10^{-21}$ J，$3.77\times10^{-21}$ J；　(2) 709 J。

12-15　$3.74\times10^{3}$ J，$2.49\times10^{3}$ J。

12-16　$3.81\times10^{6}$ $s^{-1}$。

12-17　$4.71\times10^{-2}$ Pa

## 第 13 章

13-1　C；　13-2　A；　13-3　C；　13-4　B；　13-5　A。

13-6　(1) 0.314 s；　(2) $2.0\times10^{-3}$ J。

13-7 (1) 振幅 $A = 0.1$ m，频率 $\nu = \dfrac{\omega}{2\pi} = 10$ Hz，周期 $T = \dfrac{1}{\nu} = 0.1$ s，$\varphi = \dfrac{\pi}{4}$ rad；

(2) $x = 0.0707$ m，$v = -4.44$ m/s，$a = -279$ m/s$^2$。

13-8 (1) $x = 0.052$ m，$v = -0.094$ m/s，$a = -0.513$ m/s$^2$；(2) 0.833 s。

13-9 (1) 由题意可知，初相 $\varphi = \dfrac{\pi}{3}$，初始位置 $x_0 = 0.24\cos\varphi = 0.12$ m；(2) $t = \dfrac{2}{3}$ s。

13-10 两根弹簧串联之后等效于一根弹簧，所以仍为简谐振动(证明略)，其劲度系数满足 $k_1x_1 = k_2x_2 = kx$ 和 $x_1 + x_2 = x$，可得 $\dfrac{1}{k} = \dfrac{1}{k_1} + \dfrac{1}{k_2}$，所以 $k = \dfrac{k_1k_2}{k_1 + k_2}$。代入频率计算式，可得 $\nu = \dfrac{1}{2\pi}\sqrt{\dfrac{k}{m}} = \dfrac{1}{2\pi}\sqrt{\dfrac{k_1k_2}{(k_1 + k_2)m}}$。

13-11 (1) $t_1 = \dfrac{T}{4}$；(2) $t_2 = \dfrac{T}{12}$；(3) $t_3 = \dfrac{T}{6}$。

13-12 (1) $0.10\cos\left(\dfrac{5\pi}{24}t - \dfrac{\pi}{3}\right)$；(2) $2\pi$ rad；(3) 1.6 s。

13-13 $x = 0.1\cos\left(\dfrac{5}{12}\pi t + \dfrac{2}{3}\pi\right)$。

13-14 (1) $\pm 108.8$ m/s，$-788.8$ m/s$^2$；(2) $\dfrac{1}{12}$ s。

13-15 $A_2 = 0.1$ m。

13-16 $\dfrac{T}{6}$。

13-17 12.5 J。

## 第 14 章

14-1 B；14-2 C；14-3 C；14-4 D；14-5 C。

14-6 (1) 波函数 $0.01\cos\left(200\pi t - \pi x - \dfrac{\pi}{2}\right)$；(2) $-0.01\sin(\pi x)$。

14-7 (1) $y = 1.0 \times 10^{-2}\cos\left[80\pi\left(t - \dfrac{x}{60}\right) + \dfrac{\pi}{3}\right]$；(2) $-4\pi$ rad。

14-8 (1) 6 m/s。(2) $x_1 = 10$ m，振动方程为 $y = 2\cos(3t - 20)$；$x_2 = 15$ m，振动方程为 $y = 2\cos(3t - 30)$。(3) $\Delta\varphi = -k(x_1 - x_2) = 10$ rad 或 $\Delta\varphi = -k(x_2 - x_1) = -10$ rad。

14-9 (1) $y|_{x=10} = 0.25\cos(125t - 3.7)$，$y|_{x=25} = 0.25\cos(125t - 9.25)$；

(2) $x_2$ 与 $x_1$ 两点间相位差 $\Delta\varphi = (125t - 9.25) - (125t - 3.7) = -5.55$ rad 或 $\Delta\varphi = (125t - 3.7)$ m $- (125t - 9.25)$ m $= 5.55$ rad；

(3) $y = 0.25\cos(125 \times 4 - 3.7)$ m $= 0.25\cos 496.3$ m $= 0.249$ m。

14-10 $y = 0.30\cos\left[2\pi\left(t - \dfrac{x}{100}\right)\right]$。

14-11 $y = 0.50\cos(0.5\pi t + 0.5\pi)$。

14-12 (1) 干涉加强条件 $\Delta\varphi = 2\pi\dfrac{\sqrt{D^2 + H^2} - D}{\lambda} = 2k\pi$，$\sqrt{D^2 + H^2} - D = k\lambda$ ($k = 0, 1,$

2，3…），干涉减弱条件 $\Delta\varphi=2\pi\frac{\sqrt{D^2+H^2}-D}{\lambda}=(2k+1)\pi$，$\sqrt{D^2+H^2}-D=(2k+1)\frac{\lambda}{2}(k=0,1,2,3\cdots)$。

(2) 在 $P$ 点干涉加强，当 $k=1$ 时，$H$ 取最小值，$\sqrt{D^2+H^2}-D=\lambda$，$H=\sqrt{(\lambda+D)^2-D^2}$；在 $P$ 点干涉减弱，当 $k=0$ 时，$H$ 取最小值，$\sqrt{D^2+H^2}-D=\frac{\lambda}{2}$，$H=\sqrt{\left(\frac{\lambda}{2}+D\right)^2-D^2}$。

14-13　(1) $T=\frac{2\pi}{\omega}=8.33\times10^{-3}\ \text{s}$，$\lambda=uT=0.25\ \text{m}$；

(2) $y=A\cos\left[\omega\left(t-\frac{x}{u}\right)+\varphi_0\right]=4.00\times10^{-3}\cos(240\pi t-8\pi x)$。

14-14　(1) $A=0.44\ \text{m}$；$\frac{2\pi}{\lambda}=2\pi$，$\lambda=1\ \text{m}$。 (2) $v_{\max}=A\omega=4.4\pi\ \text{m/s}$。

14-15　(1) $y_P=0.2\cos\left(2\pi t-\frac{\pi}{2}\right)$； (2) $y=0.2\cos\left[2\pi\left(t-\frac{x}{0.6}\right)+\frac{\pi}{2}\right]$。

14-16　(1) $y=A\cos(\omega t+\varphi)$； (2) $y=0.5\cos\left[\frac{5\pi}{6}\left(t+\frac{x}{u}\right)-\frac{\pi}{3}\right]$； (3) $\Delta\varphi=3.27\ \text{rad}$。

14-17　(1) $I=\frac{1}{2}u\rho A^2\omega^2=1.58\times10^5\ \text{J/(m}^2\cdot\text{s)}$； (2) $3.79\times10^3\ \text{J}$。

14-18　$y=0.1\cos2\pi x\cos\left(50\pi t+\frac{\pi}{2}\right)$。

14-19　(1) 在波动的传播过程中，任意时刻的动能和势能不仅大小相等而且相位相同，同时达到最大，同时等于零。而振动中动能的增加必然以势能的减小为代价，两者之和为恒量。(2) 在波传动过程中，任意体积元的能量不守恒。质元处在媒质整体之中，沿波的前进方向，每个质元从后面的质元吸收能量，又不停地向前面的质元释放能量，能量得以不断地向前传播。而一个孤立振动系统总能量是守恒的。

14-20　$v_s=0.5\ \text{m/s}$。

## 第 15 章

15-1　C；　15-2　A；　15-3　B；　15-4　B；　15-5　B。

15-6　(1) 500 nm；　(2) 3 mm。

15-7　$8.0\times10^{-6}$ m。

15-8　(1) $9\times10^{-6}$ m；　(2) 14 条。

15-9　0.72 mm，　3.6 mm。

15-10　$d=426$ nm。

15-11　99.6 nm。

15-12　142 条。

15-13　1473 nm。

15-14　423.5 nm，480 nm，553.8 nm，654.5 nm。

15-15　$6.73 \times 10^{-4}$ mm。

15-16　300 nm。

15-17　$6.002 \times 10^{-10}$ m。

## 第 16 章

16-1　C；　16-2　C；　16-3　B；　16-4　B；　16-5　B。

16-6　(1) $\lambda = 467$ nm；　(2) 9 个。

16-7　(1) $\lambda_1 = 2\lambda_2$；　(2) $\lambda_1$ 的任一 $k_1$ 级极小都有 $\lambda_2$ 的 $2k_1$ 级极小与之重合。

16-8　(1) $2.24 \times 10^{-4}$ rad；　(2) 不能看清。

16-9　$1.6 \times 10^{-4}$ rad，7.1 km。

16-10　9.09 km。

16-11　$\lambda_1 = 667$ nm，红色；$\lambda_2 = 500$ nm，绿色；$\lambda_3 = 400$ nm，紫色。

16-12　(1) $6 \times 10^{-6}$ m；　(2) $1.5 \times 10^{-6}$ m；　(3) 0，±1，±2，±3，±5，±6，±7，±9。

16-13　(1) $\Delta\theta = 10.4 \times 10^{-2}$ rad；　(2) 级数为 3。

16-14　0.154 nm。

16-15　0.972 Å，1.296 Å。

## 第 17 章

17-1　D；　17-2　D；　17-3　B；　17-4　B；　17-5　D。

17-6　$2.25I_1$。

17-7　45°。

17-8　2∶5。

17-9　略。

17-10　1.60。

17-11　48°26′，41°34′。

17-12　11°30′。

17-13　$i = 48°10'$。

17-14　9.2%。

## 第 18 章

18-1　D；　18-2　B；　18-3　B；　18-4　C。

18-5　(1) $-1.5 \times 10^{-8}$ m/s；　(2) $5.2 \times 10^{4}$ m。

18-6　(1) $0.816c$；　(2) 0.707 m。

18-7　$1.5 \times 10^{-14}$ m，这个缩短量实际上察觉不到。

18-8　$3.06 \times 10^{16}$ m，缩短效应显著，即对高速运动而言，需用相对论理论来处理。

18-9　$E_0 = 0.51$ MeV，$E = 3.51$ MeV，$p = 1.85 \times 10^{-21}$ kg·m/s，$v = 2.965 \times 10^{8}$ m/s。

18-10　$0.005m_0c^2$，$4.896m_0c^2$。

## 第 19 章

19-1　D；　19-2　A；　19-3　C；　19-4　C；　19-5　D。

19-6　$5.8\times10^3$ K。

19-7　$2.6\times10^{16}$。

19-8　(1) 2.26 eV；　(2) 1.88 V。

19-9　(1) 2 eV；　(2) 2 V；　(3) 295.2 nm；　(4) $2.02\times10^{18}$。

19-10　$4\lambda$。

19-11　0.0043 nm，$62°24'$。

19-12　0.179 nm。

19-13　(1) 0.66 $\mu$m；　(2) 0.37 $\mu$m。

# 参考文献


[1] 马文蔚.物理学[M].5版.北京:高等教育出版社,2006.
[2] 吴百诗.大学物理[M].西安:西安交通大学出版社,2008.
[3] 严导淦,王晓鸥,万伟.大学物理学[M].北京:机械工业出版社,2009.
[4] 赵凯华,罗蔚茵.新概念物理教程——力学[M].2版.北京:高等教育出版社,2004.
[5] 赵凯华,罗蔚茵.新概念物理教程——热学[M].北京:高等教育出版社,1998.
[6] 毛骏健,顾牡.大学物理学[M].北京:高等教育出版社,2006.
[7] 贾瑞皋.大学物理教程[M].3版.北京:科学出版社,2009.
[8] 敦永康.光学[M].北京:高等教育出版社,2005.
[9] 张玉民.热学[M].2版.北京:科学出版社,2006.
[10] 李椿,章立源,钱尚武.热学[M].北京:高等教育出版社,1978.
[11] 张三慧.大学物理学[M].北京:清华大学出版社,1999.
[12] 赵凯华,陈熙谋.电磁学[M].北京:高等教育出版社,1985.
[13] 赵凯华,钟锡华.光学[M].北京:北京大学出版社,1984.
[14] 胡素芬.近代物理基础[M].杭州:浙江大学出版社,1988.
[15] 郭奕玲,沈慧君.物理学史[M].北京:清华大学出版社,1993.
[16] 盛正卯,叶高翔.物理学与人类文明[M].杭州:浙江大学出版社,2000.